高等学校应用型特色规划教材

材料力学简明教程
(第2版)

景荣春　刘建华　主　编

郑建国　宋向荣　田阿利　吴小翠　副主编

清华大学出版社
北　京

内 容 简 介

本书涵盖了教育部非力学专业课程指导分委员会最新制定的多学时“材料力学”课程基本要求的内容，包括：绪论、拉伸和压缩、剪切和挤压、扭转、弯曲(内力、应力和变形)、应力状态分析和强度理论、组合变形、压杆稳定以及能量法等。

全书共分 10 章，以工程实际为背景，注重材料力学概念、力学解题能力和力学建模能力的培养，通过课程内容和体系的改革，力求理论与应用并重、知识传授与能力培养并重；全书力求论述简明扼要，例题分析透彻，并通过较多的例题，寻求解题规律，以使学生达到熟练掌握基本概念、基本理论、基本方法和计算技能的教学要求并注意与相关课程的贯通和融合。

本书可作为一般高等院校应用型工科本科各专业材料力学课程的教材，也可作为夜大、函授大学、职工大学相应专业的自学和函授教材，还可供有关工程技术人员参考。

图书在版编目(CIP)数据

材料力学简明教程/景荣春，刘建华主编. —2 版. —北京：清华大学出版社，2015（2023.3 重印）
(高等学校应用型特色规划教材)
ISBN 978-7-302-39519-5

Ⅰ. ①材… Ⅱ. ①景… ②刘… Ⅲ. ①材料力学—高等学校—教材 Ⅳ. ①TB301

中国版本图书馆 CIP 数据核字(2015)第 036957 号

责任编辑：杨作梅
封面设计：杨玉兰
责任校对：周剑云
责任印制：丛怀宇
出版发行：清华大学出版社
网　　址：http://www.tup.com.cn, http://www.wqbook.com
地　　址：北京清华大学学研大厦 A 座　　邮　　编：100084
社 总 机：010-83470000　　邮　　购：010-62786544
投稿与读者服务：010-62776969, c-service@tup.tsinghua.edu.cn
质量反馈：010-62772015, zhiliang@tup.tsinghua.edu.cn
课件下载：http://www.tup.com.cn, 010-62791865
印 装 者：三河市龙大印装有限公司
经　　销：全国新华书店
开　　本：185mm×260mm　　**印　　张**：17　　**字　　数**：410 千字
版　　次：2006 年 11 月第 1 版　2015 年 6 月第 2 版　　**印　　次**：2023 年 3 月第 6 次印刷
定　　价：45.00 元

产品编号：059884-02

第 2 版前言

本书第 1 版自 2006 年出版以来，已经使用了 8 年，本次修订对书中出现的一些疏漏进行了更正，在保持第 1 版风格的基础上，对书中的内容做了一些调整，删除了疲劳强度的概念及个别章节中的部分内容，以适用于目前普遍学时较紧的教学情况。对各章节中的习题做了调整，增加了中等难度的习题，利于学生课后练习。另外在第 10 章中还补充了卡氏定理的内容。

本版中，第 1、4 章及 10 章的习题部分由吴小翠修订；第 2、3 章和附录 A 由郑建国修订；第 5、6 章由宋向荣修订；第 7、8 章及第 10 章的正文部分由刘建华修订；第 9 章由田阿利编写，全书由刘建华统稿。

由于编者水平有限，本次修订缺点和疏漏之处仍在所难免，衷心希望广大师生和读者提出批评，使本书不断完善。

编　者

2014 年 9 月于江苏科技大学

第 1 版前言

材料力学是高等理工科院校中开设的一门重要的技术基础课程。材料力学知识不仅对后续课程影响深远，而且在工程中有很广泛的应用。许多高校将其列为招收硕士研究生的入学考试科目。

为了更好地适应当前我国高等教育跨越式发展需要，满足我国高校从精英教育向大众化教育的重大转移阶段中社会对高校各类应用型人才培养的要求，在清华大学出版社的积极支持下，编者根据所在高校多年来以培养应用型人才为主所讲授的“材料力学”教学内容、课程体系等方面的改革实践和体会，编写了本书。

本书面向一般高等工科院校本科土建、机械、交通、水利、动力和化工等专业，重点面向近几年由大专升格为本科的培养应用型人才的高等院校。综合考虑到一般院校学生的数理基础、目前材料力学课程课内学时普遍减少和应用型人才的培养目标等诸多因素，本书内容的编写在满足工科多学时材料力学课程基本要求的框架下，全部采用 GB 3100～3102—93《量和单位》中规定的有关通用符号(其中“不变量”用正体，“可变量”用斜体，“专有量”用大写；一般表示“整体量”用大写，“局部量”、“普通量”用小写)，书写格式规范，内容难度尽量浅一些，讲得通俗、具体一些，容易理解一些。全书通过较多的由浅入深的各种类型的例题、分析、求解、讨论和解题技巧说明，使读者更容易掌握材料力学的基本概念、基本理论、基本方法及要点和难点。

本书突出工程概念，每章大都从工程实例引出问题，章末的小结归纳其要点。第 1 章论述的概念是要求在学习后续各章内容时不断加深理解；第 2～6 章，按基本变形(拉伸、压缩、剪切、挤压、扭转及弯曲)由浅入深地分析由内力引起的应力、变形和由此产生的强度、刚度问题，比较适合于一般院校学生的学习；第 7、8 章讲授应力状态和强度理论、组合变形，对强度问题做较深入的讨论；第 9 章对压杆稳定问题做必要的分析；第 10 章介绍疲劳强度；第 11 章介绍能量法和动应力概念，这些都是解决工程实际问题时很实用的知识。

本书中，第 1、4、11 章由景荣春编写；第 2、3 章和附录 A 由郑建国编写；第 5、6 章由宋向荣编写；第 7、8 章由刘建华编写；第 9、10 章由黄海燕编写。全书由景荣春教授任主编并统稿。

本书部分内容标有*号，属于加深和拓宽内容，非基本要求，可根据需要选用。课内学时少的，疲劳、动应力只需介绍概念，组合变形强度和能量法则可不讲，其他部分有的也可略讲。

本书也可供其他专业选用，或作为自学教材。

本书在编写过程中参考了国内外一些优秀教材，吸取了它们的许多长处，并选用了其

中的部分例题和习题，在此也向这些教材的编者们一并致谢。

限于编者水平，缺点和错误在所难免，衷心希望读者批评和指正，以便重印或再版时不断提高和完善。

编　者

2006年6月于江苏科技大学

主要符号表

符号	含义
A	面积
a	间距，加速度
b	宽度，间距
C	质心，重心
c	间距
D	直径
d	直径，距离，力偶臂
E	弹性模量，杨氏模量
E_{k}	动能
E_{p}	势能
e	偏心距
F	力，集中载荷
F_{Ax}，F_{Ay}	A 处约束力
F_{cr}	临界载荷
F_{I}	惯性力
F_{N}	轴力，法向约束力
$\overline{F_{\mathrm{N}}}$	单位力引起的轴力
F_{R}	合力，主矢
F_{S}	剪力
$\overline{F_{\mathrm{S}}}$	单位力引起的剪力
F_{s}	屈服载荷
F_{T}	张力
F_{u}	极限载荷
f	频率
G	切变模量
g	重力加速度
h	高度
I	惯性矩
I_{p}	极惯性矩
I_{t}	相当极惯性矩
I_{xy}	惯性积
i	惯性半径
J	转动惯量
K	应力强度因子
K_{c}	断裂韧度
k_{d}	动荷因数
K_{s}	材料的灵敏因数
K_{σ}，K_{τ}	有效应力集中因数
$K_{\mathrm{t}\sigma}$，$K_{\mathrm{t}\tau}$	理论应力集中因数
k	刚度系数
l	长度，跨度
M	弯矩
M_O	对点 O 的矩
$\overline{M}$	单位力引起的弯矩
M_{e}	外力偶矩
M_y，M_z	弯矩
m	质量，分布力偶集度
N	循环次数
N_0	疲劳寿命
n	转速，安全因数
n_{f}	疲劳安全因数
$[n]_{\mathrm{st}}$	稳定安全因数
P	功率，重量
p	压力
q	分布载荷集度，敏感因数
R	半径
r	半径，应力比
S	静矩
s	路程
T	扭矩，周期
$\overline{T}$	单位力引起的扭矩
t	时间
u	水平位移，轴向位移
$[u]$	许用轴向位移
v	速度
v_{d}	畸变能密度
v_{V}	体积改变能密度
V_{ε}	应变能

符号	含义
V	体积
V_c	余能
W	功，弯曲截面系数，重量
W_t	扭转截面系数
W_c	余功
w	挠度
x，y，z	坐标
α	线膨胀系数，角
α_i	等效因数
α_K	冲击韧度
β	角，表面质量因数
γ	切应变
δ	变形，位移，厚度，延伸率
δW	虚功
Δ	变形，位移
$\Delta\sigma$	应力幅
$\Delta\sigma_e$	等效应力幅
ε	线应变
ε_e	弹性应变
ε_p	塑性应变
ε_V	体积应变
θ	梁截面的转角，单位长度相对扭转角
λ	柔度，长细比
μ	长度因数，泊松比
ρ	曲率半径，回转半径，密度
σ	正应力
σ^+	拉应力
σ^-	压应力
$[\sigma]$	许用应力
$[\sigma]^+$	许用拉应力
$[\sigma]^-$	许用压应力
σ_b	强度极限
σ_c	挤压应力
σ_{cr}	临界应力
σ_d	动应力
σ_e	弹性应力
σ_p	比例极限
σ_r	疲劳极限
σ_s	屈服应力
$\sigma_{0.2}$	条件屈服应力
σ_{-1}	对称循环应力
τ	切应力
$[\tau]$	许用切应力
φ	相对扭转角，稳定因数
ω	角速度，角频率，图乘面积
ω_n	固有频率

以下符号正体

符号	含义
d	微分
e	自然对数底 2.71828
J	焦[耳]
kg	千克
kN	千牛
MPa	兆帕
m	米
N	牛顿
rad	弧度
s	秒
δ	变分符号
Δ	有限增量符号
π	数 3.1416
∂	偏微分
Σ	求和
∫	积分

目　录

第1章　绪　　论

1.1　材料力学的任务

工程结构或机械的各组成部分统称为**构件**。当工程结构或机械工作时，任一构件通常均受到**载荷**的作用。例如机床加工零件时，主轴受到齿轮啮合力和切削力的作用；建筑物的梁、柱要承担建筑物和使用者的重力作用等。在载荷作用下，构件具有抵抗破坏和变形的能力，但这种能力是有限度的。为保证工程结构或机械能正常工作，必须保证每个构件均能正常工作，设计时就应使其具备必要的承载能力，通常表现为以下三个方面。

1) 必要的**强度**

为了保证构件正常工作，首先必须保证在工作载荷作用下不发生破坏。此处所说的破坏，通常是指断裂或产生过大的永久变形面失效，例如机床主轴在工作时不应断裂，高压容器在内部压力的作用下不能破裂等。构件抵抗破坏的能力称为**强度**，构件因强度不足发生破坏，通常称为**强度失效**。

2) 必要的**刚度**

构件在载荷作用下会产生变形。当载荷完全卸载后可消失的变形称为**弹性变形**，而当载荷完全卸载后不能消失的变形称为**塑性变形**或永久变形。**刚度**是构件抵抗弹性变形的能力。构件在载荷下产生过大的弹性变形必然会影响工程结构或机械的正常工作，例如机床的主轴变形过大会影响齿轮的正常啮合，使得轴承非正常磨损，同时会降低加工精度；因而在设计构件时，应使其具有必要的抵抗弹性变形的能力。构件因刚度不足而不能正常工作称为**刚度失效**。

3) 必要的**稳定性**

除上述的强度、刚度要求外，对于承受**压力**作用的细长构件，如千斤顶的螺杆、内燃机的挺杆等，这些构件工作时应始终维持原有的直线平衡形态，保证工作中不被压弯。因而要求构件应有保持原有平衡形态的能力，工程中将这种能力称为**稳定性**。构件在工作压力作用下突然侧弯偏离原有的平衡形态，称为**稳定性失效**。

强度、刚度和稳定性是构件设计时必须考虑的三个问题，但对于不同的构件及不同的工况，会有所侧重。例如储气罐主要是要保证强度；车床主轴主要是要具备一定的刚度；受压的细长构件则应保持稳定性。此外，对某些特殊的构件还可能有相反的要求。例如为了防止超载，当载荷超过某一极限时，安全销应立即破坏。又如为了发挥缓冲作用，车辆的缓冲弹簧应有较大的变形等。

当构件横截面尺寸不足或形状不合理或材料选用不当时，将不能满足上述安全性要求，从而不能保证工程结构或机械的正常工作。但是如果为了满足上述要求，不恰当地加大横截面尺寸或选用优质的材料，则会增加成本，造成浪费，这在现实中也是行不通的。材料力学的任务就是在满足“必要的强度、刚度和稳定性的”要求下，为设计出既安全又经济的构件提供必要的理论基础和计算方法。

构件都是由某种工程材料制成的，为使构件具有“必要的强度、刚度和稳定性”，除研究有关的计算理论之外，还要研究工程材料的力学性能，以指导设计时正确选用材料。力学性能需要由实验测定，经过简化得出的理论是否可信也需要由实验来验证，还有一些尚无结论的问题，也需借助实验来解决。所以，实验分析和理论研究同是材料力学解决问题的方法。

1.2 变形固体及其理想化

任何构件受力后都要发生变形。在理论力学中，从其研究任务出发，忽略了构件的变形，将研究对象抽象为刚体。而在材料力学中要研究构件的强度、刚度和稳定性，不能忽略构件的变形，须将构件视为**变形固体**。

变形固体的属性是多方面的，研究的角度不同，侧重面也不一样。材料力学在研究构件的强度、刚度和稳定性时，为了抽象出力学模型，掌握与问题有关的主要属性，应略去一些次要的属性，需对变形固体做如下假设。

1) **连续性**假设

假设组成变形固体的物质在变形前后均毫无空隙地充满固体的体积。按此假设，构件中的一些力学量即可用坐标的连续函数表示，并可采用无限小的数学分析方法。事实上，按物质的微观结构观点，组成变形固体的粒子之间并不连续，但它们之间的空隙与构件的尺寸相比极其微小，将其忽略不计不会影响问题的本质及研究结果。

2) **均匀性**假设

假设变形固体的力学性能处处相同。实际工程材料，其基本组成部分的力学性能往往存在不同差异。例如，金属是由无数微小晶粒所组成，各个晶粒的力学性能不完全相同，晶粒交界处的晶界物质与晶粒本身的力学性能也不完全相同。但在构件中，由于晶粒数目极其巨大且排列杂乱，材料所表现出来的实际上是无数晶粒行为的统计平均值，所以将材料各处的力学性能看作均匀的，研究结果可满足工程需要。

3) **各向同性**假设

假设变形固体沿各个方向具有相同的力学性能。各向同性材料多为金属材料，金属的各个晶粒均属于各向异性体，但由于金属构件所含晶粒极多，而且在构件内的排列又是随机的，因此宏观上可将金属看成是各向同性材料，其研究结果可满足工程需要。

沿不同方向力学性能不同的材料，称为各向异性材料，如木材、毛竹、增强纤维板等。

4) **小变形**假设

材料力学主要研究材料的弹性变形。由于这种变形与构件的原始尺寸相比甚为微小(一般在10^{-3}数量级以下)，因此在研究构件的平衡和运动时，可以仍按变形前的原始尺寸考虑，从而使计算大大简化。对于变形过大的情况，超出小变形条件，一般不在材料力学中讨论。

1.3 内力、截面法和应力的概念

1.3.1 内力

构件在受到外力作用时发生变形，其内部各部分间因相对位置改变而引起的相互作用力就是**内力**。众所周知，即使不受外力作用，构件的各质点间依然存在着相互作用的力。材料力学的内力是指外力作用下上述相互作用力的变化量，所以是构件内部各部分间因外力而引起的附加相互作用力，即“附加内力”。这样的内力随外力的增大而增大，到达某一极限时就会引起构件破坏，因而它与构件的强度是密切相关的。

1.3.2 截面法

要分析构件的内力，例如要分析图 1.1(a)所示平衡杆件横截面 *m-m* 上的内力，须用平面假想地沿该截面将构件截开。由于假设变形固体是连续的，因此变形固体内部相邻部分之间相互作用的内力，实际上是一个连续分布的内力系，如图 1.1(b)、(c)所示，截面左右内力分布相同，指向相反。

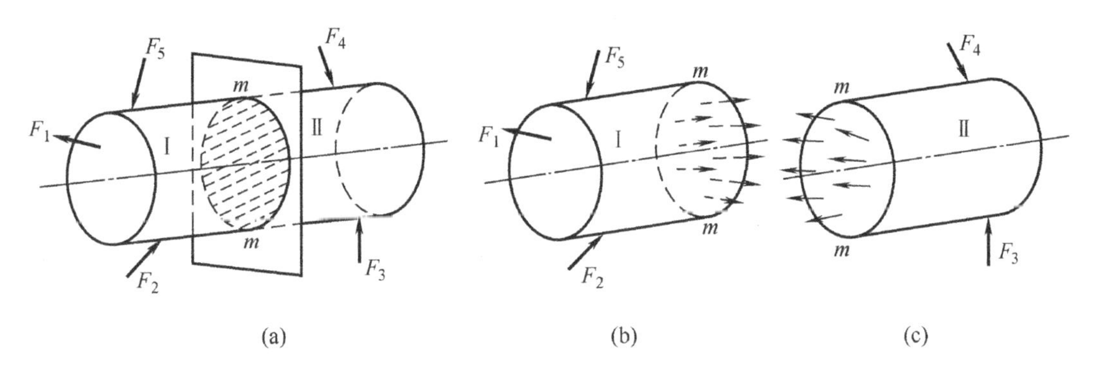

图 1.1 外力与内力分布

把这个分布内力系向横截面的形心 C 简化，得主矢 F_R [①]和主矩 M，如图 1.2(a)所示。为了分析内力，沿轴线方向(与横截面垂直)建立坐标轴 x，在所切的横截面内建立坐标轴 y 与 z，并将主矢 F_R 与主矩 M 沿上述三个轴分解，如图 1.2(b)所示。得主矢的分量 F_N、F_{Sy} 和 F_{Sz}，以及主矩的分量 T、M_y 和 M_z。

这是最一般的情况。沿轴线 x 方向的主矢分量 F_N 称为**轴力**；作用线位于所切横截面的内力分量 F_{Sy} 和 F_{Sz} 称为**剪力**；矢量沿轴线 x 的主矩分量 T 称为**扭矩**；矢量位于所切横截面的主矩分量 M_y 和 M_z 称为**弯矩**。上述内力分量 F_N、F_{Sy}、F_{Sz}、T、M_y、M_z 必须与作用在截开后杆段上的外力保持平衡，因此，由静力学平衡方程可确定其数值。

① 材料力学习惯上对矢量用未加粗的斜体字母表示，图中用箭头表示其方向。

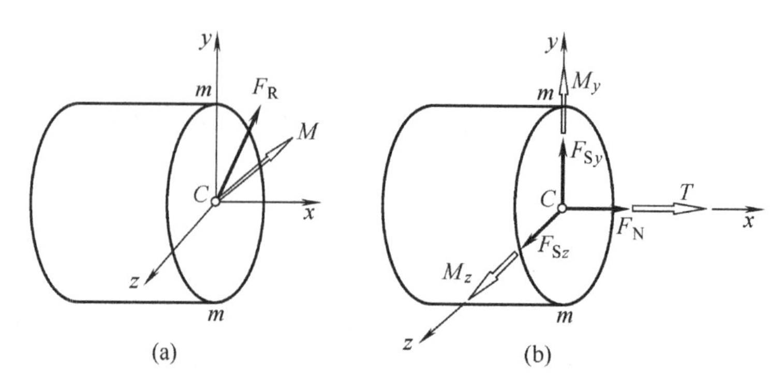

图 1.2　内力分量

以上将杆件假想切开以显示内力，并由平衡方程建立内力与外力间的关系以确定内力值的方法，称为**截面法**。它是分析杆件内力的一般方法。此方法可简记为以下四个步骤。

(1) 截开(在欲求内力的截面处将杆件假想地切为两部分)。

(2) 取舍(一般取外载荷较简单的那部分作为研究对象，舍弃另一部分)。

(3) 代替(舍去部分对留下部分的作用，用内力来代替)。

(4) 平衡(利用静力学平衡方程求解)。

1.3.3　应力

如上所述，截面上的内力为连续分布力系。为了描述内力的分布情况，需引入内力分布集度，即应力的概念。如图 1.3(a)所示，在截面 m-m 上取含任一点 k 的微面积 ΔA，并设作用在该微面积上的内力为 ΔF，则截面 m-m 上点 k 处的**应力**或**总应力**，用 p 表示，即

$$p = \lim_{\Delta A \to 0} \frac{\Delta F}{\Delta A} \tag{1-1}$$

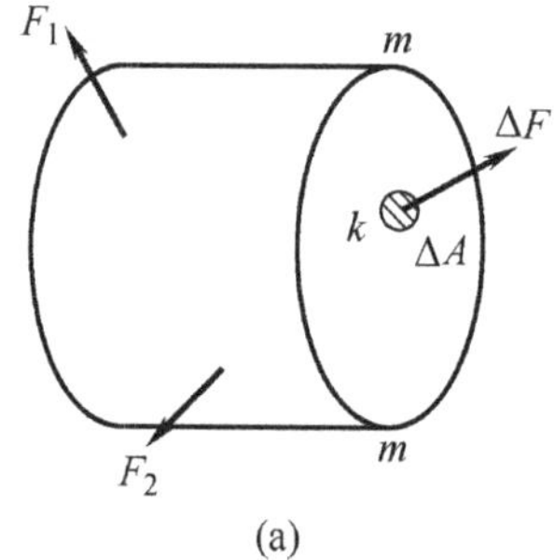

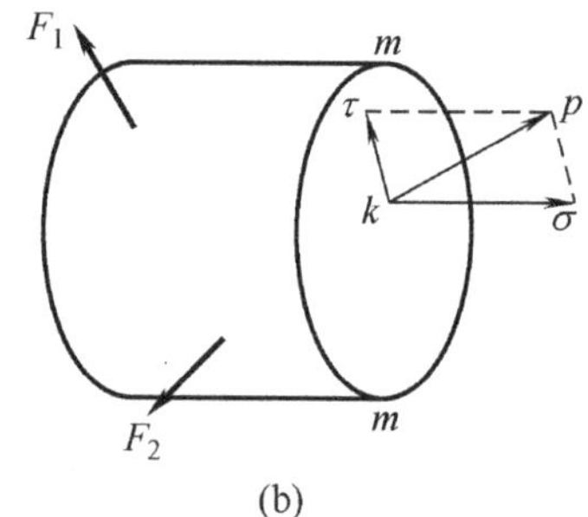

图 1.3　应力

应力 p 的方向即 ΔF 的方向。为了分析方便，通常将应力 p 沿截面法向与切向分解为两个分量，如图 1.3(b)所示。沿截面法向的应力分量称为**正应力**，用 σ 表示；沿截面切向的应力分量称为**切应力**，用 τ 表示。显然：

$$p^2 = \sigma^2 + \tau^2 \tag{1-2}$$

应力单位为 Pa，$1\ \text{Pa} = 1\ \text{N/m}^2$。由于此单位太小，通常用 MPa，$1\ \text{MPa} = 10^6\ \text{Pa}$。

1.4 变形与应变

构件在外力作用下尺寸和形状一般都将发生改变，称为**变形**。构件在变形的同时，其上的点、面相对于初始位置也要发生变化，这种位置的变化称为**位移**。

为了研究构件的变形及其内部的应力分布，需要了解构件内部各点的变形。为此，假想把杆件分割成无数微小的正六面体，当正六面体的各边边长为无限小时，称为**单元体**，如图 1.4(a)所示。构件变形后，其任一单元体棱边的长度及两棱边间的夹角都将发生变化，把这些变形后的单元体组合起来，就形成变形后的构件形状，反映出构件的整体变形。

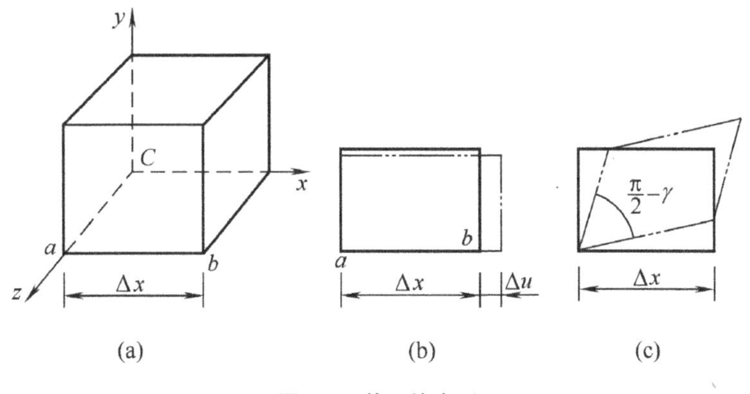

图 1.4 单元体变形

图 1.4(a)表示从受力构件中取出的包含某点 C 的单元体，与 x 轴平行的棱边 ab 的长度 Δx 变化 Δu，如图 1.4(b)所示，则

$$\varepsilon_x = \lim_{\Delta x \to 0} \frac{\Delta u}{\Delta x} \tag{1-3}$$

ε_x 即为点 C 处沿 x 方向的**线应变**或**正应变**，它表示 C 点处 x 轴方向长度改变的程度。类似地，可定义该点处沿 y 方向和 z 方向的线应变 ε_y 和 ε_z，并规定伸长的线应变为正，反之为负。

构件变形后，其上任一单元体，不仅棱边的长度改变，而且原来相互垂直的两条棱边的夹角也将发生变化，如图 1.4(c)所示。其改变量 γ 称为点 C 在平面 xy 内的**切应变**或**角应变**。

线应变 ε 和切应变 γ 是度量构件内一点处变形程度的两个基本量，线应变无量纲；虽然切应变表示的是转角，其单位应为 rad，但实际应用时，也将切应变视为无量纲量。

1.5 杆件变形的基本形式

工程实际中的构件形状多种多样，按照几何特征大致可分为杆件、板(壳)和块体。材料力学重点研究杆件，所谓杆件是指一个方向尺寸远大于其他两个方向尺寸的构件。杆件的形状与尺寸由其轴线与横截面确定。轴线通过各个横截面的形心，且与横截面正交，如图 1.5 所示。轴线为直线的称为**直杆**，轴线为曲线的称为**曲杆**；横截面相同的称为**等截面**

杆，横截面不同的称为变截面杆。杆件是工程中最常见、最基本的构件。材料力学重点研究等截面直杆，简称**等直杆**，其计算原理可近似地应用于曲率很小的曲杆和横截面变化不大的**变截面杆**。

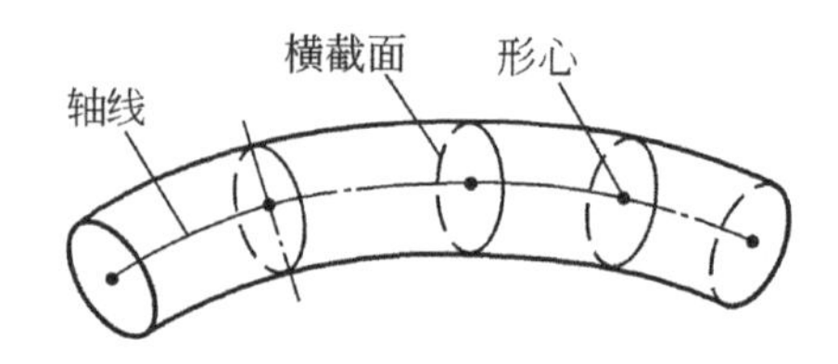

图 1.5　杆件的横截面与轴线

杆件在载荷作用下产生的变形可归结为以下四种**基本变形**形式。

1) **轴向拉伸或轴向压缩**

在一对等值、反向、作用线与直杆轴线重合的外力 F 作用下，直杆的主要变形是长度的改变。这种变形形式称为**轴向拉伸**(见图 1.6(a))或者**轴向压缩**(见图 1.6(b))。

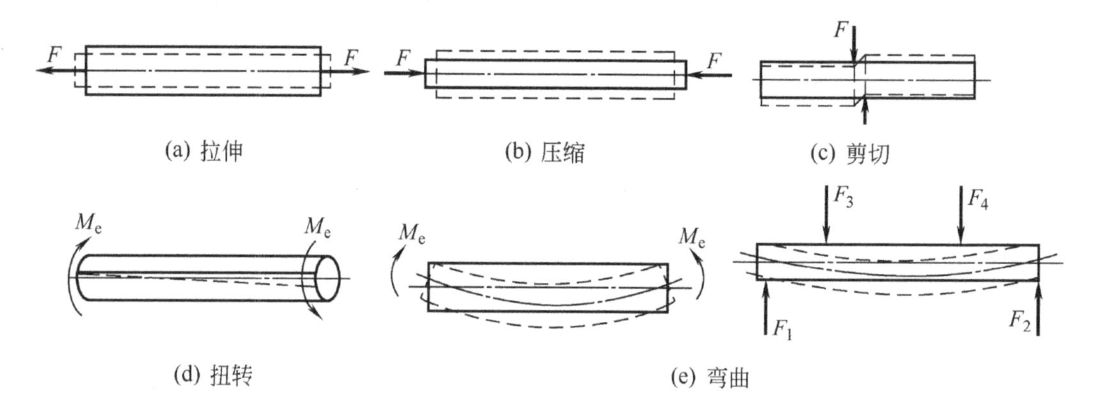

图 1.6　杆件的基本变形形式

2) **剪切**

在一对相距很近的等值、反向的横向外力 F 作用下，直杆的主要变形是横截面沿外力作用方向发生相对错动，如图 1.6(c)所示，这种变形形式称为**剪切**。

3) **扭转**

在一对等值、反向作用面垂直于直杆轴线的外力偶矩 M_e 作用下，直杆的相邻横截面将绕轴线发生相对转动，杆件表面纵向线将变成螺旋线，而轴线仍然是直线，这种变形形式称为**扭转**，如图 1.6(d)所示。

4) **弯曲**

在一对等值、反向作用面在包含杆轴线的纵向平面内的力偶矩 M_e 作用下或在垂直于轴线方向的载荷作用下，直杆的相邻横截面将绕垂直于杆轴线的轴发生相对转动，杆件轴线将变成曲线，这种变形形式称为**弯曲**，如图 1.6(e)所示。

工程杆件在载荷作用下的变形，大多为上述一种或几种变形的**组合变形**。本书先讨论杆件的基本变形，然后再讨论组合变形的问题。

小 结

本章重点是明确材料力学的研究对象和任务，并初步理解相关的**基本概念**。所有这些概念，将在后续各章中不断深化学习理解。

材料力学的重点是内力图的训练、由内力引起的**应力**和**变形**的计算，以及由此产生的**强度**、刚度和**稳定性**问题的分析。

材料力学是一门和工程联系较密切的很实用的一门学科，在后续课程和工程实际中有着非常广泛的应用。在学习材料力学时，要多注意观察周围世界和联系工程实际，注意工程构件合理简化后的材料力学模型与假设，注意材料力学**实验**对**理论**和**假设**的验证解释和动手能力的综合训练，注意认真完成每章思考题和习题作业等。所有这些，对掌握材料力学的基本概念、基本理论和基本方法都是非常重要的。

思 考 题

1-1 材料力学的研究对象与理论力学的研究对象有什么区别和联系？为什么会有这样的区别？

1-2 材料力学的任务是什么？

1-3 材料力学研究的变形固体的基本假设是什么？均匀性假设与各向同性假设有何区别？

1-4 何谓变形？弹性变形与塑性变形有何区别？位移、变形和应变有何联系和区别？

1-5 何谓构件的强度、刚度与稳定性？刚度和强度有何区别？

1-6 何谓内力？何谓截面法？构件横截面上有哪些内力分量？

1-7 刚体静力学中的力的可传性原理和力的平移定理在求变形固体内力时是否仍然适用？试举例说明。

1-8 内力和应力有什么联系和区别？何谓正应力？何谓切应力？

1-9 何谓正应变？何谓切应变？它们的量纲是什么？切应变的单位是什么？

1-10 杆件的轴线和横截面之间有何关系？杆件的基本变形有哪些？试举若干工程实例。

第 2 章　轴向拉伸和压缩及连接件的强度计算

本章主要研究拉压杆的内力、应力、变形和简单超静定问题的计算，以及材料在拉伸与压缩时的力学性能、连接件的强度计算等。

2.1　轴向拉伸与压缩的概念与实例

轴向拉伸与压缩的杆件在生产实践中经常遇到。例如，图 2.1 所示桁架中的拉杆(如杆 1、杆 3)与压杆(如杆 2、杆 4)；图 2.2 所示的曲柄-滑块机构中的受压连杆。

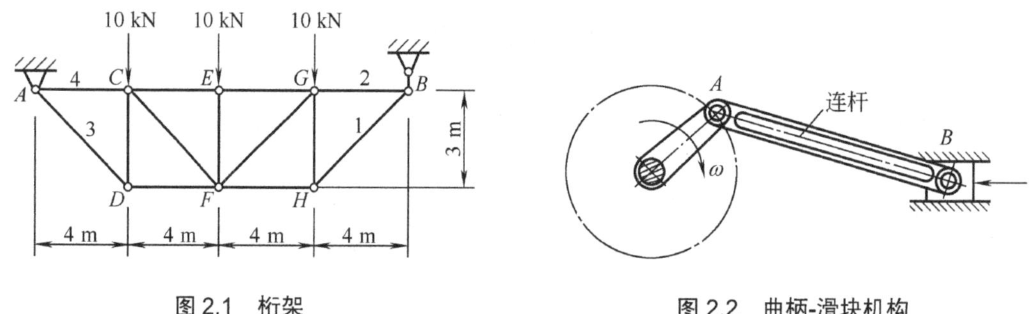

图 2.1　桁架

图 2.2　曲柄-滑块机构

虽然杆件的外形各有差异，加载方式也不相同，但它们的共同特点是：作用于杆件上的外力或其合力的作用线沿杆件轴线，杆件的主要变形是沿轴线方向的伸长或缩短。作用线沿杆件轴线的载荷称为**轴向载荷**。以轴向伸长或缩短为主要特征的变形形式，称为**轴向拉伸**或**轴向压缩**，简称为**拉伸**或**压缩**。以轴向拉压为主要变形的杆件，称为**拉压杆**或**轴向承载杆**。若将这些杆件的形状和受力情况进行简化，都可以简化成图 2.3 所示的受力简图，图中用虚线表示变形后的形状。

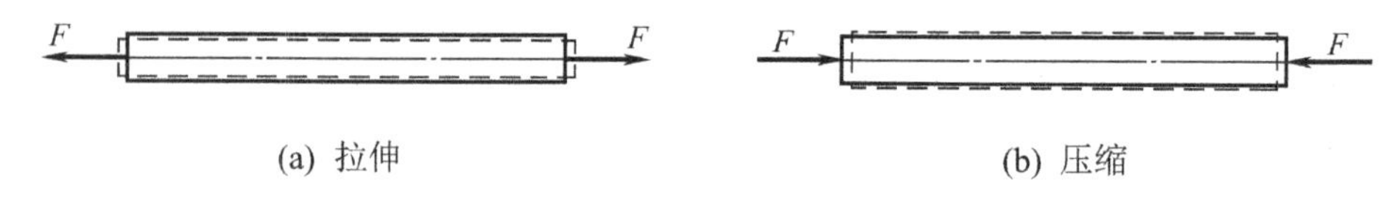

(a) 拉伸

(b) 压缩

图 2.3　拉压杆受力简图

2.2　拉压杆截面上的内力和应力

2.2.1　拉压杆横截面上的内力

1. 轴力

如图 2.4(a)所示为一轴向拉杆，为了显示杆横截面上的内力，假想沿杆件上任一横截面

m-m 将杆件截为两部分。杆件左右两段在横截面 m-m 相互作用的内力是一个分布力系，如图 2.4(b)或(c)所示，其合力为 F_N。由平衡方程 $\sum F_x = 0$，得

$$F_N - F = 0$$

则

$$F_N = F$$

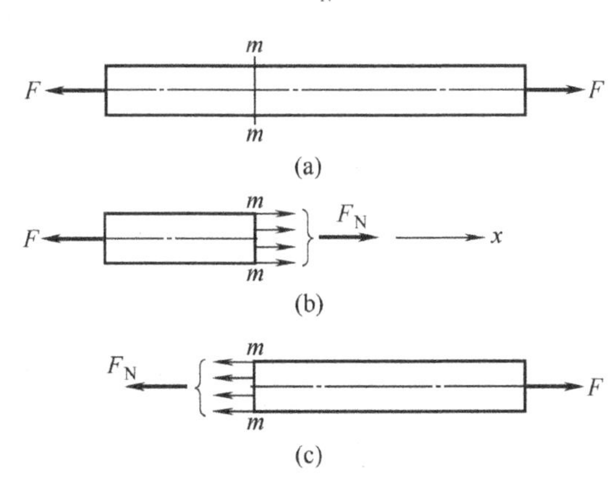

图 2.4　轴向拉杆

由于外力沿着杆件的轴线作用，内力的合力 F_N 的作用线也必然与拉杆轴线重合，故 F_N 称为**轴力**。轴力或为拉力，或为压力，为区别起见，**通常规定**：拉力为正，压力为负。

上述方法就是第 1 章介绍过的**截面法**。在应用截面法时需要注意以下几点。

(1) 外载荷不能沿其作用线移动。因材料力学中研究对象为变形体，而不是刚体。

(2) 截面不能切在外载荷作用点处，要离开或稍微离开作用点。

2. 轴力图

当杆件受到多个轴向载荷作用时，在不同的横截面上，轴力将不相同，通常用**轴力图**表示轴力沿杆件轴线变化的情况。下面举例说明轴力图的绘制。

【例 2-1】　一等直杆受力如图 2.5(a) 所示，试计算杆件的内力，并作轴力图。

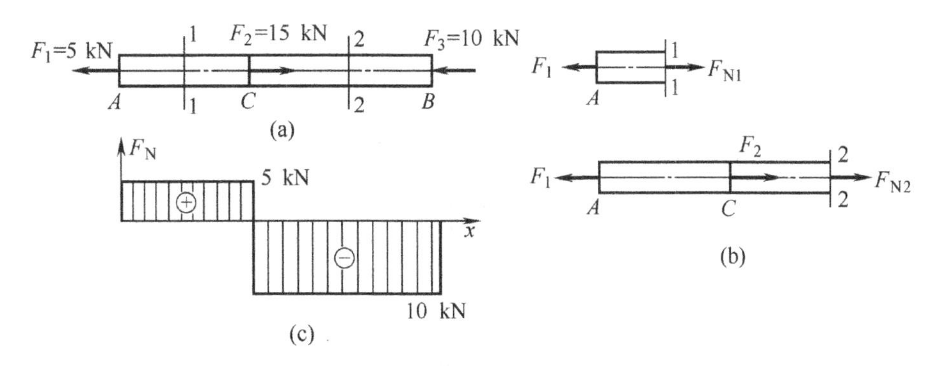

图 2.5　例 2-1 图

【分析】　欲求某一横截面上的内力，可用截面法假想地沿该截面截开，然后取左段或右段为研究对象，由平衡方程求得。

【解】(1) 计算各段的内力。

AC段：作截面1-1，取左段部分，如图2.5(b)所示，由$\sum F_x = 0$得

$$F_{N1} - F_1 = 0$$

则
$$F_{N1} = F_1 = 5\ \text{kN}\ (拉)$$

CB段：作截面2-2，取左段部分，并假设F_{N2}方向如图2.5(b)所示，由$\sum F_x = 0$得

$$F_{N2} + F_2 - F_1 = 0$$

$$F_{N2} = F_1 - F_2 = -10\ \text{kN}\ (压)$$

式中，负号表示F_{N2}的实际方向与图中所设方向相反。

(2) 绘轴力图。

建立一个坐标系，以横坐标表示横截面的位置，纵坐标表示相应截面上的轴力，根据适当的比例，便可绘出轴力图，如图2.5(c)所示。

【讨论】(1) 在求某截面的轴力时，通常假设其为正(拉力)，然后按平衡方程计算，若得到的值为正，说明该轴力为拉力，其方向与假设相同；反之为压力，其方向与假设方向相反。称该方法为**设正法**。在以后的计算中一般均采取这种方法。

(2) 在轴力图中，将拉力绘在轴x的上侧，压力绘在轴x的下侧，这样各段内的变形是拉伸还是压缩，一目了然。

(3) 注意轴力图与载荷图的相应位置上下对齐。

2.2.2 拉压杆截面上的应力

1. 拉压杆横截面上的应力

由截面法求得各个截面上的轴力后，并不能直接判断杆件是否有足够的强度，必须用横截面上的应力来度量杆件的受力程度。为了确定横截面上的应力分布，从研究杆件的变形入手。如图2.6所示为一等截面直杆，试验前，在杆表面画两条垂直于杆轴线的横线ab和cd，然后，在杆两端施加一对大小相等、方向相反的轴向载荷F。从试验中观察到：横线ab和cd仍为直线，且仍然垂直于轴线，只是间距增大，分别平移到图示$a'b'$和$c'd'$位置。根据上述现象，由表及里，可做出**平面假设**：变形前原为平面的横截面，变形后仍保持为平面且仍垂直于杆轴线。如果假想杆件是由一根根纵向纤维组成，由平面假设可以推断，拉杆所有纤维的伸长相等，从而各纤维的受力是一样的。因此，横截面上各点处仅有正应力σ，并沿截面均匀分布。

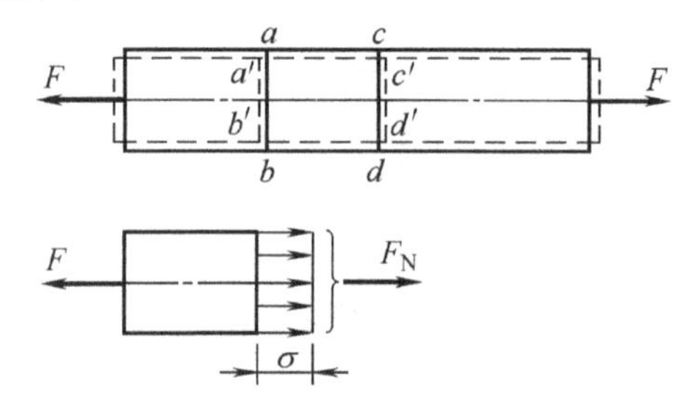

图2.6 杆件横截面上应力

设杆件横截面的面积为 A，轴力为 F_N，则横截面上各点处的正应力均为

$$\sigma = \frac{F_N}{A} \tag{2-1}$$

式(2-1)同样适用于 F_N 为压力时的任意形状的等截面直杆。正应力与轴力具有相同的正负号，即拉应力为正、压应力为负。

当外力的合力与轴线重合，杆横截面尺寸沿轴线缓慢变化时，式(2-1)仍可使用，此时可写成

$$\sigma(x) = \frac{F_N(x)}{A(x)} \tag{2-2}$$

式中 $\sigma(x)$ 、 $F_N(x)$和$A(x)$表示这些量都是横截面位置的函数。对于等截面直杆，当杆受到几个轴向载荷作用时，由式(2-1)知，最大正应力发生在最大轴力作用面处，即

$$\sigma_{\max} = \frac{F_{N\max}}{A} \tag{2-3}$$

最大轴力所在的截面称为**危险截面**，危险截面上的正应力称为**最大工作应力**。

2. 拉压杆斜截面上的应力

以上研究了拉压杆横截面上的应力，它是强度计算的依据。但不同材料的实验表明，拉压杆的破坏并不总是沿横截面发生，有时却是沿斜截面发生的。为此，进一步讨论斜截面上的应力。如图 2.7(a)所示拉压杆，利用截面法，沿任一斜截面 m-m 将杆截开，该截面的方位用其外法线 On 与轴 x 的夹角 α 表示。由前述分析可知，杆件横截面上的应力均匀分布，由此可以推断，斜截面 m-m 上的应力 p_α 也为均匀分布，如图 2.7(b)所示，且其方向必与杆轴线平行。

设杆件横截面的面积为 A，则根据上述分析，得杆左段的平衡方程为

$$p_\alpha \frac{A}{\cos\alpha} - F = 0$$

由此得 α 截面 m-m 上各点处的应力为

$$p_\alpha = \frac{F\cos\alpha}{A} = \sigma\cos\alpha$$

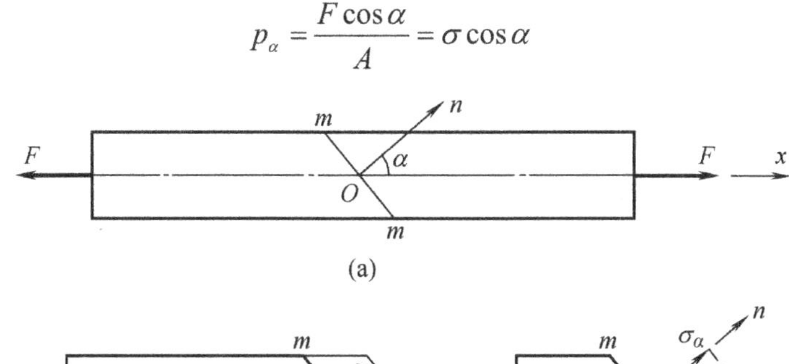

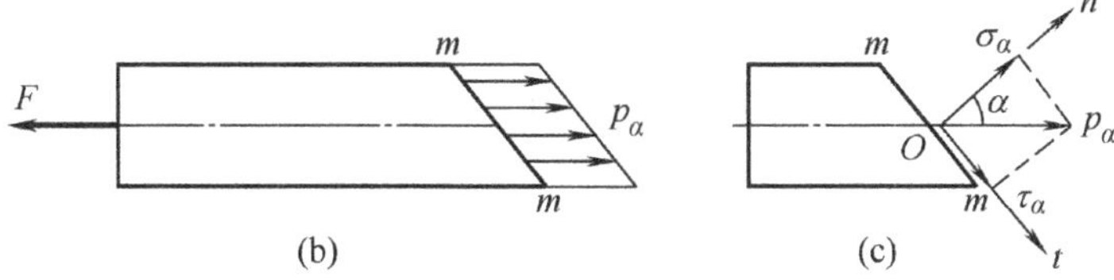

图 2.7　杆件斜截面上的应力

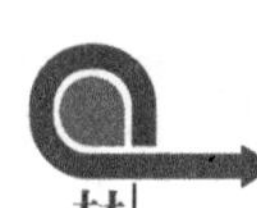

式中，$\sigma = F/A$，代表杆件横截面上的正应力。

将应力 p_α 沿截面法向与切向分解，如图 2.7(c)所示，得斜截面上的正应力与切应力分别为

$$\sigma_\alpha = p_\alpha \cos\alpha = \sigma\cos^2\alpha \tag{2-4}$$

$$\tau_\alpha = p_\alpha \sin\alpha = \frac{\sigma}{2}\sin 2\alpha \tag{2-5}$$

可见，在拉压杆的任一斜截面上，不仅存在正应力，而且存在切应力，其大小均随截面的方位角变化。

由式(2-4)可知，当 $\alpha = 0°$ 时，正应力最大，其值为

$$\sigma_{\max} = \sigma \tag{2-6}$$

即拉压杆的最大正应力发生在横截面上，其值为 σ。

由式(2-5)可知，当 $\alpha = 45°$ 时，切应力最大，其值为

$$\tau_{\max} = \frac{\sigma}{2} \tag{2-7}$$

即拉压杆的最大切应力发生在与杆轴成 45° 的斜截面上，其值为 $\sigma/2$。

由式(2-4)、式(2-5)可知，当 $\alpha = 90°$ 时，$\sigma_{90°} = \tau_{90°} = 0$，即纵向纤维间无挤压、无剪切。

为便于应用上述公式，现对**方位角与切应力的正负号作如下规定**：以 x 轴为始边、方位角 α 为逆时针转向者为正；将截面外法线 On 沿顺时针方向旋转 90°，与该方向同向的切应力为正。按此规定，如图 2.7(c)所示的 α 与 τ_α 均为正。

【例 2-2】 起吊三脚架，如图 2.8 所示，已知杆 AB 由两根横截面面积为 A 的角钢制成，设 A=10.86 cm^2，F=130 kN，$\alpha = 30°$。求杆 AB 横截面上的应力。

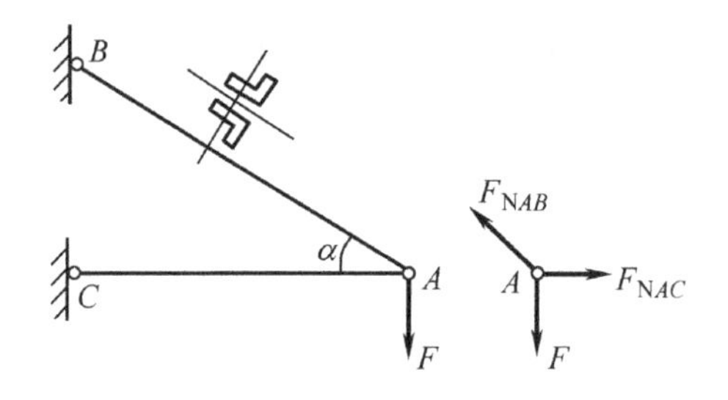

图 2.8 例 2-2 图

【分析】 欲求杆 AB 横截面上的应力，需先求杆 AB 的轴力，为此可从节点 A 的平衡出发求解。

【解】 (1) 求杆 AB 的内力。

取节点 A 为研究对象，由平衡方程 $\sum F_y = 0$，得

$$F_{NAB}\sin 30° - F = 0$$

则

$$F_{NAB} = 2F = 260\ \text{kN}\ (拉)$$

(2) 计算 σ_{AB}。

$$\sigma_{AB} = \frac{F_{NAB}}{A} = \frac{260\times10^3\ \text{N}}{2\times10.86\times10^{-4}\ \text{m}^2} = 120\ \text{MPa}$$

【例 2-3】 已知阶梯形直杆受力如图 2.9(a)所示。杆各段的横截面面积分别为 $A_1 = A_2 = 2500\ \text{mm}^2$，$A_3 = 1000\ \text{mm}^2$，求：

(1) 杆 AB、BC、CD 段横截面上的正应力；

(2) 杆 AB 段上与杆轴线夹角 45°(逆时针方向)斜截面上的正应力和切应力。

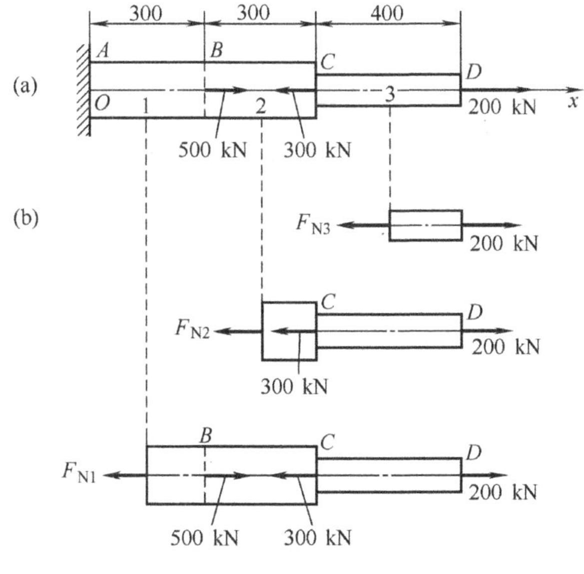

图 2.9　例 2-3 图

【分析】 因为杆各段的轴力不等，而且横截面面积也不完全相同，因而，首先必须分段计算各段杆横截面上的轴力。

【解】 (1) 计算各段杆横截面上的正应力。

分别对 AB、BC、CD 段杆应用截面法，如图 2.9(b)所示，由平衡条件求得各段的轴力分别为

AB 段：$F_{N1} = 400\ \text{kN}$

BC 段：$F_{N2} = -100\ \text{kN}$

CD 段：$F_{N3} = 200\ \text{kN}$

进而求得各段横截面上的正应力分别为

$$AB\ 段：\sigma_1 = \frac{F_{N1}}{A_1} = \frac{400 \times 10^3\ \text{N}}{2500 \times 10^{-6}\ \text{m}^2} = 160 \times 10^6\ \text{Pa} = 160\ \text{MPa}$$

$$BC\ 段：\sigma_2 = \frac{F_{N2}}{A_2} = \frac{(-100) \times 10^3\ \text{N}}{2500 \times 10^{-6}\ \text{m}^2} = -40 \times 10^6\ \text{Pa} = -40\ \text{MPa}$$

$$CD\ 段：\sigma_3 = \frac{F_{N3}}{A_3} = \frac{200 \times 10^3\ \text{N}}{1000 \times 10^{-6}\ \text{m}^2} = 200 \times 10^6\ \text{Pa} = 200\ \text{MPa}$$

式中，σ_2 的结果中负号表示压应力。

(2) 计算杆 AB 段斜截面上的正应力和切应力

应用拉压杆斜截面上的应力式(2-4)、式(2-5)：

$$\sigma_\alpha = \sigma\cos^2\alpha，\ \tau_\alpha = \frac{1}{2}\sigma\sin 2\alpha$$

由杆 AB 段横截面上的正应力 $\sigma_1 = 160\ \text{MPa}$，得与杆轴线夹角 45°(逆时针方向)斜截面上的正应力和切应力分别为

$$\sigma_{45^\circ} = \sigma_1\cos^2\alpha = 160\ \text{MPa}\cdot\cos^2 45^\circ = 80\ \text{MPa}$$

$$\tau_{45^\circ} = \frac{1}{2}\sigma_1\sin 2\alpha = \frac{1}{2}\times 160\ \text{MPa}\cdot\sin(2\times 45^\circ) = 80\ \text{MPa}$$

2.3 材料在拉伸或压缩时的力学性能

材料的强度、刚度与稳定性，不仅与构件的形状、尺寸及所受外力有关，而且与材料的力学性能有关。材料的**力学性能**也称为**机械性质**，是指材料在外力作用下表现出的变形和破坏等方面的特性。它要由实验来测定。一般用常温、静载(缓慢加载)试验来测定材料的力学性能。为了便于比较不同材料的试验结果，对试样的形状、加工精度、加载速度、试验环境等，国家标准[①]都有统一规定。如图 2.10 所示为标准拉伸试样，标记 m 与 n 之间的杆段为试验段，其长度 l 称为**标距**。对于试验段直径为 d 的圆截面试样(见图 2.10(a))，通常规定

$$l=10d \quad 或 \quad l=5d$$

对于试验段横截面面积为 A 的矩形截面试样(见图 2.10(b))，则规定

$$l=11.3\sqrt{A} \quad 或 \quad l=5.65\sqrt{A}$$

试验时，先将试样安装在试验机的上、下夹头内，如图 2.11 所示，并在标距段安装测量变形的仪器。然后开动机器，缓慢加载。随着载荷 F 的增大，试样逐渐被拉长。试验段的拉伸变形用 Δl 表示，拉力 F 与变形 Δl 的关系曲线，称为试样的**拉伸图**或**力-伸长曲线**，图 2.12 所示为低碳钢 Q235 拉伸图。

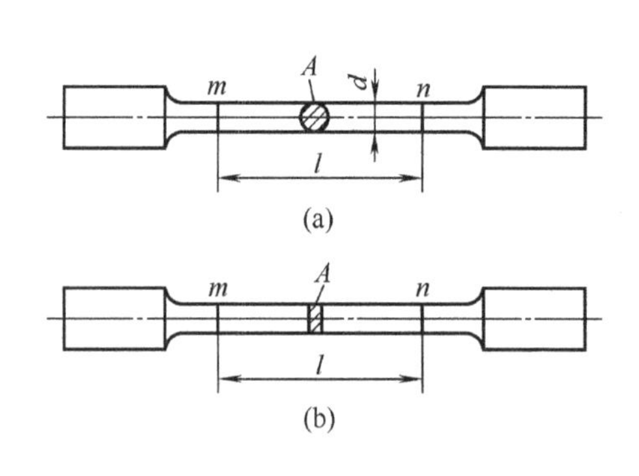

图 2.10　标准拉伸试样

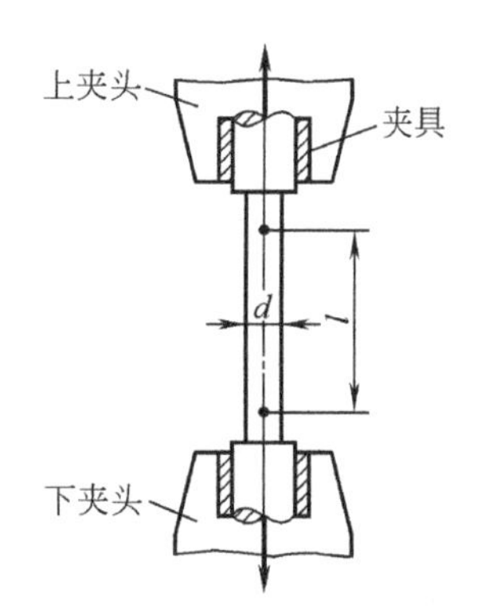

图 2.11　拉伸试样夹具

拉伸图只能表征试样的力学行为，而非材料的力学行为。为了消除试样尺寸的影响，把拉力 F 除以试样横截面的原面积 A，得出正应力 σ，同时，把伸长量 Δl 除以标距的原始

① 参阅 GB 228—87《金属拉伸试验方法》。

长度l，得到正应变ε。以σ为纵坐标，ε为横坐标，作图表示σ与ε的关系，如图 2.13 所示，**称为应力-应变图**或**σ-ε图**。

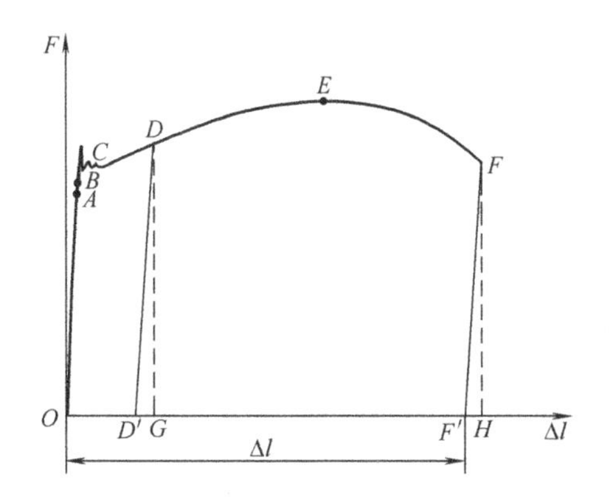

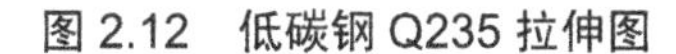
图 2.12　低碳钢 Q235 拉伸图

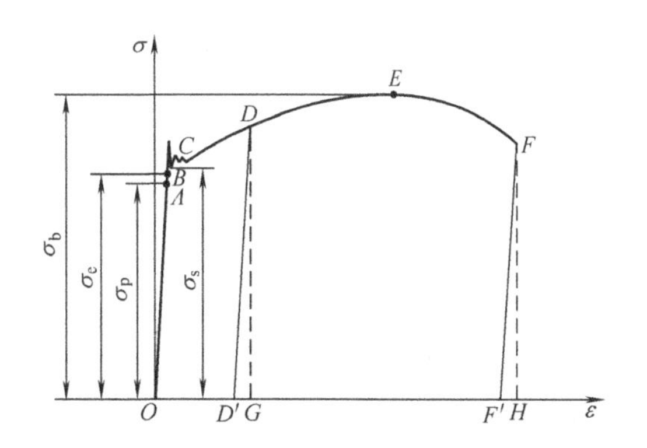

图 2.13　低碳钢 Q235 应力-应变图

2.3.1　低碳钢拉伸时的力学性能

低碳钢是工程中广泛应用的金属材料，其应力-应变图也具有典型意义，因此，下面以低碳钢 Q235 为例，介绍材料的力学性能，其应力应变曲线如图 2.13 所示。

1. 弹性阶段(OA段)

在拉伸的初始阶段，应力σ与应变ε为直线关系直至点A。点A所对应的应力值称为**比例极限**，记为σ_{p}，它是应力与应变成正比例的最大值。在这一阶段，应力与应变成正比，即

$$\sigma \propto \varepsilon$$

把它写成等式

$$\sigma = E\varepsilon \tag{2-8}$$

这就是单向应力状态下的胡克定律。式中E为与材料有关的比例常数，称为**弹性模量**或**杨氏模量**。由于ε无量纲，故E的量纲与σ相同，常用单位是吉帕，记为 GPa (1 GPa=10^9 Pa)。低碳钢 Q235 的弹性模量$E \approx 200$ GPa，$\sigma_{\mathrm{p}} \approx 200$ MPa。式(2-8)表明，当工作应力小于σ_{p}时，E是直线OA的斜率。即

$$E = \frac{\sigma}{\varepsilon}$$

在应力-应变曲线上，当应力值从点A增至点B时，σ与ε之间的关系不再是直线，但当此应力解除后，应变也随之消失，这种变形称为**弹性变形**。点B所对应的应力σ_{e}是材料仅出现弹性变形的极限值，称为**弹性极限**。在σ-ε曲线上，A、B两点非常接近，所以工程上对弹性极限和比例极限并不严格区分。

当应力大于弹性极限后，如再解除拉力，则试样变形的一部分随之消失，消失的这部分变形就是弹性变形，但还遗留下一部分不能消失的变形，这种变形称为**塑性变形**或**残余变形**。

2. 屈服阶段(*BC* 段)

当应力超过弹性极限后继续加载，应变会很快地增加，而应力先是下降，然后做微小的波动，在 σ-ε 曲线上出现接近水平线的小锯齿形线段。这种应力基本保持不变，而应变显著增加的现象，称为**屈服**或**流动**。在屈服阶段内的最高应力和最低应力分别称为上屈服极限和下屈服极限。上屈服极限的数值与试样形状、加载速度等因素有关，一般不稳定。而下屈服极限则有比较稳定的数值，能够反映材料的性能，通常就把下屈服极限称为**屈服强度**或**屈服极限**，用 σ_s 表示。低碳钢 Q235 的屈服极限 $\sigma_s \approx 235\text{ MPa}$， σ_s 是衡量材料强度的重要指标。

表面磨光的试样屈服时，表面将出现与轴线大致成 45°倾角的条纹，这是由于材料内部相对滑移形成的，称为**滑移线**，如图 2.14 所示。因为拉伸时在与杆轴线成 45°斜截面上，切应力为最大值，可见屈服现象的出现与最大切应力有关。

3. 强化阶段(*CE* 段)

过了屈服阶段后，材料又恢复了抵抗变形的能力，要使它继续变形必须增大拉力，这种现象称为材料的强化。强化阶段的最高点 *E* 所对应的应力 σ_b 是材料所能承受的最大应力，称为**强度极限**或**抗拉强度**，它表示材料所能承受的最大应力。低碳钢 Q235 的强度极限 $\sigma_b \approx 380\text{MPa}$。 σ_b 也是衡量材料强度的重要指标。

4. 局部变形阶段(*EF* 段)

过点 *E* 后，即应力达到强度极限后，在试样的某一局部范围内，横向尺寸突然急剧缩小，如图 2.15 所示，形成**颈缩**现象。颈缩出现后，使试样继续变形所需的拉力减小，应力–应变曲线相应呈现下降，最后导致试样在颈缩处断裂。在 σ-ε 图上，用原始横截面面积 *A* 算出的应力 σ，其实质是**名义应力**(也称为工程应力)。

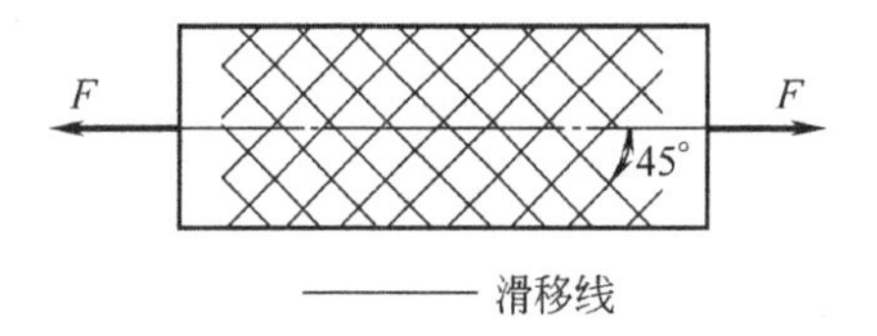

图 2.14　低碳钢屈服现象

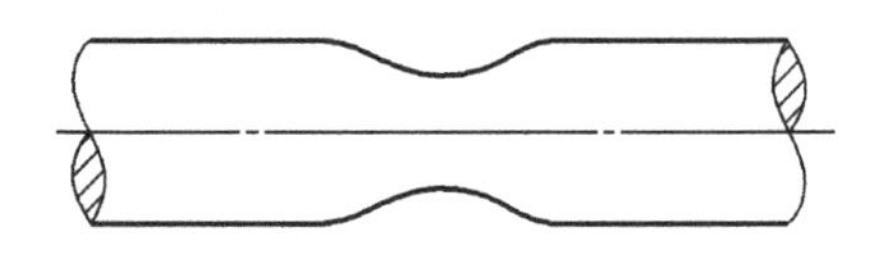

图 2.15　低碳钢颈缩现象

5. 塑性指标

材料经受较大塑性变形而不拉断的能力称为**延性**或**塑性**。材料的塑性用**延伸率**或**断面收缩率**度量。

设试样原始标距长度为 l，拉断后的标距长度变为 l_1，则延伸率定义为

$$\delta = \frac{l_1 - l}{l} \times 100\% \tag{2-9}$$

设试样的原始横截面面积为 *A*，拉断后颈缩处的最小横截面面积为 A_1，断面收缩率定义为

$$\psi = \frac{A - A_1}{A} \times 100\% \tag{2-10}$$

对于低碳钢 Q235，其塑性指标为：$\delta = 25\% \sim 30\%$，$\psi \approx 60\%$。

材料的延伸率和断面收缩率值越大，说明材料塑性越好。工程上通常按延伸率的大小把材料分为两类：$\delta \geqslant 5\%$为塑性材料；$\delta < 5\%$为脆性材料。

6. 卸载与再加载性质

在弹性阶段卸载，应力与应变关系将沿着直线 OA 回到点 O，如图 2.13 所示，变形完全消失。当把试样拉到超过屈服极限的点 D，然后卸载，应力与应变关系将沿着直线 DD' 回到 D'。斜直线 DD' 近似地平行于 OA。这说明，在卸载过程中，应力和应变按直线规律变化，这就是**卸载定律**。卸载后在短期内再次加载，则应力和应变大致上沿卸载时的斜直线 $D'D$ 变化，直到点 D 后，又沿曲线 DEF 变化。可见在再次加载时，直到点 D 以前材料的变形是弹性的，过点 D 后才开始出现塑性变形。比较图 2.13 中的 $OABCDEF$ 和 $D'DEF$ 两条曲线，可以看出在第 2 次加载时，其比例极限(亦即弹性极限)得到提高，但若这样做，实际上会使塑性有所降低，这种现象称为**冷作硬化**。冷作硬化现象经退火可以消除。

工程中常利用冷作硬化，以提高某些构件(例如钢筋与链条等)在弹性范围内的承载能力。

7. 温度的影响

以上讨论的是常温静载情况下的结论，应当指出，低碳钢在温度升到 300℃以后，随着温度的升高，其弹性模量、屈服极限、强度极限均降低，而延伸率则升高；而在低温情况下，低碳钢的强度提高，而塑性降低。

2.3.2　铸铁及其他塑性材料拉伸时的力学性能

铸铁也是工程中广泛应用的材料之一，如图 2.16 所示为灰口铸铁拉伸时的应力-应变关系。从开始受力直到断裂，变形始终很小，既不存在屈服阶段，也无颈缩现象。断裂时的应变仅为 0.4%～0.5%，断口则垂直于试样轴线，即断裂发生在最大拉应力作用面。铸铁拉断时最大应力即为其强度极限。因为没有屈服现象，强度极限 σ_b 是衡量强度的唯一指标。铸铁等脆性材料的抗拉强度很低，所以不宜作抗拉构件的材料。

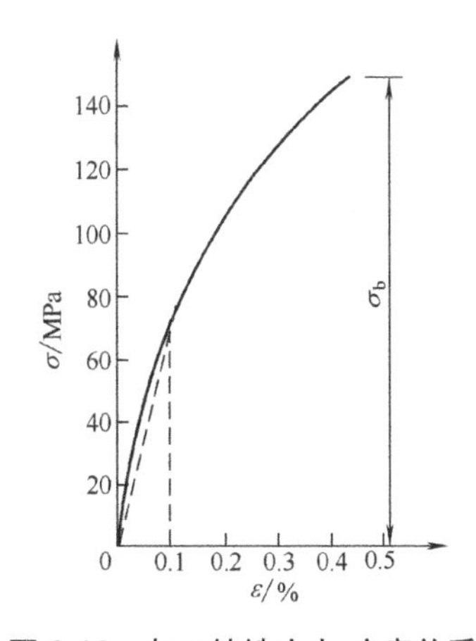

图 2.16　灰口铸铁应力-应变关系

如图 2.17 所示为铬锰硅钢与硬铝等金属材料的应力–应变图。可以看出，它们断裂时均具有较大的残余变形，即均属于塑性材料。不同的是，有些材料不存在明显的屈服阶段。

对于不存在明显屈服阶段的塑性材料，工程中通常以卸载后产生数值为 0.2%的残余应变的应力作为屈服应力，称为**屈服强度**或**名义屈服极限**，并用 $\sigma_{0.2}$ 表示。如图 2.18 所示，在横坐标轴 ε 上取 $\overline{OC}$=0.2%，自点 C 作直线平行于 OA，并与应力–应变曲线相交于 D，与点 D 对应的正应力即为名义屈服极限 $\sigma_{0.2}$。

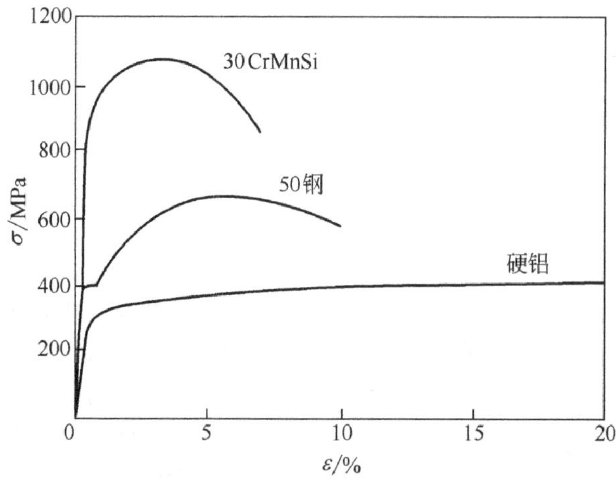

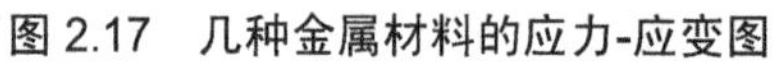
图 2.17　几种金属材料的应力-应变图

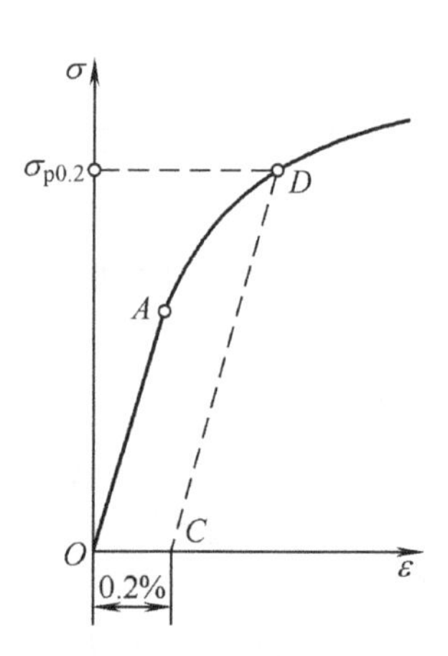

图 2.18　名义屈服极限的确定

2.3.3　材料在压缩时的力学性能

一般细长杆件压缩时容易产生失稳现象(第 9 章讨论)，因此在金属压缩试验中，常采用短粗圆柱形试样，圆柱高度为直径的 1.5～3 倍。混凝土、石料等则制成立方体试样。

1. 低碳钢压缩时的σ-ε 曲线

低碳钢压缩时的σ-ε曲线如图 2.19 所示。试验表明：低碳钢压缩时的弹性模量E和屈服极限σ_s，都与拉伸时大致相同(图 2.19 中虚线为拉伸时的情况)。屈服阶段以后，试样越压越扁，横截面面积不断增大，试样抗压能力也继续增高，因而得不到压缩时的强度极限。由于可从拉伸试验测定低碳钢压缩时的主要性能，所以不一定要进行压缩试验。

2. 铸铁压缩时的σ-ε 曲线

如图 2.20 表示铸铁压缩时的σ-ε曲线，试样仍然在较小的变形下突然破坏，破坏断面的法线与轴线大致成 45°～55°的倾角[①]，表明试样沿斜截面因相对错动而破坏。铸铁的抗压强度比它的抗拉强度高 4～5 倍。

3. 混凝土压缩时的σ-ε曲线

混凝土是由水泥、石子和砂加水搅拌均匀经水化作用后而成的人造材料。混凝土压缩时的σ-ε曲线如图 2.21(a) 所示。混凝土在压缩试验中的破坏形式，与两端压板和试块的接触面的润滑条件有关。当润滑不好、两端面的摩擦阻力较大时，压坏后呈两个对接的截锥体，如图 2.21(b) 所示；当润滑较好、两端面的摩擦阻力较小时，则沿纵向开裂，如图 2.21(c) 所示。两种破坏形式所对应的抗压强度也有差异。

---

①某些塑性材料，如铝合金、铝青铜等，压缩时也是沿斜截面破坏，并非像低碳钢一样压成扁饼。

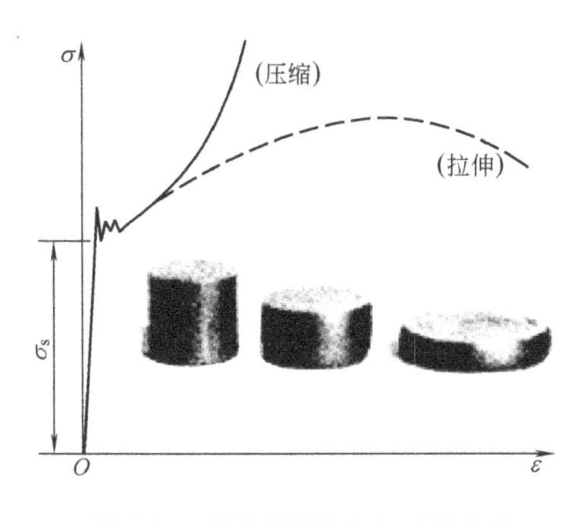

图 2.19 低碳钢压缩应力-应变曲线

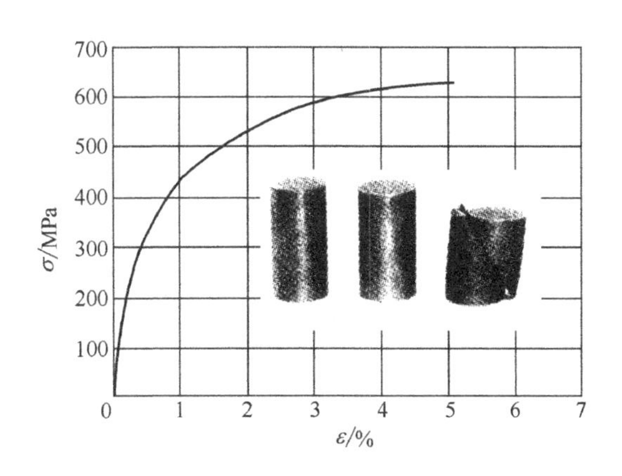

图 2.20 铸铁压缩应力-应变曲线

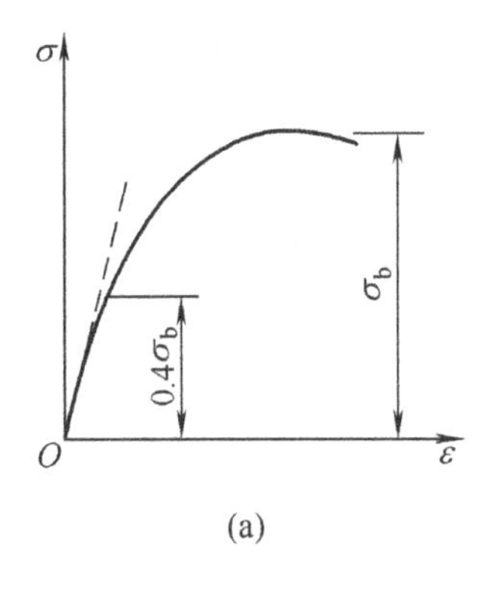

(a)

(b)

(c)

图 2.21 混凝土压缩时的σ-ε曲线和破坏形式

2.4 圣维南原理和应力集中

研究表明：杆件承受轴向拉伸或压缩时，在载荷作用区附近和截面发生剧烈变化的区域，正应力计算式(2-1)不再正确。前者表现为应力的分布规律受到加载方式的影响，其影响范围将表达为**圣维南原理**；后者将表现为应力的局部升高，即**应力集中**现象。

2.4.1 圣维南原理

当作用在杆端的轴向外力沿横截面非均匀分布时，外力作用在附近各截面的应力也为非均匀分布，但**圣维南原理**指出，力作用于杆端的分布方式，只影响杆端局部范围的应力分布，影响区的轴向范围为离杆端 1～2 个杆的横向尺寸。此原理已为大量试验与计算所证实。因此，只要外力合力的作用线沿杆件轴线，在离外力作用面稍远处，横截面上的应力分布均可视为均匀的。至于外力作用处的应力分析，则将在 2.8 节中进行讨论。

2.4.2 应力集中

等截面直杆受轴向拉伸或压缩时，横截面上的应力是均匀分布的。由于构造与使用等方面的需要，许多构件常常带有沟槽(如螺纹)、孔和圆角(构件由粗到细的过渡圆角)等。在外力作用下，构件中邻近沟槽、孔或圆角的局部范围内，应力并不是均匀分布的，如图 2.22 所示，开有圆孔或切口的板条受拉时，在圆孔或切口附近的局部区域内，应力将剧烈增加，但在离开圆孔或切口稍远处，应力就迅速降低而趋于均匀。由于截面急剧变化所引起的应力局部增大现象，称为**应力集中**。

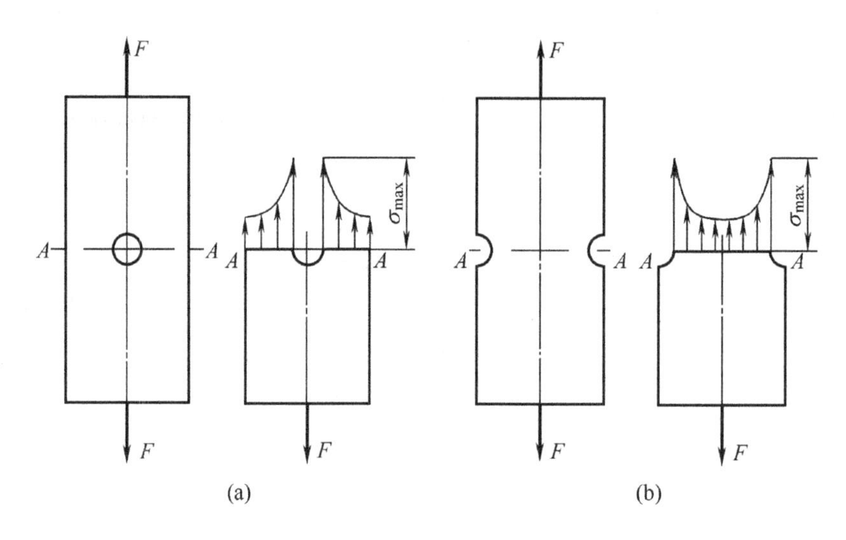

图 2.22　有圆孔或切口的受拉板条

应力集中的程度称为**应力集中因数**，也称为**理论应力集中因数**，用 $K_{t\sigma}$ 表示，其定义为

$$K_{t\sigma}=\frac{\sigma_{max}}{\sigma_n} \tag{2-11}$$

式中，σ_n 为名义应力；σ_{max} 为最大局部应力。名义应力是在不考虑应力集中的条件下求得的。例如上述含圆孔薄板，若所受拉力为 F，板厚为 δ，板宽为 b，孔径为 d，则截面 A-A 的名义应力

$$\sigma_n=\frac{F}{(b-d)\delta} \tag{2-12}$$

最大局部应力 σ_{max} 则是由解析理论(例如弹性力学)、实验或数值方法(例如有限元法与边界元法等)确定。

实验结果表明：截面尺寸改变得越急剧、角越尖、孔越小，应力集中的程度就越严重。因此，零件上应尽可能地避免带有尖角的孔和槽，在阶梯轴的轴肩处要用圆弧过渡，而且应尽量使圆弧半径大一些。

各种材料对应力集中的敏感程度并不相同。

对于由脆性材料制成的构件，当由应力集中所形成的最大局部应力达到强度极限时，

在应力集中处首先出现裂缝，随着裂缝的发展，应力集中程度加剧，最终导致构件发生破坏。因此，在设计脆性材料构件时，应注意考虑应力集中的影响。

对于由塑性材料制成的构件，应力集中对其在静载荷作用下的强度几乎无影响。因为当应力集中处最大应力达到屈服应力后，如果继续增大载荷，所增加的载荷将由同一截面的未屈服部分承担，以致屈服区域不断扩大，应力分布逐渐趋于均匀化。所以，在研究塑性材料构件的静强度问题时，通常可以不考虑应力集中的影响。

然而，应力集中能促使疲劳裂纹的形成与扩展，因而对构件(无论是塑性还是脆性材料)的疲劳强度影响极大。所以在工程设计中，要特别注意减小构件的应力集中。

2.5　失效、许用应力与强度条件

2.5.1　失效与许用应力

由于各种原因使结构丧失其正常工作能力的现象，称为**失效**。试验表明，对塑性材料，当横截面上的正应力达到屈服极限 σ_s 时，出现屈服现象，产生较大的塑性变形，当应力达到强度极限 σ_b 时，试样断裂；对脆性材料，当横截面上的正应力达到强度极限 σ_b 时，试样断裂，断裂前试样塑性变形较小。在工程中，构件工作时不容许断裂是毋庸置疑的，同时，如果构件在工作时产生较大的塑性变形，将影响整个结构的正常工作，因此也不容许构件在工作时产生较大的塑性变形。所以，从强度方面考虑，断裂和屈服都是构件的失效形式。

通常将材料失效时的应力称为材料的**极限应力**，用 σ_u 表示。对于塑性材料，以屈服应力作为极限应力；对于脆性材料，以强度极限作为极限应力。

在对构件进行强度计算时，考虑力学模型与实际情况的差异及必须有适当的强度安全储备等因素，对于由一定材料制成的具体构件，需要规定一个工作应力的最大容许值，这个最大容许值称为材料的**许用应力**。用 $[\sigma]$ 表示，即

$$[\sigma]=\frac{\sigma_u}{n} \tag{2-13}$$

式中，n 为大于 1 的数，称为**安全因数**。

对塑性材料

$$[\sigma]=\frac{\sigma_s}{n_s} \tag{2-14}$$

对脆性材料

$$[\sigma]=\frac{\sigma_b}{n_b} \tag{2-15}$$

式中，n_s、n_b 分别为塑性材料和脆性材料的安全因数。

安全因数的取值受力学模型与实际结构、材料差异、构件的重要程度和经济等多方面因素的影响。一般情况下，可从有关规范或设计手册中查到。在静强度计算中，安全因数的取值范围为：对于塑性材料，n_s 通常取 1.25～2.5；对于脆性材料，n_b 通常取 2.5～5.0，甚至更大。

2.5.2 强度条件

根据上述分析知，为了保证受拉(压)杆在工作时不发生失效，强度条件为

$$\sigma_{max} \leqslant [\sigma] \tag{2-16}$$

式中，σ_{max} 为构件内的最大工作应力。

对于等截面拉(压)杆，强度条件

$$\sigma_{max} = \frac{F_{N\,max}}{A} \leqslant [\sigma] \tag{2-17}$$

根据强度条件对拉(压)杆进行强度计算时，可做以下三个方面的工作。

(1) **强度校核**。

在已知拉(压)杆的材料、截面尺寸和所受载荷时，检验上述强度条件是否满足，称为**强度校核**。

(2) **截面设计**。

在已知拉(压)杆的材料和所受载荷时，根据强度条件确定该杆横截面面积或尺寸的计算，称为**截面设计**。对于等截面拉(压)杆，由式(2-17)得

$$A \geqslant \frac{F_{N\,max}}{[\sigma]} \tag{2-18}$$

(3) **许用载荷确定**。

在已知拉(压)杆的材料和截面尺寸时，根据强度条件确定该杆或结构所能承受的最大载荷的计算，称为**许用载荷**确定。按式(2-17)有

$$F_{N\,max} \leqslant [\sigma]A \tag{2-19}$$

需要指出的是，当拉(压)杆的工作应力 σ_{max} 超过许用应力 $[\sigma]$，而偏差不大于许用应力的 5%时，在工程上是允许的，因为许用应力 $[\sigma]$ 有一定的余度。

【例 2-4】 结构尺寸及受力如图 2.23(a)所示。设 AB、CD 均为刚体，BC 和 EF 为圆截面钢杆，直径均为 $d = 25\text{mm}$。若已知载荷 F=39 kN，杆的材料为 Q235 钢，其许用应力 $[\sigma]$=160 MPa。试校核此结构的强度是否安全。

【分析】 该结构的强度与杆 BC 和 EF 的强度有关，在校核结构强度之前，应先判断哪一根杆最危险。

现二杆直径及材料均相同，故受力大的杆最危险。为此先进行受力分析并求解。

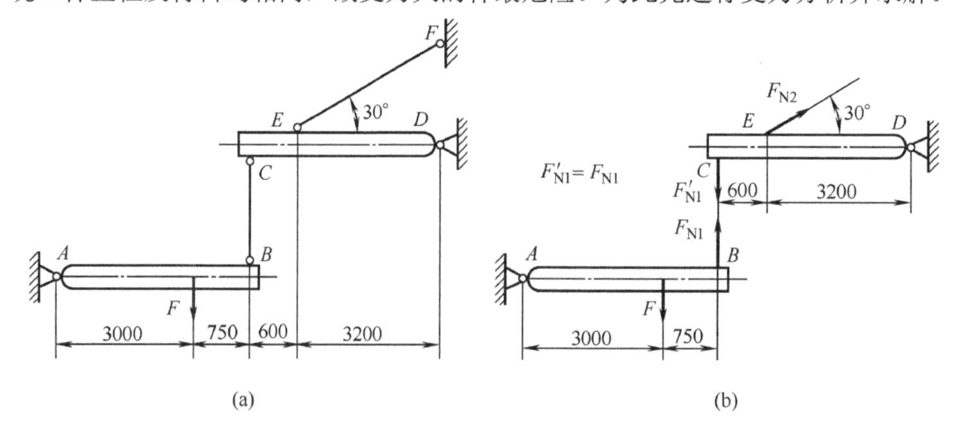

图 2.23 例 2-4 图

【解】 (1) 受力分析。

对图 2.23(b)所示的受力图，应用平衡方程 $\sum M_A = 0$ 和 $\sum M_D = 0$ 得

$$F_{N1} \times 3.75\,\text{m} - F \times 3\,\text{m} = 0$$

$$F'_{N1} \times 3.8\,\text{m} - F_{N2} \times 3.2\,\text{m} \times \sin 30^\circ = 0$$

可解出

$$F_{N1} = \frac{F \times 3\,\text{m}}{3.75\,\text{m}} = \frac{39 \times 10^3\,\text{N} \times 3\,\text{m}}{3.75\,\text{m}} = 31.2 \times 10^3\,\text{N} = 31.2\,\text{kN}$$

$$F_{N2} = \frac{F'_{N1} \times 3.8\,\text{m}}{3.2\,\text{m} \times \sin 30^\circ} = \frac{F_{N1} \times 3.8\,\text{m}}{3.2\,\text{m} \times \sin 30^\circ} = \frac{31.2 \times 10^3\,\text{N} \times 3.8\,\text{m}}{3.2\,\text{m} \times \sin 30^\circ}$$

$$= 74.1 \times 10^3\,\text{N} = 74.1\,\text{kN}$$

可见杆 EF 受力最大，故为危险杆。

(2) 计算危险构件的应力。

杆 EF 横截面上的正应力为

$$\sigma = \frac{F_{N2}}{A_2} = \frac{F_{N2}}{\frac{\pi d^2}{4}} = \frac{4 \times 74.1 \times 10^3\,\text{N}}{\pi \times 25^2 \times 10^{-6}\,\text{m}^2} = 151 \times 10^6\,\text{Pa} = 151\,\text{MPa}$$

(3) 校核危险构件是否满足强度条件。

因为材料的许用应力 $[\sigma] = 160\,\text{MPa}$，而危险构件的最大工作应力为 151MPa，即

$$\sigma_{max} < [\sigma]$$

所以危险构件 EF 的强度是安全的，亦即整个结构的强度是安全的。

【例 2-5】 例 2-4 中若杆 BC 和杆 EF 的直径均为未知，其他条件不变。试设计二杆所需的直径。

【解】 二杆材料相同，受力不同，故所需直径亦不同。设杆 BC 和杆 EF 的直径分别为 d_1 和 d_2，则由强度条件可以得到

$$\sigma_{BC} = \frac{F_{N1}}{\frac{\pi d_1^2}{4}} \leqslant [\sigma], \quad \sigma_{EF} = \frac{F_{N2}}{\frac{\pi d_2^2}{4}} \leqslant [\sigma]$$

将例 2-4 中的结果 $F_{N1} = 31.2\,\text{kN}$ $F_{N2} = 74.1\text{kN}$ 代入上述二式，得

$$d_1 \geqslant \sqrt{\frac{4F_{N1}}{\pi[\sigma]}} = \sqrt{\frac{4 \times 31.2 \times 10^3\,\text{N}}{\pi \times 160 \times 10^6\,\text{N/m}^2}} = 15.8 \times 10^{-3}\,\text{m} = 15.8\,\text{mm}$$

$$d_2 \geqslant \sqrt{\frac{4F_{N2}}{\pi[\sigma]}} = \sqrt{\frac{4 \times 74.1 \times 10^3\,\text{N}}{\pi \times 160 \times 10^6\,\text{N/m}^2}} = 24.3 \times 10^{-3}\,\text{m} = 24.3\,\text{mm}$$

【讨论】 工程设计时，由计算结果可取 $d_1 = 16\text{mm}$，$d_2 = 25\text{mm}$。

【例 2-6】 若例 2-4 中的杆 BC 和 EF 的直径均为 $d = 30\text{mm}$，$[\sigma] = 160\,\text{MPa}$，其他条件不变。试确定此时结构许用载荷 $[F]$。

【解】 根据例 2-4 中的分析，杆 EF 为危险杆，由平衡方程得其受力

$$F_{N1} = \frac{F \times 3\,\text{m}}{3.75\,\text{m}}$$

$$F_{N2}=\frac{F'_{N1}\times 3.8\ \text{m}}{3.2\ \text{m}\times\sin 30^\circ}=\frac{F\times 3\text{m}\times 3.8\text{m}}{3.75\text{m}\times 3.2\text{m}\times\sin 30^\circ}=1.9F$$

应用强度条件

$$\sigma_{\max}=\frac{F_{N2}}{\frac{\pi d^2}{4}}\leqslant[\sigma]$$

得

$$\frac{F_{N2}}{\frac{\pi d^2}{4}}=\frac{4\times 1.9\times F}{\pi d^2}\leqslant[\sigma]$$

于是有

$$F\leqslant\frac{\pi d^2[\sigma]}{4\times 1.9}=\frac{\pi\times 30^2\times 10^{-6}\ \text{m}^2\times 160\times 10^6\ \text{N/m}^2}{4\times 1.9}=59.5\ \text{kN}$$

亦即结构的许用载荷

$$[F]=59.5\ \text{kN}$$

【讨论】 如果载荷 F 可以在刚体 AB 上水平移动，上述三例中的结果将会有什么变化？这个问题留给读者思考。

2.6 胡克定律与拉压杆的变形

当杆件承受轴向载荷时，其轴向与横向尺寸均发生变化。杆件沿轴线方向的变形称为**轴向变形或纵向变形**；垂直于轴线方向的变形称为**横向变形**。

2.6.1 拉压杆的轴向变形与胡克定律

如图 2.24 所示，设等直杆的原长为 l，横截面面积为 A。在轴向载荷 F 作用下，长度由 l 变为 l_1。杆件在轴线方向的伸长，即纵向变形为

$$\Delta l=l_1-l$$

由于轴向拉(压)杆沿轴向的变形均匀，因此任一点的纵向线应变为杆件的变形 Δl 除以原长 l，即

$$\varepsilon=\frac{\Delta l}{l}$$

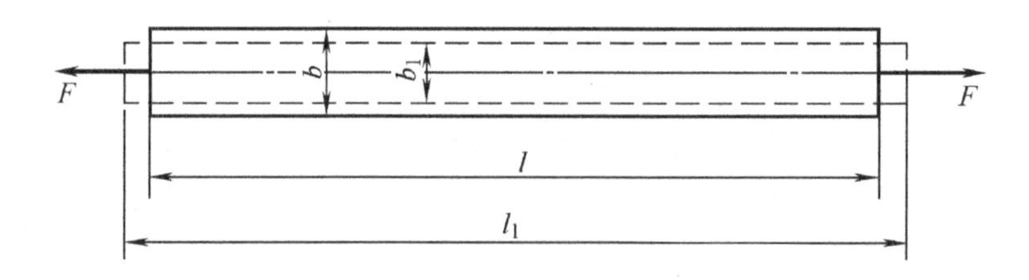

图 2.24 杆件的变形

当杆横截面上的应力不超过比例极限时，$\sigma=E\varepsilon$，则有

$$\frac{F_N}{A}=E\frac{\Delta l}{l}$$

所以

$$\Delta l=\frac{F_N l}{EA} \tag{2-20}$$

式(2-20)的关系也称为**胡克定律**。它表明，当应力不超过比例极限时，杆件的伸长 Δl 与轴力 F_N 和杆件的原始长度 l 成正比，与横截面面积 A 成反比。式中轴力 F_N 可由截面法求得，此例的轴力 $F_N=F$ ， EA 是材料弹性模量与拉(压)杆横截面面积的乘积，称为**拉(压)刚度**，EA 越大，则变形越小。

由式(2-20)知，轴向变形 Δl 与轴力 F_N 具有相同的正负号，即伸长为正，缩短为负。

2.6.2　拉压杆的横向变形与泊松比

在图 2.24 中，在轴向外载荷 F 作用下，杆件的横向尺寸由 b 变为 b_1，则杆件的横向变形为

$$\Delta b=b_1-b$$

如变形均匀，杆件的横向线应变为

$$\varepsilon'=\frac{\Delta b}{b}$$

试验结果表明，当拉(压)杆件横截面上的应力不超过材料的比例极限时，横向应变 ε' 与纵向应变 ε 的比值的绝对值为一常数。这个比值称为**横向变形因数或泊松比**，通常用 μ 表示，即

$$\mu=\left|\frac{\varepsilon'}{\varepsilon}\right| \tag{2-21}$$

由于横向应变 ε' 与纵向应变 ε 的正负号始终相反，式(2-21)又可写成

$$\varepsilon'=-\mu\varepsilon \tag{2-22}$$

泊松比 μ 的值随材料而异，有手册可查，或可通过试验测定。

2.6.3　变截面杆的轴向变形

公式(2-20)适用于杆件横截面面积 A 和轴力 F_N 皆为常量的情况，若杆件横截面沿轴线变化，但变化平缓，如图 2.25 所示；轴力也沿轴线变化，但作用线仍与轴线重合，这时，可用相邻的横截面从杆中取出长为 $\mathrm{d}x$ 的微段，把式(2-20)应用于这一微段，得微段的伸长

$$\mathrm{d}(\Delta l)=\frac{F_N(x)\,\mathrm{d}x}{EA(x)}$$

式中，$F_N(x)$ 和 $A(x)$ 分别表示轴力和横截面面积，它们都是 x 的函数。积分上式得杆件的伸长

$$\Delta l=\int_l\frac{F_N(x)}{EA(x)}\mathrm{d}x \tag{2-23}$$

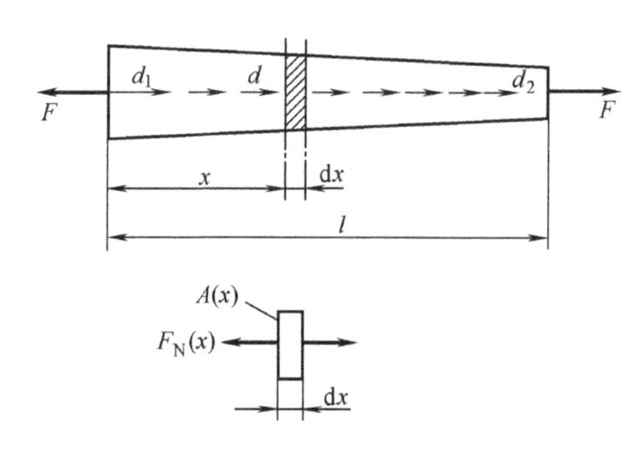

图 2.25　变截面杆

【例 2-7】　若例 2-3 中的条件均不变，已知 $E = 200\times10^9\ \mathrm{N/m^2}$，求杆的总伸长量。

【解】　因为杆各段的轴力不等，且横截面面积也不完全相同，因而必须分段计算各段的变形，然后相加。

由式 $\Delta l = \dfrac{F_N l}{EA}$ 计算各段杆的轴向变形分别为

$$\Delta l_1 = \frac{F_{N1}l_1}{EA_1} = \frac{400\times10^3\ \mathrm{N}\times300\times10^{-3}\ \mathrm{m}}{200\times10^9\ \mathrm{N/m^2}\times2500\times10^{-6}\ \mathrm{m^2}} = 0.24\times10^{-3}\ \mathrm{m} = 0.24\ \mathrm{mm}$$

$$\Delta l_2 = \frac{F_{N2}l_2}{EA_2} = \frac{-100\times10^3\ \mathrm{N}\times300\times10^{-3}\ \mathrm{m}}{200\times10^9\ \mathrm{N/m^2}\times2500\times10^{-6}\ \mathrm{m^2}} = -0.06\times10^{-3}\ \mathrm{m} = -0.06\ \mathrm{mm}$$

$$\Delta l_3 = \frac{F_{N3}l_3}{EA_3} = \frac{200\times10^3\ \mathrm{N}\times400\times10^{-3}\ \mathrm{m}}{200\times10^9\ \mathrm{N/m^2}\times1000\times10^{-6}\ \mathrm{m^2}} = 0.4\times10^{-3}\ \mathrm{m} = 0.4\ \mathrm{mm}$$

杆的总伸长量　$\Delta l = \sum_{i=1}^{3}\Delta l_i = (0.24 - 0.06 + 0.4)\ \mathrm{mm} = 0.58\ \mathrm{mm}$

【例 2-8】　如图 2.26(a)所示的杆系结构，已知杆 BD 为圆截面钢杆，直径 $d = 20\ \mathrm{mm}$，长度 $l = 1\ \mathrm{m}$，$E = 200\ \mathrm{GPa}$；杆 BC 为方截面木杆，边长 $a = 100\ \mathrm{mm}$，$E = 12\ \mathrm{GPa}$。载荷 $F = 50\ \mathrm{kN}$。求点 B 的位移。

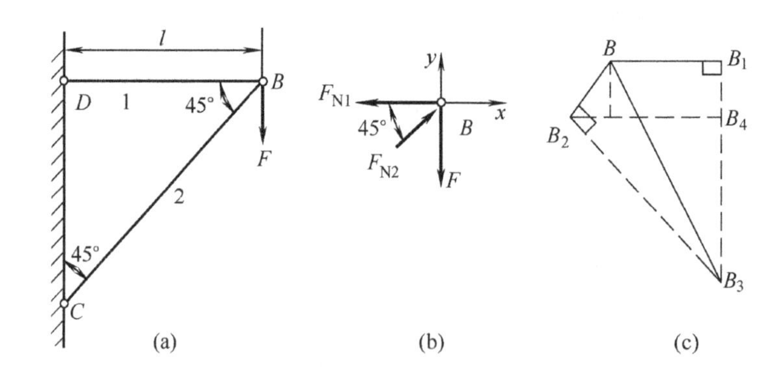

图 2.26　例 2-8 图

【解】 (1) 计算轴力。取节点 B，如图 2.26(b)所示。由 $\sum F_x = 0$ 和 $\sum F_y = 0$，得

$$F_{N1} = 50\ \text{kN}\ \ (\text{拉})$$
$$F_{N2} = 70.7\ \text{kN}\ \ (\text{压})$$

(2) 计算变形。由图 2.26(a)知，$l_1 = l = 1\ \text{m}$，$l_2 = \dfrac{l}{\cos 45^\circ} = 1.41\ \text{m}$

由胡克定律求得杆 BC 和杆 BD 的变形：

$$\Delta l_1 = \frac{F_{N1} l_1}{E_1 A_1} = \frac{50\times 10^3\ \text{N}\times 1\ \text{m}}{200\times 10^9\ \text{Pa}\times \dfrac{\pi}{4}\times 20^2\times 10^{-6}\ \text{m}^2} = 7.96\times 10^{-4}\ \text{m}\,(\text{拉伸})$$

$$\Delta l_2 = \frac{F_{N2} l_2}{E_2 A_2} = \frac{70.7\times 10^3\ \text{N}\times 2\times 1.41\ \text{m}}{12\times 10^9\ \text{Pa}\times 100\times 10^{-6}\ \text{m}^2} = 8.31\times 10^{-4}\ \text{m}\,(\text{压缩})$$

(3) 确定点 B 的位移。由计算知，Δl_1 为拉伸变形，Δl_2 为压缩变形。设想将结构在节点 B 拆开，杆 BD 伸长变形后变为 B_1D，杆 BC 压缩变形后变为 B_2C。分别以点 D 和点 C 为圆心，$\overline{DB_1}$ 和 $\overline{CB_2}$ 为半径，作圆弧相交于 B_3。点 B_3 即为结构变形后点 B 的位置。因为变形很小，B_1B_3 和 B_2B_3 是两段极其微小的短弧，因而可用分别垂直于 B_1D 和 B_2C 的直线线段来代替，这两段直线的交点为 B_3，即为点 B 的位移，且 $\overline{BB_1} = \Delta l_1$，$\overline{BB_2} = \Delta l_2$，如图 2.26(c)所示。

由图 2.26(c)，可以求出点 B 的垂直位移

$$\overline{B_2B_4} = \Delta l_1 + \Delta l_2 \times \frac{\sqrt{2}}{2}$$

$$\overline{B_1B_3} = \overline{B_1B_4} + \overline{B_4B_3} = \overline{BB_2}\times\frac{\sqrt{2}}{2} + \overline{B_2B_4} = \Delta l_2\times\frac{\sqrt{2}}{2} + \Delta l_1 + \Delta l_2\times\frac{\sqrt{2}}{2} = 1.97\times 10^{-3}\ \text{m}$$

点 B 的水平位移为

$$\overline{BB_1} = \Delta l_1 = 7.96\times 10^{-4}\ \text{m}$$

所以点 B 的位移 $\overline{BB_3}$ 为

$$\overline{BB_3} = \sqrt{(\overline{B_1B_3})^2 + (\overline{BB_1})^2} = 2.12\times 10^{-3}\ \text{m}$$

【讨论】 (1) 杆件的变形是杆件在载荷作用下其形状和尺寸的改变，结构节点位移指结构在载荷作用下某个节点空间位置的改变。

(2) 在用图解法求结构位移时，用“以弦代弧”，这是由于在小变形假设前提下，用弦代替圆弧而引起的误差可以接受，并使问题的解决变得较为简单。所谓小变形，是指与构件尺寸相比很小的变形，对于某些大型结构，位移数值可能并不小，但若与结构尺寸相比很小，则仍属于小变形。在小变形下，通常即可按结构的原有几何形状与尺寸计算约束力和内力，即讨论平衡时，将结构各部分看成刚体。

(3) 求解结构节点位移的步骤为：①受力分析，利用平衡方程求解各杆轴力；②应用胡克定律求解各杆的变形；③用“以弦代弧”的方法找出节点变形后的位置，寻找各杆变形间的关系，求节点位移。注意若设某杆受拉，则画变形图时应将该杆画成伸长，反之亦然。

2.7 简单拉压超静定问题

2.7.1 超静定问题及其解法

在前面所讨论的问题中，约束力与轴力均可通过静力平衡方程确定，这类问题称为**静定问题**，相应的结构称为**静定结构**。

如图 2.27(a)所示桁架为一静定问题。然而，如果在上述桁架中增加一杆 AD，如图 2.27(b)所示，则未知轴力变为三个，但独立平衡方程仍只有两个，显然，仅由两个平衡方程尚不能确定三个未知轴力，这类问题称为**超静定问题**或**静不定问题**，相应的结构则称为**超静定结构**或**静不定结构**。在静定问题中，未知力的数目等于独立平衡方程的数目。而在超静定问题中，存在一个或几个对特定的工程要求是必要的，但对保证结构平衡的几何不变性却是多余的约束或杆件，称其为**多余约束**。由于多余约束的存在，未知力的数目必然多于独立平衡方程数目，未知力个数与独立平衡方程数之差，称为**超静定次数**或**静不定次数**。与多余约束相应的未知约束力或未知内力，习惯上称为**多余未知力**。因此，超静定次数就等于多余未知力数目。如图 2.27(b)所示桁架为一次超静定。

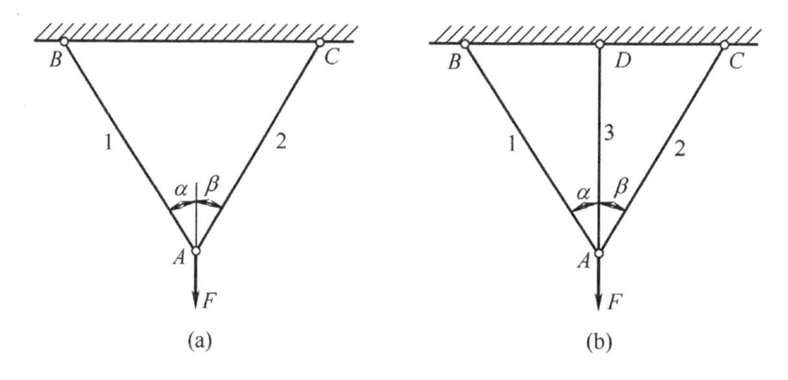

图 2.27 静定与超静定结构

求解超静定问题，除了应利用平衡方程外，还需要根据多余约束对位移或变形的协调限制，建立各部分位移或变形之间的几何关系，即建立**几何方程**，称为**变形协调方程**，并建立力与位移或变形之间的物理关系，即**物理方程**或称**本构方程**。将这二者联立才能找到所需的补充方程。现以图 2.27(b)所示桁架为例(设 $\alpha=\beta$)，来说明超静定问题的分析方法。

设图 2.28(a)所示超静定结构的杆 1 与 2 的拉压刚度相同，均为 E_1A_1，杆 3 的拉压刚度为 E_3A_3，杆 3 的长度为 l_3。

现将杆 3 看成多余约束，多余未知力为 F_{N3}(设为拉力)，去掉多余约束杆 3，以多余未知力 F_{N3} 代替杆的作用，则原结构变为静定结构。在载荷 F 与未知力 F_{N3} 共同作用下，设杆 1、杆 2 的轴力分别为 F_{N1}(拉力)、F_{N2}(拉力)。节点 A 的受力如图 2.28(b)所示，其平衡方程为

$$\sum F_x=0,\quad F_{N2}\sin\alpha-F_{N1}\sin\alpha=0 \tag{2-24}$$

$$\sum F_y=0,\quad F_{N1}\cos\alpha+F_{N2}\cos\alpha+F_{N3}=0 \tag{2-25}$$

变形前与变形后三杆始终交于一点，由对称性可以得到，结构在载荷 F 作用下变形后如图 2.28(c)所示，$\Delta l_1 = \Delta l_2$，点 A 移至点 A'，且有变形协调关系

$$\Delta l_1 = \Delta l_3 \cos\alpha \tag{2-26}$$

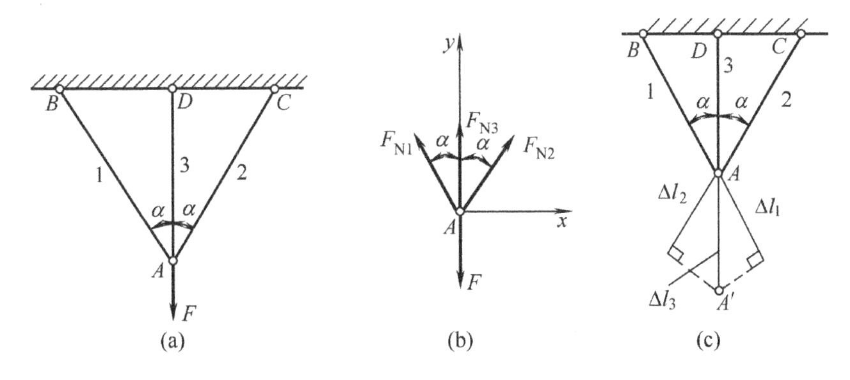

图 2.28　超静定问题受力与变形分析

式(2-26)是保证结构连续性所应满足的变形几何关系，称为变形协调条件或变形协调方程。设三杆均处于线弹性范围，由胡克定律得，各杆变形与轴力间的关系(物理方程)分别为

$$\Delta l_1 = \Delta l_2 = \frac{F_{N1} l_1}{E_1 A_1}$$

$$\Delta l_3 = \frac{F_{N3} l_3}{E_3 A_3} = \frac{F_{N3} l_1 \cos\alpha}{E_3 A_3}$$

将上述关系代入式(2-26)，得到轴力表示的补充方程为

$$F_{N1} = \frac{E_1 A_1}{E_3 A_3} \cos^2\alpha \cdot F_{N3} \tag{2-27}$$

联列求解平衡方程(2-24)、平衡方程(2-25)及补充方程(2-27)，则得

$$F_{N1} = F_{N2} = \frac{E_1 A_1 \cos^2\alpha}{2E_1 A_1 \cos^3\alpha + E_3 A_3} F$$

$$F_{N3} = \frac{E_3 A_3}{2E_1 A_1 \cos^3\alpha + E_3 A_3} F$$

所得结果均为正，说明各杆的轴力与假设相同，均为拉力。

【讨论】 (1) 本题结构对称，载荷对称，故杆中内力对称，变形也对称。

(2) 若杆 1、杆 2 的拉压刚度不相同，其他条件不变，以上结论还成立吗？为什么？

综上所述，求解超静定问题的主要步骤如下。

(1) 进行受力分析，建立静力平衡方程。

(2) 根据位移或变形间的关系，建立变形协调方程。

(3) 建立力与位移或变形的物理关系(即物理方程)。

(4) 联列求解平衡方程以及由(2)和(3)所建立的补充方程，求出未知力(约束力、内力)。

【例 2-9】　在图 2.29 所示的结构中，设横梁 AB 的变形可以省略，1、2 两杆的横截面面积相等、材料相同。求 1、2 两杆的内力。

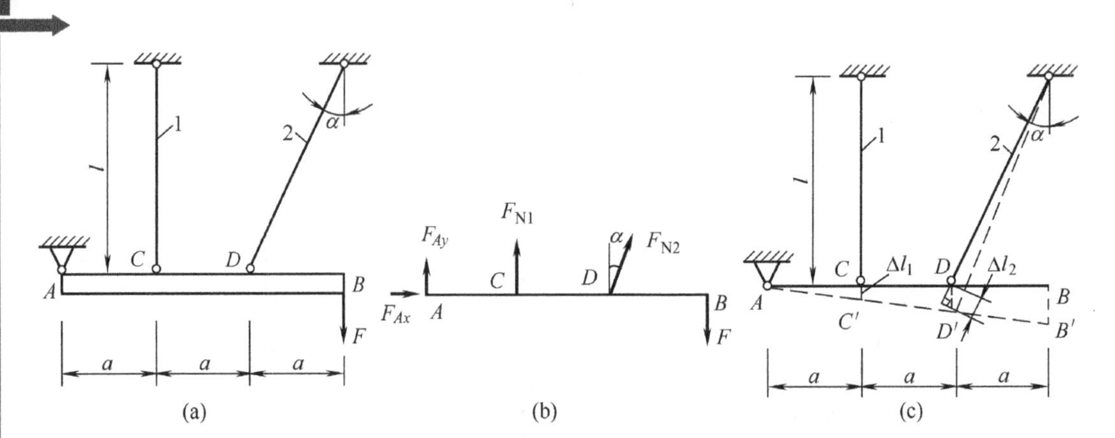

图 2.29　例 2-9 图

【解】　(1) 建立静力平衡方程。

以横梁 AB 为研究对象，设 1、2 两杆的轴力分别为 F_{N1} 和 F_{N2}，如图 2.29(b)所示，则由平衡方程 $\sum M_A = 0$，得

$$3F - 2F_{N2}\cos\alpha - F_{N1} = 0 \tag{2-28}$$

(2) 建立变形协调方程。

由于横梁 AB 是刚性杆，结构变形后，它仍为直杆，由图 2.29(c)可看出，1、2 两杆的伸长 Δl_1 和 Δl_2 应满足以下关系

$$\frac{\Delta l_2}{\cos\alpha} = 2\Delta l_1 \tag{2-29}$$

(3) 建立物理方程。

由胡克定律

$$\Delta l_1 = \frac{F_{N1}l}{EA},\quad \Delta l_2 = \frac{F_{N2}l}{EA\cos\alpha}$$

代入式(2-29)得

$$\frac{F_{N2}l}{EA\cos^2\alpha} = 2\frac{F_{N1}l}{EA} \tag{2-30}$$

(4) 联列求解式(2-28)、式(2-30)得

$$F_{N1} = \frac{3F}{4\cos^3\alpha + 1},\quad F_{N2} = \frac{6F\cos^2\alpha}{4\cos^3\alpha + 1}$$

2.7.2　预应力与温度应力的概念

1. 预应力

在加工制造杆件时，其长度等尺寸难免存在微小误差。在静定杆或杆系中，此种误差不会引起应力。例如图 2.30 所示的桁架，如果杆 AB 的实际长度比设计尺寸稍短，装配时两杆仍可自由连接，虽然桁架形状(ΔABC)发生了微小改变，但杆内并不产生应力。

然而，在超静定杆或杆系中，如果某些杆的长度存在微小加工误差，如图 2.31 所示，则必须采取某种强制方法才能将其装配，于是，在未加外力时杆内即已存在应力，称为**初应力**或**预应力**。在工程实际中，常利用预应力进行某些构件的装配(例如将轮圈套装在轮毂

上)，称为**装配应力**，或提高某些构件的承载能力(例如预应力混凝土梁)。

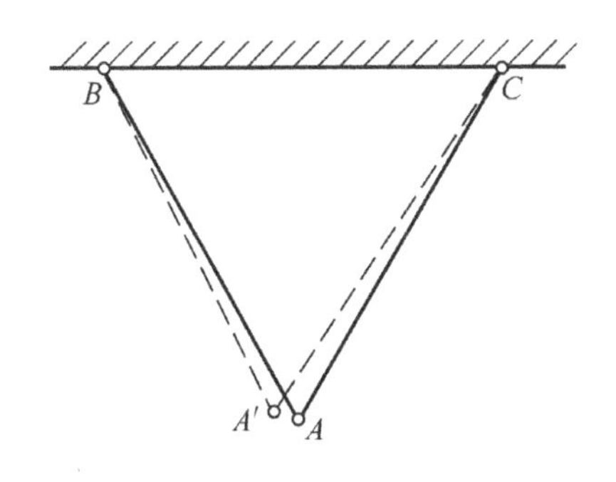

图 2.30 无预应力桁架

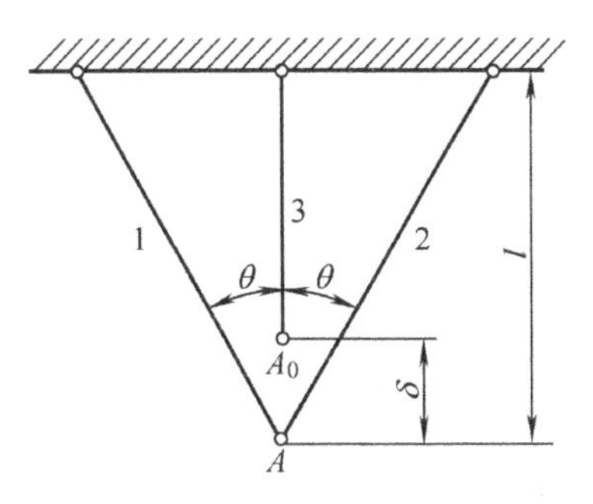

图 2.31 有预应力桁架

2. 温度应力

众所周知，温度变化将引起物体膨胀或收缩。设杆件原长为l，材料的线膨胀系数为α_l，则当温度改变ΔT时，杆长的改变量为

$$\delta_T = \alpha_l l \Delta T \tag{2-31}$$

显然，当杆件的温度引起的变形受到约束时，杆内将引起应力。因温度变化在构件内部引起的应力，称为**热应力**，又称**温度应力**。例如图 2.32(a)所示的两端固定杆，由于温度变形被固定端所阻止，杆内即引起热应力。

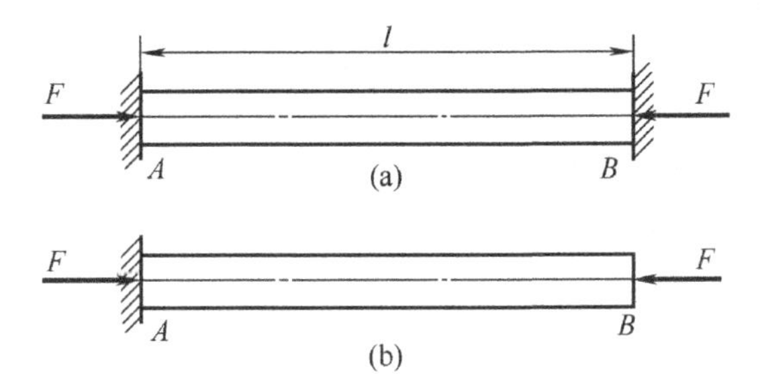

图 2.32 有温度应力的两端固定杆

为了分析该杆的热应力，假想地将B端的约束解除，并以约束力F代替其作用，如图 2.32(b)所示，则杆的轴向变形

$$\Delta l = \alpha_l l \Delta T - \frac{Fl}{EA}$$

由于杆的总长不变，故有

$$\alpha_l l \Delta T - \frac{Fl}{EA} = 0$$

由此得杆内横截面上的正应力即热应力

$$\sigma_T = \frac{F}{A} = E\alpha_l \Delta T$$

如前所述，在超静定杆或杆系中，各杆段或各杆的轴向变形必须满足某种约束条件(即变形协调条件)，因此，当各杆段或各杆因温度变化发生变形时，一般将引起热应力。

由于温度变化与制造误差，将在超静定杆或杆系中引起应力，这是超静定问题区别于静定问题的另一重要特征。

2.8 连接件的强度计算

在工程实际中，构件与构件之间通常采用销钉、铆钉、螺栓、键等相连接，以实现力和运动的传递。例如图 2.33 所示用铆钉连接的情况。这些连接件的受力与变形一般比较复杂，精确分析、计算比较困难，工程中通常采用实用的计算方法，或称为“假定计算法”。这种方法有两方面的含义：一方面假设在受力面上应力均匀分布，并按此假设计算出相应的“名义应力”，它实际上是受力面上的平均应力；另一方面，对同类连接件进行破坏试验，用同样的计算方法由破坏载荷确定材料的极限应力，并将此极限应力除以适当的安全因数，就得到该材料的许用应力，从而可对连接件建立强度条件，进行强度计算。

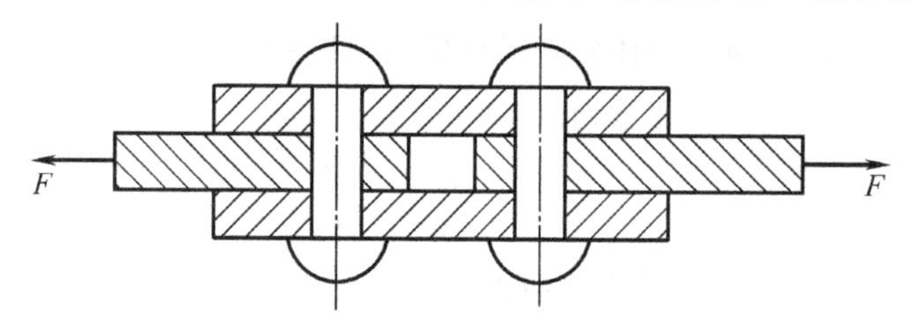

图 2.33 连接件

分析图 2.33 所示连接件的强度，通常有三种可能的破坏形式：铆钉沿受剪面 m-m 和 n-n 被剪坏，如图 2.34(a)所示；板铆钉孔边缘或铆钉本身被挤压而发生显著的塑性变形，如图 2.34(b)所示；板在被铆钉孔削弱的截面被拉断，如图 2.34(c)所示。下面分别介绍剪切、挤压以及焊缝的假定计算。

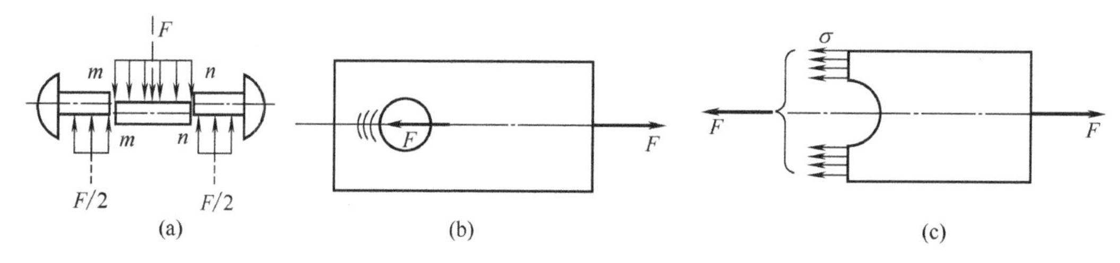

图 2.34 连接件破坏形式

2.8.1 剪切强度计算

以图 2.33 所示铆钉为例，其受力如图 2.35(a)所示。在铆钉的两侧面上受到分布外力系的作用，这种外力系可简化成大小相等、方向相反、作用线很近的一组力，在这样的外力作用下，铆钉发生的是**剪切变形**。当外力过大时，铆钉将沿横截面 m-m 和 n-n 被剪断，如图 2.35(b)所示，横截面 m-m 和 n-n 被称为剪切面。为了分析铆钉的剪切强度，先利用截面法求出剪切面上的内力，如图 2.35(c)所示，在剪切面上，分布内力的合力称为**剪力**，用 F_s 表示。

在剪切面上，切应力的分布较复杂，工程中常采用假定计算，假设在剪切面上切应力

均匀分布，则剪切面上的名义切应力为

$$\tau=\frac{F_{S}}{A} \tag{2-32}$$

式中，A 为剪切面面积。

剪切强度条件为

$$\tau=\frac{F_{S}}{A}\leqslant[\tau] \tag{2-33}$$

式中，$[\tau]$ 为许用切应力，其值为连接件材料的剪切破坏应力，除以适当的安全因数得到。

按式(2-32)计算的名义切应力，是剪切面上的平均切应力，不是实际分布的切应力值，但由于用低碳钢等塑性材料制成的连接件，当剪切变形较大时，剪切面上的切应力将趋于均匀。同时，当连接件的剪切强度满足式(2-33)时，连接件将不发生剪切破坏，从而满足工程实用的要求。

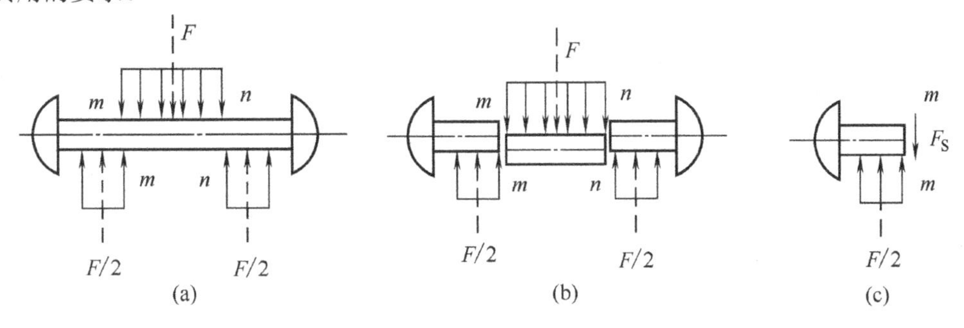

图 2.35　剪切与剪切破坏

2.8.2　挤压强度计算

在图 2.36 中，在铆钉与板相互接触的侧面上，将发生彼此之间的局部受压现象，称为**挤压**。相互接触面称为**挤压面**，挤压面上承受的压力称为**挤压力**，用 F_{bs} 表示，挤压面上应力称为**挤压应力**，用 σ_{bs} 表示。如果挤压力过大，将使挤压面产生显著的塑性变形，从而导致连接松动，影响正常工作，甚至导致失效无法工作。挤压应力在挤压面上分布也很复杂，工程实际中采用假定计算，名义挤压应力的计算公式为

$$\sigma_{bs}=\frac{F_{bs}}{A_{bs}} \tag{2-34}$$

式中，A_{bs} 称为计算挤压面面积。

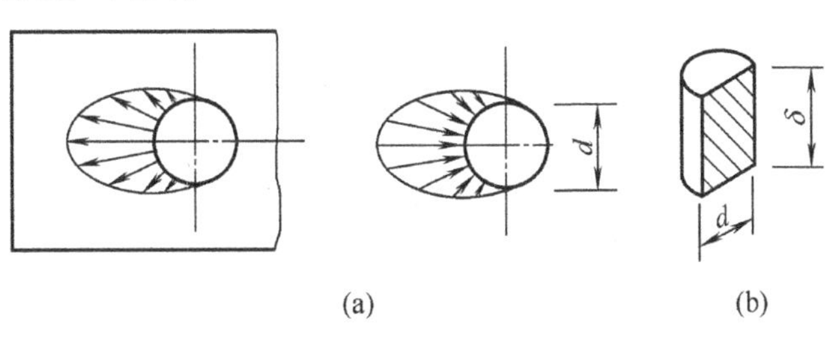

图 2.36　挤压与挤压面

当挤压面为圆柱面(例如铆钉与板连接)时，挤压应力沿圆柱面的变化规律如图 2.36(a)所示，按式(2-34)计算名义挤压应力时，计算挤压面面积取实际挤压面在直径平面上的投影面积 δd 。当挤压面为平面(例如键与轴的连接)时，计算挤压面面积取实际挤压面面积。

挤压强度条件式为

$$\sigma_{bs}=\frac{F_{bs}}{A_{bs}}\leqslant[\sigma_{bs}] \tag{2-35}$$

式中，$[\sigma_{bs}]$为许用挤压应力，其值是通过破坏试验得到极限挤压应力，除以适当的安全因数得到。

【例 2-10】 如图 2.37 所示的接头，由两块钢板用四个直径相同的钢铆钉搭接而成。已知载荷 $F=80\text{ kN}$，板宽 $b=80\text{ mm}$，板厚 $\delta=10\text{ mm}$，铆钉直径 $d=16\text{ mm}$，许用切应力 $[\tau]=100\text{ MPa}$，许用挤压应力 $[\sigma_{bs}]=300\text{ MPa}$，许用拉应力 $[\sigma]=160\text{ MPa}$。试校核接头的强度。

【分析】 校核接头的强度，应考虑铆钉受剪切、受挤压及板因被铆钉孔削弱的横截面处受拉等诸方面。

【解】(1) 铆钉剪切强度校核。

分析表明，当各铆钉的材料与直径均相同，且外力作用线通过铆钉群剪切面的形心时，通常即认为各铆钉剪切面上的剪力相等。因此，对于图 2.37 所示的铆钉群，各铆钉剪切面上的剪力均为

$$F_S=\frac{F}{4}=\frac{80\times10^3\text{ N}}{4}=2\times10^4\text{ N}$$

而相应的切应力则为

$$\tau=\frac{4F_S}{\pi d^2}=\frac{4\times2\times10^4\text{ N}}{\pi\times0.016^2\text{ m}^2}=9.95\times10^7\text{ Pa}=99.5\text{ MPa}<[\tau]$$

(2) 铆钉挤压强度校核。

由铆钉的受力可以看出，铆钉所受挤压力 F_{bs} 等于剪切面上的剪力 F_S，因此，最大挤压应力为

$$\sigma_{bs}=\frac{F_{bs}}{\delta d}=\frac{F_S}{\delta d}=\frac{2\times10^4\text{ N}}{0.010\text{ m}\times0.016\text{ m}}=1.25\times10^8\text{ Pa}=125\text{ MPa}<[\sigma_{bs}]$$

(3) 板拉伸强度校核。

板的受力如图 2.38(a)所示。以横截面 1-1、2-2 与 3-3 为分界面，将板分为四段，利用截面法即可求出各段的轴力。

轴力沿板轴线的变化情况如图 2.38(b)所示。由图 2.38 可以看出，截面 1-1 的轴力最大，截面 2-2 削弱最严重，因此，应对此二截面进行强度校核。

截面 1-1 与 2-2 的拉应力分别为

$$\sigma_1=\frac{F_{N1}}{A_1}=\frac{F}{(b-d)\delta}=\frac{80\times10^3\text{ N}}{(0.080\text{ m}-0.016\text{ m})\times0.010\text{ m}}=1.25\times10^8\text{ Pa}=125\text{ MPa}<[\sigma]$$

$$\sigma_2=\frac{F_{N2}}{A_2}=\frac{3F}{4(b-2d)\delta}=\frac{3\times80\times10^3\text{ N}}{4\times(0.080\text{ m}-2\times0.016\text{ m})\times0.010\text{ m}}=125\text{ MPa}<[\sigma]$$

即板的拉伸强度也符合要求。

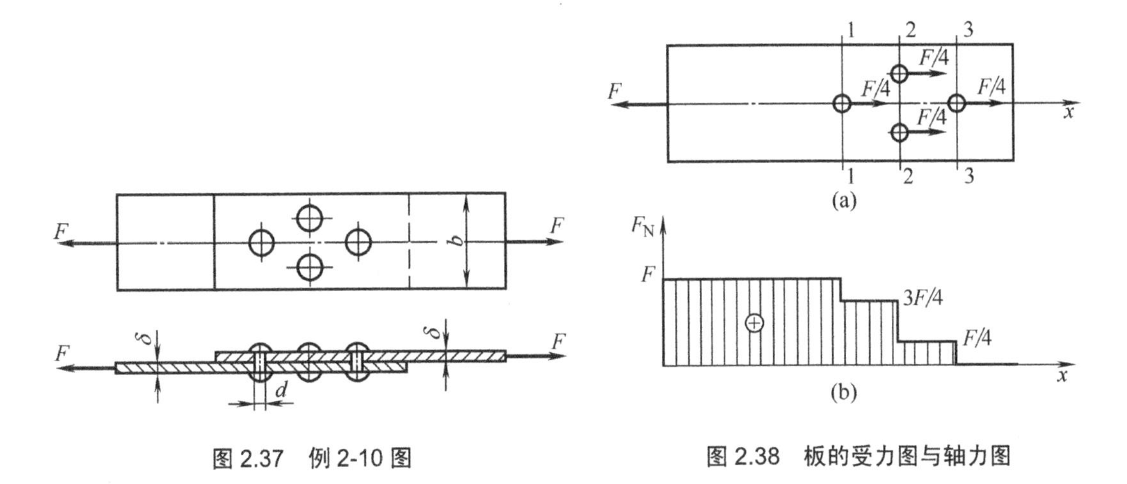

图 2.37 例 2-10 图

图 2.38 板的受力图与轴力图

2.8.3 焊缝强度计算

对于主要承受剪切的焊缝，假定沿焊缝的最小断面(即剪切面)发生破坏。焊缝剪切面，如图 2.39 所示。此外，还假定切应力在剪切面上均匀分布。于是，有

$$\tau = \frac{F_s}{A} = \frac{F_s}{2\delta l \cos 45^\circ} \tag{2-36}$$

式中，F_s 为作用在单条焊缝最小断面上的剪力；δ 为图中所示钢板厚度；l 为焊缝长度。

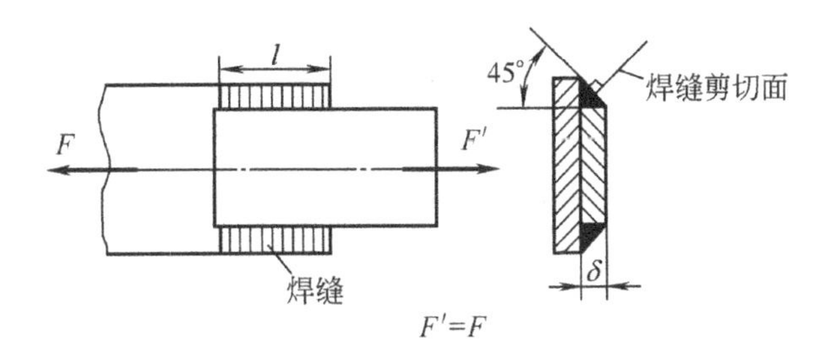

图 2.39 焊缝剪切面

根据实验及式(2-36)，同样可以得到焊缝剪切破坏应力，进而得到许用切应力$[\tau]$。于是焊缝剪切假定计算的强度条件为

$$\tau = \frac{F_s}{A} \leqslant [\tau] \tag{2-37}$$

关于连接件的强度计算，要特别注意以下问题：①连接件受力分析，当有多个连接件(如铆钉、螺栓、键等)时，若外力通过这些连接件截面的形心，则认为各连接件上所受的力相等；②剪切面和挤压面的计算，要判断清楚哪个面是剪切面，哪个面是挤压面，特别是当挤压面为圆柱面时，要注意“计算挤压面”面积；③在计算连接件剪切强度、挤压强度的同时，要考虑被连接件由于断面被削弱，其抗拉(压)强度是否满足要求。

小　　结

(1) 应用横截面上的正应力公式$\sigma=\dfrac{F_N}{A}$时，要注意应用条件。

(2) 低碳钢Q235和灰铸铁两种材料的拉压力学性能要搞清楚，并熟练掌握材料的两个强度指标和两个塑性指标。

(3) 拉压杆的强度条件为$\sigma_{max}=\dfrac{F_{N\max}}{A}\leqslant[\sigma]$，通常应用于：强度校核、截面设计和许用载荷确定。

(4) 由胡克定律求得拉压杆变形公式$\Delta l=\dfrac{Fl}{EA}$，是在线弹性条件下适用。

(5) 求解拉压简单超静定问题的关键是建立变形协调方程，将物理关系与变形协调方程结合，得到补充方程，将其与静力平衡方程联立，即可求出未知力。但要注意，轴力与变形虽可任意假设，但二者必须对应协调(即轴力设正时，变形就要设成伸长等)。

(6) 连接件的强度计算通常包括剪切、挤压和焊缝等情形。

剪切强度　　$\tau=\dfrac{F_S}{A}\leqslant[\tau]$

挤压强度条件　　$\sigma_{bs}=\dfrac{F_{bs}}{A_{bs}}\leqslant[\sigma_{bs}]$

焊缝强度条件　　$\tau=\dfrac{F_S}{A}\leqslant[\tau]$

思　考　题

2-1 拉伸、压缩时，横截面上的轴力和应力及其正负号是如何规定的？如果用截面法确定横截面上的内力时，随意设定内力的方向，将会产生怎样的后果？

2-2 低碳钢Q235在拉伸过程中表现为几个阶段？各有何特点？何谓比例极限、屈服极限与强度极限？何谓弹性应变与塑性应变？

2-3 试述胡克定律及其表达式，该定律的适用条件是什么？

2-4 低碳钢Q235与灰铸铁试样在轴向拉伸与压缩时破坏形式有何特点？各与何种应力直接有关？

2-5 何谓失效？极限应力、安全因数和许用应力间有何关系？何谓强度条件？利用强度条件可以解决哪些形式的强度问题？

2-6 试指出下列概念的区别：比例极限与弹性极限；弹性变形与塑性变形；延伸率与正应变；强度极限与极限应力；工作应力与许用应力。

2-7 什么是超静定问题？何谓多余约束力？求解超静定问题的主要步骤有哪些？

2-8 剪切、挤压及焊缝的强度计算有何特点？

2-9 在拉压结构中，由于温度均匀变化，对静定结构和超静定结构各产生什么影响？

2-10 已知轴向压缩时的最大切应力发生在 45° 的斜面上，为什么铸铁压缩试验破坏时，不是沿 45°，而是大致沿 55° 斜截面剪断的？

2-11 由两种材料的试样，分别测得其延伸率为 $\delta_5 = 20\%$ 和 $\delta_{10} = 20\%$，问哪种材料的塑性性能较好？为什么？

2-12 由同一材料制成的不同构件，其许用应力是否相同？一般情况下脆性材料的安全因数为什么要比塑性材料的安全因数选得大些？

2-13 混凝土压缩试验时，试验机压板与试样接触面间涂润滑油与否，对试样破坏有何影响？对试验所得数据有无影响？

2-14 计算拉压超静定问题时，轴力的指向和变形的伸缩是否可任意假设？为什么？

2-15 图示杆件表面有斜直线 AB，当杆件承受图示轴向拉伸时，问该斜直线是否作平行移动？

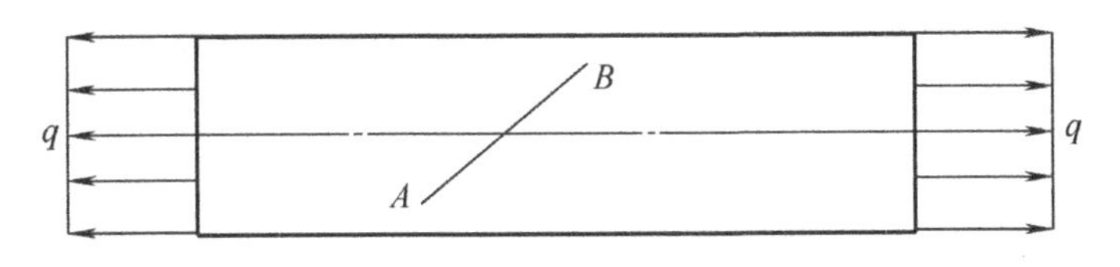

思考题 2-15 图

习　　题

2-1 求图示各杆 1-1 和 2-2 横截面上的轴力，并作轴力图。

2-2 在图示结构中，1、2 两杆的横截面直径分别为 10 mm 和 20 mm，求两杆内横截面上的应力。设两根横梁皆为刚体。

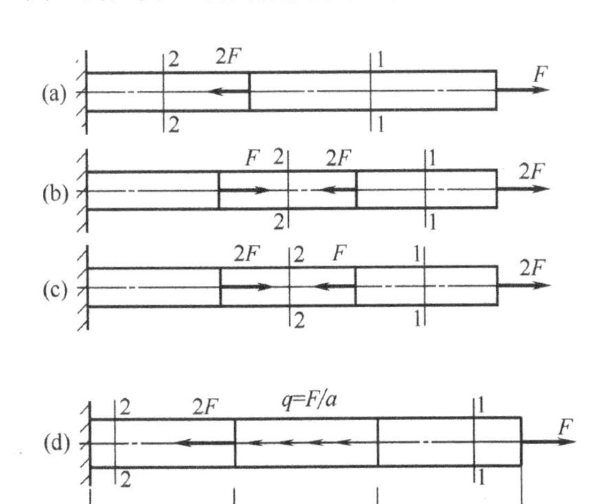

习题 2-1 图

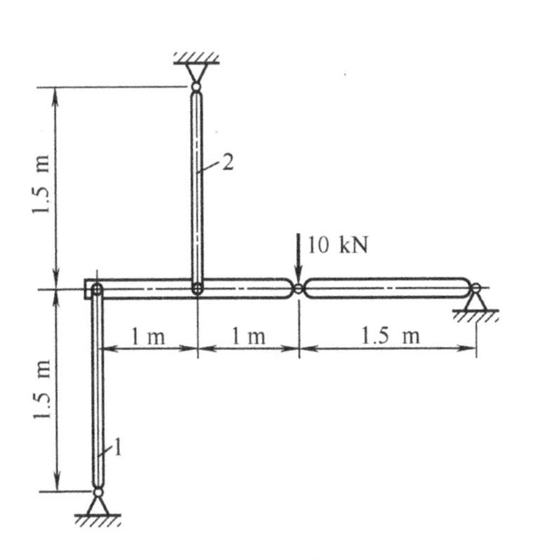

习题 2-2 图

2-3 求图示阶梯状直杆横截面1-1、2-2和3-3上的轴力，并作轴力图。如横截面面积$A_3 = 200\ \text{mm}^2$，$A_2 = 300\ \text{mm}^2$，$A_1 = 400\ \text{mm}^2$，求各横截面上的应力。

2-4 图示拉杆沿斜截面 m-m 由两部分胶合而成，设在胶合面上许用拉应力$[\sigma] = 100\ \text{MPa}$，许用切应力$[\tau] = 50\ \text{MPa}$。并设胶合面的强度控制杆件的拉力。问：

(1) 为使杆件承受最大拉力F，角α的值应为多少？

(2) 若杆件横截面面积为4 cm^2，并规定$\alpha \leqslant 60°$，试确定许用载荷$[F]$。

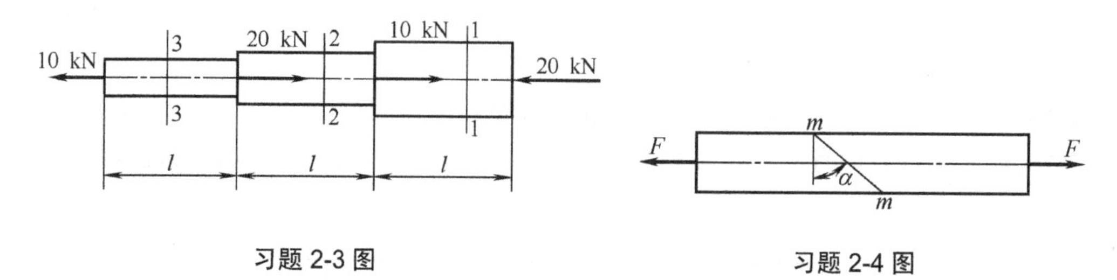

习题 2-3 图　　　习题 2-4 图

2-5 图示硬铝试件，其中$a = 2\ \text{mm}$，$b = 20\ \text{mm}$，$l = 70\ \text{mm}$。在轴向拉力$F = 6\ \text{kN}$作用下，测得试验段伸长$\Delta l = 0.15\ \text{mm}$，板宽缩短$\Delta b = 0.014\ \text{mm}$，试计算硬铝的弹性模量$E$和泊松比$\mu$。

2-6 某拉伸试验机的结构示意图如图所示。设试验机的杆CD与试样AB材料同为低碳钢，其$\sigma_p = 200\ \text{MPa}$，$\sigma_s = 240\ \text{MPa}$，$\sigma_b = 400\ \text{MPa}$。试验机最大拉力为100 kN。问：

(1) 用这一试验机作拉断试验时，试样直径最大可达多大？

(2) 若设计时取试验机的安全因数$n = 2$，则杆CD的横截面面积为多少？

(3) 若试样直径$d = 10\ \text{mm}$，今欲测弹性模量E，则所加载荷最大不能超过多少？

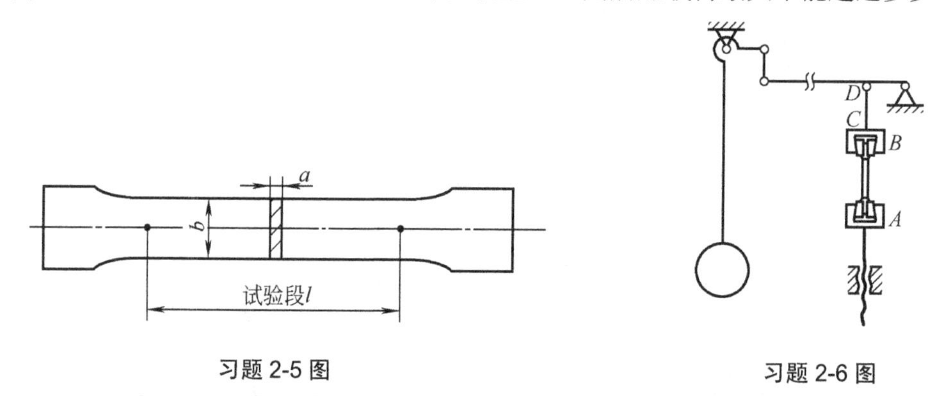

习题 2-5 图　　　习题 2-6 图

2-7 铰接的正方形结构如图示，各杆材料皆为铸铁，许用拉应力$[\sigma]^+ = 50\ \text{MPa}$，许用压应力$[\sigma]^- = 60\ \text{MPa}$，各杆横截面面积都等于25 mm^2。求结构的许用载荷$[F]$。

2-8 图示桁架，由圆截面杆1与杆2组成，并在节点A承受载荷$F = 80\ \text{kN}$作用。杆1、杆2的直径分别为$d_1 = 30\ \text{mm}$和$d_2 = 20\ \text{mm}$，两杆的材料相同，屈服极限$\sigma_s = 320\ \text{MPa}$，安全因数$n_s = 2.0$。试校核桁架的强度。

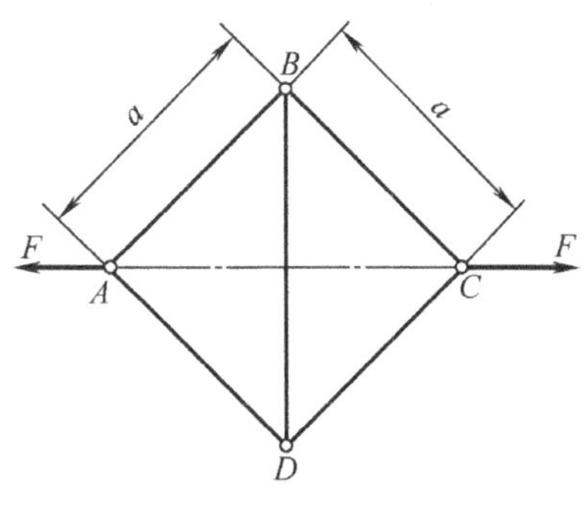

习题 2-7 图

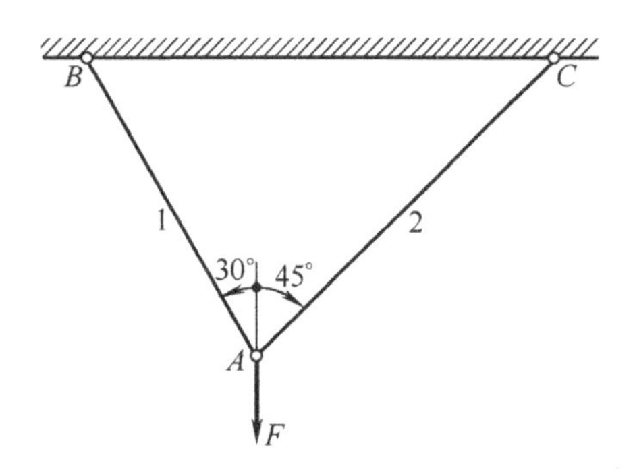

习题 2-8 图

2-9 图示桁架，杆 1 为圆截面钢杆，杆 2 为正方形截面木杆，在节点 B 承受载荷 F 作用。已知载荷 $F=50\,\text{kN}$，钢的许用应力 $[\sigma_s]=160\,\text{MPa}$，木材的许用应力 $[\sigma_w]=10\,\text{MPa}$。试确定钢杆的直径 d 与木杆横截面的边宽 b。

2-10 图示双杠杆夹紧机构，需产生一对 20 kN 的夹紧力，求水平杆 AB 及二斜杆 BC 和 BD 的横截面直径。已知：该三杆的材料相同，$[\sigma]=100\,\text{MPa}$，$\alpha=30°$。

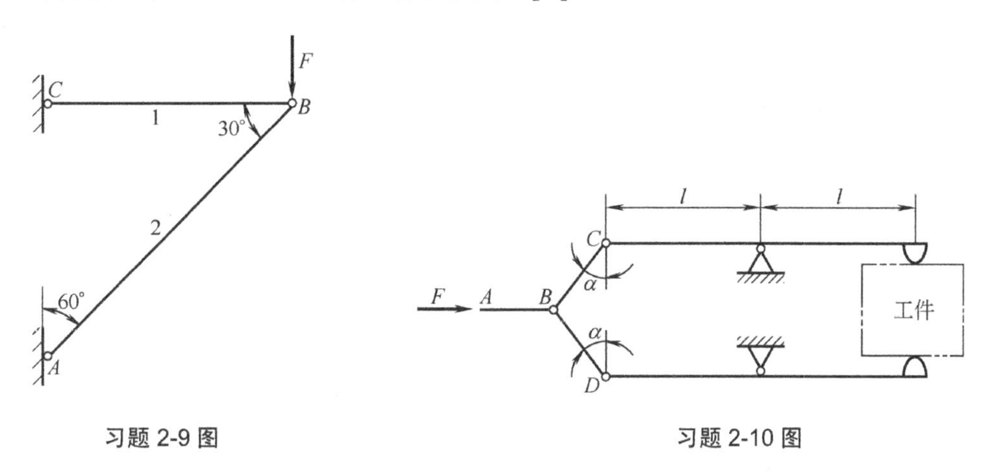

习题 2-9 图　　　　习题 2-10 图

2-11 在图示结构中，AB 为钢杆，横截面面积 $A_1=2\,\text{cm}^2$，许用应力 $[\sigma_s]=160\,\text{MPa}$；$AC$ 为铜杆，横截面面积 $A_2=3\,\text{cm}^2$，许用应力 $[\sigma_c]=100\,\text{MPa}$，求许用载荷 $[F]$。

2-12 一木柱受力如图所示。柱的横截面为边长 200 mm 的正方形，材料可认为符合胡克定律，其弹性模量 $E=10\,\text{GPa}$。如不计柱的自重，求：

(1) 柱各段横截面上的应力；

(2) 柱各段的纵向线应变；

(3) 柱的总变形。

2-13 设 CG 为刚体(即 CG 的弯曲变形可以省略)，BC 为铜杆，DG 为钢杆，两杆的横截面面积分别为 A_1 和 A_2，弹性模量分别为 E_1 和 E_2。如要求 CG 始终保持水平位置，求 x。

2-14 图示打入黏土的木桩受载荷 F 及黏土的摩擦力，摩擦力集度 $f=ky^2$，其中 k 为常数。已知 $F=420\,\text{kN}$，$l=12\,\text{m}$，杆的横截面面积 $A=64\times10^3\,\text{mm}^2$，材料可近似认为满

足胡克定律，弹性模量 $E=10\,\text{GPa}$ 。试确定常数 k，并求木桩的缩短量。

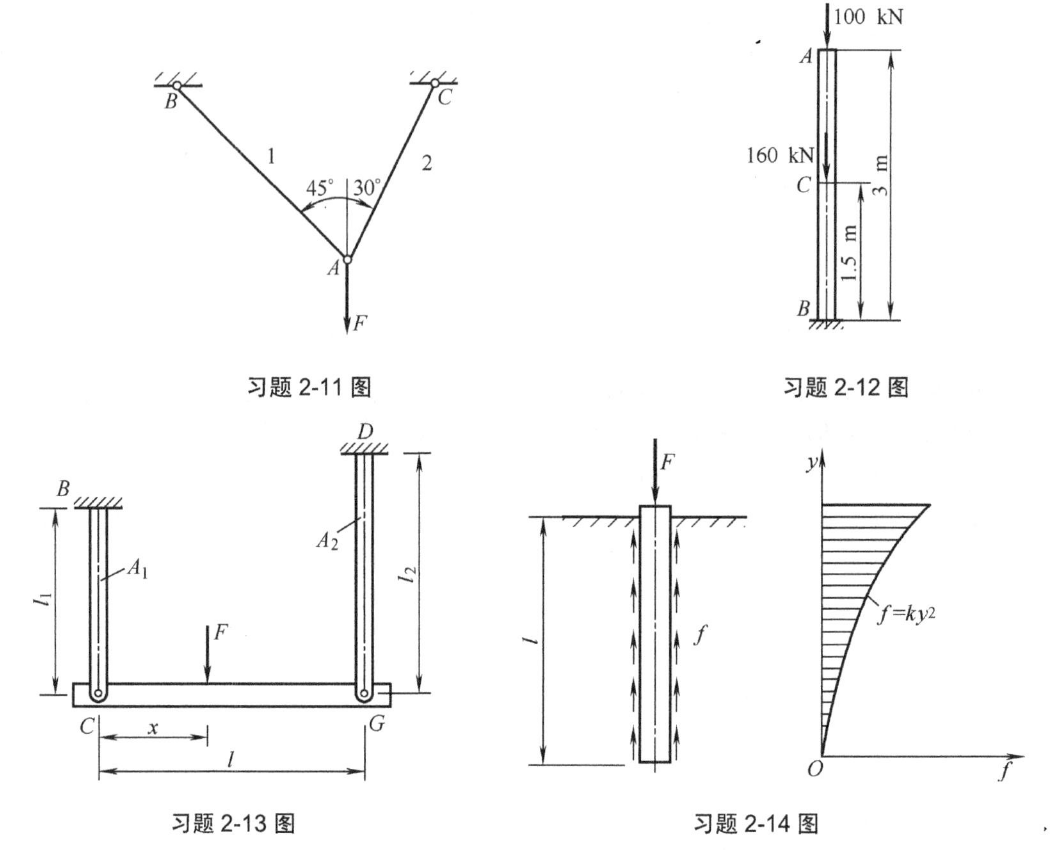

习题 2-11 图　　习题 2-12 图

习题 2-13 图　　习题 2-14 图

2-15 图示变宽度平板，承受轴向载荷 F 作用。已知板的厚度为 δ，长为 l，左、右端的宽度分别为 b_1 和 b_2，弹性模量为 E 。试计算板的轴向总伸长。

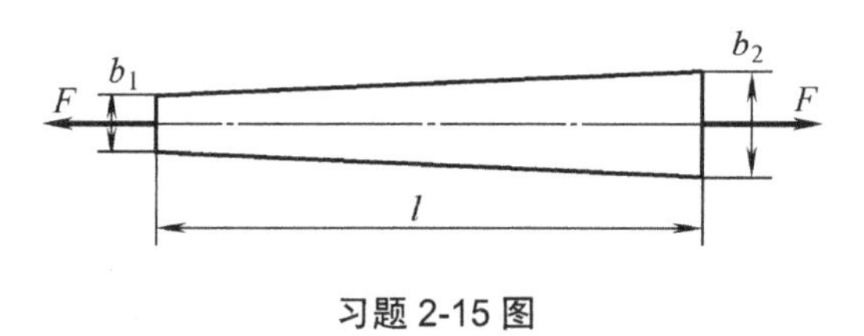

习题 2-15 图

2-16 图示两端固定杆件，承受轴向载荷作用。求约束力与杆内的最大轴力。

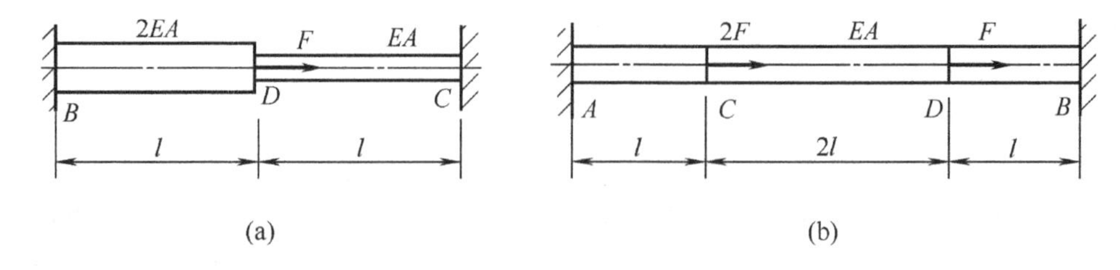

习题 2-16 图

2-17 图示结构，杆 1、2 的拉(压)刚度均为 EA，梁 AB 为刚体，载荷 $F=20\text{kN}$，许用拉应力 $[\sigma]^{+}=30\text{MPa}$，许用压应力 $[\sigma]^{-}=90\text{MPa}$。试确定杆的横截面面积。

2-18 图示支架中的三根杆件材料相同，杆 1、2、3 的横截面面积分别为 200 mm^2、300 mm^3、400 mm^2。若 $F=30\text{kN}$，求各杆横截面上的应力。

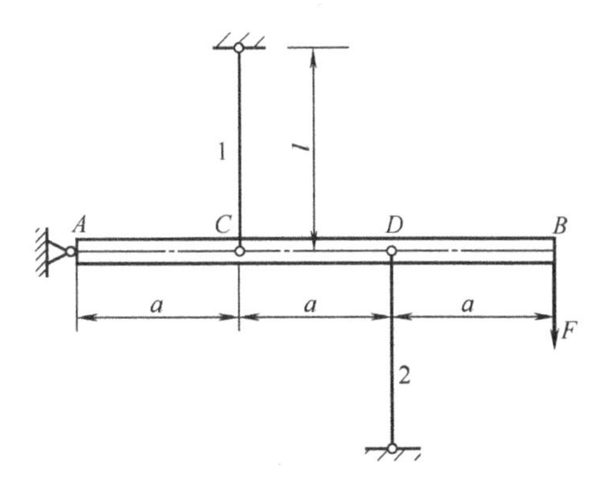

习题 2-17 图

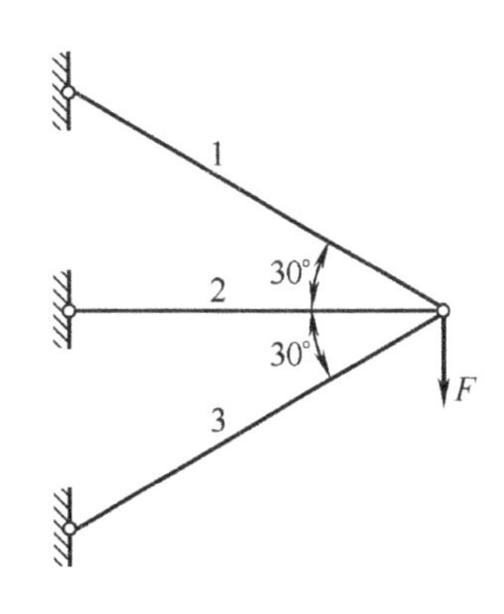

习题 2-18 图

2-19 一钢管混凝土柱如图所示，柱长 $l=3\text{m}$，钢管的壁厚为 $\delta=5\text{mm}$，内部混凝土直径 $d=100\text{ mm}$。承受的压力为 F。已知钢管的许用应力 $[\sigma_s]=160\text{MPa}$，弹性模量 $E_s=200\text{GPa}$；混凝土的许用应力 $[\sigma_c]=30\text{MPa}$，弹性模量 $E_c=30\text{GPa}$，认为混凝土符合胡克定律。求钢管混凝土柱的许用载荷 $[F]$。

2-20 图示桁架，杆 1、2、3 分别用铸铁、铜和钢制成，许用应力分别为 $[\sigma_1]=40\text{ MPa}$，$[\sigma_2]=60\text{ MPa}$，$[\sigma_3]=120\text{ MPa}$，弹性模量分别为 $E_1=160\text{ GPa}$，$E_2=100\text{ GPa}$，$E_3=200\text{ GPa}$。若载荷 $F=160\text{ kN}$，$A_1=A_2=2A_3$，试确定各杆的横截面面积。

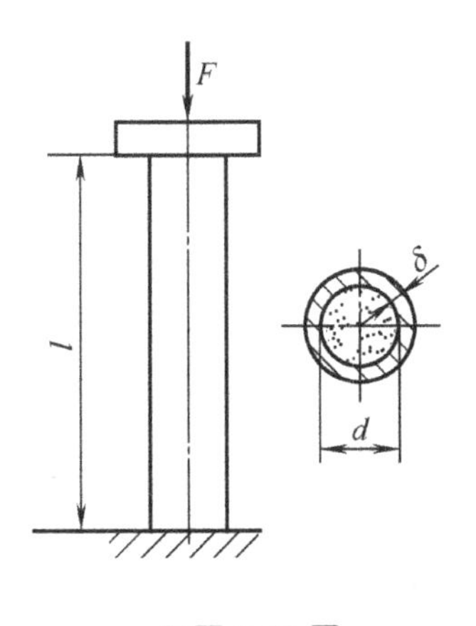

习题 2-19 图

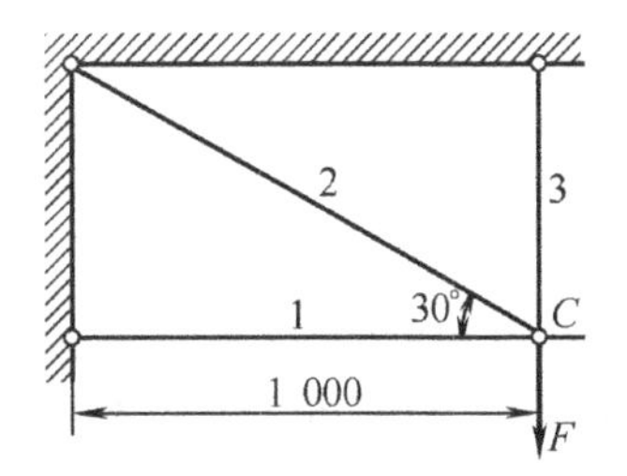

习题 2-20 图

2-21 图示刚性梁由三根钢杆支承，钢杆的弹性模量 $E_s=210\text{ GPa}$，横截面面积均为 2 cm^2，其中一杆的长度做短了 $\delta=5l/10^4$。在按下述两种情况装配后，求各杆横截面上的应力。

(1) 短杆为 2 号杆(题 2-21 图(a))；

(2) 短杆为 3 号杆(题 2-21 图(b))。

2-22 在图示杆系中，杆 AB 比名义长度略短，误差为 δ。若各杆材料相同，横截面面积相等，求装配后各杆的轴力。

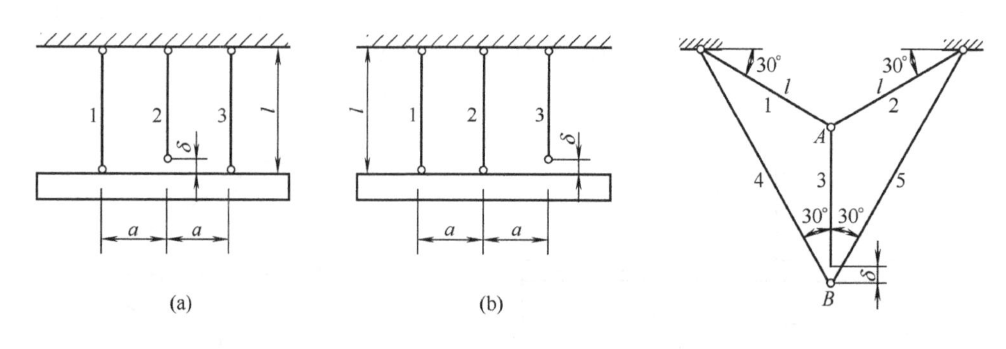

习题 2-21 图

习题 2-22 图

2-23 图示钢杆，横截面面积 $A=2500\,\text{mm}^2$，弹性模量 $E=210$ GPa，轴向载荷 $F=200$ kN。求在下列两种情况下确定杆两端的约束力：

(1) 间隙 $\delta=0.6$ mm；

(2) 间隙 $\delta=0.3$ mm。

2-24 图示 ACB 横梁为刚性梁；杆 1 为钢杆，$E_1=210$ GPa，$\alpha_1=12.5\times10^{-6}/℃$，$A_1=30\,\text{cm}^2$；杆 2 为铜杆，$E_2=105$ GPa，$\alpha_2=19\times10^{-6}/℃$，$A_2=30\,\text{cm}^2$。载荷 $F=50$ kN。求杆 1 和杆 2 横截面上的应力。

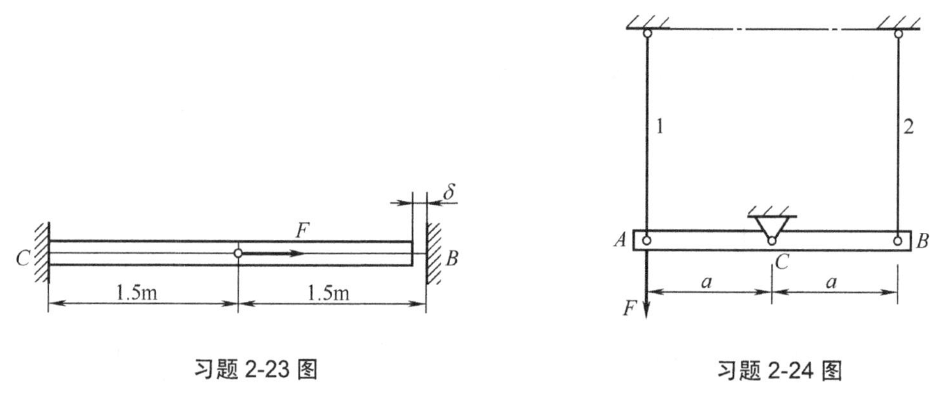

习题 2-23 图

习题 2-24 图

2-25 图示杆系的两杆同为钢杆，$E=200$ GPa，$\alpha_l=12.5\times10^{-6}/℃$。两杆的横截面面积同为 $A=10\,\text{cm}^2$。若杆 BC 的温度降低 20℃，而杆 CD 的温度不变，求两杆的应力。

2-26 图示接头，承受轴向载荷 F 作用。已知铆钉直径 $d=20$ mm，许用拉应力 $[\sigma]=160$ MPa，许用切应力 $[\tau]=120$ MPa，许用挤压应力 $[\sigma_{bs}]=340$ MPa。板件与铆钉的材料相同。试计算接头的许用载荷。

2-27 图示圆截面杆，承受轴向拉力 F 作用。设拉杆的直径为 d，端部墩头的直径为 D，高度为 h，试从强度方向考虑，建立三者间的合理比值。已知许用拉应力 $[\sigma]=120$ MPa，许用切应力 $[\tau]=90$ MPa，许用挤压应力 $[\sigma_{bs}]=240$ MPa。

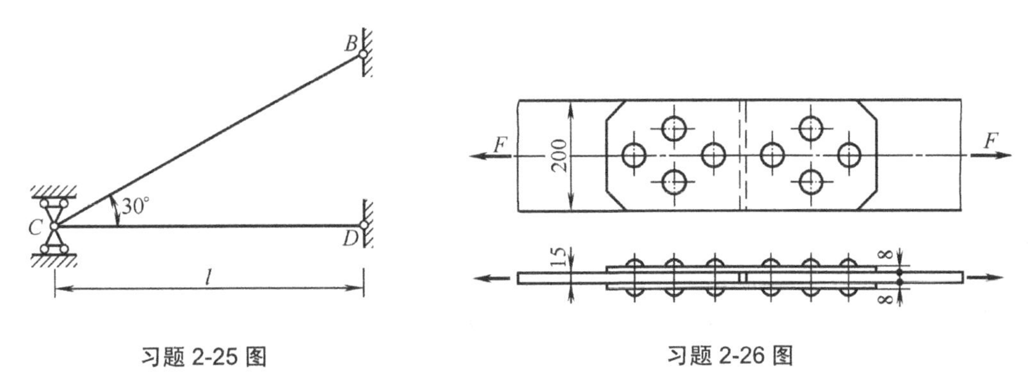

习题 2-25 图　　　　习题 2-26 图

2-28　矩形截面木拉杆的接头如图所示。已知轴向拉力为 F，截面宽度为 b，木材的顺纹许用切应力为 $[\tau]$，许用挤压应力为 $[\sigma_{bs}]$。求接头处所需的尺寸 l 和 a。

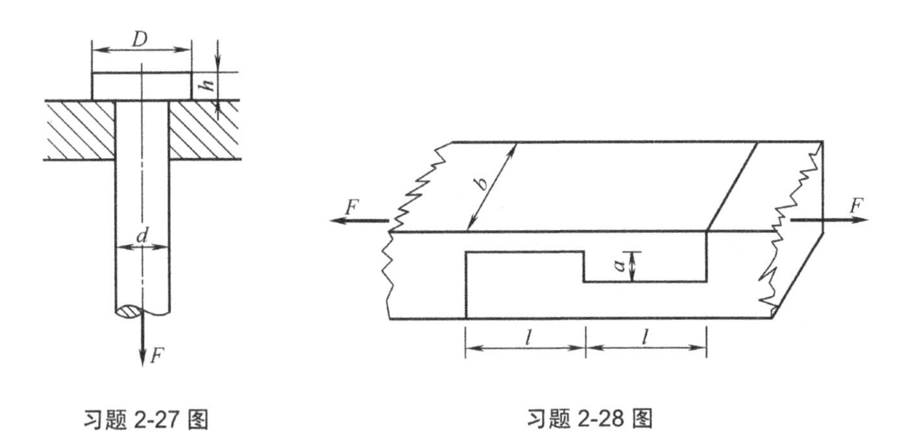

习题 2-27 图　　　　习题 2-28 图

2-29　一螺栓将拉杆与厚度为 8 mm 的两块盖板相连接。各零件材料相同，许用应力均为 $[\sigma]=80\ \text{MPa}$，$[\tau]=60\ \text{MPa}$，$[\sigma_{bs}]=160\ \text{MPa}$。若拉杆的厚度 $\delta=15\text{mm}$，拉力 $F=120\ \text{kN}$，试设计螺栓直径 d 及拉杆宽度 b。

2-30　图示两块钢板 A 和 B 搭接焊在一起，钢板 A 的厚度 $\delta=8\text{mm}$。已知 $F=150\ \text{kN}$，焊缝的许用切应力 $[\tau]=108\ \text{MPa}$。求焊缝不发生剪切破坏所需要的长度。

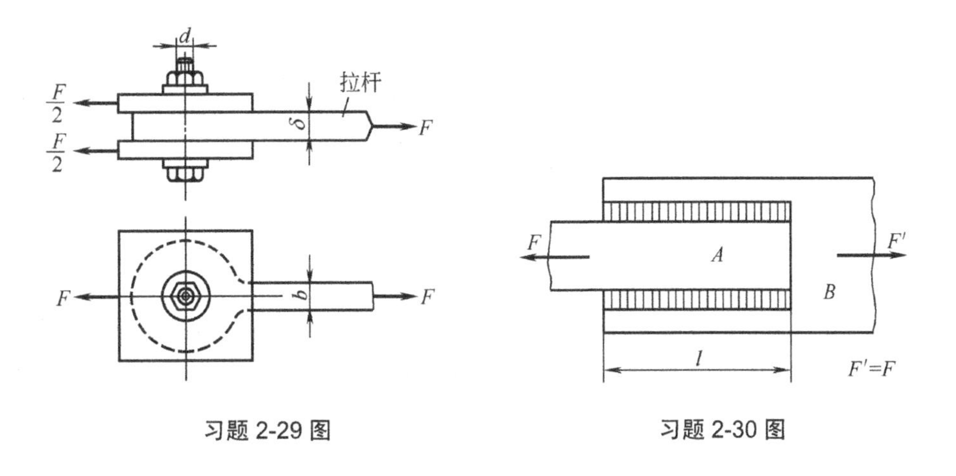

习题 2-29 图　　　　习题 2-30 图

第3章　扭　　转

本章主要研究圆截面直杆扭转时的内力、应力和变形，对非圆截面杆的扭转，仅做简单介绍。

3.1　扭转的概念和实例

扭转变形是工程实际和日常生活中经常遇到的情形。如驾驶盘轴，如图 3.1 所示，在轮盘边缘上作用一对大小相等、方向相反的切向力 F 构成的力偶，其力偶矩 $M_e = Fd$ 。根据平衡条件可知，在轴的另一端，必存在一反作用力偶，其距 $M_e' = M_e$ 。在力偶矩 M_e 与 M_e' 作用下，各横截面绕轴线做相对旋转。以横截面绕轴线做相对旋转为主要特征的变形形式称为**扭转**，如图 3.2 所示。截面间绕轴线的相对角位移，称为**扭转角**，用 φ 表示。

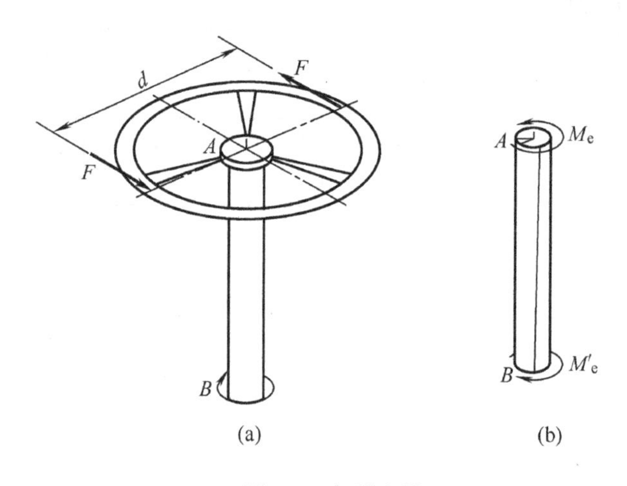

图 3.1　驾驶盘轴

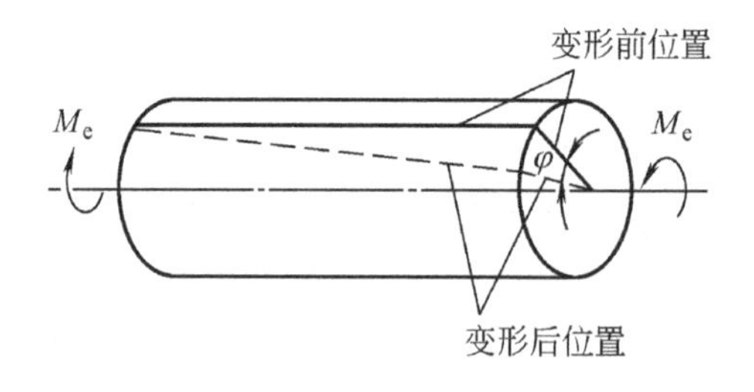

图 3.2　扭转变形

工程实际中，有很多构件，如车床的光杆、搅拌机轴、汽车传动轴等，都是受扭构件。垂直于杆轴线的平面内作用的力偶之矩，称为**外力偶矩**或**扭力偶矩**。以扭转变形为主要变形的直杆称为**轴**。

3.2 外力偶矩的计算 扭矩和扭矩图

3.2.1 外力偶矩的计算

在传动轴计算中，通常不是直接给出作用于轴上的外力偶矩 M_e 的数值，而是给出轴所传送的功率和轴的转速。如图3.3所示，可由电动机的转速和功率，求出传动轴 AB 的转速及通过皮带轮输入的功率。功率输入到轴 AB 上，再经右端的齿轮输送出去。设通过皮带轮输入轴 AB 的功率为 P (kW)，则因 $1\,\text{kW}=1000\,\text{N}\cdot\text{m/s}$，以输入功率 P(kW)，就相当于在每秒钟内输入 $P\times1000$ 焦耳的功。电动机是通过皮带轮以力偶矩 M_e 作用于轴 AB 上的，若轴的转速为每分钟 n 转(r/min)，则 M_e 在每秒钟内完成的功为 $2\pi\times\dfrac{n}{60}\times M_e(\text{N}\cdot\text{m})$，由于二者做的功应该相等，则有

$$P\times1000=2\pi\times\frac{n}{60}\times M_e$$

由此求出外力偶矩 M_e 的公式为

$$\{M_e\}_{\text{N}\cdot\text{m}}=9549\frac{\{P\}_{\text{kW}}}{\{n\}_{\text{r/min}}} \tag{3-1}$$ ①

式中，P 为输入功率(kW)；n 为轴转速(r/min)。

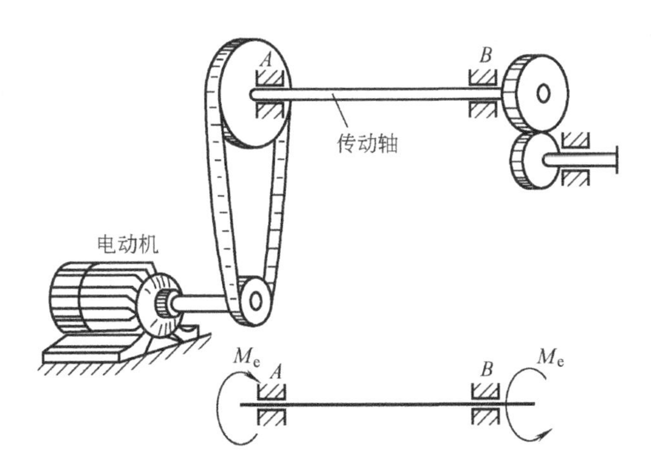

图3.3 承受扭转变形的传动轴

3.2.2 扭矩与扭矩图

轴在外力偶矩作用下，横截面上的内力可由截面法求出。

① 这是国家标准GB3101—93中规定的数值方程式的表示方法。

以图 3.4(a)所示的圆轴为例，假想将圆轴沿截面 m-m 分成两部分，取部分 I 作为研究对象，如图 3.4(b)所示，由于整个轴是平衡的，所以部分 I 也必然处于平衡状态。根据平衡条件，外力为力偶矩，这就要求截面 m-m 上的分布内力必须合成为一内力偶矩 T。由部分 I 的平衡方程 $\sum M_x = 0$，得

$$T - M_e = 0$$

则

$$T = M_e$$

式中，T 称为截面 m-m 上的**扭矩**，它是 I 、II 两部分在 m-m 截面上相互作用的分布内力系的合力偶矩。

若取部分 II 为研究对象，如图 3.4(c) 所示，仍然可以求得 $T = M_e$ 的结果，其方向则与用部分 I 求出的扭矩相反。

为了使无论用部分 I 或部分 II 求出的同一截面 m-m 上的扭矩不仅数值相等，而且正负相同，对**扭矩 T 的正负规定为**：若按右手螺旋法则把 T 表示为矢量，当矢量方向与截面的外法线 n 的方向一致时，T 为正；反之为负。根据这一规则，图 3.4 中，截面 m-m 上扭矩无论部分 I 或 II 都为正。

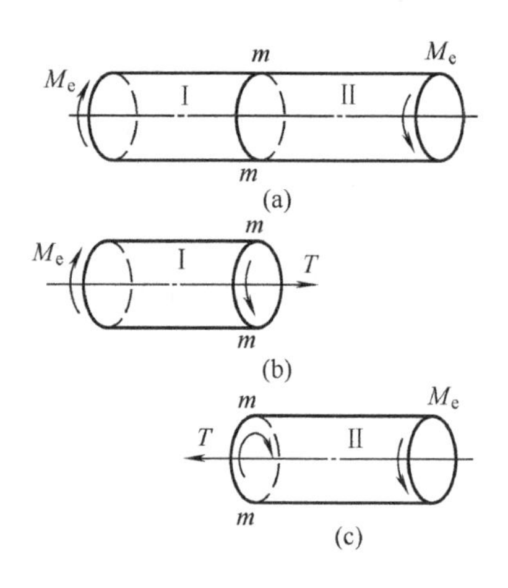

图 3.4　扭矩及其正负号规定

若作用于轴上的外力偶多于两个时，外力偶将轴分成若干段，各段横截面上的扭矩不尽相同，则需分段按截面法求扭矩。为了表示各截面扭矩沿轴线变化的情况，可画出**扭矩图**。扭矩图中横轴表示横截面的位置，纵轴表示相应截面上的扭矩值。下面通过例题说明扭矩的计算和扭矩图的绘制。

【例 3-1】　图 3.5(a) 所示为一传动系统，A 为主动轮，B、C、D 为从动轮。各轮的功率 $P_A = 60\ \text{kW}$，$P_B = 25\ \text{kW}$，$P_C = 25\ \text{kW}$，$P_D = 10\ \text{kW}$，轴的转速为 $n = 300\ \text{r/min}$。试画出轴的扭矩图。

【解】 (1) 求外力偶矩。

按式(3-1)计算出各轮上的外力偶矩

$$M_{eB} = M_{eC} = 9549\frac{P_B}{n} = 9549 \times \frac{25}{300} = 796\ \text{N}\cdot\text{m}$$

$$M_{eA} = 9549\frac{P_A}{n} = 9549 \times \frac{60}{300} = 1910\ \text{N}\cdot\text{m}$$

$$M_{eD} = 9549\frac{P_D}{n} = 9549 \times \frac{10}{300} = 318\ \text{N}\cdot\text{m}$$

(2) 求各段轴上的扭矩。

用截面法，根据平衡方程计算各段内的扭矩。

AB 段：取分离体如图 3.5(b)所示，设截面 1-1 上的扭矩为 T_1，方向如图 3.5(b)所示。则由平衡方程得

$$T_1 - M_{eB} = 0$$

$$T_1 = M_{eB} = 796\,\text{N·m}$$

AC 段：取分离体如图 3.5(c)所示，由平衡方程得

$$T_2 + M_{eA} - M_{eB} = 0$$

$$T_2 = M_{eB} - M_{eA} = -1114\ \text{N·m}$$

负号说明实际方向与假设方向相反。

CD 段：取分离体如图 3.5(d)所示，由平衡方程得

$$T_3 + M_{eD} = 0$$

$$T_3 = -M_{eD} = -318\ \text{N·m}$$

(3) 作扭矩图。

如图 3.5(e)所示。从图中看出，最大扭矩发生于 AC 段内，且 $|T|_{max}=1114\,\text{N·m}$ 。

【讨论】(1) 扭矩图应与轴载荷图位置上下对齐。

(2) 对同一根轴，若把主动轮 A 安置于轴的一端，例如图 3.6(a)所示放在左端，则此时轴的扭矩图如图 3.6(b)所示。这时，轴的最大扭矩为 $|T|_{max}=1910\ \text{N·m}$ 。由此可知，在传动轴上主动轮和从动轮安置的位置不同，轴所承受的最大扭矩也就不同。上述两种情况相比，如图 3.5 所示布局比较合理。

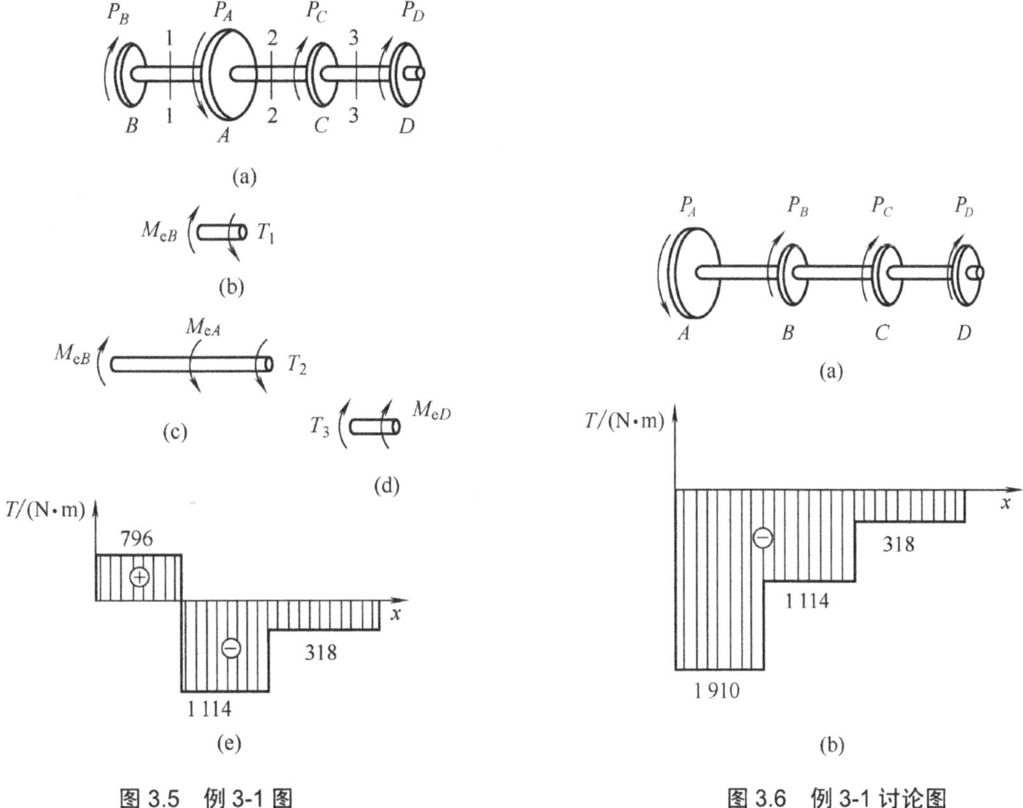

图 3.5 例 3-1 图

图 3.6 例 3-1 讨论图

3.3 纯 剪 切

为了研究切应力和切应变的规律以及两者间的关系，先考察薄壁圆筒的扭转。

3.3.1 薄壁圆筒扭转时的切应力

如图 3.7(a) 所示为一等厚薄壁圆筒，其厚度远小于其平均半径 $r(\delta \leqslant r/10)$。受扭前在圆筒的外表面上用一些纵向直线和横向圆周线画成方格，如图 3.7(a)中的 $ABDC$，然后在两端垂直于轴线的平面内作用大小相等而转向相反的外力偶 M_e。试验结果表明，圆筒发生扭转后，方格由矩形变成平行四边形，如图 3.7(b)所示的 $A'B'D'C'$，但圆筒沿轴线及周线的长度都没有变化。这些现象表明，当薄壁圆筒扭转时，其横截面和包含轴线的纵向截面上都没有正应力，横截面上只有切应力 τ，因为筒壁的厚度 δ 很小，可以认为沿筒壁厚度切应力不变。又因在同一圆周上各点情况完全相同，应力也就相同，如图 3.7(c)所示。横截面上所有 τ 组成力系的合力为该横截面的扭矩 T，即

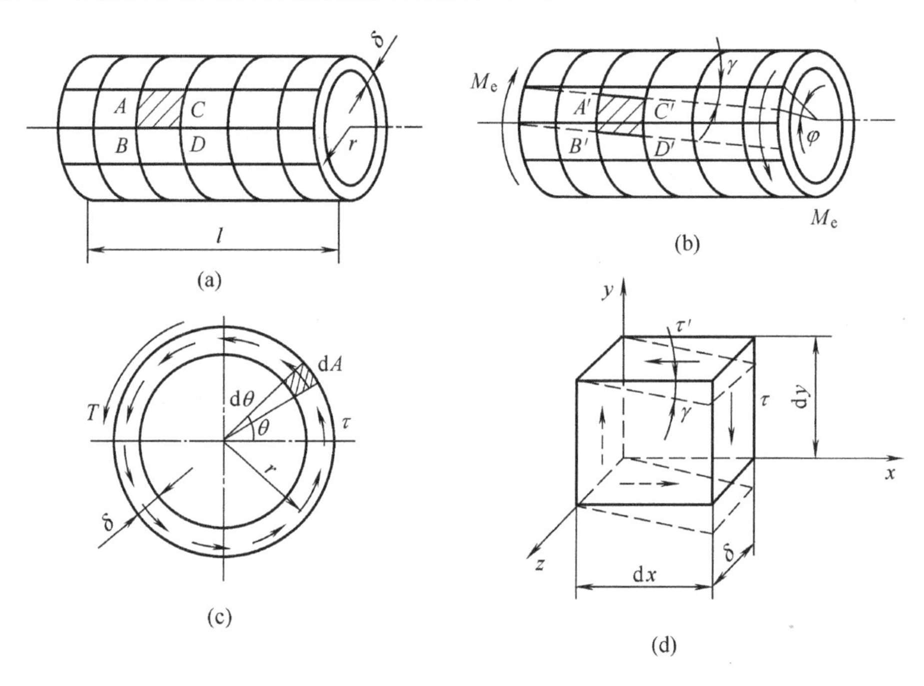

图 3.7 薄壁圆筒扭转时切应力

$$T = M_e = \int_A r\tau \, dA = \int_0^{2\pi} r\tau \delta r \, d\theta = 2\pi r^2 \delta \tau$$

得

$$\tau = \frac{T}{2\pi r^2 \delta} \tag{3-2}$$

3.3.2 切应力互等定理

用相邻的两个横截面和两个纵向面，从圆筒中取出边长分别为$\mathrm{d}x, \mathrm{d}y$和δ的单元体，放大如图 3.7(d)所示，单元体的左、右侧面是横截面的一部分，由前述分析知，左、右侧面上无正应力，只有切应力，大小按式(3-2)计算。由图 3.7(d)知，在单元体的左、右侧面上的切应力，由于大小相等，方向相反，形成了一个力偶，其力偶矩为$(\tau\delta\,\mathrm{d}y)\mathrm{d}x$。由于圆筒是平衡的，单元体必然平衡，为保持其平衡，单元体的上、下两个侧面上必须有切应力，并由$\sum F_x = 0$知，上、下两个侧面上的切应力要大小相等、方向相反，所合成的力偶应与力偶矩$(\tau\delta\,\mathrm{d}y)\mathrm{d}x$相平衡。设上、下两个侧面上的切应力为$\tau'$，由$\sum M_x = 0$得

$$(\tau\delta\,\mathrm{d}y)\mathrm{d}x = (\tau'\delta\,\mathrm{d}x)\mathrm{d}y$$

所以

$$\tau = \tau' \tag{3-3}$$

式(3-3)表明，在相互垂直的一对平面上，切应力同时存在，数值相等，且都垂直于两个平面的交线，方向共同指向或共同背离这一交线。这就是**切应力互等定理**。

3.3.3 剪切胡克定律

如图 3.7(d)所示单元体，上、下、左、右四个侧面上只有切应力而无正应力，这种单元体称为**纯剪切**。单元体相对的两侧面在切应力作用下，发生微小的相对错动，使原来互相垂直的两个棱边的夹角改变了一个微量γ，就是前面定义过的切应变如图 3.7(c)所示。

设φ为圆筒两端截面的相对扭转角，l为圆筒的长度，由图 3.7(b)知，切应变

$$\gamma = \frac{r\varphi}{l} \tag{3-4}$$

纯剪切试验结果表明，当切应力不超过材料的剪切比例极限时，切应变γ与切应力τ成正比，即

$$\tau = G\gamma \tag{3-5}$$

式(3-5)称为**剪切胡克定律**；G为比例常数，称为材料的**切变模量**，G的量纲与τ相同。

至此，已经介绍了三个弹性常数E、μ、G，对各向同性材料，可以证明，这三者存在下列关系

$$G = \frac{E}{2(1+\mu)} \tag{3-6}$$

3.4 圆轴扭转时横截面上的应力

3.4.1 圆轴扭转切应力的计算公式

为了得到圆轴扭转时横截面上的应力表达式，必须综合研究几何、物理和静力学三方面的关系。

1. 几何关系

如前述薄壁圆筒受扭一样，在等截面圆轴表面上等间距地作圆周线和纵向线，在轴两端施加一对大小相等、方向相反的外力偶。从实验中观察到：各圆周线的形状不变，仅绕轴线相对旋转；而当变形很小时，各圆周线的大小与间距均不改变。

根据上述现象，对轴内变形做如下假设：变形后，横截面仍保持平面，其形状、大小与横截面间的距离均不改变，而且半径仍为直线。换言之，圆轴扭转时，各横截面如同刚性圆片，仅绕轴线做相对旋转。此假设称为**圆轴扭转平面假设**，并已得到理论与实验的证实。

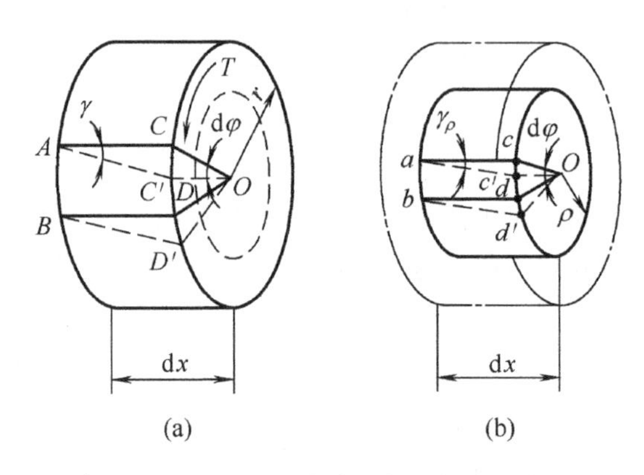

图 3.8　圆轴扭转时的变形协调关系

现从圆轴内取出长为 $\mathrm{d}x$ 的微段，如图 3.8(a)所示。根据平面假设，右截面相对左截面绕轴线转动了一个角度 $\mathrm{d}\varphi$，即有截面上的半径 OC 转到了 OC'，纵向线 AC 倾斜了一个角度 γ，变成 AC'，由前述定义知，$\mathrm{d}\varphi$ 为相距 $\mathrm{d}x$ 长的两截面的相对扭转角，γ 为点 A 处的切应变。设距轴线为 ρ 的纵向线 ac，变形后为 ac'，ac 的倾斜角为 γ_ρ，即点 a 的切应变为 γ_ρ，由图 3.8(b)知，

$$cc' = \gamma_\rho \mathrm{d}x = \rho \mathrm{d}\varphi$$

由此得

$$\gamma_\rho = \rho \frac{\mathrm{d}\varphi}{\mathrm{d}x} \tag{3-7}$$

式中，$\dfrac{\mathrm{d}\varphi}{\mathrm{d}x}$ 为相对扭转角 φ 沿轴长度的变化率，对给定的横截面是个常量。式(3-7)说明，等直圆轴受扭时，横截面上任意点处的切应变 γ_ρ 与该点到截面中心的距离 ρ 成正比。

2. 物理关系

由剪切胡克定律知，在剪切比例极限内，切应力与切应变成正比，所以，横截面上 ρ 处的切应力为

$$\tau_\rho = G\gamma_\rho = G\rho \frac{\mathrm{d}\varphi}{\mathrm{d}x} \tag{3-8}$$

式(3-8)表明，扭转切应力 τ_ρ 沿截面半径线性变化，与该点到轴心的距离 ρ 成正比。由于 γ_ρ

发生在垂直于半径的平面内，所以τ_ρ的方向垂直于该点处的半径，与扭矩T的转向一致。考虑到切应力互等定理，则在纵向截面和横截面上，沿半径切应力分布如图3.9所示。

3. 静力学关系

如图3.10所示，在距圆心ρ处的微面积$\mathrm{d}A$上，作用有微剪力$\tau_\rho\mathrm{d}A$，它对圆心的力矩为$\rho\tau_\rho\mathrm{d}A$。在整个横截面上，所有微力矩之和等于该截面的扭矩，即

$$\int_A \rho\tau_\rho \mathrm{d}A = T$$

将式(3-6)代入上式得

$$G\frac{\mathrm{d}\varphi}{\mathrm{d}x}\int_A \rho^2 \mathrm{d}A = T$$

上式中积分$\int_A \rho^2 \mathrm{d}A$代表截面的极惯性矩$I_\mathrm{p}$(详见附录A-2)，于是得

$$\frac{\mathrm{d}\varphi}{\mathrm{d}x} = \frac{T}{GI_\mathrm{p}} \tag{3-9}$$

将式(3-9)代入式(3-8)得

$$\tau_\rho = \frac{T}{I_\mathrm{p}}\rho \tag{3-10}$$

此即圆轴扭转切应力的计算公式。式中，T为横截面上的扭矩，I_p为横截面的极惯性矩，ρ为所求切应力点到圆心的距离。

需要指出，式(3-9)与式(3-10)仅适用于等直圆杆，而且，横截面上的$\tau_{\max}$应低于剪切比例极限。

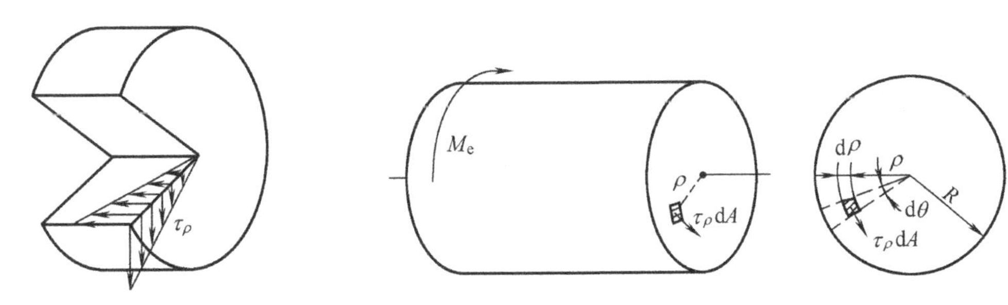

图3.9 圆轴扭转时纵横截面上切应力分布　　图3.10 圆轴扭转时横截面上的切应力与扭矩关系

3.4.2 最大扭转切应力 强度条件

1. 最大扭转切应力

由式(3-10)知，当$\rho = R$即圆轴外表面上各点处，切应力最大，其值

$$\tau_{\max} = \frac{TR}{I_\mathrm{p}} = \frac{T}{I_\mathrm{p}/R} \tag{3-11}$$

式中I_p/R是一个仅与截面尺寸有关的量，称为**扭转截面系数**，用W_p表示，即

$$W_\mathrm{p} = \frac{I_\mathrm{p}}{R} \tag{3-12}$$

于是，式(3-11)又可写成

$$\tau_{\max}=\frac{T}{W_{p}} \tag{3-13}$$

可见，最大扭转切应力与扭矩成正比，与扭转截面系数成反比。

由式(3-12)与附录 A 的式(A-14)和式(A-16)可知，对于直径为d的圆截面，其扭转截面系数

$$W_{p}=\frac{\pi}{16}d^{3} \tag{3-14}$$

而对于内径为d，外径为D的空心圆截面，其扭转截面系数

$$W_{p}=\frac{\pi}{16D}(D^{4}-d^{4})=\frac{\pi D^{3}}{16}(1-\alpha^{4}) \tag{3-15}$$

式中，$\alpha=d/D$。

2. 强度条件

通过轴的内力分析可作出扭矩图并求出最大扭矩$T_{\max}$，最大扭矩所在截面称为危险截面。对等截面轴，由式(3-13)知，轴上最大切应力$\tau_{\max}$在危险截面的外表面。由此得强度条件

$$\tau_{\max}=\frac{T_{\max}}{W_{p}}\leqslant[\tau] \tag{3-16}$$

式中$[\tau]$为轴材料的许用切应力。不同材料的许用切应力$[\tau]$各不相同，通常由扭转试验测得。

各种材料的扭转极限应力τ_{u}，并除以适当的安全因数n得到，即

$$[\tau]=\frac{\tau_{u}}{n} \tag{3-17}$$

塑性材料和脆性材料，在进行扭转试验时，其破坏形式不完全相同。塑性材料试件在外力偶作用下，先出现屈服，最后沿横截面被剪断如图 3.11(a)所示；脆性材料试件受扭时，变形很小，最后沿与轴线约 45°方向的螺旋面断裂，如图 3.11(b)所示。通常把塑性材料屈服时横截面上最大切应力称为**扭转屈服极限**，用τ_{s}表示；脆性材料断裂时横截面上的最大切应力，称为材料的**扭转强度极限**，用τ_{b}表示。扭转屈服极限τ_{s}与扭转强度极限τ_{b}，统称为材料的**扭转极限应力**，用τ_{u}表示。

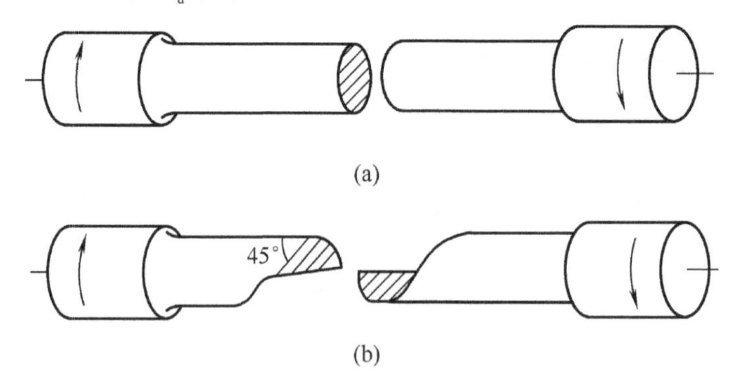

图 3.11　塑性与脆性材料扭转破坏

【例 3-2】 实心圆轴与空心圆轴通过牙嵌式离合器相连，并传递功率，如图 3.12 所示。已知轴的转速 $n = 100\ \text{r/min}$，传递的功率 $P = 7.5\ \text{kW}$。若二传动轴横截面上的最大切应力均等于 $40\,\text{MPa}$，并且已知空心轴的内、外直径之比 $\alpha = 0.5$，试确定实心轴的直径与空心轴的外径。

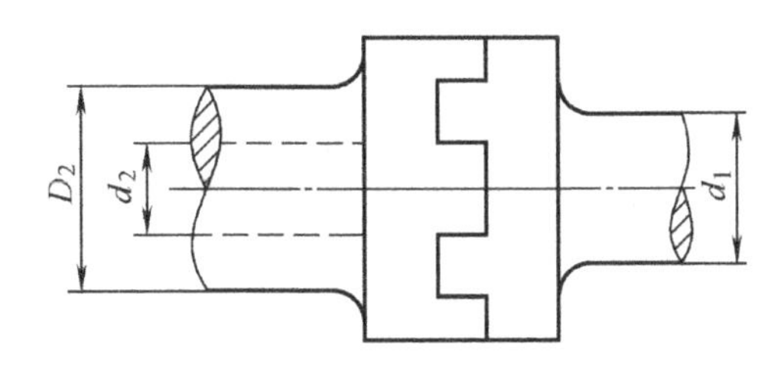

图 3.12 例 3-2 图

【解】 由于二传动轴的转速与传递的功率相等，故二者承受相同的外力偶矩，横截面上的扭矩也因此相等。根据式(3-1)求得

$$T = M_e = \left(9549 \times \frac{7.5}{100}\right)\text{N}\cdot\text{m} = 716.2\,\text{N}\cdot\text{m}$$

设实心轴的直径为 d_1，空心轴的内、外直径分别为 d_2 和 D_2。对于实心轴，根据式(3-13)、式(3-14)和已知条件，有

$$\tau_{\max} = \frac{T}{W_p} = \frac{16T}{\pi d_1^3} \leqslant 40\,\text{MPa}$$

由此求得

$$d_1 \geqslant \sqrt[3]{\frac{16 \times 716.2\,\text{N}\cdot\text{m}}{\pi \times 40 \times 10^6\,\text{N/m}^2}} = 0.045\,\text{m} = 45\,\text{mm}$$

对于空心轴，根据

$$\tau_{\max} = \frac{T}{W_p} = \frac{16T}{\pi D_2^3 (1-\alpha^4)} \leqslant 40\,\text{MPa}$$

算得

$$D_2 \geqslant \sqrt[3]{\frac{16 \times 716.2\,\text{N}\cdot\text{m}}{\pi(1-0.5^4) \times 40 \times 10^6\,\text{N/m}^2}} = 0.046\,\text{m} = 46\,\text{mm}$$

$$d_2 = 0.5 D_2 = 23\,\text{mm}$$

二轴的横截面面积之比为

$$\frac{A_1}{A_2} = \frac{d_1^2}{D_2^2(1-\alpha^2)} = \left(\frac{45 \times 10^{-3}\,\text{m}}{46 \times 10^{-3}\,\text{m}}\right)^2 \times \frac{1}{1-0.5^2} = 1.28$$

可见，如果轴的长度相同，承受扭矩相同，则在最大切应力相同的情形下，实心轴所用材料要比空心轴多。

【例 3-3】 如图 3.13(a)所示圆柱形密圈螺旋弹簧，沿弹簧轴线承受拉力 F 作用。所谓密圈螺旋弹簧，是指螺旋升角 α 很小(例如小于 5°)的弹簧。设弹簧的平均直径为 D，弹簧丝的直径为 d，试分析弹簧的应力并建立相应的强度条件。

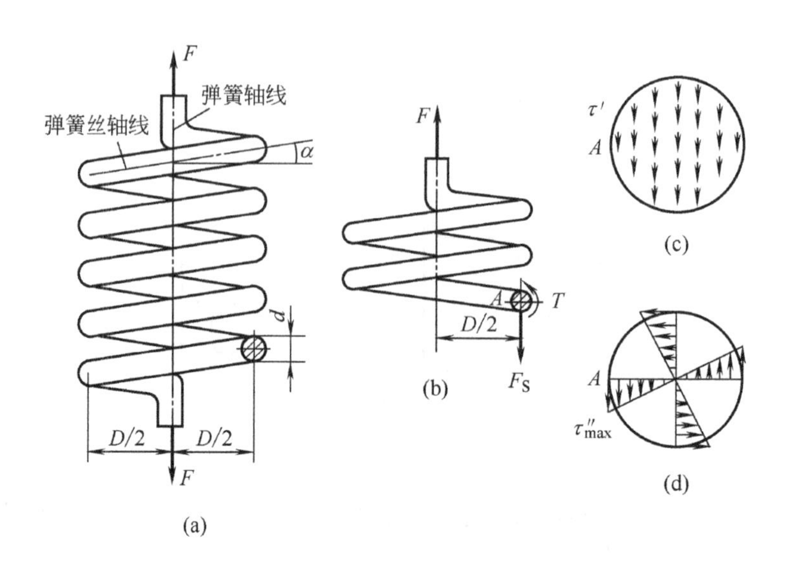

图 3.13 例 3-3 图

【分析】 欲求弹簧的应力，必须先求弹簧横截面上的内力，为此利用截面法，以通过弹簧轴线的平面将弹簧丝切断，并选择其上部为研究对象，如图 3.13(b)所示。由于螺旋升角α很小，因此，所切截面可近似看成是弹簧丝的横截面。

【解】 (1) 分析内力。

根据保留部分的平衡条件可知，在弹簧丝的横截面上必然同时存在剪力F_S及扭矩T，其值分别为

$$F_S = F$$

$$T = \frac{FD}{2}$$

(2) 求切应力。

假设与剪力F_S相应的切应力τ'沿横截面均匀分布，如图 3.13(c)所示，则

$$\tau' = \frac{4F_S}{\pi d^2} = \frac{4F}{\pi d^2}$$

与扭矩T相应的切应力τ''的分布如图 3.13(d)所示，最大扭转切应力为

$$\tau'' = \frac{FD}{2}\frac{16}{\pi d^3} = \frac{8FD}{\pi d^3}$$

横截面上任一点处的总切应力应为切应力τ'与τ''的矢量和，最大切应力发生在截面内侧点A处，其值

$$\tau_{max} = \tau''_{max} + \tau' = \frac{8FD}{\pi d^3}\left(1 + \frac{d}{2D}\right) \tag{3-18}$$

当弹簧的直径D远大于弹簧丝的直径d，例如当$D/d \geqslant 10$时，比值$d/(2D)$与 1 相比可以忽略，即略去剪力的影响，于是上式简化为

$$\tau_{max} = \frac{8FD}{\pi d^3} \tag{3-19}$$

但是，对于比值$D/d < 10$的弹簧，或在计算精度要求较高的情况下，则不仅切应力τ'

不能忽略，而且还应考虑弹簧丝曲率的影响，这时，最大切应力修正公式为

$$\tau_{\max}=\frac{8FD}{\pi d^3}\frac{4c+2}{4c-3} \tag{3-20}$$

式中，$c=D/d$。

(3) 强度条件。

以上分析表明，弹簧危险点处于纯剪切状态，所以，弹簧的强度条件为

$$\tau_{\max}\leqslant[\tau]$$

式中，$[\tau]$为弹簧丝的许用切应力。

3.5 圆轴扭转时的变形

3.5.1 圆轴扭转变形计算公式

轴的扭转变形，用横截面间绕轴线的相对位移即扭转角来表示。由式(3-9)知，长度为$\mathrm{d}x$的相邻两个截面的相对扭转角

$$\mathrm{d}\varphi=\frac{T\,\mathrm{d}x}{GI_\mathrm{p}}$$

所以，相距l的两截面间的扭转角

$$\varphi=\int_l\mathrm{d}\varphi=\int_l\frac{T}{GI_\mathrm{p}}\mathrm{d}x \tag{3-21}$$

式(3-21)适用于等截面圆轴。对截面变化不大的圆锥截面轴也可近似应用，但要注意此时$I_\mathrm{p}=I_\mathrm{p}(x)$。

对等截面圆轴，若在长l的两横截面间的扭矩T为常量，则由式(3-21)得两端横截面间的扭转角为

$$\varphi=\frac{Tl}{GI_\mathrm{p}} \tag{3-22}$$

由式(3-22)可以看出，两横截面间的相对扭转角φ与扭矩T，轴长l成正比，与GI_p成反比。GI_p称为圆轴截面的扭转刚度。

3.5.2 圆轴扭转刚度条件

在工程实际中，多数情况下不仅对受扭圆轴的强度有所要求，而且对变形也有要求，即要满足扭转刚度条件。由于实际中的轴长度不同，因此通常将轴的扭转角变化率$\frac{\mathrm{d}\varphi}{\mathrm{d}x}$或单位长度内的扭转角作为扭转变形指标，要求它不超过规定的许用值$[\theta]$，其单位为rad/m。由式(3-9)知，扭转角的变化率为

$$\theta=\frac{\mathrm{d}\varphi}{\mathrm{d}x}=\frac{T}{GI_\mathrm{p}}$$

所以，圆轴扭转的刚度条件为

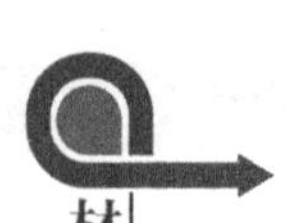

$$\theta_{max} = \left(\frac{T}{GI_p}\right)_{max} \leqslant [\theta] \tag{3-23}$$

对于等截面圆轴，有

$$\theta_{max} = \frac{T_{max}}{GI_p} \leqslant [\theta] \tag{3-24}$$

需要指出的是，扭转角变化率 $\frac{d\varphi}{dx}$ 的单位为 rad/m，而在工程中，单位长度许用扭转角的单位一般为(°/m)，因此，在应用式(3-23)与式(3-24)时，应注意单位的换算与统一，两者关系为

$$\theta_{max} = \frac{T_{max}}{GI_p} \times \frac{180}{\pi} \leqslant [\theta] \tag{3-25}$$

上式中 θ 的单位为°/m。

【例 3-4】 图 3.14 所示钻杆横截面直径为 20 mm，在旋转时 BC 段受均匀分布的扭力矩 m 的作用。已知使其转动的外力偶矩 $M_e = 120\,\text{N·m}$，材料的切变模量 $G = 80\,\text{GPa}$，求钻杆两端的相对扭转角。

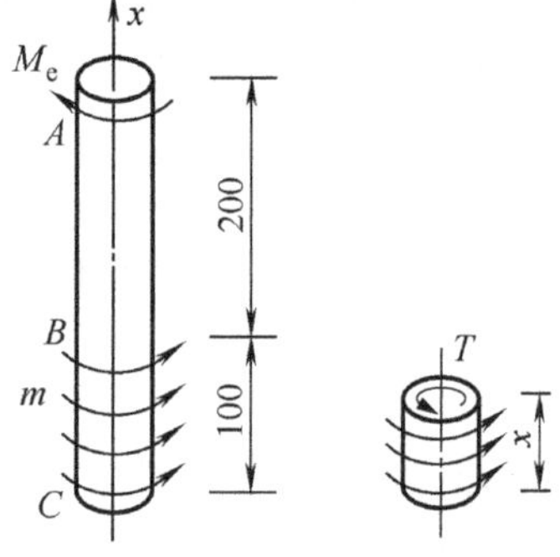

图 3.14 例 3-4 图

【分析】 杆 AC 横截面上的扭矩并不相同，需分 AB，BC 两段考虑。

【解】 (1) 求各段扭矩。

由钻杆的平衡方程得

$$\sum M_x = 0, \quad M_e - m \times l_{BC} = 0$$

$$m = \frac{M_e}{l_{BC}}$$

由截面法，BC 段任一截面的扭矩为

$$T = -m \cdot x \qquad (0 \leqslant x \leqslant 0.1\text{m})$$

AB 段任一截面上的扭矩

$$T = -M_e$$

(2) 求相对扭转角。

$$\varphi_{AB} = \frac{Tl_{AB}}{GI_p} = -\frac{M_e l_{AB}}{GI_p}$$

$$\varphi_{BC} = \int_0^{l_{BC}} \frac{T\,dx}{GI_p} = -\frac{ml_{BC}^2}{2GI_p} = -\frac{M_e l_{BC}}{2GI_p}$$

则 A、C 截面间的相对扭转角

$$\varphi_{AC} = \varphi_{AB} + \varphi_{BC}$$

$$\varphi_{AC} = -\frac{M_e l_{AB}}{GI_p} - \frac{M_e l_{BC}}{2GI_p} = -\frac{M_e}{GI_p}(l_{AB} + 0.5 l_{BC})$$

将已知数据代入，求得

$$\varphi_{AC}=-\frac{120\,\text{N}\cdot\text{m}}{(80\times10^{9}\,\text{Pa})\times\dfrac{\pi}{32}(0.02\,\text{m})^{4}}\times(0.2\,\text{m}+0.5\times0.1\,\text{m})$$
$$=-0.0239\,\text{rad}=-1.37^{\circ}$$

【例 3-5】 如图 3.15(a)所示等截面圆轴 AB，两端固定在截面 C 和 D 处承受外力偶矩 M_e 作用，试绘该轴的扭矩图。

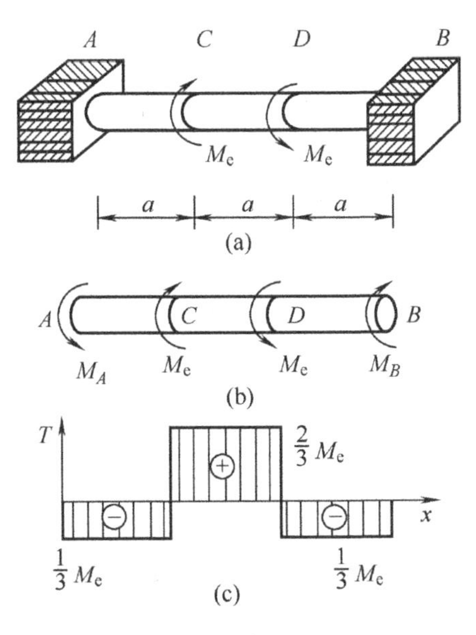

图 3.15 例 3-5 图

【分析】 因轴两端固定，具有两个约束力，而独立的静力平衡方程只有一个，故为一次超静定问题。需结合几何方程、物理方程来求解。

【解】 (1) 建立静力平衡方程。

设 A 端与 B 端的约束力偶矩分别为 M_A 与 M_B，如图 3.15(b)所示。由静力平衡方程

$$\sum M_x=0\text{，}\quad M_A-M_e+M_e-M_B=0$$

得
$$M_A=M_B \tag{3-26}$$

设 AC、CD 与 DB 段的扭矩分别为 T_1、T_2、T_3，由图 3.15(b)可得

$$\begin{aligned}T_1&=-M_A\\T_2&=M_e-M_A\\T_3&=-M_B\end{aligned} \tag{3-27}$$

(2) 建立几何方程。

根据轴两端的约束条件可知，横截面 A 和 B 为固定端，截面 A 和 B 间的相对转角即扭转角 φ_{AB} 应为零，所以，轴的变形协调条件为

$$\varphi_{AB}=\varphi_{AC}+\varphi_{CD}+\varphi_{DB}=0 \tag{3-28}$$

(3) 建立物理方程及补充方程。

AC、CD 与 DB 段的扭转角分别为

$$
\left.\begin{aligned}
\varphi_{AC} &= \frac{T_1 a}{GI_p} = -\frac{M_A a}{GI_p} \\
\varphi_{CD} &= \frac{T_2 a}{GI_p} = \frac{(M_e - M_A)a}{GI_p} \\
\varphi_{DB} &= \frac{T_3 a}{GI_p} = -\frac{M_B a}{GI_p}
\end{aligned}\right\} \tag{3-29}
$$

式(3-29)代入式(3-28)，得补充方程为

$$
-\frac{M_A a}{GI_p} + \frac{(M_e - M_A)a}{GI_p} - \frac{M_B a}{GI_p} = 0
$$

即

$$
-2M_A + M_e - M_B = 0 \tag{3-30}
$$

(4) 联列求解。

联列式(3-26)与式(3-30)，得

$$
M_B = \frac{M_e}{3} \tag{3-31}
$$

所以

$$
M_A = M_B = \frac{1}{3}M_e
$$

其转向如图 3.15(b)所示，由式(3-27)得轴的扭矩图如图 3.15(c) 所示。

3.6　非圆截面杆扭转的概念

受扭转的轴除圆形截面外，还有其他形状的截面，如矩形与椭圆形截面。下面简单介绍矩形截面杆扭转。

3.6.1　自由扭转与约束扭转

如图 3.16(a)所示矩形截面杆，在扭矩作用下，其横截面不再保持平面而发生**翘曲**现象如图 3.16(b)所示。在扭转时，如果横截面的翘曲不受限制，这时横截面上只有切应力，没有正应力，这种扭转称为**自由扭转**。如果扭转时，横截面的翘曲受到限制，横截面上将不仅存在切应力，同时还存在正应力，这种扭转称为**约束扭转**。对于实轴，约束扭转引起的正应力很小，在实际计算时可以忽略不计；对薄壁轴，约束扭转引起的正应力往往比较大，计算时不能忽略。

可以证明，轴扭转时，横截面上边缘各点的切应力都与截面边界相切以及角点处的切应力为零。

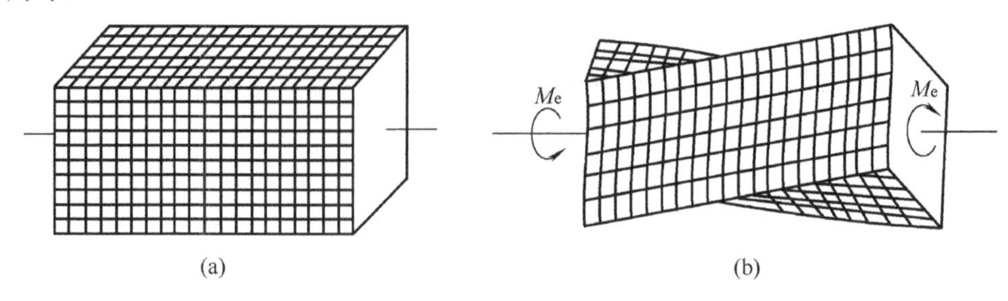

图 3.16　矩形截面轴扭转的翘曲变形

如图 3.17(b)所示，若横截面边缘某点 A 处的切应力不平行于周边，即存在有垂直于周边的切应力分量 τ_n 时，则根据切应力互等定理，轴表面必存在有与其数值相等的切应力 τ_n'，然而，当轴表面无轴向剪切载荷作用时 $\tau_n'=0$，可见，$\tau_n=0$，即截面边缘的切应力一定平行于周边。同样，在截面的角点处，例如点 B，由于该处轴表面的切应力分量 τ_1' 和 τ_2' 均为零，点 B 处的切应力分量 τ_1 和 τ_2 也必为零。所以，横截面上角点处的切应力必为零。

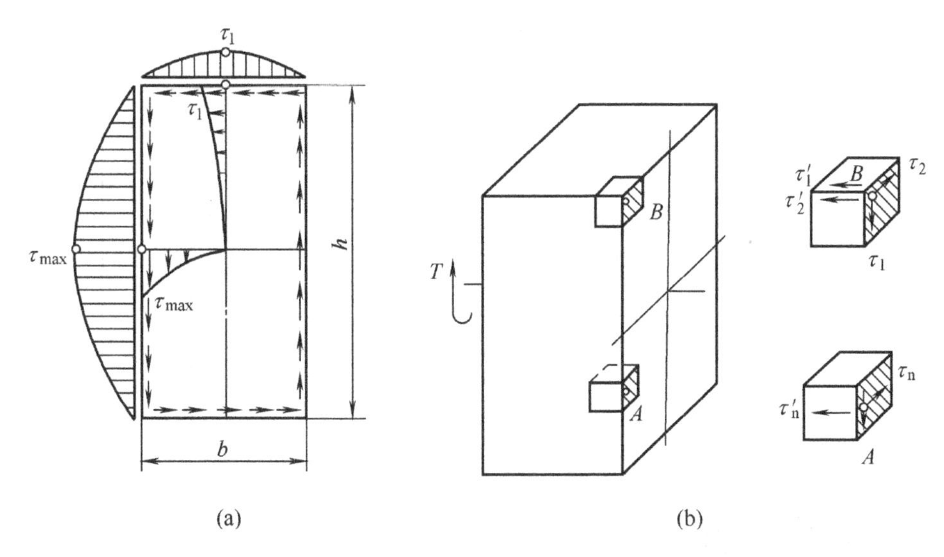

图 3.17 矩形截面轴扭转切应力分布及其特点

3.6.2 矩形截面杆的扭转

非圆实轴的自由扭转，在弹性力学中讨论。工程常见的矩形截面轴，发生扭转变形时，根据弹性力学结果，横截面上切应力分布如图 3.17(a)所示。边缘各点处的切应力与截面周边平行，四个角点处的切应力为零；最大切应力 τ_{max} 发生在截面长边的中点处，而短边中点处的切应力 τ_1 是短边上的最大切应力。其计算公式为

$$\tau_{max}=\frac{T}{W_t}=\frac{T}{\alpha hb^2} \tag{3-32}$$

$$\tau_1=\gamma\tau_{max} \tag{3-33}$$

式中，W_t 为**相当扭转截面系数**。

杆件两端相对扭转角

$$\varphi=\frac{Tl}{G\beta hb^3}=\frac{Tl}{GI_t} \tag{3-34}$$

式中，$I_t=\beta hb^3$ 为截面的相当极惯性矩，h 和 b 分别代表矩形截面长边和短边的长度；因数 α、β 和 γ 均与比值 $\frac{h}{b}$ 有关，其值见表 3.1。

表 3.1 矩形截面扭转的有关因数 α 、 β 和 γ

h/b	1.0	1.2	1.5	2.0	2.5	3.0	4.0	6.0	8.0	10.0	∞
α	0.208	0.219	0.231	0.246	0.258	0.267	0.282	0.299	0.307	0.313	0.333
β	0.141	0.166	0.196	0.229	0.249	0.263	0.281	0.299	0.307	0.313	0.333
γ	1.000	0.930	0.858	0.796	0.767	0.753	0.745	0.743	0.743	0.743	0.743

从表 3.1 中可以看出，当 $\dfrac{h}{b}>10$ 时，截面为狭长矩形，如图 3.18 所示，此时，$\alpha=\beta\approx\dfrac{1}{3}$，为了区别，以 δ 表示狭长矩形的短边长度，则式(3-32)和式(3-34)变为

$$\tau_{\max}=\frac{T}{\frac{1}{3}h\delta^2} \tag{3-35}$$

$$\varphi=\frac{Tl}{G\frac{1}{3}h\delta^3}=\frac{Tl}{GI_t} \tag{3-36}$$

狭长矩形截面轴的横截面上扭转切应力分布如图 3.18 所示。

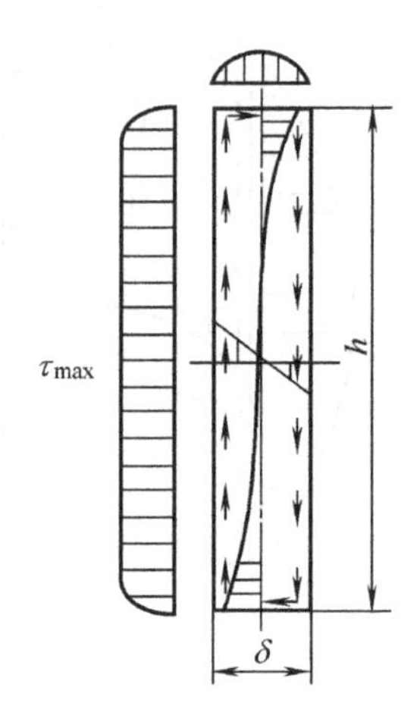

图 3.18 狭长矩形截面轴扭转切应力分布

小　　结

(1) 外力偶矩计算　$\{M_e\}_{N\cdot m}=9549\dfrac{\{P\}_{kW}}{\{n\}_{r/min}}$

(2) 薄壁圆筒扭转时横截面上的切应力 $\tau=\dfrac{T}{2\pi r^2\delta}$

(3) 切应力互等定理　$\tau=\tau'$

(4) 剪切胡克定律　$\tau=G\gamma$

(5) 圆轴扭转时横截面上的切应力　$\tau_\rho=\dfrac{T}{I_p}\rho$

切应力强度条件　$\tau_{\max}=\dfrac{T_{\max}}{W_p}\leqslant[\tau]$

(6) 圆轴扭转时相对扭转角　$\varphi=\dfrac{Tl}{GI_p}$

扭转刚度条件　$\theta_{\max}=\dfrac{T_{\max}}{GI_p}\times\dfrac{180^\circ}{\pi}\leqslant[\theta]$

思 考 题

3-1 何谓扭矩？扭矩的正负号如何规定的？如何计算扭矩？

3-2 薄壁圆筒、圆轴扭转切应力公式分别是如何建立的？假设是什么？公式的应用条件是什么？

3-3 试述纯剪切和薄壁圆筒扭转变形之间的差异及相互关系。

3-4 试述剪切胡克定律与拉伸(压缩)胡克定律之间的异同点及三个弹性常量 E、G、μ 之间关系。

3-5 圆轴扭转时如何确定危险截面、危险点及强度条件？

3-6 金属材料圆轴扭转破坏有几种形式？

3-7 从强度方面考虑，空心圆轴何以比实心圆轴合理？

3-8 如何计算扭转变形？怎样建立刚度条件？什么样的构件需要进行刚度校核？

3-9 矩形截面轴的扭转切应力分布与扭转变形有何特点？如何计算最大扭转切应力与扭转变形？

3-10 试画出空心圆轴扭转时，横截面上切应力分布规律图。

3-11 图示组合轴，中心部分为钢，外圈为铜。两种材料紧密组合成一整体，若该轴受扭后，全部处于线弹性范围，试画出其横截面上的应力分布图。

3-12 两根直径相同而长度和材料均不同的圆轴 1，2，在相同扭转作用下，试比较两者最大切应力及单位长度扭转角之间的大小关系。

3-13 同一变速箱中的高速轴一般较细，低速轴较粗，这是为什么？

3-14 图示轴 A 和套筒 B 牢固地结合在一起，两者切变模量分别为 G_A 和 G_B，两端受扭转力偶矩，为使轴和套筒承受的扭转相同而必须满足的条件是什么？

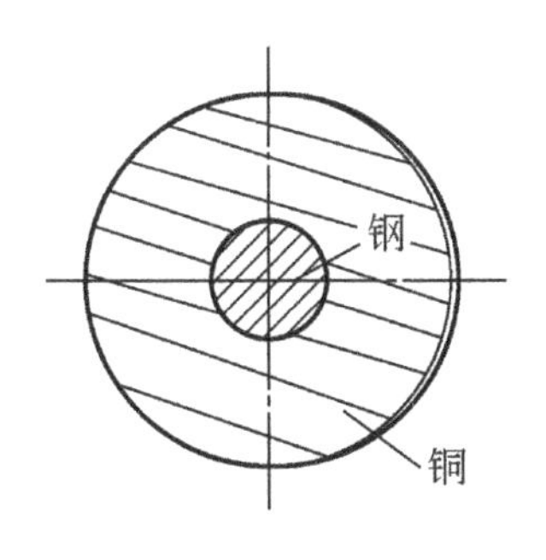

思考题 3-11 图

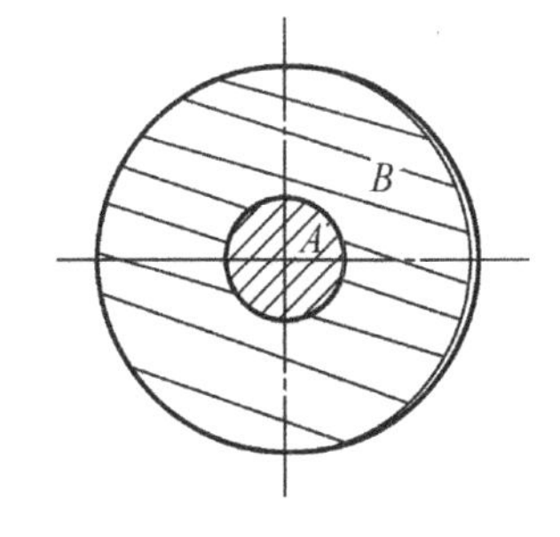

思考题 3-14 图

3-15 图示三种闭口薄壁截面杆承受扭转作用，若三种截面的横截面积 A，壁厚 δ 和承受的扭矩 T 均相同，则其扭转切应力最大和最小的各是哪种截面？

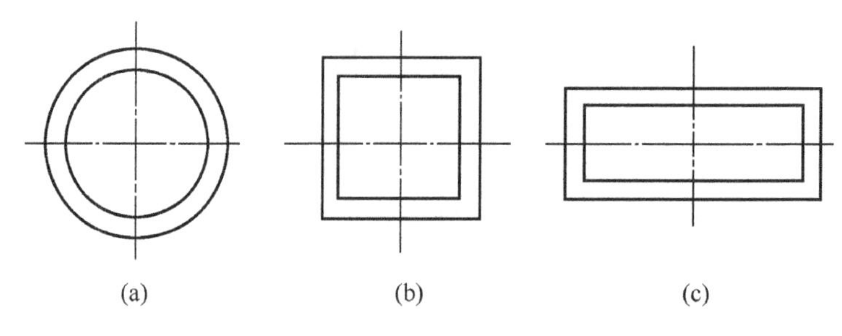

思考题 3-15 图

3-16 图示承受扭矩的三种截面形式，试分别画出其切应力沿壁厚的分布规律。

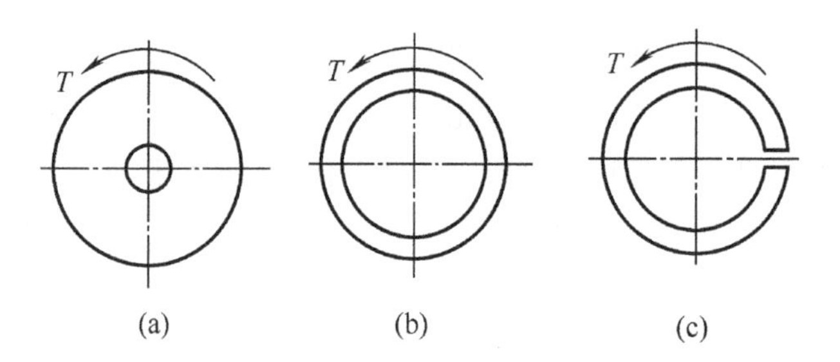

思考题 3-16 图

习　　题

3-1 求图示各轴的扭矩图，并指出其最大值。

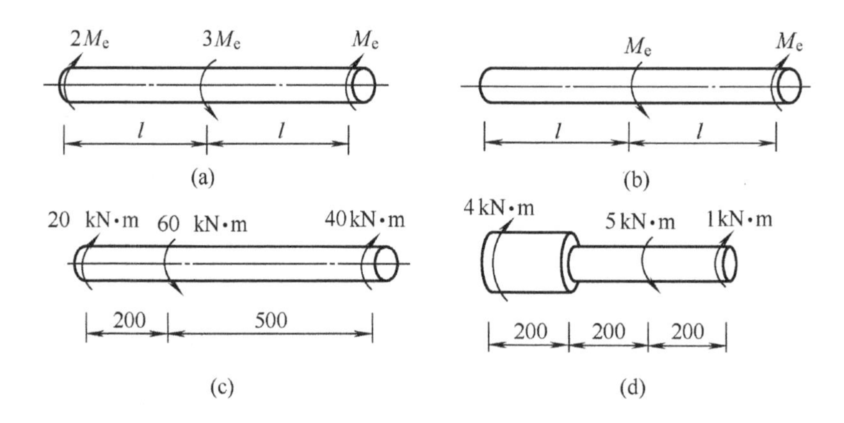

习题 3-1 图

3-2 图示某传动轴，转速 $n=500\,\mathrm{r/min}$，轮 A 为主动轮，输入功率 $P_A=70\,\mathrm{kW}$，轮 B、轮 C 与轮 D 为从动轮，输出功率分别为 $P_B=10\,\mathrm{kW}$，$P_C=P_D=30\,\mathrm{kW}$。

(1) 求轴内的最大扭矩。

(2) 若将轮 A 与轮 C 的位置对调，试分析对轴的受力是否有利。

3-3 试绘出图示截面上切应力的分布图，其中 T 为截面的扭矩。

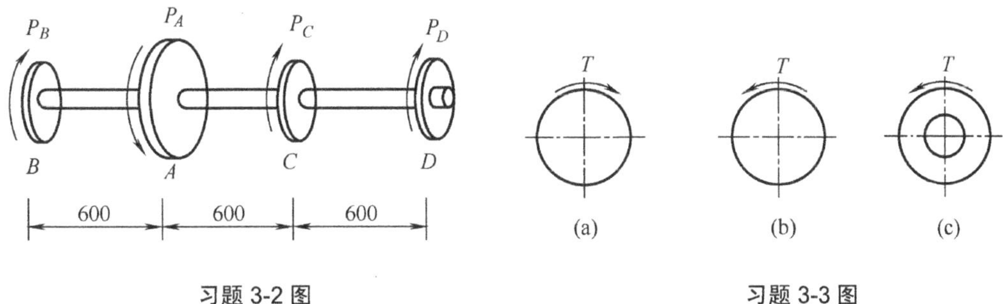

习题 3-2 图　　　　习题 3-3 图

3-4 图示圆截面轴，AB 与 BC 段的直径分别为 d_1 与 d_2，且 $d_1 = 4d_2/3$。求轴内的最大扭转切应力。

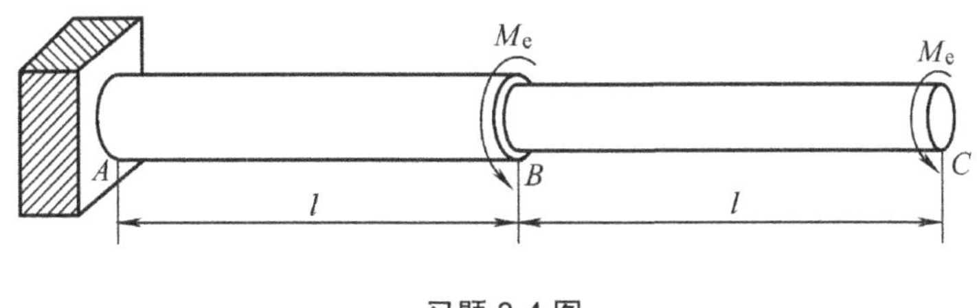

习题 3-4 图

3-5 一受扭等截面薄壁圆管，外径 $D = 42\ \text{mm}$，内径 $d = 40\ \text{mm}$，两端受扭力矩 $M_e = 500\ \text{N}\cdot\text{m}$，切变模量 $G = 75\ \text{GPa}$。试计算圆管横截面与纵截面上的扭转切应力，并计算管表面纵线的倾斜角。

3-6 设有一密圈螺旋弹簧，承受轴向载荷 $F = 1.5\ \text{kN}$ 作用。设弹簧的平均直径 $D = 50\ \text{mm}$，弹簧丝的直径 $d = 8\ \text{mm}$，弹簧丝材料的许用切应力 $[\tau] = 450\ \text{MPa}$，试校核弹簧的强度。

3-7 一圆截面等直杆试样，直径 $d = 20\ \text{mm}$，两端承受外力偶矩 $M_e = 150\ \text{N}\cdot\text{m}$ 作用。设由试验测得标距 $l_0 = 100\ \text{mm}$ 内轴的相对扭转角 $\varphi = 0.012\ \text{rad}$，试确定切变模量 G。

3-8 设有一圆截面传动轴，轴的转速 $n = 300\ \text{r/min}$，传递功率 $P = 80\ \text{kW}$，轴材料的许用切应力 $[\tau] = 80\ \text{MPa}$，单位长度许用扭转角 $[\theta] = 1.0^\circ/\text{m}$，切变模量 $G = 80\ \text{GPa}$。试设计轴的直径。

3-9 图示为一阶梯形圆轴，其中 AE 段为空心圆截面，外径 $D = 140\ \text{mm}$，内径 $d = 80\ \text{mm}$；BC 段为实心圆截面，直径 $d_1 = 100\ \text{mm}$。受力如图所示，外力偶矩分别为 $M_{eA} = 20\ \text{kN}\cdot\text{m}$，$M_{eB} = 36\ \text{kN}\cdot\text{m}$，$M_{eC} = 16\ \text{kN}\cdot\text{m}$。已知轴的许用切应力 $[\tau] = 80\ \text{MPa}$，$G = 80\ \text{GPa}$，$[\theta] = 1.2^\circ/\text{m}$。试校核轴的强度和刚度。

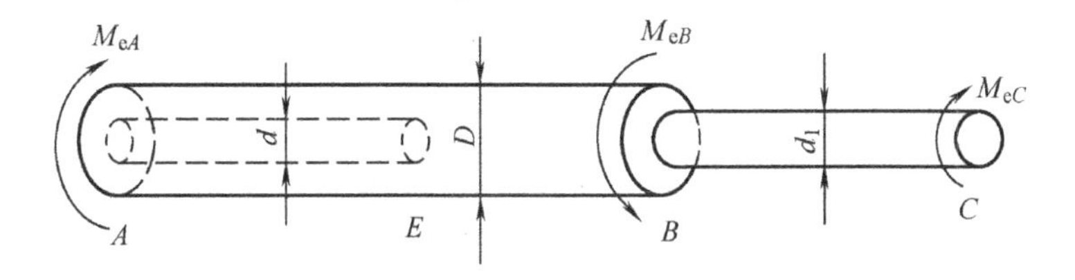

习题 3-9 图

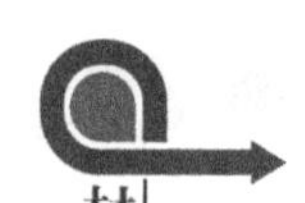

3-10 一薄壁等截面圆管，两端承受扭力矩 M_e 作用。设管的平均半径为 R_0，壁厚为 δ，管长为 l，切变模量为 G，证明薄壁圆管的扭转角为 $\varphi=\dfrac{M_e l}{2G\pi R_0^3\delta}$。

3-11 图示圆锥形薄壁轴 AB，两端承受扭力矩 M_e 作用。设壁厚为 δ，横截面 A 与 B 的平均直径分别为 d_A 和 d_B，轴长为 l，切变模量为 G。证明截面 A 和 B 间的相对扭转角为 $\varphi_{AB}=\dfrac{2M_e l}{\pi G\delta}\dfrac{(d_A+d_B)}{d_A^2 d_B^2}$。

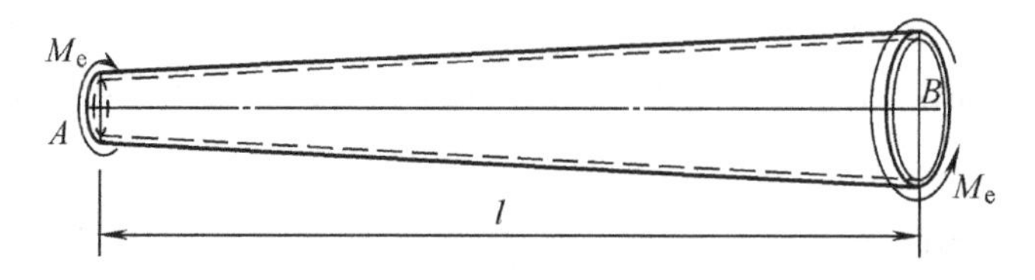

习题 3-11 图

3-12 等圆截面杆 AB 和 CD 的尺寸相同。AB 为钢杆，CD 为铝杆，两种材料的切变模量之比为 3∶1。若不计 BE 和 ED 两杆的变形，则力 F 的影响将以怎样的比例分配于 AB 和 CD 两杆？

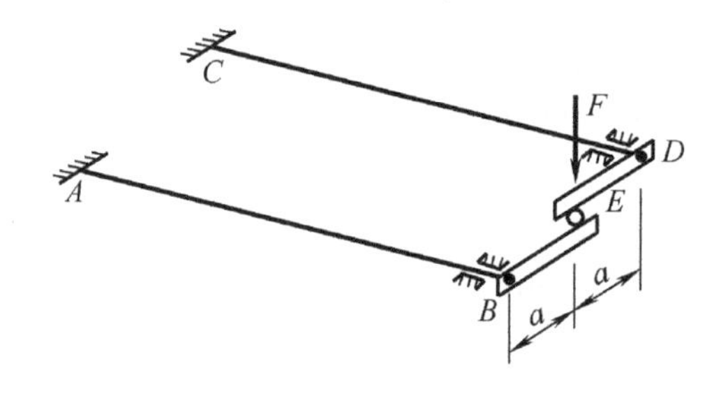

习题 3-12 图

3-13 已知扭力矩 $M_{e1}=400\,\text{N}\cdot\text{m}$，$M_{e2}=600\,\text{N}\cdot\text{m}$，许用切应力 $[\tau]=40\,\text{MPa}$，单位长度的许用扭转角 $[\theta]=0.25^\circ/\text{m}$，切变模量 $G=80\,\text{GPa}$。试确定图示轴的直径。

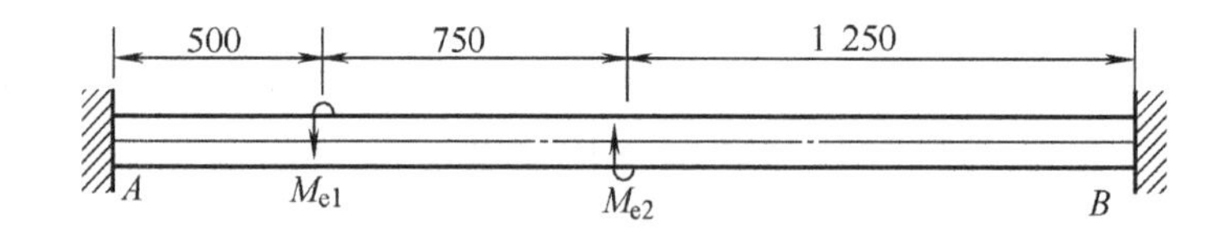

习题 3-13 图

3-14 图示两端固定阶梯形圆轴，承受扭力矩 M_e 作用。已知许用切应力为 $[\tau]$，为使轴的重量最轻，试确定轴径 d_1 与 d_2。

3-15 图示两端固定的圆截面轴，承受外力偶矩作用。设其扭转刚度 GI_p 为已知常量。求约束力偶矩。

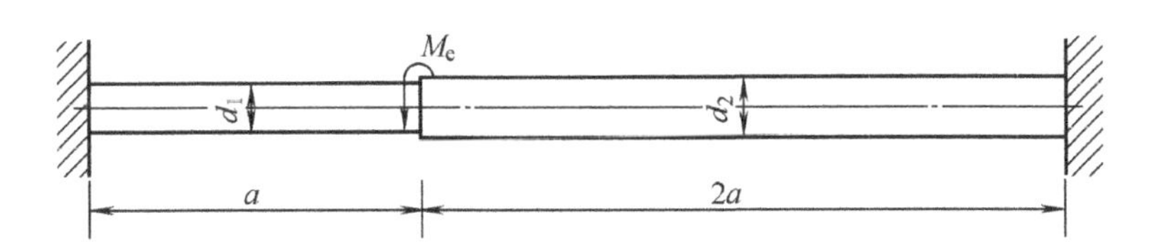

习题 3-14 图

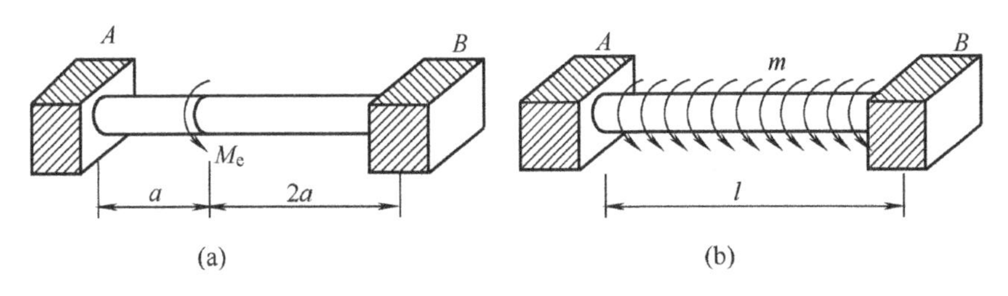

习题 3-15 图

3-16 图示直径 $d=25\text{mm}$ 的钢轴上焊有两凸台，凸台上套有外径 $D=75\text{mm}$，壁厚 $\delta=1.25\text{mm}$ 的薄壁管，当轴承受外力偶矩 $M_e=73.6\text{N}\cdot\text{m}$ 时，将薄壁管与凸台焊在一起，然后再卸去外力偶。假定凸台不变形，薄壁管与轴的材料相同，切变模量 $G=40\text{ GPa}$。试：

(1) 分析卸载后轴和薄壁的横截面上有没有内力，二者如何平衡？

(2) 确定轴和薄壁管横截面上的最大切应力。

3-17 横截面面积、杆长与材料均相同的两根轴，截面分别为正方形与 $h/b=2$ 的矩形。试比较两轴的扭转刚度。

3-18 受外力偶如图所示的 90 mm×60 mm 矩形截面轴，已知轴的许用切应力 $[\tau]=80\text{ MPa}$，切变模量 $G=80\text{ GPa}$，求许用 M_e 和截面 B 的相应扭转角。

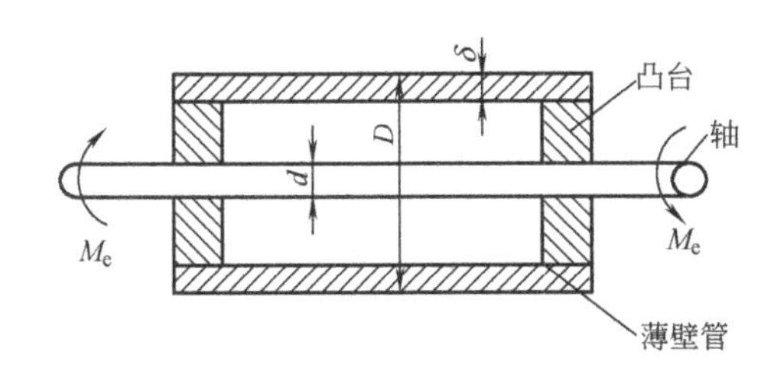

习题 3-16 图

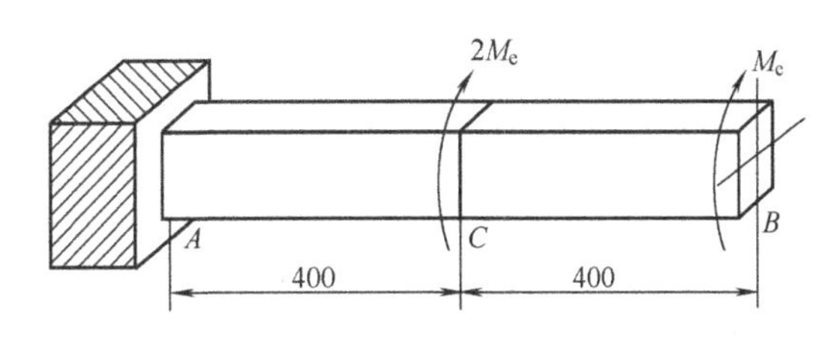

习题 3-18 图

第4章　弯曲内力

4.1　弯曲的概念与实例

当杆件承受垂直于其轴线的载荷或在其过轴线的平面内作用有外力偶矩时，杆的轴线将变为曲线，这种变形称为**弯曲**。例如图 4.1 所示火车轮轴(其下图为力学简图)。以弯曲变形为主的杆件在工程中称为**梁**，画图时一般以梁轴线表示梁，梁是工程中常见的构件。通常梁的横截面至少有一个对称轴，轴线与对称轴组成一个包含轴线的纵向对称面，其外载荷均作用在梁的纵向对称面内，如图 4.2 所示(其下图为力学简图)。变形后，梁的轴线在载荷作用平面内弯曲成一条平面曲线，这称弯曲称为**平面弯曲**。本章仅讨论并默认全部载荷均作用在纵向对称面内的对称弯曲。

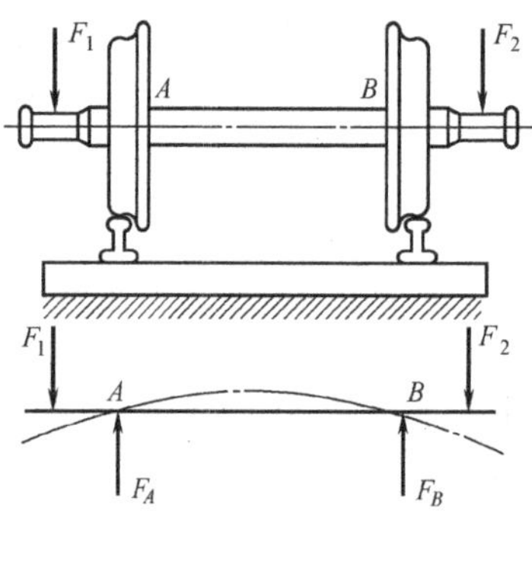

图 4.1　弯曲实例

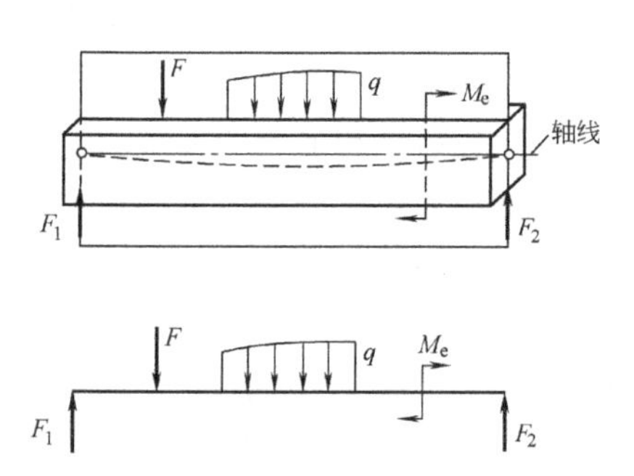

图 4.2　载荷作用于纵向对称面内

4.2　剪力和弯矩

4.2.1　剪力和弯矩

对于**静定梁**(约束力通过平衡方程可以全部求出的梁)，作用于梁上的外力皆为已知量。利用截面法分析梁横截面上的内力。以图 4.3(a)所示简支梁为例，求其横截面 *m-m* 上的内力。

假想沿横截面 *m-m* 把梁截开，分成两段，任取其中的一段，如取左段为研究对象，则将右段梁对左段梁的作用力用横截面上的内力分量来表示。由图 4.3(b)可见，为使左段梁平衡，在横截面 *m-m* 上必然存在一个切于横截面方向的内力分量 F_S，由平衡方程得

$$\sum F_y = 0 \text{，} \quad F_A - F_S = 0 \text{，} \quad F_S = F_A$$

F_S 称为横截面 *m-m* 上的**剪力**，它是与横截面相切的分布内力系的合力。为保持平衡，

此时在截面 m-m 上还应有一个内力分量 M。对截开截面的形心 C 求矩，列平衡方程得

$$\sum M_C = 0,\quad M - F_A x = 0,\quad M = F_A x$$

M 称为横截面 m-m 上的**弯矩**。它是与横截面垂直的分布内力系的合力偶矩。

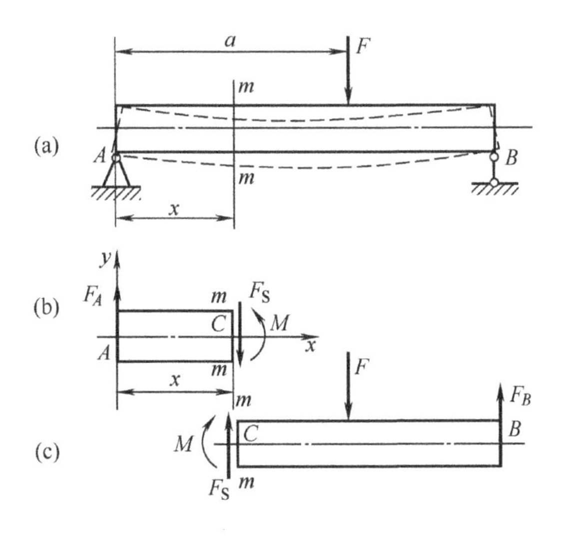

图 4.3　截面法求弯曲内力

4.2.2　剪力和弯矩的正负号约定

若取图 4.3(c)所示右段梁为研究对象，则同样可求得横截面 m-m 上的剪力和弯矩。为使取左段梁或右段梁作研究对象求得的同一横截面上的剪力 F_S 和弯矩 M 不仅大小相等，而且正负号一致，特约定：

如图 4.4(a)所示剪力均为正，反之为负；

如图 4.4(b)所示弯矩均为正，反之为负。

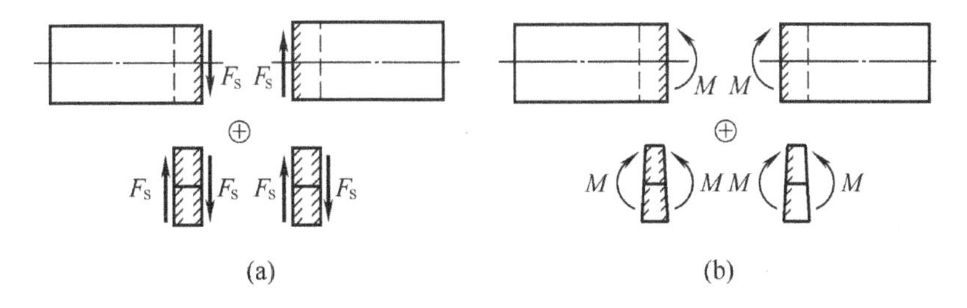

图 4.4　剪力与弯矩的正向约定

由图 4.4(a)可知，使研究对象产生顺时针转动的剪力为正；反之为负。

由图 4.4(b)可知，使研究对象的轴线产生上凹弯曲变形的弯矩为正；反之为负。

【例 4-1】　图 4.5(a)简支梁，AC 段受均布载荷 q 作用，支座 B 内侧受力偶 $M_e = ql^2$ 作用，求截面 D-D、E-E 上的剪力和弯矩，其中截面 E-E 无限接近于右端支座但位于集中力偶作用处的左侧。

【分析】先求约束力，再求各指定截面内力。

【解】 (1) 求约束力。

由图 4.5(a)整体平衡得

$$F_A=\frac{11ql}{8}，\quad F_B=-\frac{7ql}{8}(\downarrow)$$

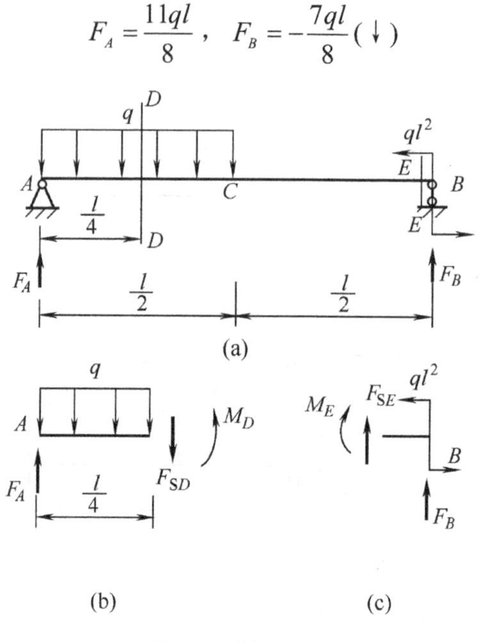

图 4.5　例 4-1 图

(2) 求截面 *D-D* 上内力。

沿截面 *D-D* 处假想将梁截开，取左段为研究对象，按剪力和弯矩的正方向画出 F_{SD}、M_D，如图 4.5(b)所示。列平衡方程求解

$$\sum F_y=0，\quad F_A-q\frac{l}{4}-F_{SD}=0$$

$$F_{SD}=\frac{9}{8}ql$$

$$\sum M_C=0，\quad M_D+q\frac{l}{4}\cdot\frac{l}{8}-F_A\cdot\frac{l}{4}=0$$

$$M_D=\frac{5}{16}ql^2$$

(3) 求截面 *E-E* 上内力。

在截面 *E-E* 处假想将梁截开，取右段为研究对象，在截面 *E-E* 上按剪力和弯矩的正方向画出 F_{SE}、M_E，如图 4.5(c)所示。列平衡方程求解

$$\sum F_y=0，\quad F_{SE}=-F_B=\frac{7}{8}ql$$

$$\sum M_C=0，\quad M_E=ql^2$$

约定：力矩平衡方程中下标 C 默认为截开横截面的形心 C，以后对截面取矩时均默认向该截面形心 C 取矩。

4.3 剪力方程和弯矩方程 剪力图和弯矩图

由 4.2 节可知，对不同的横截面，其内力值一般是变化的。若以横坐标 x 表示横截面在梁轴线上的位置，则各横截面上的剪力和弯矩皆可表示为 x 的函数(采用右手坐标系)。即

$$F_S = F_S(x), \quad M = M(x)$$

第一式表示剪力 F_S 沿梁的轴线随横截面位置变化的函数关系，称为梁的**剪力方程**；第二式表示弯矩 M 沿梁的轴线随横截面位置变化的函数关系，称为梁的**弯矩方程**。根据梁的剪力(或弯矩)方程可绘出剪力(或弯矩)沿梁的轴线随横截面位置而变化的直观的几何图形，这种几何图形称为梁的**剪力(或弯矩)图**。

【例 4-2】 图 4.6(a)简支梁 AB，受向下的均布载荷 q 作用，求：(1)剪力方程和弯矩方程；(2)剪力图和弯矩图。

【分析】 仍然需先求约束力，建坐标系，选取变量，利用截面法建立内力方程，注意利用结构和载荷的对称性。

【解】(1) 求约束力

$$F_A = F_B = \frac{ql}{2}$$

(2) 列剪力方程和弯矩方程。由图 4.6(b)(注意内力要设正)的平衡得，剪力方程和弯矩方程分别为

$$F_S(x) = \frac{ql}{2} - qx \quad (0 < x < l) \tag{4-1}$$

$$M(x) = \frac{ql}{2}x - \frac{q}{2}x^2 \quad (0 \leqslant x \leqslant l) \tag{4-2}$$

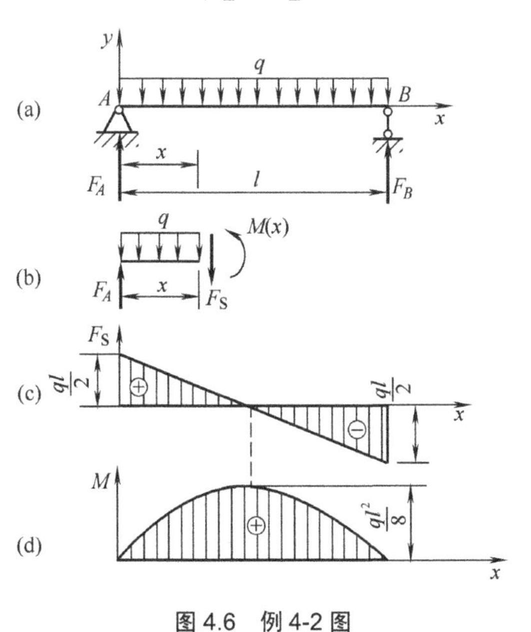

图 4.6 例 4-2 图

(3) 作剪力图和弯矩图。式(4-1)表明 F_S 图为斜直线，则

$$x=0,\quad F_S(0)=\frac{1}{2}ql\text{；}\quad x=l,\quad F_S(l)=-\frac{1}{2}ql$$

由以上两点可绘出 F_S 图 4.6(c)。由该图可知，梁的最大剪力发生在两端支座内侧，即截面 A 的右侧和截面 B 的左侧，其绝对值为 $|F_S|_{max}=\frac{1}{2}ql$。

式(b)表明 M 图为抛物线，则

$$x=0,\quad M(0)=0\text{；}\quad x=\frac{l}{2},\quad M\left(\frac{l}{2}\right)=\frac{1}{8}ql^2\text{；}\quad x=l,\quad M(l)=0$$

利用以上三点大致绘出 M 图 4.6(d)。其跨度中点横截面上剪力 $F_S=0$，弯矩取极值：$M_{max}=\frac{1}{8}ql^2$。

【例 4-3】 图 4.7(a)简支梁，在 C 处受集中力偶 M_e 作用，求：(1)剪力方程和弯矩方程；(2)剪力图和弯矩图。

【分析】分析同上例。注意利用控制面分段。

【解】(1)求约束力

$$F_A=F_B=\frac{M_e}{l}$$

(2) 列剪力方程和弯矩方程。取图 4.7(a)所示坐标系，集中力偶 M_e 将梁分成 AC 和 CB 两段。

① AC 段。由图 4.7(b)平衡得

$$F_S(x_1)=\frac{M_e}{l}\quad(0<x_1<a)\tag{4-3}$$

$$M(x_1)=\frac{M_e}{l}x_1\quad(0\leqslant x_1<a)\tag{4-4}$$

② CB 段。由图 4.7(c)平衡得

$$F_S(x_2)=\frac{M_e}{l}\quad(a<x_2<l)\tag{4-5}$$

$$M(x_2)=-\frac{M_e}{l}(l-x_2)\quad(a<x_2\leqslant l)\tag{4-6}$$

由方程(4-3)、式(4-4)、式(4-5)、式(4-6)得 F_S 图 4.7(d)和 M 图 4.7(e)。

【例 4-4】 图 4.8(a)简支梁，在 C 处受集中力 F 作用，求：(1)剪力方程和弯矩方程；(2)剪力图和弯矩图。

【分析】 先求约束力，再选变量，最后利用截面法分段求解，注意利用控制面分段。

【解】(1) 求约束力。由图 4.8(a)整体平衡得

$$F_A=\frac{Fb}{l},\quad F_B=\frac{Fa}{l}$$

(2) 列剪力方程和弯矩方程。集中力 F 将梁分成 AC 和 CB 两段。

① AC 段。由图 4.8(b)的平衡得

$$F_S(x_1) = \frac{Fb}{l} \quad (0 < x_1 < a) \tag{4-7}$$

$$M(x_1) = \frac{Fb}{l} x_1 \quad (0 < x_1 < a) \tag{4-8}$$

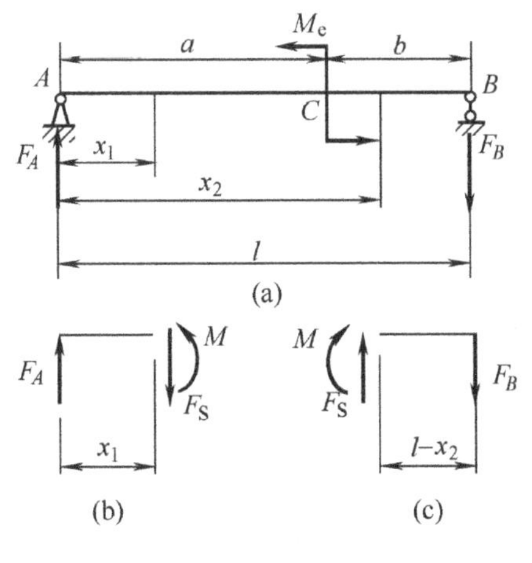

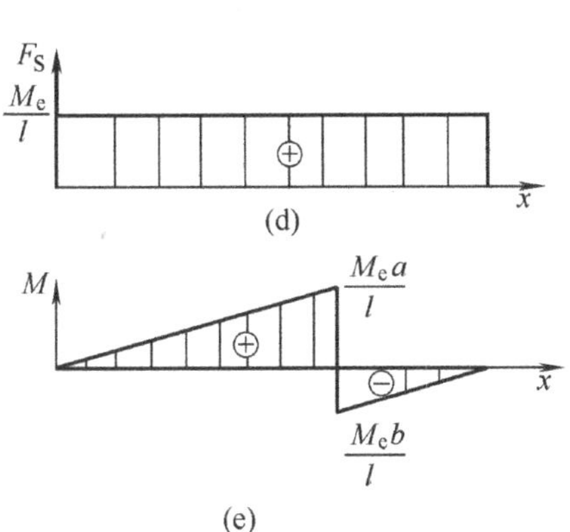

图 4.7　例 4-3 图

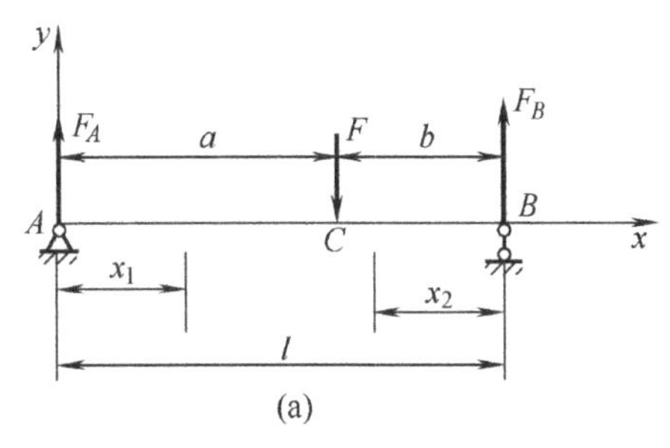

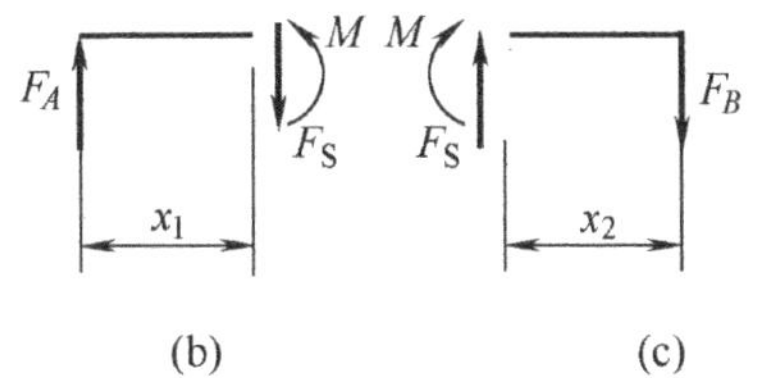

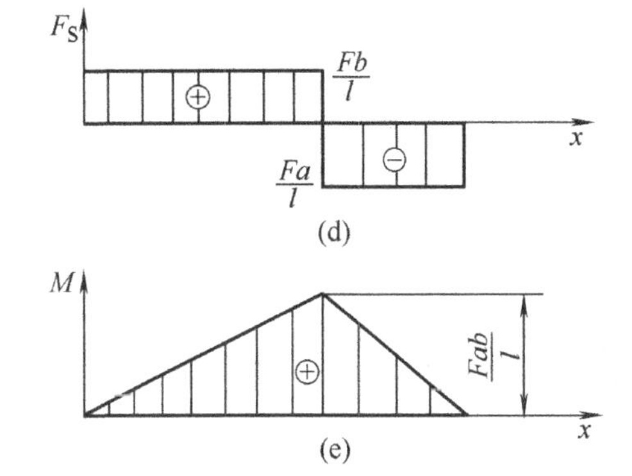

图 4.8　例 4-4 图

② BC 段。由图 4.8(c)的平衡得

$$F_S(x_2) = -\frac{Fa}{l} \quad (0 < x_2 < b) \tag{4-9}$$

$$M(x_2) = -\frac{Fa}{l} x_2 \quad (0 < x_2 < b) \tag{4-10}$$

由方程(4-7)、式(4-8)、式(4-9)、式(4-10)得 F_S 图 4.8(d)和 M 图 4.8(e)。

4.4　载荷、剪力和弯矩之间的关系

4.4.1　分布载荷与内力的关系

如图 4.9(a)所示受任意载荷作用处于平衡状态的直梁，以梁的左段为坐标原点，采用右手坐标系。

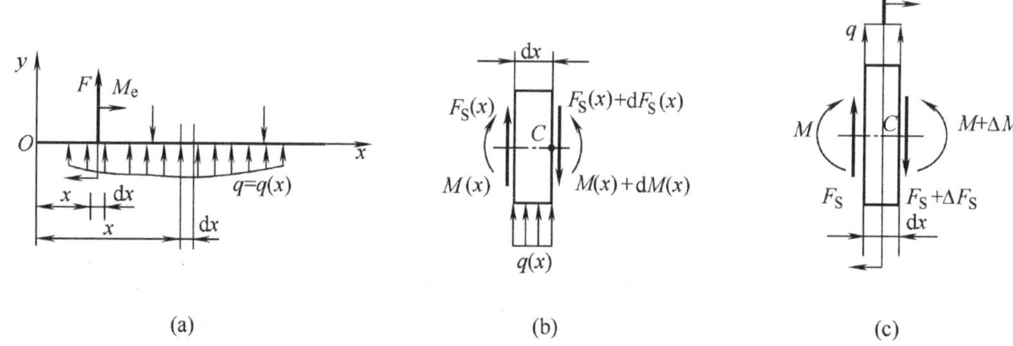

图 4.9 载荷与内力的关系

在仅有分布载荷 $q(x)$ (约定向上为正)作用的某段梁上，截出微段 dx，受力分析如图 4.9(b)所示。截面上内力全部设正，因长度 dx 很小，因此可将作用于此微段上的分布载荷视为均布载荷。因梁处于平衡状态，故截出的微段也应平衡，由平衡方程得

$$\sum F_y = 0,\quad F_S(x) + q(x)\mathrm{d}x - \left[F_S(x) + \mathrm{d}F_S(x)\right] = 0$$

$$\frac{\mathrm{d}F_S(x)}{\mathrm{d}x} = q(x) \tag{4-11}$$

$$\sum M_C = 0\text{，}\quad M(x) + \mathrm{d}M(x) - M(x) - F_S(x)\mathrm{d}x - q(x)\mathrm{d}x\frac{\mathrm{d}x}{2} = 0$$

略去高阶微量 $q(x)\mathrm{d}x\dfrac{\mathrm{d}x}{2}$，得

$$\frac{\mathrm{d}M(x)}{\mathrm{d}x} = F_S(x) \tag{4-12}$$

上式两边对 x 求导数，得

$$\frac{\mathrm{d}^2 M(x)}{\mathrm{d}x^2} = \frac{\mathrm{d}F_S(x)}{\mathrm{d}x} = q(x) \tag{4-13}$$

以上方程就是剪力、弯矩和分布载荷之间的**微分关系**。简记为**微分关系**。

根据上述微分关系，容易得出下面的结论。

(1) 在梁的某段内如果无载荷作用，即 $q(x)=0$，则 $F_S(x)=C$(C 为常数)， 剪力图为水平直线；$M(x) = Cx+D$ (D 为积分常数)为 x 一次函数，弯矩图为直线，直线的斜率等于剪力。

(2) 在梁的某段内如果仅作用均匀分布的载荷，即 $q(x)=q$(q 不等于零)，则 $F_S(x)=qx+E$，(E 为积分常数)为 x 的一次函数，剪力图为斜直线，斜率等于 q；$M(x)=(1/2)qx^2+Ex+F$ (F 为积分常数)为 x 的二次函数，弯矩图为抛物线。且当分布载荷向上即 $q>0$，抛物线凸向 M 的负向；当分布载荷向下即 $q<0$，抛物线凸向 M 的正向。由 $\dfrac{\mathrm{d}M(x)}{\mathrm{d}x} = F_S = 0$ 可知，该梁段上剪力为零的横截面弯矩取极值。

(3) 由式(4-11)，在剪力连续的梁段区间(x_1,x_2)上，可推得：

$$F_S(x_2) - F_S(x_1) = \int_{x_1}^{x_2} q(x)\mathrm{d}x \tag{4-14}$$

由式(4-12)，在弯矩连续的梁段区间(x_1,x_2)上，可推得：

$$M(x_2)-M(x_1)=\int_{x_1}^{x_2}F_S(x)\mathrm{d}x \tag{4-15}$$

即 $x=x_1$ 和 $x=x_2$ 两截面上剪力之差等于两截面间分布载荷图的面积；两截面的弯矩之差等于两截面间剪力图的面积。

这里约定：坐标轴 x 向右为正，分布载荷图的面积和剪力图的面积有正负之分，正负和分布载荷及剪力的正负一致。即 $q(x)$(约定向上为正)为正，对应载荷图面积为正，反之为负；剪力为正，对应剪力图面积为正，反之为负。式(4-14)和式(4-15)可简记为**积分关系**，此关系可方便我们计算梁上控制面上的内力值。

4.4.2 集中力、集中力偶与内力的关系

对图 4.9(a)右手坐标系，在含集中力 F(约定向上为正)、集中力偶 M_e(约定顺时针转向为正)处截出微段，设外力(偶)作用两侧剪力改变 ΔF_S，弯矩改变 ΔM，如图 4.9(c)所示。由平衡方程 $\sum F_y=0$，得

$$F+F_S+q\mathrm{d}x-(F_S+\Delta F_S)=0$$

$$\Delta F_S=F+q\mathrm{d}x=F \quad (\text{忽略高阶微量}) \tag{4-16}$$

由平衡方程 $\sum M_C=0$，得

$$M+\Delta M-M-M_e-F_S\mathrm{d}x-F\frac{\mathrm{d}x}{2}-q\mathrm{d}x\frac{\mathrm{d}x}{2}=0$$

忽略高阶微量，得

$$\Delta M=M_e \tag{4-17}$$

由式(4-16)可知，在有集中力 F 作用处横截面两侧上剪力值突变 F，$F=0$ 时剪力图无突变。

由式(4-17)可知，在有集中力偶 M 作用处横截面两侧上弯矩值突变 M_e，$M_e=0$ 时弯矩图无突变。式(4-16)和式(4-17)可简记为**突变关系**。

【讨论】 在集中力作用的截面上，剪力“突变”似乎剪力无定值，但所谓集中力实际不可能“集中”作用于一点，它是分布于 Δx 范围内的分布力简化后的结果，如图 4.10 所示。若在 Δx 范围内把载荷看成是均匀分布的，则剪力将从 F_{Sl} 按直线连续地变到 F_{Sr}。对于集中力偶作用的截面，也可做同样的解释。

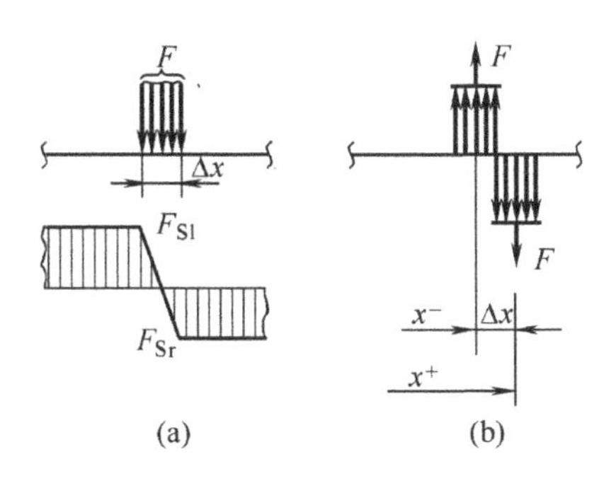

图 4.10 实际集中力

【例 4-5】 已知图 4.11(a)所示外伸梁上均布载荷的集度 $q=3\,\mathrm{kN\cdot m}$，集中力偶

$M_e = 3\,\text{kN}\cdot\text{m}$，求：(1)梁的剪力图和弯矩图；(2)$|F_S|_{\max}$ 和 $|M|_{\max}$。

【分析】 求约束力，用控制面分段，应用三种关系求解

【解】(1) 先由图 4.11(a)求约束力。由梁的平衡方程，得

$$\sum M_B = 0，\quad F_A = 14.5\,\text{kN}$$
$$\sum F_y = 0，\quad F_B = 3.5\,\text{kN}$$

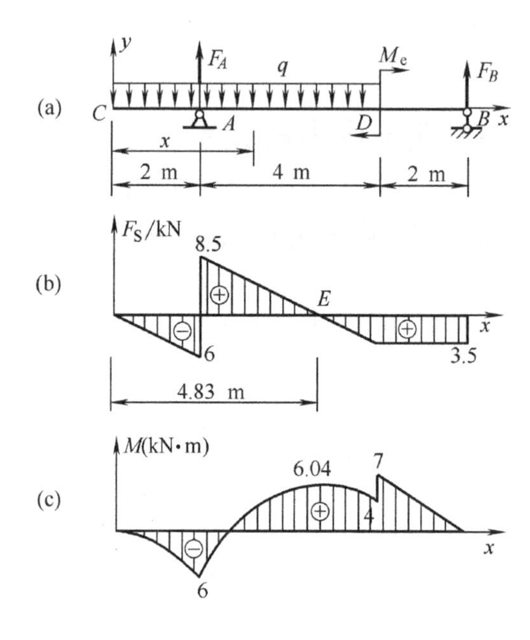

图 4.11　例 4-5 图

(2) 求各控制面内力值。由控制面将梁分成 CA、AD、DB 三段，各控制面内力值如下。

截面 C^+(指 C 处右截面)：

$$F_S = 0，\quad M = 0$$

截面 A^-(指 A 处左截面)：

$$F_S = -6\,\text{kN}，\quad M = -6\,\text{kN}\cdot\text{m}$$

截面 A^+：　$F_S = 8.5\,\text{kN}，\quad M = -6\,\text{kN}\cdot\text{m}$

截面 D^-：　$F_S = -3.5\,\text{kN}，\quad M = 4\,\text{kN}\cdot\text{m}$

截面 D^+：　$F_S = -3.5\,\text{kN}，\quad M = 7\,\text{kN}\cdot\text{m}$

截面 B^-：　$F_S = -3.5\,\text{kN}，\quad M = 0$

截面 B^+：　$F_S = 0，\quad M = 0$

在 AD 段，确定剪力为 0 的位置 E：由 $F_S = F_A - qx = 0$，得 $x = 4.83\,\text{m}$，该截面上弯矩取极值为 $M_E = 6.04\,\text{kN}\cdot\text{m}$。

(3) 由各控制面内力值，作剪力图 4.11(b)和弯矩图 4.11(c)。

(4) 由内力图知，$|F_S|_{\max} = 8.5\,\text{kN}$，$|M|_{\max} = 7\,\text{kN}\cdot\text{m}$。

【讨论】 CA 段弯矩图为抛物线，其凹凸性由分布载荷 q 的正负号确定。

【例 4-6】 作图 4.12(a)所示组合梁的剪力图和弯矩图。

【分析】 求约束力，用控制面分段，应用三种关系求解。

【解】 (1) 由平衡方程求支座约束力(注意应先将中间铰 C 处拆开，才能求得全部约束力)：

$$F_A = 81\,\text{kN}，\quad M_A = -96.5\,\text{kN}\cdot\text{m}，\quad F_B = 29\,\text{kN}$$

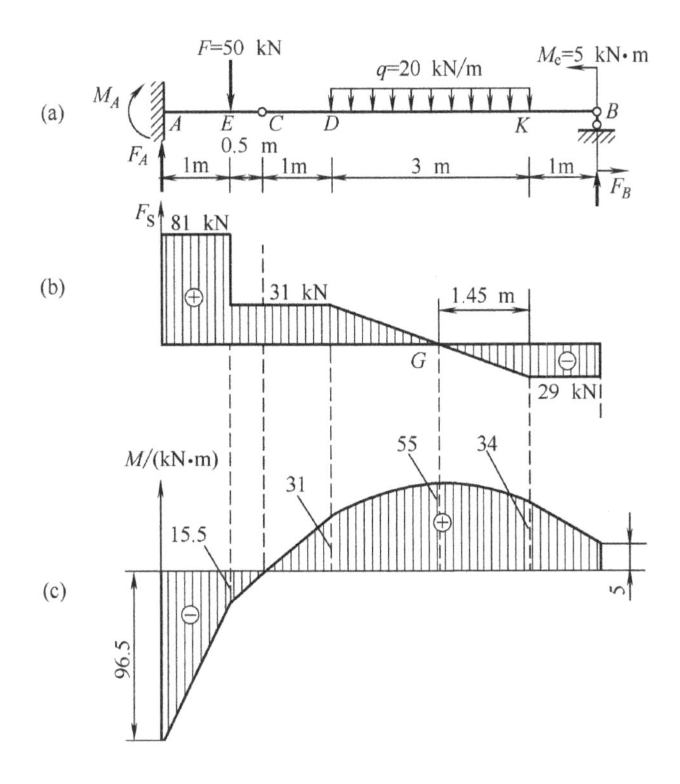

图 4.12 例 4-6 图

(2) 作剪力图 4.12(b)。

A 处有向上集中力 $F_A = 81\,\text{kN}$，故此处剪力图由 0 向上突变 81 kN；AE 段无分布载荷，剪力图水平；E 处有向下集中力 $F = 50\,\text{kN}$，剪力图向下突变 50 kN 变成 31 kN；ECD 段无分布载荷，剪力图水平；DK 段有向下均布载荷，剪力图为递减的斜直线 $31-20\times3 = -29\,(\text{kN})$；$KB$ 段无分布载荷，剪力图为水平直线；B 处有向上集中力 $F_B = 29\,\text{kN}$，剪力图向上突变 29 kN 后为 0。由三角形相似可知 $GK = 1.45\,\text{m}$。

(3) 作弯矩图 4.12(c)。

A 处有集中力偶 $-96.5\,\text{kN}\cdot\text{m}$，弯矩图从 0 向下突变 $96.5\,\text{kN}\cdot\text{m}$；$AE$ 段剪力图水平且为正，弯矩图为递增的斜直线 $81\,\text{kN}\times1\,\text{m}$ 至 $-15.5\,\text{kN}\cdot\text{m}$；$ECD$ 段剪力图水平且为正，弯矩图为斜直线递增 $31\,\text{kN}\times1\cdot5\,\text{m}$ 至 $31\,\text{kN}\cdot\text{m}$。

B 处梁上有逆时针转向集中力偶 $M_e = 5\,\text{kN}\cdot\text{m}$，弯矩图应从 $5\,\text{kN}\cdot\text{m}$ 突变减少至 0；考虑 KB 段剪力图为负常数值，因此该段弯矩图从 K 到 B 为递减斜直线，$M_K - 29\,\text{kN}\times1\,\text{m} = M_{B^-} = 5\,\text{kN}\cdot\text{m}$，$M_K = 34\,\text{kN}\cdot\text{m}$。

DK 段弯矩图为抛物线，G 处剪力为 0，弯矩有极值：

$$M_G = F_B \times 2.45\,\text{m} + M_e - \frac{q}{2} \times (1.45\,\text{m})^2 = 55\,\text{kN}\cdot\text{m}$$

由 D、G、K 三点弯矩值画出其大致抛物线。

【讨论】 (1) 中间铰 C (左右无外力偶作用)处弯矩必为 0。

(2) 作业时，只需根据各控制面内力值、外力与内力关系直接画内力图，文字从简。

4.5 平面刚架和曲杆的内力

平面刚架是由在同一平面内、不同取向的杆件，通过杆端相互刚性连接而成的结构。当杆件变形时，二杆连接处保持刚性，即二杆轴线的夹角保持不变。刚架中的横杆称为**横梁**，竖杆称为**立柱**，二者连接处称为**刚节点**。在刚架平面内载荷作用下，刚架横截面内的内力一般有轴力、剪力和弯矩，其中弯矩最为重要。作内力图的步骤与 4.4 节相同，但因刚架是由不同杆件组成，为了能表示内力沿杆件轴线的变化规律，约定：

(1) 刚架弯矩图不再区分正负，弯矩图约定画在杆的受压一侧。

(2) 轴力的正负约定与拉压杆相同；剪力的正负约定与梁相同。

还有些构件，如钓钩、链环、拱等，其轴线为平面曲线称为**曲杆**。对静定曲杆(本书只讨论小曲率杆，其轴线曲率较小)，其内力正负约定与刚架相同。

【例 4-7】 作图 4.13(a)所示刚架的轴力图、剪力图和弯矩图。

【分析】 求约束力，用控制面分段，应用三种关系求解。

【解】 (1) 求约束力。由平衡方程

$$\sum M_A = 0,\quad \sum F_x = 0,\quad \sum F_y = 0$$

得

$$F_B = F,\quad F_{Ax} = F,\quad F_{Ay} = F$$

(2) 由分离体图 4.13(b)、(c)、(d)，用平衡方程得各控制面内力值。

① 横梁 CB 段。

截面 B^{l}：$F_{\mathrm{N}} = 0$，$F_{\mathrm{S}} = -F$，$M = 0$

截面 C^{r}：$F_{\mathrm{N}} = 0$，$F_{\mathrm{S}} = -F$，$M = 2Fl$

② 立柱上 AD 段。

截面 A^{+}：$F_{\mathrm{N}} = F$，$F_{\mathrm{S}} = F$，$M = 0$

截面 D^{-}：$F_{\mathrm{N}} = F$，$F_{\mathrm{S}} = F$，$M = Fl$

③ 立柱上 DC 段。

截面 D^{+}：$F_{\mathrm{N}} = F$，$F_{\mathrm{S}} = 0$，$M = Fl$

(3) 根据各控制面内力值作轴力图 4.13(e)、剪力图 4.13(f)和弯矩图 4.13(g)。

【讨论】 (1) 作刚架内力图的要领是将刚架在刚节点处“分段”，视为多段梁的组合。

(2) 刚架弯矩图之所以不确定正负而约定画于受压边，是因为处于不同位置观察正负结果会不同，但在具体外载荷作用下，其受拉或受压边位置是确定的。内力突变规律同梁。

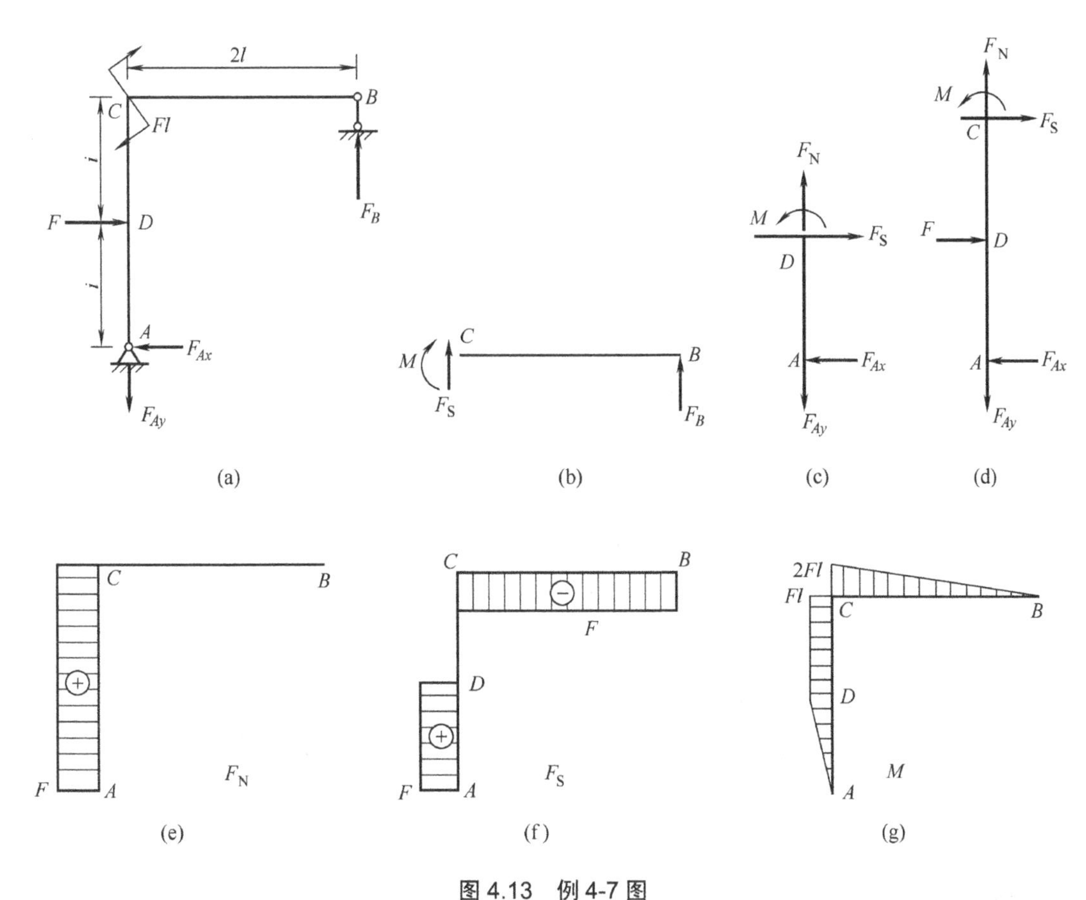

图 4.13 例 4-7 图

【例 4-8】 作图 4.14(a)所示曲杆的轴力图、剪力图和弯矩图。

【分析】 基本步骤同上，应用内力方程画图。

【解】 取图 4.14(b)分离体，用极坐标表示横截面位置，由平衡方程

$$\sum F_x = 0,\ \sum F_y = 0,\ \sum M_C = 0$$

得

$$F_N = F(2\cos\varphi + \sin\varphi) \qquad (0 \leqslant \varphi \leqslant 90^\circ)$$

$$F_S = F(2\sin\varphi - \cos\varphi) \qquad (0 < \varphi < 90^\circ)$$

$$M = Fa(2 - 2\cos\varphi - \sin\varphi) \qquad (0 \leqslant \varphi \leqslant 90^\circ)$$

其中 $F_{N\max} = 2F$ (截面 A)，$F_{S\max} = 2F$ (截面 B)，$|M_{\max}| = Fa$ (截面 B)；$\varphi = \theta = \arctan\frac{1}{2}$ 处，$F_S = 0$，M 虽然也取极值，但不是绝对值最大；$\varphi = 2\theta = 2\arctan\frac{1}{2}$ 处，$M = 0$。

由轴力方程、剪力方程和弯矩方程作轴力图 4.14(c)、剪力图 4.14(d)和弯矩图 4.14(e)。

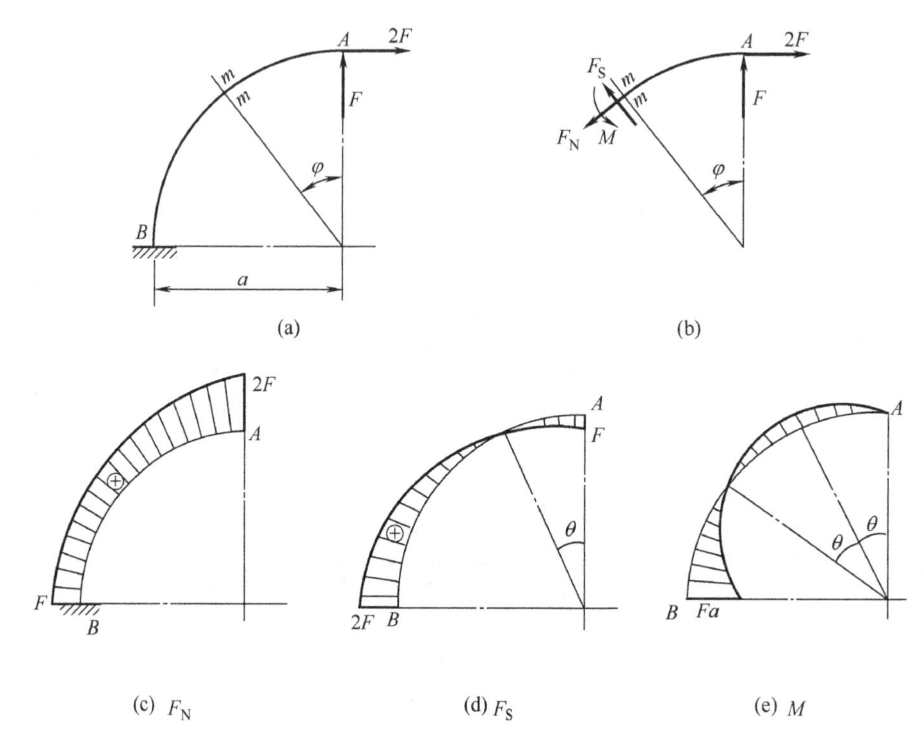

图 4.14　例 4-8 图

小　　结

本章介绍了平面弯曲、梁、剪力、弯矩和控制面等概念。利用截面法(除刚架和曲杆的弯矩外，截面内力需设正)求梁的剪力方程和弯矩方程，特别是作梁的剪力图和弯矩图是本章的重点，也是材料力学的重点之一。

作内力图的步骤是：一般先求约束力(若遇中间铰时需拆开中间铰)，然后确定控制面把梁分段，再用截面法求各段的内力方程，最后画图。熟练掌握了内力与外力(含约束力和约束力偶)间的微分关系、积分关系及突变关系后，可求出约束力后直接画内力图。

(1) 微分关系式(4-11)、式(4-12)、式(4-13)确定曲线走向和极值位置；

(2) 积分关系式(4-14)、式(4-15)确定控制面处内力值；

(3) 突变关系式(4-16)、式(4-17)确定控制面两侧的内力值。

注意约定分布力向上为正，弯矩图一律画在受压边①；注意内力正负约定。

思　考　题

4-1 对称弯曲的特点是什么？

---

① 有的教材约定弯矩图画在受拉边。

4-2 梁上剪力、弯矩可能为零的位置各有哪些？

4-3 梁上剪力、弯矩可能为最大的位置各有哪些？

4-4 梁上剪力、弯矩可能发生突变的位置各有哪些？

4-5 若在结构对称的梁上作用有对称的载荷，则该梁的剪力图、弯矩图各有什么特点？

4-6 若在结构对称的梁上作用有反对称的载荷，则该梁的剪力图、弯矩图各有什么特点？

4-7 同一根梁采用不同的坐标系(如右手坐标系与左手坐标系)所得的剪力方程、弯矩方程是否相同？由剪力方程、弯矩方程绘制的剪力、弯矩图是否相同？其分布载荷、剪力和弯矩的微分关系式是否相同？

习　　题

4-1 求图示各梁 C 截面两侧(标有细线者)的剪力和弯矩。

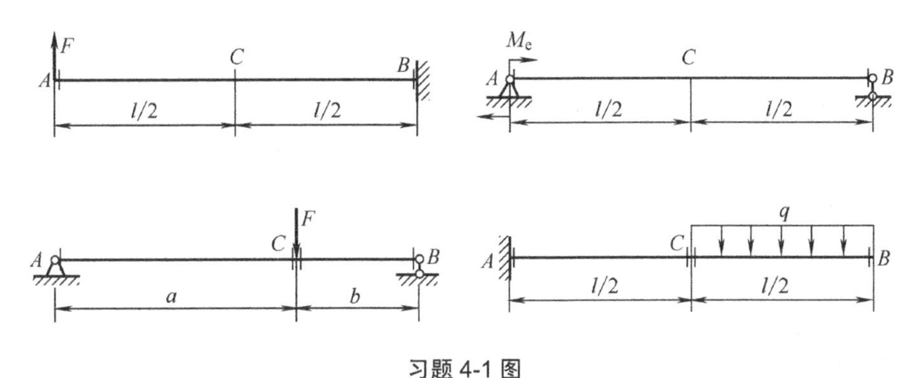

习题 4-1 图

4-2 已知各梁如图，求：(1)剪力方程和弯矩方程；(2)剪力图和弯矩图；(3) $|F_S|_{max}$ 和 $|M|_{max}$。

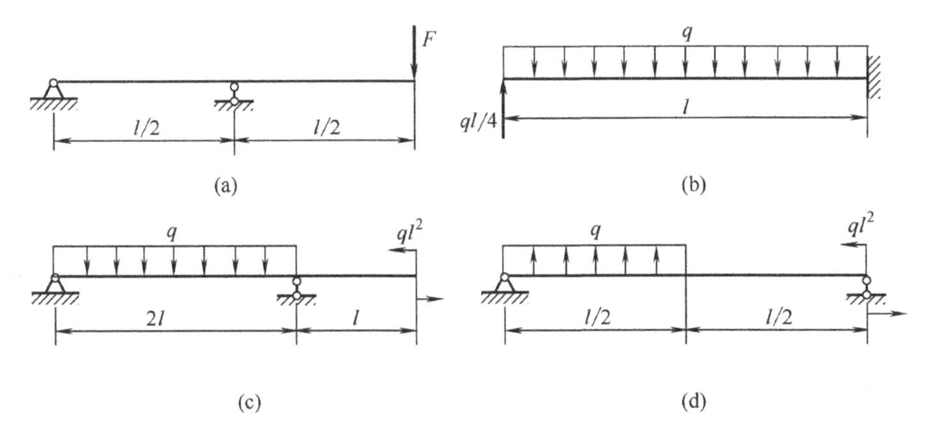

习题 4-2

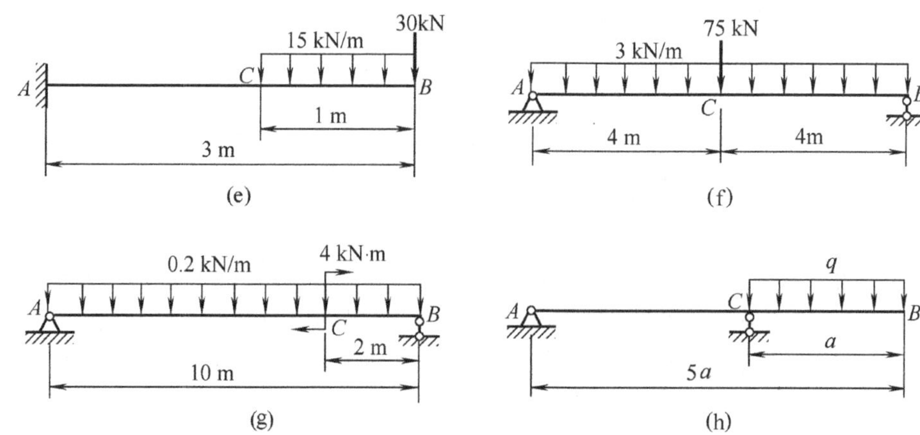

习题 4-2 图(续)

4-3 根据内力与外力的关系作图示各梁的剪力图和弯矩图。

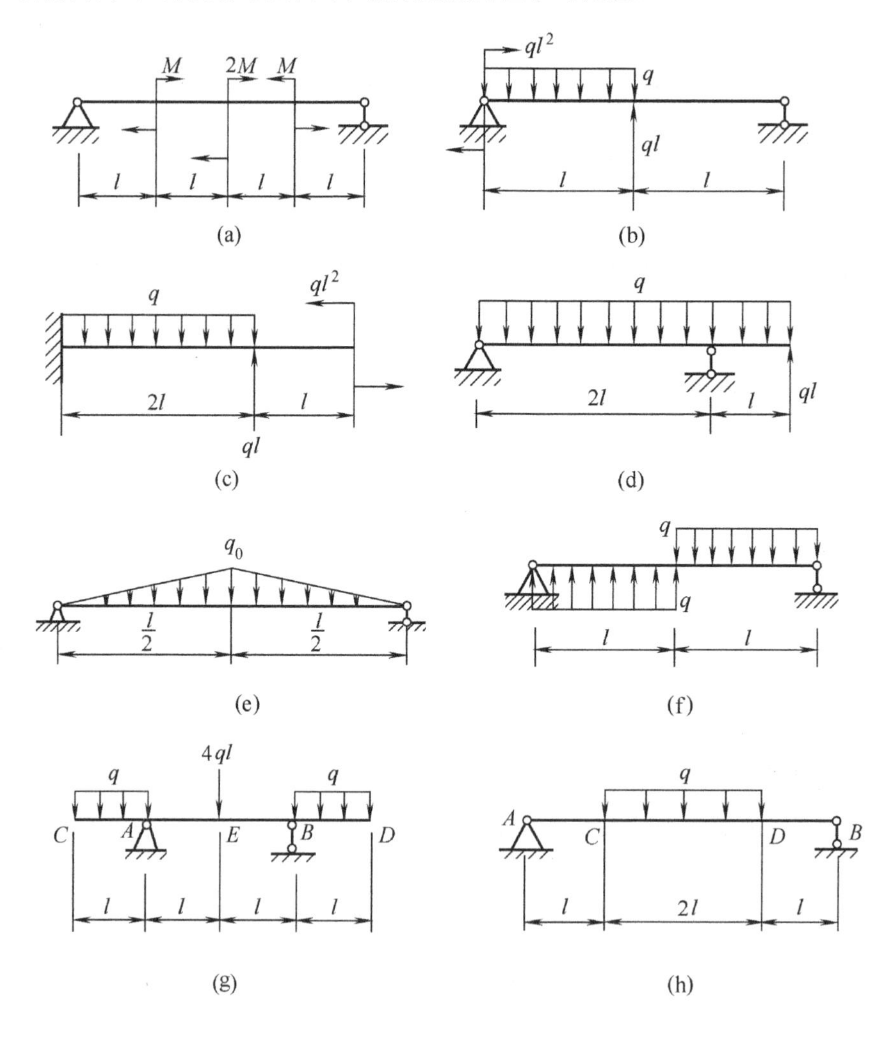

习题 4-3 图

4-4 (1) 已知梁的剪力图和弯矩图，求各自的载荷图。

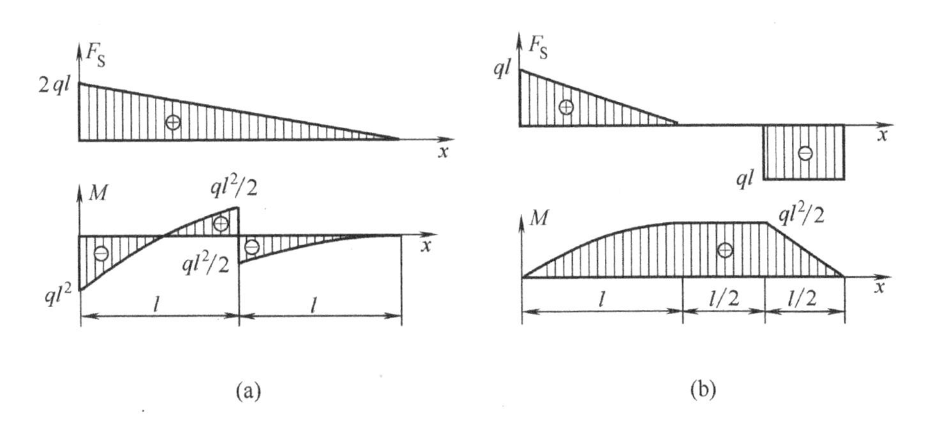

(a)　　(b)

习题 4-4(1)图

(2) 已知简支梁的剪力图如图所示。试作梁的弯矩图和荷载图。已知梁上没有集中力偶作用。

(3) 试根据图示简支梁的弯矩图作出梁的剪力图与荷载图。

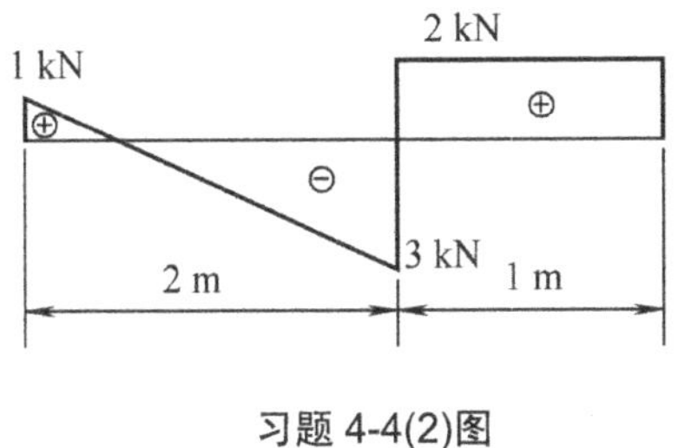

习题 4-4(2)图

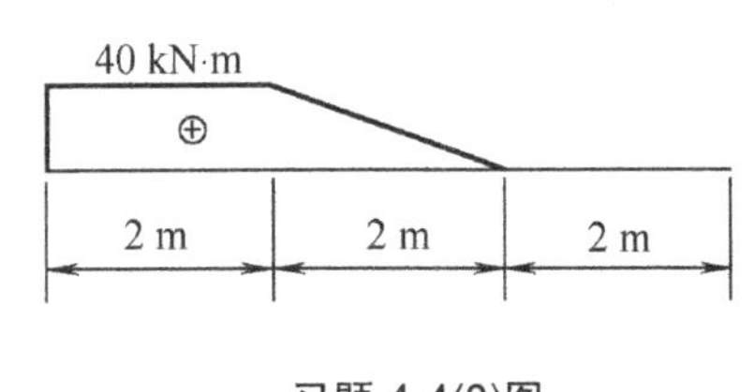

习题 4-4(3)图

4-5 作图示各组合梁的剪力图和弯矩图。

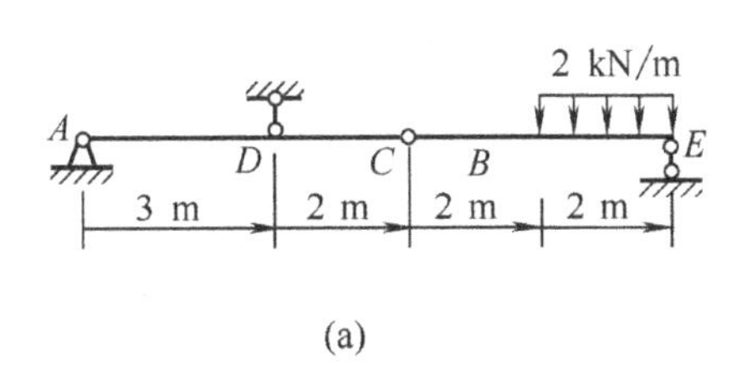

(a)

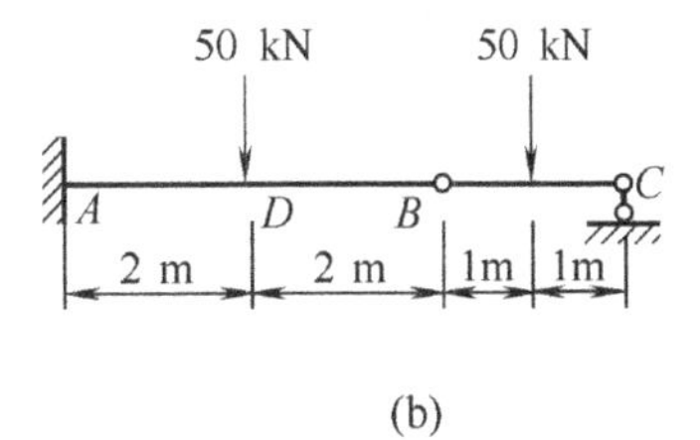

(b)

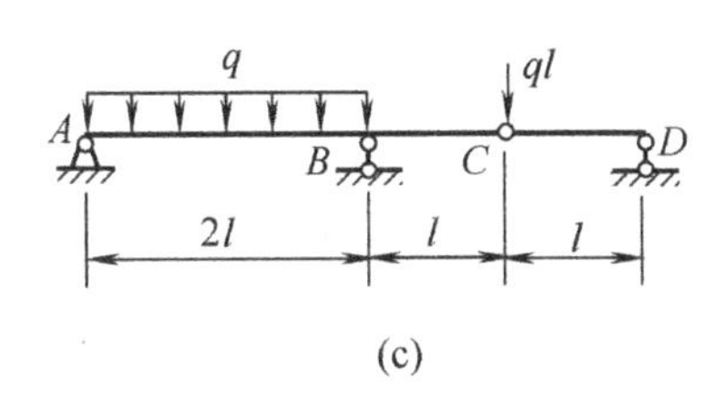

(c)

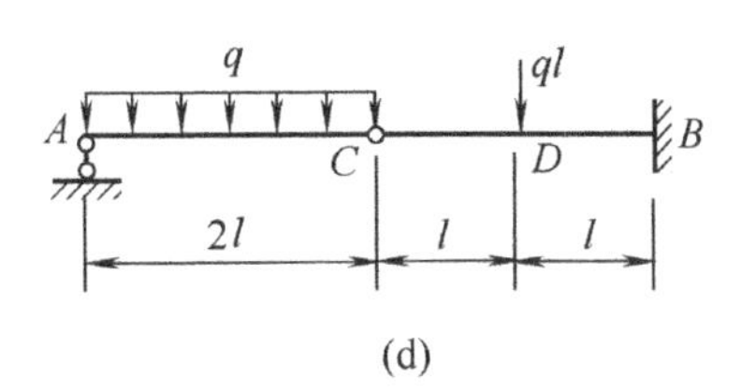

(d)

习题 4-5 图

4-6 作图示各刚架和曲杆的内力图。

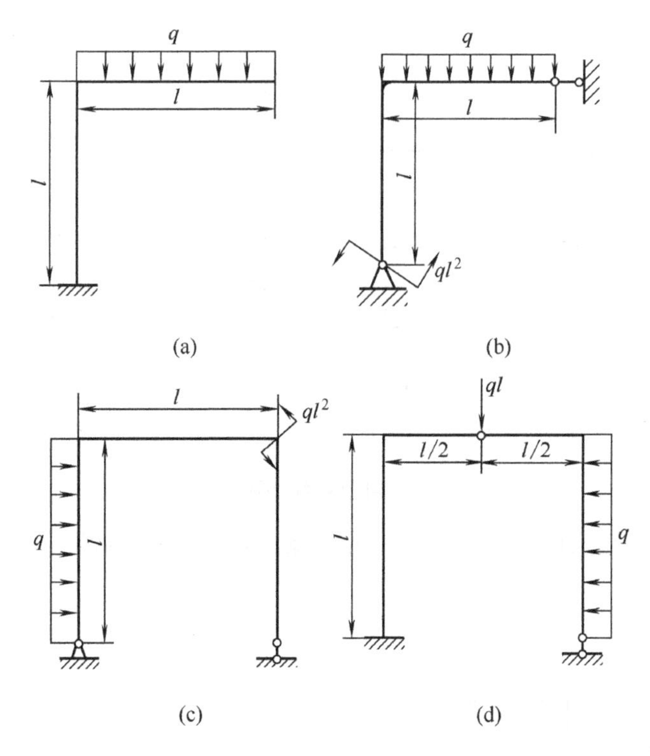

习题 4-6 图

4-7 写出图示各曲杆的轴力、剪力和弯矩方程，并作弯矩图。设曲杆的轴线皆为圆形。

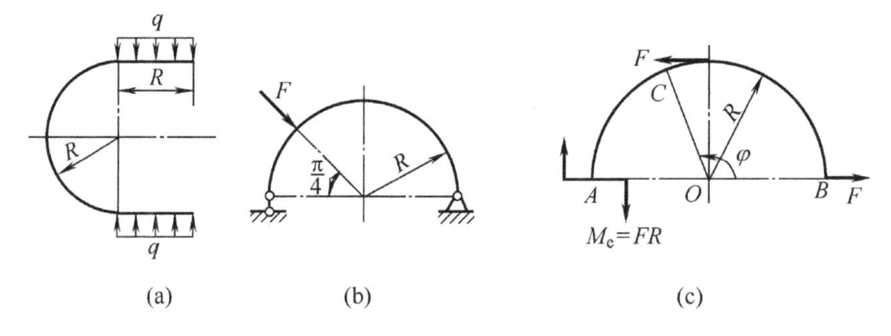

习题 4-7 图

第5章 弯曲应力

5.1 纯弯曲的概念

第 4 章，我们研究了平面弯曲时梁横截面上的内力，即剪力和弯矩。我们知道，弯矩是垂直于横截面的内力系的合力偶矩，而剪力是与横截面相切的内力系的合力。所以说，弯矩 M 只与横截面上的正应力 σ 相关，而剪力 F_S 只与切应力 τ 相关。本章将分别研究梁横截面上的正应力和切应力的分析。

图 5.1(a)中，简支梁 AB 在纵向对称面内受两个外力 F 作用产生平面弯曲，其计算简图如图 5.1(b)所示。由内力分析可知，在 AC 和 DB 两段内，梁横截面上既有剪力又有弯矩，这种弯曲形式称为**横力弯曲**。在 CD 段内，梁横截面上剪力为零，而弯矩为常量，这种弯曲形式称为**纯弯曲**。图 4.1 中，火车轮轴在两个车轮之间的一段也是纯弯曲梁。

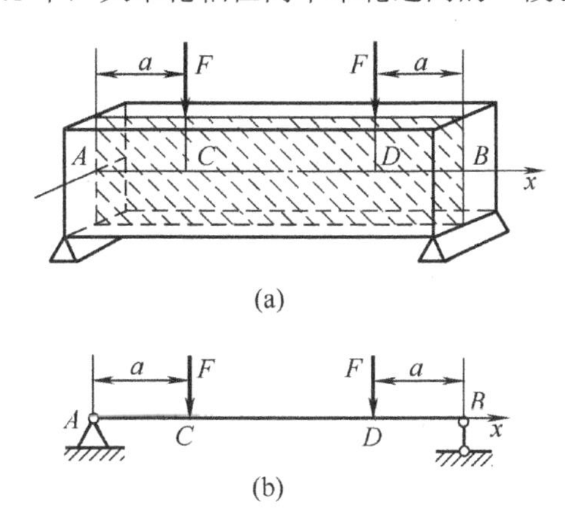

图 5.1 横力弯曲和纯弯曲

5.2 弯曲正应力

5.2.1 纯弯梁横截面上的正应力

设在梁的纵向对称面内，作用大小相等，方向相反的力偶，构成纯弯曲，如图 5.2(b)所示。为研究其横截面上的正应力，仅知道静力学关系(弯矩是垂直于横截面的内力系的合力偶矩)是不够的，还需知道内力的分布，因此需综合考虑几何、物理和静力三方面的关系。

1. 变形几何关系

为研究纯弯梁的变形，变形前在杆件侧面上画上纵向线 aa、bb 和横向线 mm、nn，如图 5.2(a)所示。然后使梁发生纯弯曲变形，观察实验现象可看到：变形后纵向线 aa 和 bb

变成弧线，且仍保持平行；横向线保持直线，相对转过了一个角度；纵向线和横向线仍然保持正交，如图 5.2(b)所示。

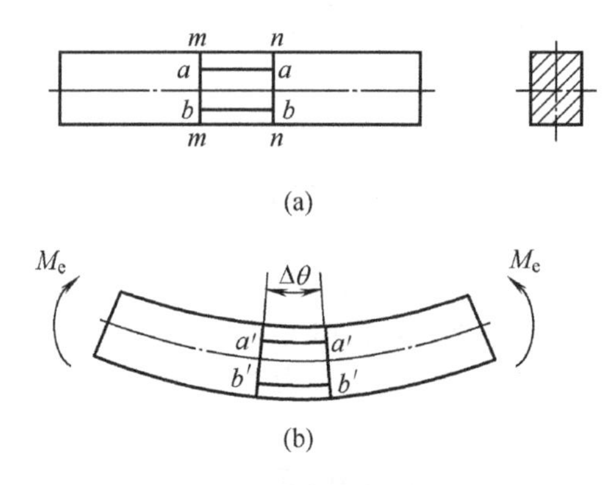

图 5.2　纯弯曲变形

假定内部变形与外表看到的现象一致，根据上述现象，设想梁内部的变形可提出下面假设。

(1) 平面假设。横截面变形后仍保持平面，转动了一个角度，仍垂直于变形后的轴线。

(2) 纵向纤维单向受力假设。设想梁由许许多多纵向纤维组成，每根纤维或伸长或缩短，均为单向受力状态，纤维间无相互挤压。

根据平面假设，当梁发生纯弯曲变形时，横截面保持平面并做相对转动，靠顶部的纵向纤维缩短了，靠底部的则伸长了。由于变形的连续性，中间必有一层既不伸长也不缩短，这层纤维称为**中性层**。中性层与横截面的交线称为**中性轴**。在中性轴两侧的纤维，必定一侧伸长，另一侧缩短，横截面绕中性轴轻微转动。由于载荷作用于梁的纵向对称面内，故梁的变形也应该对称于此平面，因此中性轴必垂直于横截面的对称轴，如图 5.3 所示。

考察纯弯梁某一微段 dx 的变形，如图 5.4 所示，以梁横截面的对称轴为轴 y(向下为正)，以中性轴为轴 z。设变形后中性层的曲率半径为 ρ，微段左右两横截面相对转角为 $\mathrm{d}\theta$，则距中性层为 y 的一层纤维 bb 变形后的长度为

$$\widehat{b'b'}=(\rho+y)\mathrm{d}\theta$$

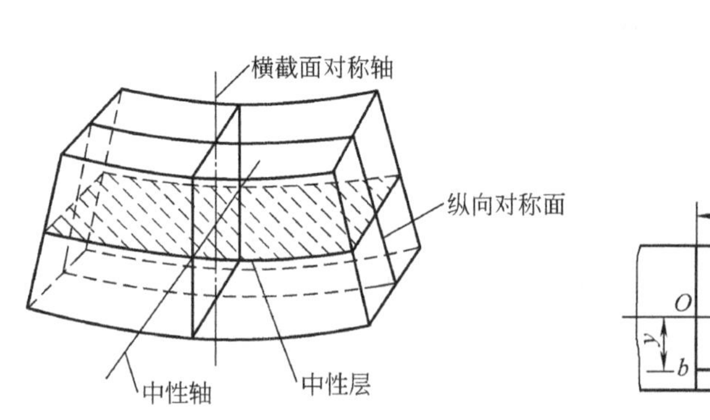

图 5.3　中性层与中性轴

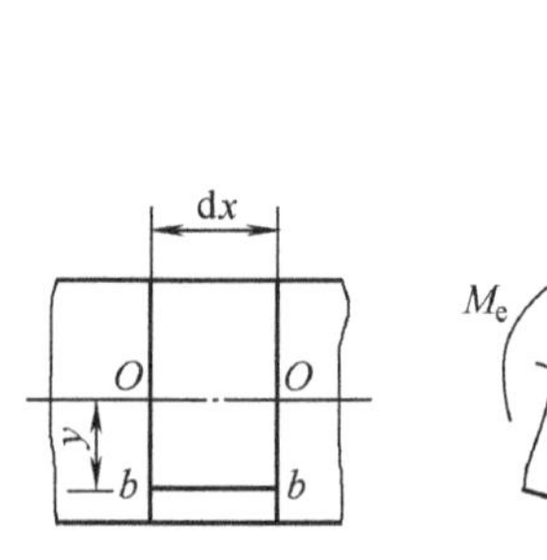

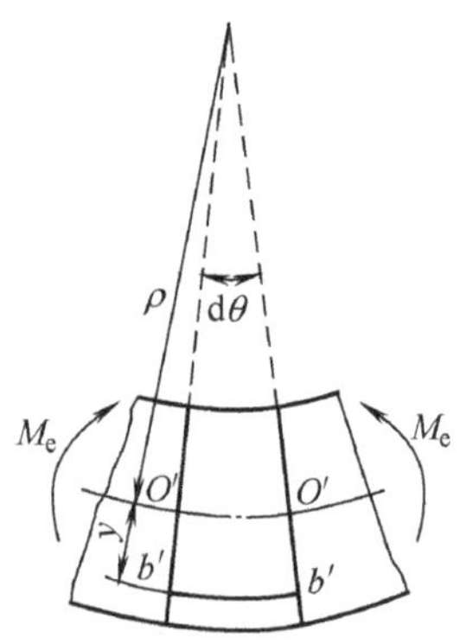

图 5.4　变形几何关系

纤维 bb 的原长为 $\mathrm{d}x$。考虑到变形前后中性层纤维 OO 的长度不变，即

$$bb = \mathrm{d}x = OO = O'O' = \rho \mathrm{d}\theta$$

则距中性层为 y 处的线应变为

$$\varepsilon = \frac{\widehat{b'b'} - bb}{bb} = \frac{(\rho + y)\mathrm{d}\theta - \rho \mathrm{d}\theta}{\rho \mathrm{d}\theta} = \frac{y}{\rho} \tag{5-1}$$

可见，纵向纤维的应变与它到中性轴的距离 y 成正比。

2. 物理关系

因为纵向纤维单向受力，当应力小于比例极限时，由胡克定律得

$$\sigma = E \cdot \varepsilon$$

将式(5-1)代入上式，得

$$\sigma = E\frac{y}{\rho} \tag{5-2}$$

这表明，纯弯曲横截面上的正应力沿高度呈线性分布，距中性轴越远，正应力越大，在中性轴处正应力为零。中性轴两侧，一侧受拉，另一侧受压，如图 5.5(a)所示。

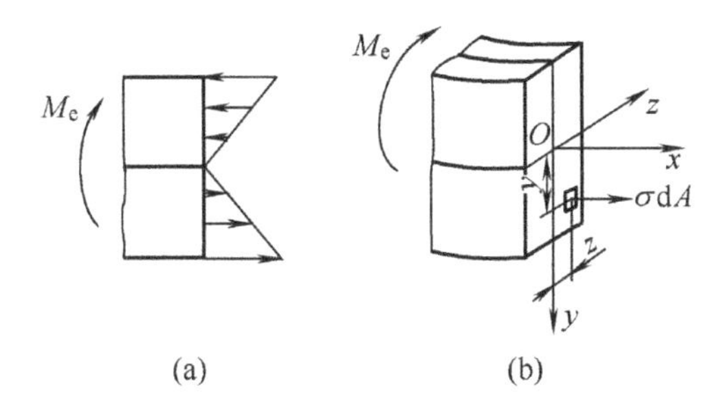

图 5.5　物理关系和静力关系

3. 静力关系

横截面上的微内力 $\sigma \mathrm{d}A$ 组成垂直于横截面的空间平行力系，如图 5.5(b)所示，只画出其中一个微内力，这一力系只可能简化成三个内力分量，即轴力 F_{N}，弯矩 M_y 和 M_z。它们分别为

$$F_{\mathrm{N}} = \int_A \sigma \mathrm{d}A = 0 \tag{5-3}$$

$$M_y = \int_A z\sigma \mathrm{d}A = 0 \tag{5-4}$$

$$M_z = \int_A y\sigma \mathrm{d}A = M \tag{5-5}$$

由于弹性模量 E 和中性层曲率半径 ρ 都与积分区域 $\mathrm{d}A$ 无关，将式(5-2)代入式(5-3)可得

$$F_{\mathrm{N}} = \int_A \sigma \mathrm{d}A = \frac{E}{\rho}\int_A y\mathrm{d}A = \frac{E}{\rho}S_z = 0$$

式中 S_z 称为横截面对轴 z 的静矩(见附录 A)。由于 $\frac{E}{\rho}\neq 0$，则静矩 $S_z=0$，表示轴 z(即中性轴)通过截面形心。

将式(5-2)代入式(5-4)得

$$M_y=\int_A z\sigma \mathrm{d}A=\frac{E}{\rho}\int_A yz\mathrm{d}A=\frac{E}{\rho}I_{yz}=0$$

其中，I_{yz} 称为横截面对轴 y 和 z 的**惯性积**(见附录 A)。上式说明惯性积 I_{yz} 必须为零，亦即轴 y、z 是形心主轴，由于轴 y 是横截面的对称轴，必然 $I_{yz}=0$，所以式(5-4)是自然满足的。

将式(5-2)代入式(5-5)得

$$M=\int_A y\sigma \mathrm{d}A=\frac{E}{\rho}\int_A y^2\mathrm{d}A=\frac{EI_z}{\rho}$$

式中 I_z 称为横截面对轴 z 的**惯性矩**(见附录 A)。于是

$$\frac{1}{\rho}=\frac{M}{EI_z} \tag{5-6}$$

式中 $\frac{1}{\rho}$ 是纯弯梁轴线变形后的曲率。上式表明，EI_z 越大，则曲率 $\frac{1}{\rho}$ 越小，即梁的变形越小，故 EI_z 称为梁的**弯曲刚度**或**抗弯刚度**。

将式(5-6)代入式(5-2)得

$$\sigma=\frac{M}{I_z}y \tag{5-7}$$

这就是纯弯梁横截面上正应力的计算公式。式中 M 为横截面上的弯矩，I_z 为横截面对中性轴 z 的惯性矩，y 为所求应力点的纵坐标，M、y 均为代数量。

上式表明纯弯梁横截面内正应力 σ 随高度 y 呈线性分布，以中性层为界，一侧受拉，另一侧受压。计算时，将弯矩 M 和坐标 y 按规定的正负号代入，所得到的正应力 σ 若为正值，即为拉应力，若为负值则为压应力。也可根据梁变形的情况来判断，即以中性层为界，梁变形后受拉边的应力必然为拉应力，受压边的应力则为压应力。

对于确定的横截面，其 M 和 I_z 为定值，故截面内最大正应力 $\sigma_{\max}$ 发生在距离中性轴最远处，由式(5-7)得

$$\sigma_{\max}=\frac{M}{I_z}y_{\max} \tag{5-8}$$

若令

$$W_z=\frac{I_z}{y_{\max}} \tag{5-9}$$

则

$$\sigma_{\max}=\frac{M}{W_z} \tag{5-10}$$

式中，W_z 称为**弯曲截面系数**或**抗弯截面系数**，在不引起混淆时，其下标 z 可不写出。它与横截面的形状和尺寸有关，是截面的几何性质之一，单位是 m^3。

对矩形截面，如图 5.6(a)所示，$I_z=\frac{1}{12}bh^3$，$W=\frac{bh^2}{6}$。对圆形截面，如图 5.6(b)所示，$I_z=\frac{\pi}{64}d^4$，$W=\frac{\pi d^3}{32}$。对于图 5.6(c)、(d)所示型钢截面的几何性质，可从附录 D 的型钢表中查到。

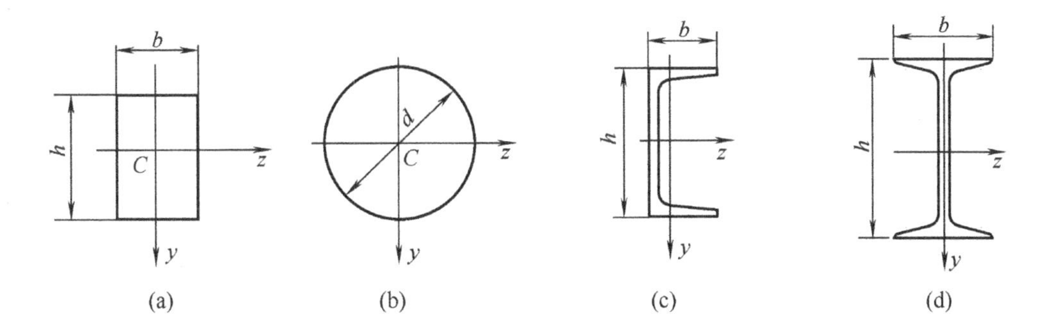

图 5.6 截面几何性质

在推导式(5-7)的过程中，虽以矩形截面梁作为观察对象，但在分析过程中，并未用过矩形的几何性质，因此，式(5-7)可用于任意横截面形状的梁，但必须注意以下两点。

(1) 坐标轴 y、z 必须是形心主轴，外力要作用于主轴平面内。

(2) 受力应在线弹性范围内，因为公式推导中应用了胡克定律。

5.2.2 横力弯曲时的正应力

工程中常见的平面弯曲不是纯弯曲，而是横力弯曲，这时梁的横截面上不但有正应力还有切应力。由于切应力的存在，横截面不再保持平面。理论分析结果表明，对于横力弯曲梁，当跨度与高度之比 $\frac{l}{h}>5$ 时，纯弯曲正应力计算公式(5-7)仍然适用，并能满足工程问题所需要的精度。

横力弯曲时，弯矩随截面位置变化。一般情况下，梁内最大正应力发生于弯矩最大的截面上。由式(5-10)可知梁内最大正应力为

$$\sigma_{\max}=\frac{M_{\max}}{W} \tag{5-11}$$

求出最大弯曲正应力后，弯曲的强度条件为

$$\sigma_{\max}=\frac{M_{\max}}{W}\leqslant[\sigma] \tag{5-12}$$

对抗拉和抗压强度相等的材料(如碳钢)，只要绝对值最大的正应力不超过许用应力即可。对抗拉和抗压强度不等的材料(如铸铁)，则拉和压的最大正应力都应不超过各自的许用应力。

【例 5-1】 如图 5.7(a)所示，简支梁由 56a 号工字钢制成，其截面简化后的尺寸如图 5.7(b)所示，$F=150\ \text{kN}$。求梁危险截面上的最大正应力 $\sigma_{\max}$ 和同一截面上翼缘与腹板交

界处点 a 的正应力 σ_a。

【分析】 本题求等截面梁危险截面上的最大正应力，首先要进行内力分析，确定弯矩最大的截面为危险截面。

【解】 首先作梁的弯矩图，如图 5.7(c)所示。可见，横截面 C 为危险截面，相应的最大弯矩值

$$M_{\max}=375\ \text{kN}\cdot\text{m}$$

查型钢表可得 56a 号工字钢的 $W=2340\ \text{cm}^3$ 和 $I_z=65600\ \text{cm}^4$。

由式(5-8)得危险截面上的最大正应力

$$\sigma_{\max}=\frac{M_{\max}}{W}=\frac{375\times10^3\ \text{N}\cdot\text{m}}{2342\times10^{-6}\ \text{m}^3}=160\times10^6\ \text{Pa}=160\ \text{MPa}$$

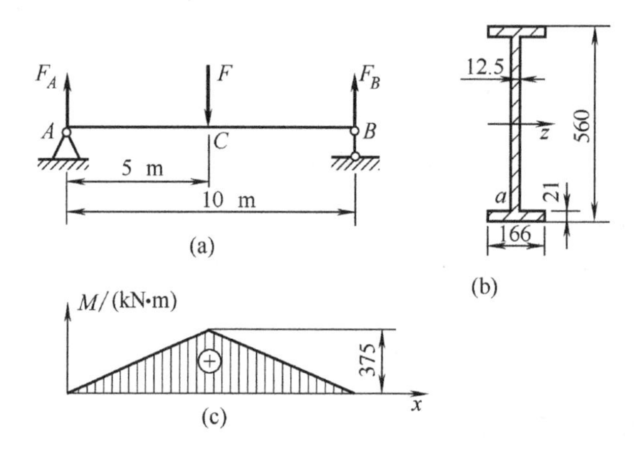

图 5.7　例 5-1 图

对于危险截面上点 a 处的正应力，由式(5-7)得

$$\sigma_a=\frac{M_{\max}y_a}{I_z}=\frac{375\times10^3\ \text{N}\cdot\text{m}\left(\dfrac{0.56\ \text{m}}{2}-0.021\ \text{m}\right)}{65600\times10^{-8}\ \text{m}^4}=148\times10^6\ \text{Pa}=148\ \text{MPa}$$

【讨论】 本题没有考虑梁的自重，因为自重引起的正应力与外载荷引起的正应力相比很小。一般梁的自重均可忽略不计。

【例 5-2】 如图 5.8(a)所示圆轴 AD，在 BC 段受均布载荷作用。已知 $q=1\ \text{kN/m}$，AB 段直径 $d_1=280\ \text{mm}$，BC 段直径 $d_2=320\ \text{mm}$，轴的许用应力 $[\sigma]=140\ \text{MPa}$。试校核该轴的强度。

【分析】 对整个轴而言，最大弯矩在跨度中点，此处为危险截面。但对 AB 段和 CD 段，由于截面直径较小，也应进行强度校核。由于对称性，AB 和 CD 段只要选一侧进行强度校核即可。

【解】 该轴的计算简图如图 5.8(b)所示。

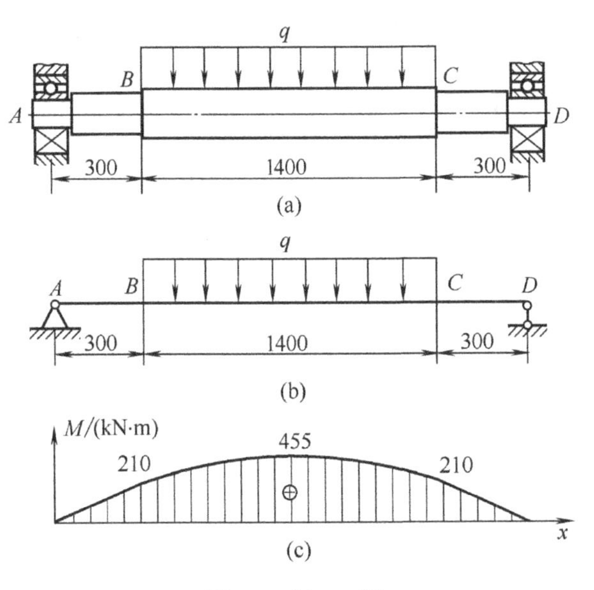

图 5.8　例 5-2 图

首先作梁的弯矩图，如图 5.8(c)所示。梁内的最大弯矩及截面 B 的弯矩分别为

$$M_{\max} = 455\ \text{kN}\cdot\text{m}$$

$$M_B = 210\ \text{kN}\cdot\text{m}$$

(1) 对跨中危险截面。

$$W_2 = \frac{\pi d_2^3}{32} = \frac{\pi(0.32\ \text{m})^3}{32} = 3.22\times10^{-3}\text{m}^3$$

$$\sigma_{\max 2} = \frac{M_{\max}}{W_2} = \frac{455\times10^3\text{N}\cdot\text{m}}{3.22\times10^{-3}\text{m}^3} = 141\times10^6\text{Pa} = 141\ \text{MPa}$$

超过许用应力$[\sigma]$，但仅相差1%，因此，跨中央截面满足梁的强度条件。

(2) 校核 AB 段的强度。

AB 段最大弯矩发生在截面 B，对该截面

$$W_1 = \frac{\pi d_1^3}{32} = \frac{\pi(0.28\ \text{m})^3}{32} = 2.16\times10^{-3}\text{m}^3$$

$$\sigma_{B\max} = \frac{M_B}{W_1} = \frac{210\times10^3\text{N}\cdot\text{m}}{2.16\times10^{-3}\text{m}^3} = 97.4\times10^6\text{Pa} = 97.4\ \text{MPa} < [\sigma]$$

可见，AB 段的强度也符合要求。

因此，本题轴 AD 满足强度条件。

【讨论】 本题危险截面的最大正应力超过许用应力，工程实际中不超过5%的范围都是允许的。

【例 5-3】 一槽型截面铸铁梁的载荷和截面尺寸如图 5.9(a)所示，铸铁的抗拉许用应力为$[\sigma_t] = 30\ \text{MPa}$，抗压许用应力为$[\sigma_c] = 120\ \text{MPa}$。已知 $F_1 = 32\ \text{kN}$，$F_2 = 12\ \text{kN}$，截面形心距顶边 $y_C = 82\ \text{mm}$。试校核梁的强度。

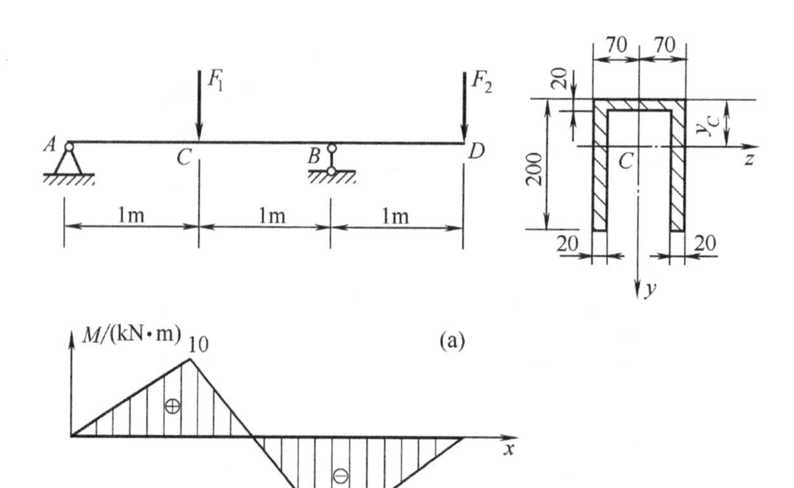

图 5.9　例 5-3 图

【分析】对铸铁这样抗拉和抗压强度不一样的材料，由于本题中性轴不是对称轴，同一截面上的最大拉应力和压应力不相等，计算最大应力时需分清受拉侧和受压侧，分别进行抗拉和抗压强度校核。

【解】作梁的弯矩图，如图 5.9(b) 所示。最大正弯矩在截面 C 上，$M_C = 10\ \text{kN}\cdot\text{m}$。最大负弯矩在截面 B 上，$M_B = -12\ \text{kN}\cdot\text{m}$。

横截面的惯性矩为

$$I_z = 2\times\left[\frac{20\ \text{mm}\times(200\ \text{mm})^3}{12} + (20\ \text{mm}\times 200\ \text{mm})\times\left(\frac{200\ \text{mm}}{2} - 82\ \text{mm}\right)^2\right] +$$

$$\left[\frac{100\ \text{mm}\times(20\ \text{mm})^3}{12} + (100\ \text{mm}\times 20\ \text{mm})\times\left(82\ \text{mm} - \frac{20\ \text{mm}}{2}\right)^2\right]$$

$$= 3.97\times10^{-5}\ \text{m}^4$$

(1) 对截面 B，由于弯矩为负值，上侧受拉，则

$$\sigma_{B\max}^{\text{t}} = \frac{M_B y_C}{I_z} = \frac{(12\times10^3\ \text{N}\cdot\text{m})\times(82\times10^{-3}\ \text{m})}{3.97\times10^{-5}\ \text{m}^4} = 24.8\ \text{MPa}$$

$$\sigma_{B\max}^{\text{c}} = \frac{M_B(h-y_C)}{I_z} = \frac{(12\times10^3\ \text{N}\cdot\text{m})\times(200\times10^{-3}\ \text{m} - 82\times10^{-3}\ \text{m})}{3.97\times10^{-5}\ \text{m}^4} = 35.7\ \text{MPa}$$

(2) 对截面 C，弯矩为正值，下侧受拉，则

$$\sigma_{C\max}^{\text{t}} = \frac{M_C(h-y_C)}{I_z} = \frac{(10\times10^3\ \text{N}\cdot\text{m})\times(200\times10^{-3} - 82\times10^{-3}\ \text{m})}{3.97\times10^{-5}\ \text{m}^4} = 29.7\ \text{MPa}$$

$$\sigma_{C\max}^{\text{c}} = \frac{M_C y_C}{I_z} = \frac{(10\times10^3\ \text{N}\cdot\text{m})\times(82\times10^{-3}\ \text{m})}{3.97\times10^{-5}\ \text{m}^4} = 20.7\ \text{MPa}$$

(3) 通过以上分析可知，对全梁而言，最大拉应力是在截面 C 的下边缘各点处，最大压应力在截面 B 的下边缘各点处。

$$\sigma_{\max}^{t} = 29.7\ \text{MPa} < [\sigma_t]$$
$$\sigma_{\max}^{c} = 35.7\ \text{MPa} < [\sigma_c]$$

因此，该梁满足强度条件。

【讨论】(1) 通过计算可知，虽然截面 C 的弯矩数值不是最大，但全梁的最大拉应力却发生在截面 C 的下边缘。这是由于下边各点距离中性轴较远，而截面 C 是下边受拉。因此，对铸铁这样的抗拉和抗压强度不一样的材料，进行强度校核时，若中性轴不是对称轴，须确定梁的最大正弯矩和最大负弯矩，分别进行强度校核，而不是仅确定一个危险截面。

(2) 对于中性轴不是对称轴的横截面，计算截面形心和惯性矩是课程的基本要求，请读者计算校核截面形心位置。

5.2.3　提高弯曲强度的措施

从弯曲正应力强度条件看，梁的弯曲强度与其所用材料、横截面的形状与尺寸以及由外力引起的弯矩有关。因此，为提高梁的强度，主要从以下几方面考虑。

1. 梁的合理截面

从弯曲强度考虑，比较合理的截面形状，应是使用较小的截面面积 A(用料最省)获得较大的弯曲截面系数 W (强度最高)的截面。

从弯曲正应力的角度分析，由于弯曲正应力沿截面高度呈线性分布，当横截面最大正应力达到许用应力时，中性轴附近各点处的正应力仍很小。因此，在离中性轴较远的位置配置较多的材料，必将提高材料的利用率。因此，桥式起重机的大梁以及其他钢结构中的抗弯杆件，经常采用工字形截面、槽型截面或箱型截面等。

同理，对于抗拉强度低于抗压强度的脆性材料(如铸铁)，宜采用中性轴偏与受拉一侧的截面，如图 5.10 中所表示的一些截面。对这类截面，应使受拉一侧距离中性轴较近，如图 5.10(d)所示。请读者思考，例 5-3 中能否将 T 型截面倒置变成⊥型截面？为什么？

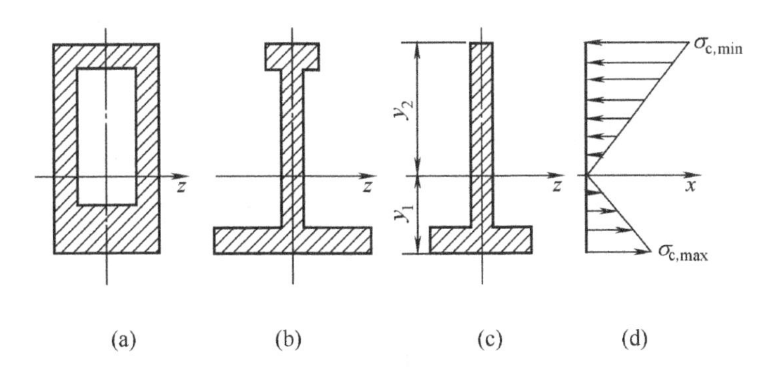

图 5.10　中性轴不是对称轴的截面

2. 变截面梁与等强度梁

一般情况下，梁内不同横截面的弯矩不同。因此，在按最大弯矩所设计的等截面梁中，除最大弯矩所在截面外，其余截面的材料强度均未得到充分利用。于是，在工程实际中，常根据弯矩沿梁轴的变化情况，将梁设计成变截面的，称为**变截面梁**。

最理想的状态为变截面梁内所有横截面上的最大正应力均相等，且等于许用应力，即要求

$$\sigma_{max}=\frac{M(x)}{W(x)}=[\sigma] \tag{5-13}$$

满足上式设计出来的梁，各截面具有相同的强度，称为**等强度梁**。等强度梁是一种理想的变截面梁，实际构件中，常根据需要设计成近似的等强度的。汽车的叠板弹簧，如图 5.11 所示；厂房建筑中的“鱼腹梁”，如图 5.12 所示；机械中的“阶梯轴”，如图 5.13 所示。它们都是等强度梁的典型应用。

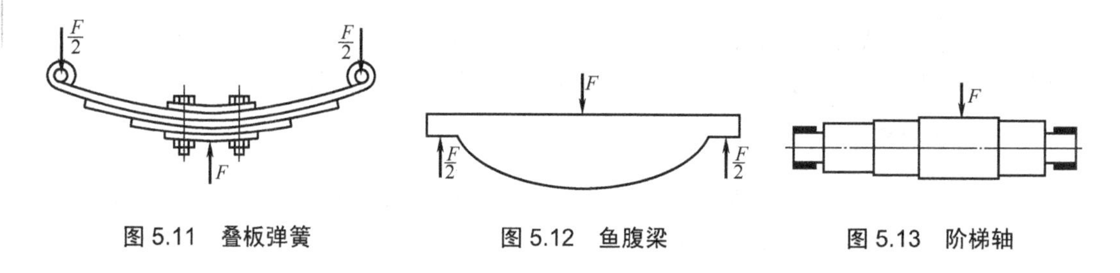

图 5.11　叠板弹簧　　图 5.12　鱼腹梁　　图 5.13　阶梯轴

3. 梁的合理受力

改善梁的受力情况，可降低梁内的最大弯矩，相对地说，也就提高了梁的强度。

以图 5.14(a)所示均布载荷作用下的简支梁为例，$M_{max}=ql^2/8$。若将两端支座各向里移动 $0.2l$，如图 5.14(b)所示，则最大弯矩减小为 $M_{max}=ql^2/40$。说明按图 5.14(b)布置支座，梁的承载能力可提高 4 倍。请读者思考，支座布置在何位置，梁的承载能力最大？

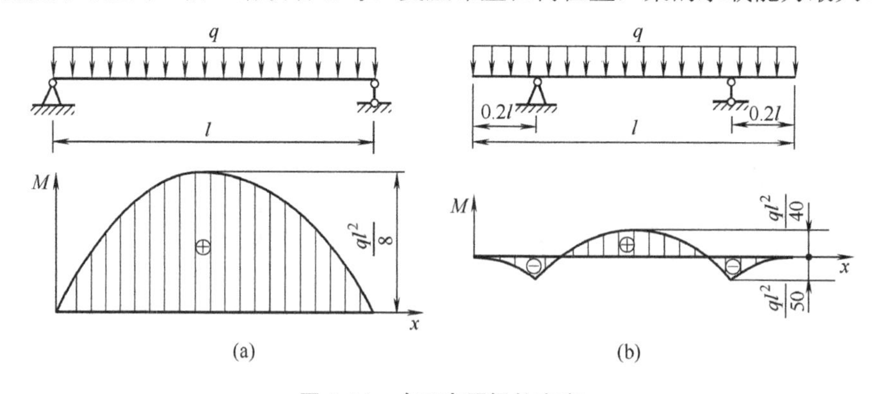

图 5.14　合理布置梁的支座

又如，图 5.15(a)所示简支梁在跨中承受集中力 F 作用，此时最大弯矩为 $M_{max}=\dfrac{Fl}{4}$。若合理布置载荷，在梁的中部设置一根辅梁，如图 5.15(b)所示，则梁的最大弯矩下降为

$M_{max}=\dfrac{Fl}{8}$，原梁的承载能力提高了一倍。

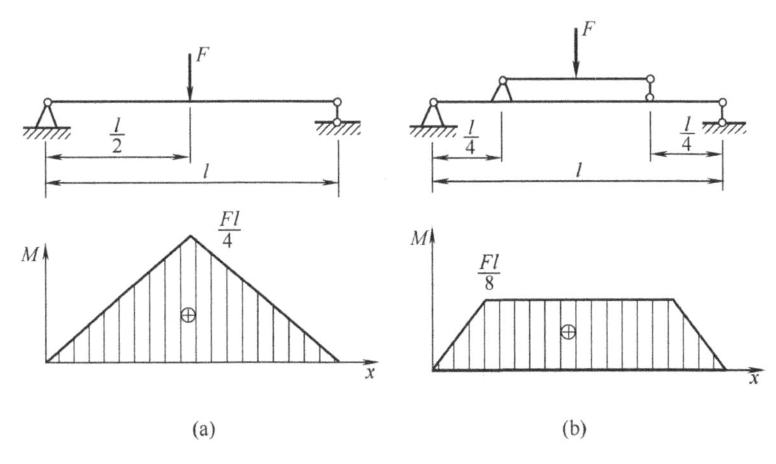

图 5.15 合理布置载荷

5.3 弯曲切应力

力弯曲的梁横截面上既有正应力又有切应力。我们这里主要研究矩形截面和工字型截面梁的弯曲切应力，并建立弯曲切应力强度条件。

5.3.1 矩形截面梁

对于狭长矩形截面，由于梁的侧面上无切应力，故横截面上侧边各点处的切应力必与侧边平行，而在对称弯曲情况下，对称轴 y 处的切应力必沿 y 方向，且狭长矩形截面上切应力沿截面宽度的变化不可能很大。于是，可做如下两个假设。

(1) 横截面上各点处的切应力均与侧边平行。

(2) 切应力沿截面宽度近似均匀分布。

根据以上假设，对一般高度大于宽度的矩形截面梁，其计算结果能满足工程中所需的精度。

如图 5.16(a)所示，矩形截面梁受任意横向载荷作用。以 m-m 和 n-n 两截面假想地从梁中取长为 dx 的一段，再从该段梁上用平行于中性层的纵截面 $abcd$ 假想地截出一块。一般情况下，两横截面上的弯矩并不相等，则两截面上同一 y 坐标处的正应力也不相等，该部分左右两端面上与正应力对应的法向内力也不相等。为保证平衡，则纵截面 $abcd$ 上必须有沿 x 方向的切应力 τ'。根据切应力互等定理即可求得相应点横截面上的切应力 τ，如图 5.16(b)所示。

设 m-m 和 n-n 截面上的弯矩分别为 M 和 $M+dM$，则对图 5.16(b)所示两端截面上的法向内力为

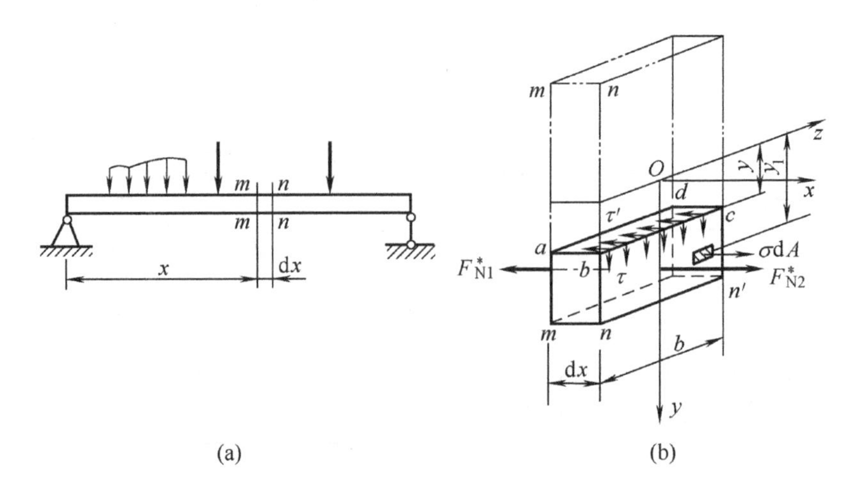

(a) (b)

图 5.16 矩形截面梁切应力分析

$$F^*_{\mathrm{N1}}=\int_{A^*}\sigma\mathrm{d}A=\int_{A^*}\frac{My_1}{I_z}\mathrm{d}A=\frac{M}{I_z}\int_{A^*}y_1\mathrm{d}A=\frac{M}{I_z}\cdot S_z^* \tag{5-14}$$

$$F^*_{\mathrm{N2}}=\frac{M+\mathrm{d}M}{I_z}\cdot S_z^* \tag{5-15}$$

式中 A^* 为横截面上距中性轴为 y 的横线以外部分的面积，即图 5.16(b)上 $nn'cb$ 的面积。$S_z^*=\int\limits_{A^*}y_1\mathrm{d}A$，是面积 A^* 对中性轴的静矩。

在顶面 $abcd$ 上，与顶面相切的内力系的合力为 $\tau'b\mathrm{d}x$。

将式(5-14)、式(5-15)代入平衡方程，有

$$\sum F_x=0,\quad F^*_{\mathrm{N2}}-F^*_{\mathrm{N1}}-\tau'b\mathrm{d}x=0$$

简化后得到

$$\tau'=\frac{\mathrm{d}M}{\mathrm{d}x}\cdot\frac{S_z^*}{I_zb}$$

由式(4-12)知 $\frac{\mathrm{d}M}{\mathrm{d}x}=F_{\mathrm{S}}$，于是上式化为

$$\tau'=\frac{F_{\mathrm{S}}S_z^*}{I_zb}$$

上式为纵截面上的切应力，由切应力互等定理，得横截面上线 bc 上各点的切应力

$$\tau=\frac{F_{\mathrm{S}}S_z^*}{I_zb} \tag{5-16}$$

这就是矩形截面梁弯曲切应力的计算公式。式中 F_{S} 为整个横截面上的剪力，b 为截面宽度，I_z 为整个截面对中性轴的惯性矩，S_z^* 为横截面上距中性轴为 y 的横线以下部分面积对中性轴静矩的绝对值。

对于矩形截面，如图 5.17(a)所示，取 $\mathrm{d}A=b\cdot\mathrm{d}y$，则

$$S_z^*=\int_{A^*}y_1\mathrm{d}A=\int_y^{\frac{h}{2}}by_1\mathrm{d}y_1=\frac{b}{2}\left(\frac{h^2}{4}-y^2\right)$$

这样，式(5-16)可写成

$$\tau = \frac{F_S}{2I_z}\left(\frac{h^2}{4} - y^2\right) \tag{5-17}$$

由上式可见，τ 沿截面高度按抛物线规律变化，如图 5.17(b)所示。当 $y = \pm\frac{h}{2}$ 时，$\tau = 0$，即上下表面切应力为零；当 $y = 0$ 时，τ 为最大值，即最大切应力发生在中性轴上，且

$$\tau_{\max} = \frac{F_S h^2}{8I_z} = \frac{3F_S}{2bh} = \frac{3}{2}\cdot\frac{F_S}{A} \tag{5-18}$$

式中 A 为横截面面积。可见，矩形截面梁的最大切应力为平均切应力 $\frac{F_S}{A}$ 的 1.5 倍。

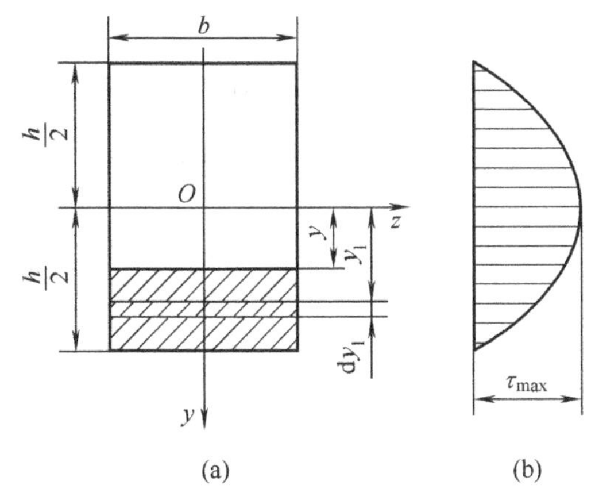

图 5.17 矩形截面梁切应力分布

5.3.2 工字型截面梁

对于工字型截面梁，先研究横截面腹板上任一点处的切应力。由于腹板是个狭长矩形，完全可以采用前述两个假设。于是，可由式(5-16)直接求得

$$\tau = \frac{F_S S_z^*}{I_z b_0}$$

式中，b_0 为腹板厚度，S_z^* 为图 5.18(a)中画出阴影线部分的面积对中性轴的静矩。在腹板范围内，S_z^* 是 y 的二次函数，故腹板部分切应力沿腹板高度同样按抛物线分布，如图 5.18(b)所示，其最大切应力在中性轴上：

$$\tau_{\max} = \frac{F_S S_{z\max}^*}{I_z b_0} \tag{5-19}$$

式中，$S_{z\max}^*$ 为中性轴外任一边的半个截面面积对中性轴静矩的绝对值。对普通热轧工字钢截面，式中 $\frac{I_z}{S_{z\max}^*}$ 可直从附录 D 查得。

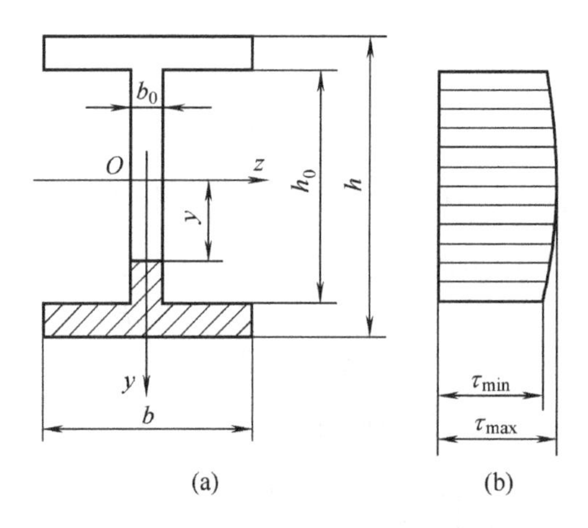

图 5.18　工字形截面梁切应力分布

至于工字形截面梁翼缘上的切应力，由于翼缘上、下表面无切应力，而翼缘又很薄，宽度 b 远大于腹板的宽度 b_0，因此翼缘上平行于轴 y 的切应力分量很小，通常不进行计算。另外翼缘上还有平行于翼缘长边的切应力分量，与腹板内的切应力比较，一般也是次要的，如要计算可仿照矩形截面所用的方法，受篇幅所限，这里不做阐述。

5.3.3　梁的切应力强度条件

对于横力弯曲下的等直梁，其横截面上既有弯矩又有剪力。梁除保证正应力强度条件外，还需满足切应力强度要求。

一般来说，梁的最大切应力发生在最大剪力所在截面的中性轴上，且

$$\tau_{\max}=\frac{F_{\text{Smax}}S_{z\max}^{*}}{I_z b} \tag{5-20}$$

式中，$S_{z\max}^{*}$ 是中性轴以下部分截面对中性轴的静矩。中性轴上各点的正应力为零，所以都是处于纯剪切应力状态。因此弯曲切应力强度条件

$$\tau_{\max}\leqslant[\tau] \tag{5-21}$$

【例 5-4】 如图 5.19 所示矩形截面悬臂梁，承受集度为 q 的均布载荷作用，求梁内的最大正应力和最大切应力之比 $\dfrac{\sigma_{\max}}{\tau_{\max}}$。

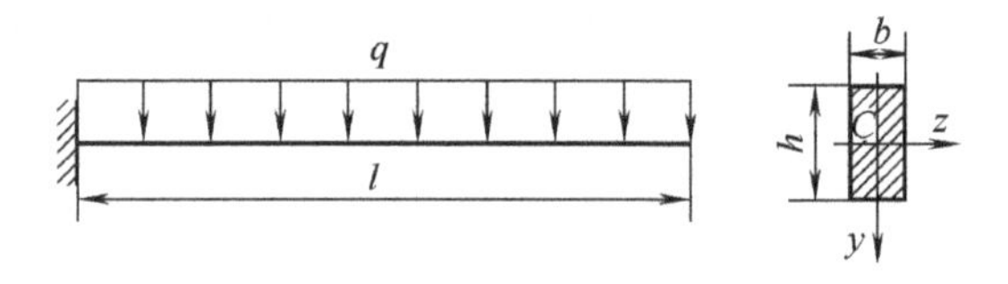

图 5.19　例 5-4 图

【分析】 此为矩形截面悬臂梁、固定端截面的危险截面。可按式(5-5)和式(5-11)计算最大正应力和最大切应力。

【解】 由内力分析可知，梁的最大剪力与最大弯矩位于固定端截面，分别为

$$F_{\text{S}\max}=ql\text{，}\quad |M|_{\max}=\frac{ql^2}{2}$$

由式(5-10)可知，梁的最大弯曲正应力

$$\sigma_{\max}=\frac{|M|_{\max}}{W}=\frac{\frac{ql^2}{2}}{\frac{bh^2}{6}}=\frac{3ql^2}{bh^2}$$

由式(5-18)可知，梁的最大弯曲切应力

$$\tau_{\max}=\frac{3F_{S\max}}{2bh}=\frac{3ql}{2bh}$$

所以，二者的比值为

$$\frac{\sigma_{\max}}{\tau_{\max}}=\frac{3ql^2}{bh^2}\frac{2bh}{3ql}=2\left(\frac{l}{h}\right)$$

可见，当梁的跨度 l 远大于其截面高度 h 时，梁的最大弯曲正应力远大于最大弯曲切应力。

【讨论】一般细长的非薄壁截面梁中，最大弯曲正应力与最大弯曲切应力之比都很大，因此，对一般细长梁的控制因素通常是弯曲正应力。满足弯曲正应力强度条件的梁，一般来说都满足切应力的强度条件。只有在下述一些情况下，要进行梁的切应力强度校核。

(1) 梁的最大弯矩较小，而最大剪力很大时。

(2) 焊接或铆接的组合截面(例如工字型)梁，当其横截面腹板部分的厚度与梁高之比小于型钢的相应比值时。

(3) 经焊接、铆接或胶合而成的梁，对焊缝、铆钉或胶合面等。

小 结

(1) 纯弯梁横截面上的正应力沿截面高度呈线性分布，以中性轴为界，一侧受拉，另一侧受压，计算公式为

$$\sigma=\frac{M}{I_z}y$$

横截面内最大弯曲正应力为

$$\sigma_{\max}=\frac{M}{I_z}y_{\max}=\frac{M}{W}$$

式中 W 称为弯曲截面系数，反映了梁的抗弯能力。

(2) 横力弯曲时正应力公式仍用 $\sigma=\frac{My}{I_z}$，能满足工程问题所需的精度。梁内最大正应力发生在弯矩最大截面上距离中性轴最远处。弯曲正应力强度条件为

$$\sigma_{\max}=\frac{M_{\max}}{W}\leqslant[\sigma]$$

对抗拉和抗压强度不等的材料，需分别进行拉、压强度计算。

(3) 为提高梁的弯曲强度，从弯曲正应力角度出发，有合理设计梁的截面、合理分布梁的受力、设计变截面梁等措施。

(4) 横力弯曲梁既要满足正应力强度条件，又要满足切应力强度条件。弯曲切应力公式为

$$\tau = \frac{F_S S_z^*}{I_z b}$$

矩形截面梁弯曲切应力沿高度呈抛物线分布，上下表面为零，中性轴处最大。

(5) 弯曲切应力与弯曲正应力比较一般较小，一般只有对焊接、铆接、胶合等方式制成的组合截面梁才进行弯曲切应力强度计算。

思　考　题

5-1 最大弯曲正应力是否一定发生在弯矩值最大的横截面上?

5-2 矩形截面简支梁承受均布载荷 q 作用，若梁的长度增加一倍，则其最大正应力是原来的几倍?若截面宽度缩小一半，高度增加一倍，则最大正应力是原来的几倍?

5-3 由钢和木胶合而成的组合梁，处于纯弯状态，如图所示。设钢木之间胶合牢固不会错动，已知弹性模量 $E_{钢} > E_{木}$，则该梁沿高度方向正应力分布为图(a)、(b)、(c)、(d)中哪一种?

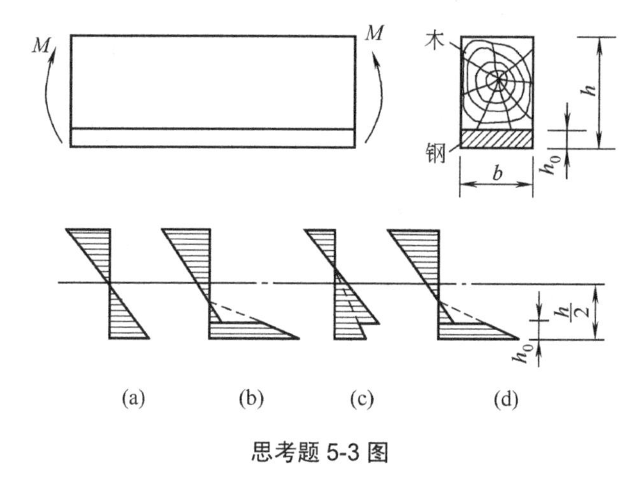

思考题 5-3 图

5-4 受力相同的两根梁，截面分别如图所示，图(a)中的面截由两矩形截面并列而成(未黏接)，图(b)中的截面由两矩形截面上下叠合而成(未黏结)。从弯曲正应力角度考虑哪种截面形式更合理?

5-5 从弯曲正应力强度考虑，对不同形状的截面，可以用比值 $\frac{W}{A}$ 来衡量截面形状的合理性和经济性。比值 $\frac{W}{A}$ 较大，则截面的形状就较经济合理。图示三种截面的高度均为 h，请从 $\frac{W}{A}$ 的角度考虑哪种截面形状更经济合理?

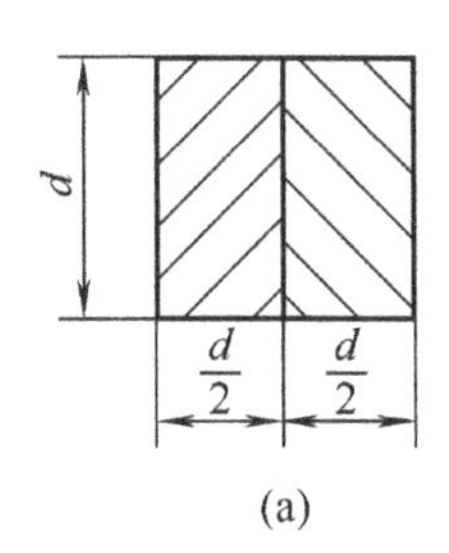

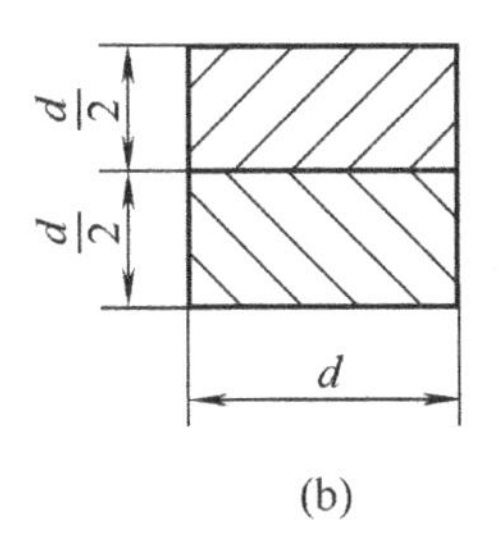

思考题 5-4 图

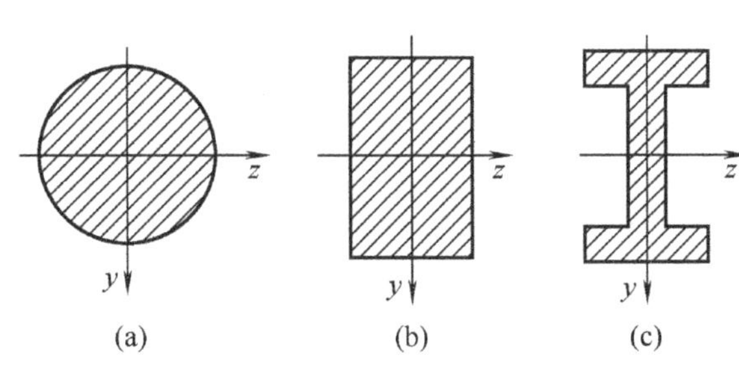

思考题 5-5 图

5-6 受力相同的梁，其横截面可能有图示四种形式。若各图中阴影部分面积相同，中空部分的面积也相同，则哪种截面形式更合理？

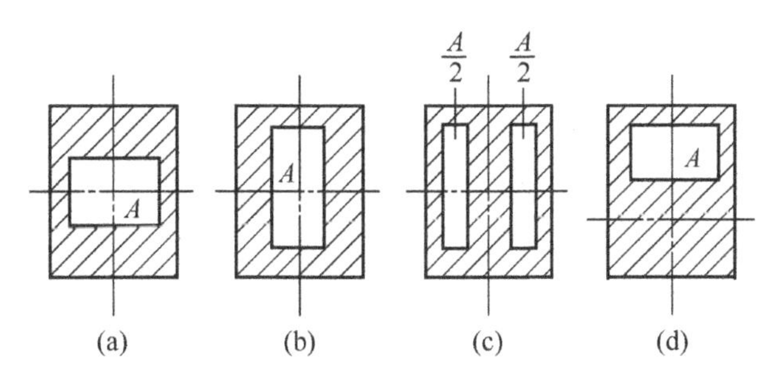

思考题 5-6 图

5-7 弯曲切应力公式$\tau=\frac{F_{S}S_{z}^{*}}{I_{z}b}$的右段各项数值如何确定？

5-8 最大弯曲切应力是否一定发生在中性轴上？如果不是，请举例说明。

5-9 非对称的薄壁截面梁承受横向力作用时，怎样保证只产生弯曲而不发生扭转变形？

习　　题

5-1 钢丝的弹性模量$E=200\ \text{GPa}$。比例极限$\sigma_{p}=200\ \text{MPa}$，将钢丝绕在直径为2 m的卷筒上，如图所示，要求钢丝中的最大正应力不超过材料的比例极限，则钢丝的最大直径为多大？

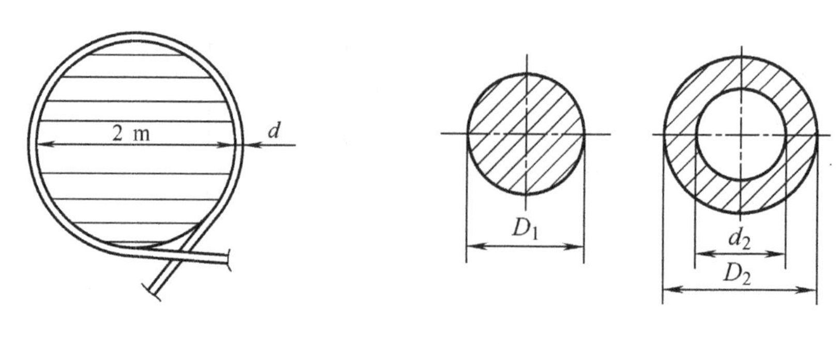

习题 5-1 图　　习题 5-2 图

5-2 两根简支梁受力相同，横截面分别采用实心和空心圆截面如图。若已知两横截面面积相等，且$\frac{d_2}{D_2}=\frac{3}{5}$。试计算它们的最大正应力之比。

5-3 某圆轴的外伸部分系空心圆截面，载荷情况如图所示。试作该轴的弯矩图，并求轴内的最大正应力。

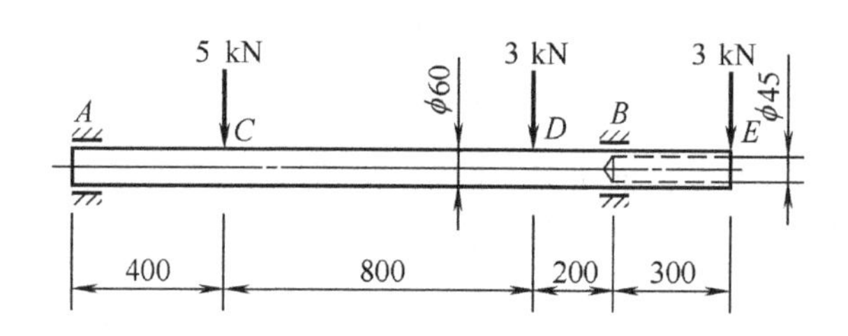

习题 5-3 图

5-4 矩形截面的悬臂梁受集中力和集中力偶作用，如图所示。求截面 *m-m* 和固定端截面 *n-n* 上 *A*、*B*、*C*、*D* 四点处的正应力。

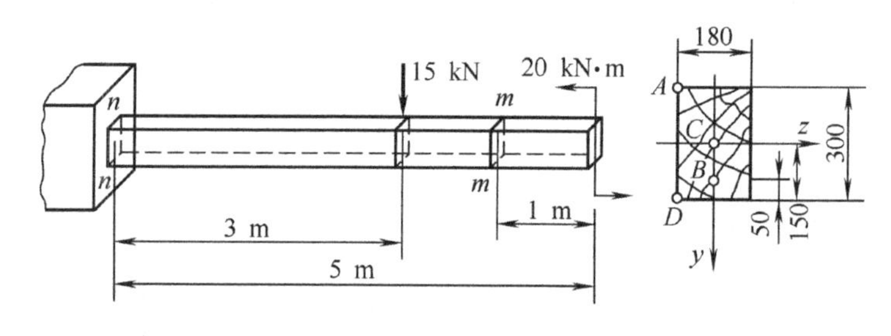

习题 5-4 图

5-5 一重量为 P 的钢条，长度为 l，截面宽为 b，厚为 t，放置在刚性平面上，如图所示。当在钢条一端用力 $F=\frac{P}{3}$ 提起时，求钢条与刚性平面脱开的距离 a 及钢条内的最大正应力。

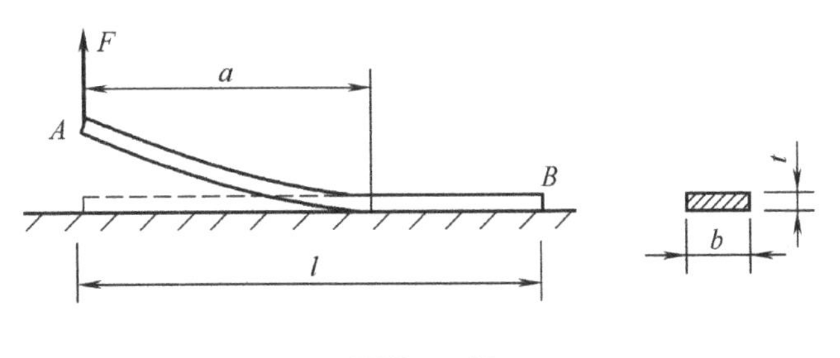

习题 5-5 图

5-6 如图示结构中，ABC 为 No.10 普通热轧工字型钢梁，钢梁在 A 处为铰链支承，B 处用圆截面钢杆悬吊。已知梁与杆的许用应力均为$[\sigma]=160$ MPa。求：

(1) 许可分布载荷集度 q；

(2) 圆杆直径 d。

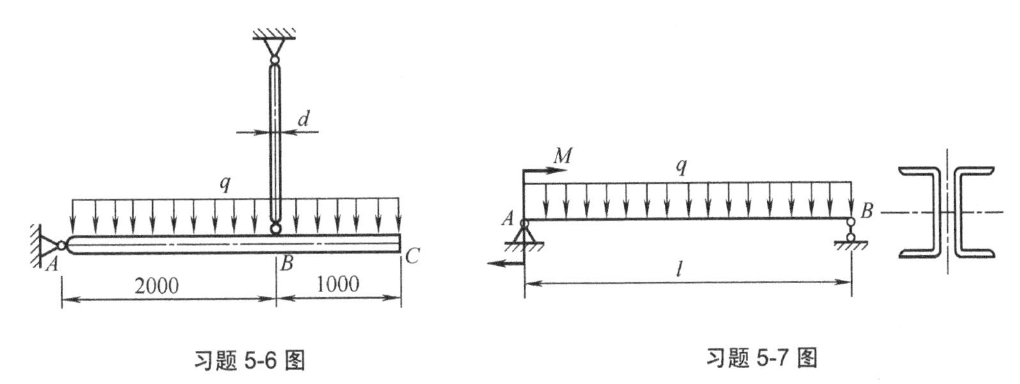

习题 5-6 图　　　　习题 5-7 图

5-7 图示梁的截面由两个槽钢组成，跨度为$l=3$ m，承受集中力偶$M=7.5$ kN·m，均布载荷$q=5$ kN/m。若已知许用应力$[\sigma]=120$ MPa，试选择槽钢的型号。

5-8 ⊥型截面铸铁悬臂梁，尺寸及载荷如图所示。若材料的拉伸许用应力$[\sigma_t]=40$ MPa，压缩许用应力$[\sigma_c]=160$ MPa，截面对形心轴z_C的惯性矩$I_{z_C}=10180$ cm^4，$h_1=9.64$ cm，试计算该梁的许可载荷 F。

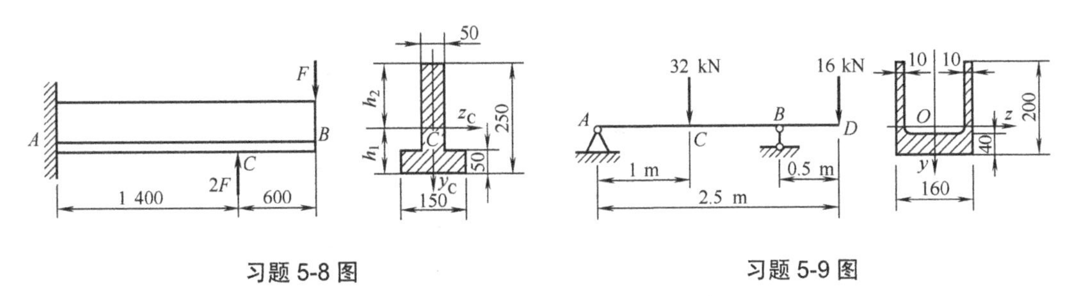

习题 5-8 图　　　　习题 5-9 图

5-9 一铸铁梁如图所示。已知材料的拉伸强度极限$\sigma_b=150$ MPa，压缩强度极限$\sigma_{bc}=630$ MPa。求梁的安全因数。

5-10 一矩形截面简支梁由圆柱形木料锯成。已知$F=5$ kN，$a=1.5$ m，$[\sigma]=10$ MPa。

试确定弯曲截面系数为最大时矩形截面的高宽比$\frac{h}{b}$，以及梁所需木料的最小直径d。

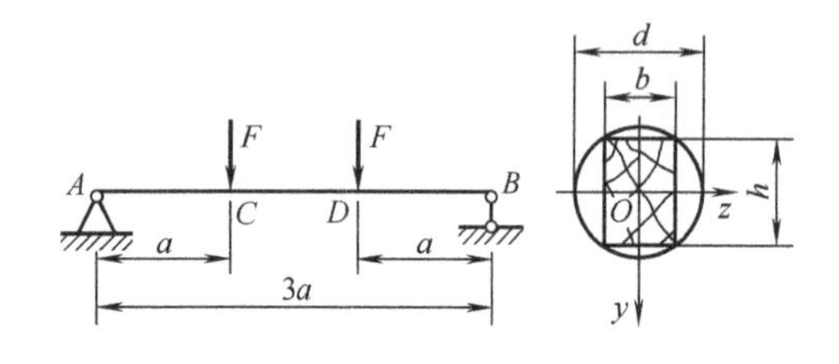

习题 5-10 图

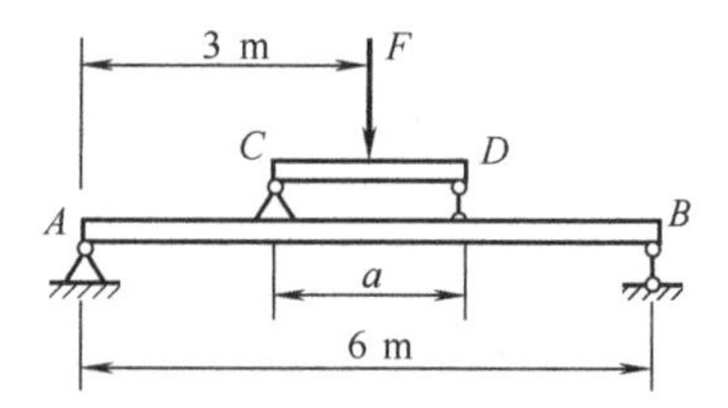

习题 5-11 图

5-11 当载荷F直接作用在跨长为$l=6$ m 的简支梁AB之中点时，梁内最大正应力超过许可值 30%。为了消除过载现象，配置了如图所示的辅助梁CD，求辅助梁的最小跨长a。

5-12 有一圆形截面梁，直径为d。为增大其弯曲截面系数W_z，可将圆形截面切去高度为δ的微小部分，如图所示。求使弯曲截面系数W_z为最大的δ值。

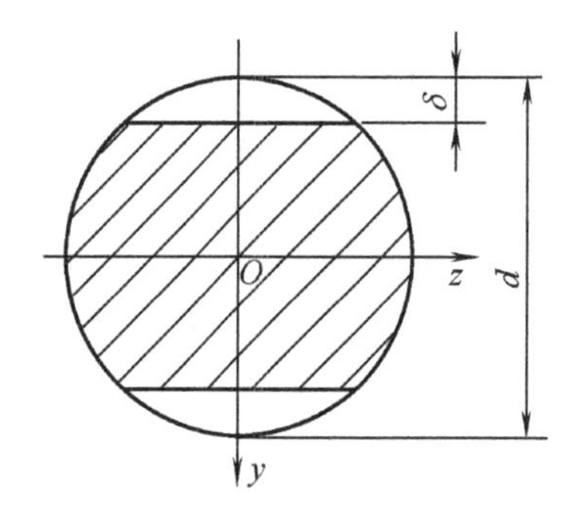

习题 5-12 图

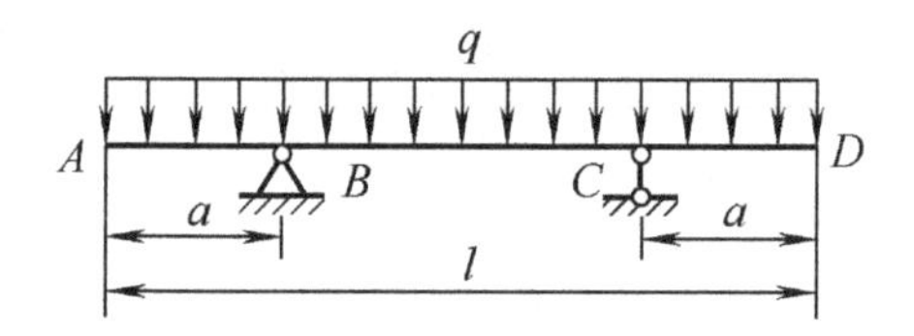

习题 5-13 图

5-13 No.32a 工字梁承受均布载荷作用，跨度$l=6$ m。已知许用应力$[\sigma]=140$ MPa。为提高梁的承载能力，试确定外伸臂a的合理长度及相应的许可载荷。

5-14 一桥式起重机梁跨$l=10.5$ m，横截面为 36a 工字钢。已知梁的许用应力$[\sigma]=140$ MPa，电葫芦自重 12 kN，当起吊重量为 50 kN 时，梁的强度不够。为满足正应力强度要求，在梁中段的上、下各焊一块钢板，如图。求加固钢板的最小长度l_0。

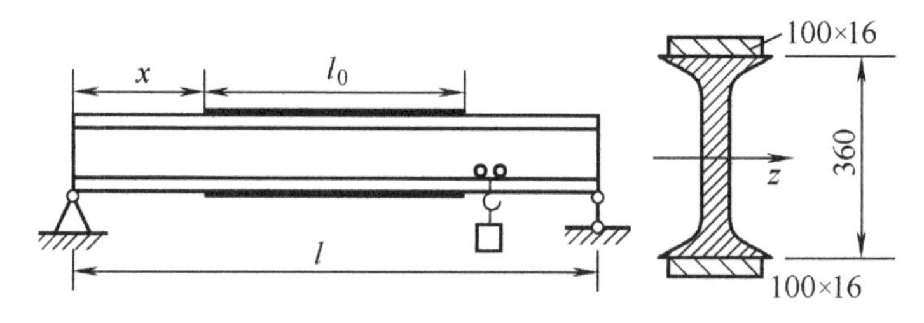

习题 5-14 图

5-15 简支梁由四块相同的木板胶合而成，尺寸如图。已知$F=3$ kN，木材的许用正应力$[\sigma]=7$ MPa，胶合面的许用切应力$[\tau]=3$ MPa。试校核该梁的强度。

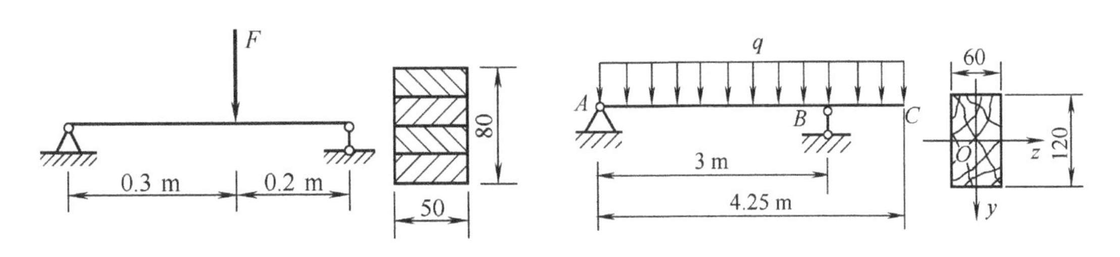

习题 5-15 图　　　　习题 5-16 图

5-16　一矩形截面木梁，其截面尺寸及荷载如图，$q=1.3\text{kN/m}$。已知$[\sigma]=10\text{MPa}$，$[\tau]=2\text{MPa}$。试校核梁的正应力和切应力强度。

5-17　一简支木梁，在全梁长度上受集度为$q=5\text{kN/m}$的均布荷载作用。已知跨长$l=7.5\text{ m}$，截面宽度$b=300\text{mm}$和高度$h=180\text{mm}$，木材的许用顺纹切应力为1MPa。试校核梁的切应力强度。

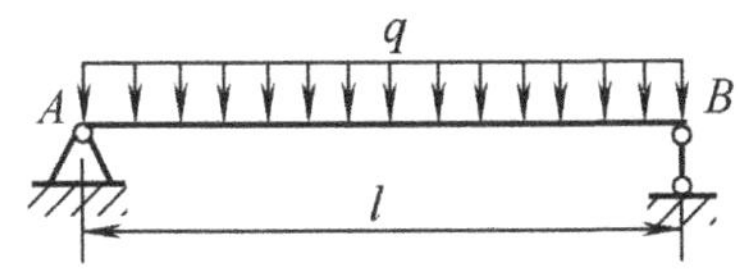

习题 5-17 图

5-18 工字钢截面外伸梁AC承受载荷如图所示，$M_e=40\text{ kN}\cdot\text{m}$，$q=20\text{ kN/m}$。材料的许用弯曲正应力$[\sigma]=170\text{ MPa}$，许用切应力$[\tau]=100\text{ MPa}$。试选择工字钢的型号。

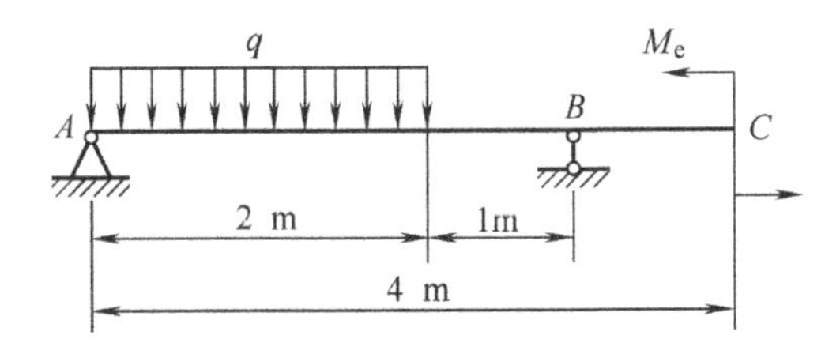

习题 5-18 图

5-19 支承楼板的木梁可视为简支梁，跨度为$l=6\text{ m}$，两木梁间的距离$a=1\text{ m}$，楼板承受均布载荷$p=3.5\text{ kN/m}^2$。若木梁截面为矩形，宽高比为$\dfrac{b}{h}=\dfrac{2}{3}$，许用正应力$[\sigma]=10\text{ MPa}$，许用切应力$[\tau]=3\text{ MPa}$，试设计木梁的横截面尺寸。

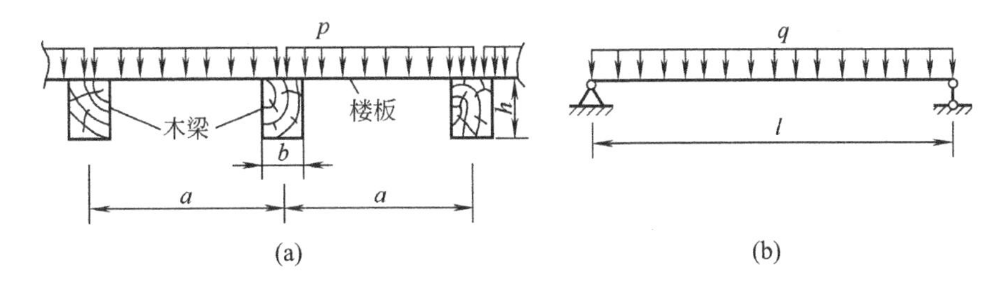

习题 5-19 图

第6章 弯曲变形

6.1 弯曲变形的实例

在工程设计中，对某些受弯构件除强度要求外，往往还有刚度要求，即要求其变形不能超过限定值。否则，若变形过大，使结构或构件丧失正常功能，会发生刚度失效。例如，图 6.1 所示的吊车大梁，当变形过大时，将使梁上小车行走困难，出现爬坡现象，而且还会引起梁的严重振动。再如图 6.2 所示的海洋石油钻井机架在风载、地震等影响下会发生弯曲变形，影响生产甚至带来工程事故。

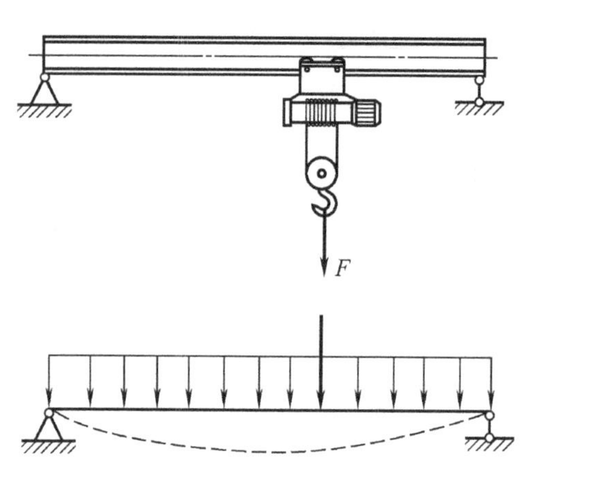

图 6.1 吊车大梁

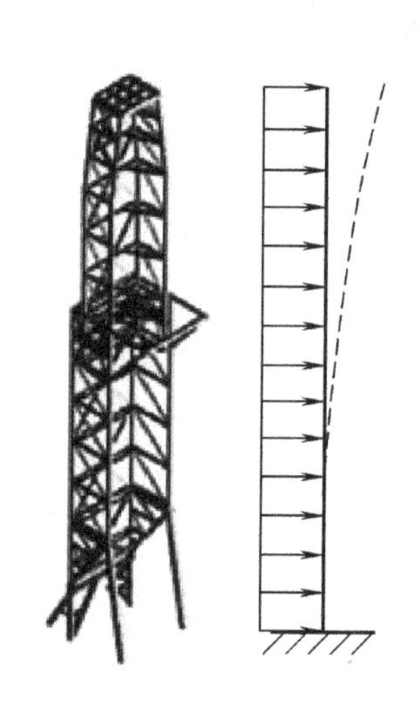

图 6.2 海洋石油钻井机架

工程中还有利用弯曲变形的情形。例如叠板弹簧，如图 6.3 所示，较大的弹性变形将有利于减震。弹簧扳手如图 6.4 所示，利用明显变形测量力矩。

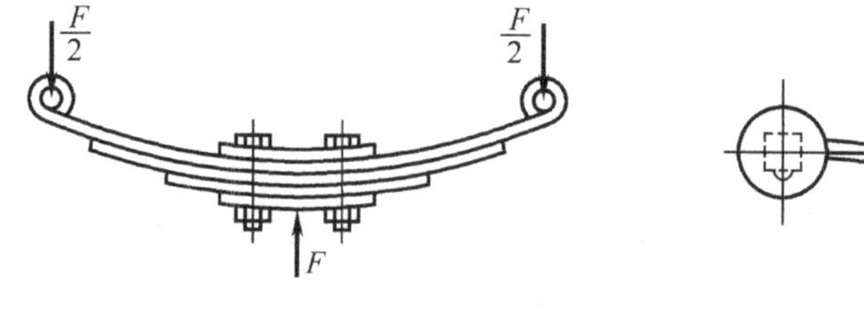

图 6.3 叠板弹簧

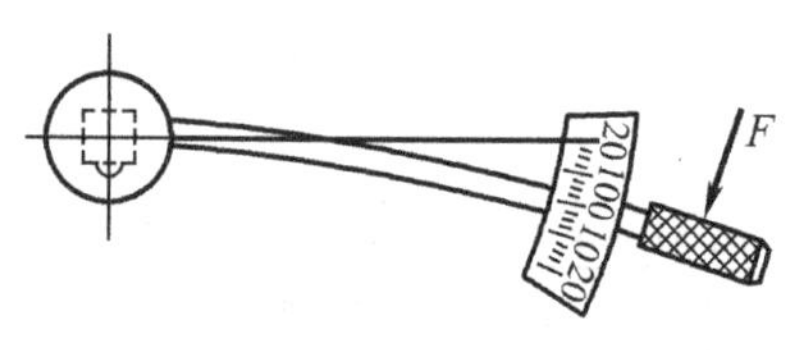

图 6.4 弹簧扳手

本章研究梁的变形，不仅是为了解决梁弯曲刚度问题和超静定系统问题，也为研究压杆稳定问题提供了基础。

6.2　挠曲线的微分方程

为讨论弯曲变形，取变形前的梁轴线为 x 轴，垂直向上的轴为 y 轴，如图 6.5 所示。平面 xy 为梁的纵向对称面。在对称弯曲的情况下，变形后梁的轴线将成为平面 xy 内的一条曲线，称为**挠曲线**。横截面形心在 y 方向的位移，称为**挠度**，用 w 表示。横截面对其原来位置转过的角度 θ，称为**转角**。这里规定挠度 w 向上为正，转角 θ 逆时针为正。

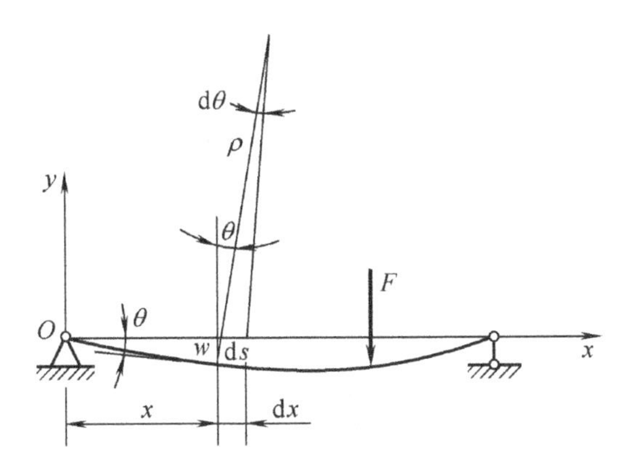

图 6.5　梁的挠曲线

当梁弯曲时，由于梁轴的长度保持不变，在小变形的条件下，横截面形心的轴向位移忽略不计，挠度和转角是横截面位移的两个基本量。

不同截面的挠度不同，可用函数表示为

$$w = f(x) \tag{6-1}$$

式(6-1)称为**挠曲线方程**。

截面转角 θ 就是 y 轴与挠曲线法线的夹角，小变形条件下

$$\theta \approx \tan\theta = w' = f'(x) \tag{6-2}$$

上式表明，任一横截面的转角可用挠曲线上该点处切线的斜率 w' 表示，且具有足够精度。式(6-2)称为**转角方程**。

为求梁的挠曲线方程，可利用弯矩与曲率间的关系，即第 5 章中的式(5-6)

$$\frac{1}{\rho} = \frac{M}{EI} \tag{6-3}$$

该式说明，梁的曲率和弯矩一样都是横截面位置的函数。需说明的是，式(6-3)是纯弯曲情况下的关系，如果忽略剪力对梁变形的影响，上式可推广到横力弯曲的情形。

由高等数学知识可知，平面曲线 $w = f(x)$ 上任一点的曲率

$$\frac{1}{\rho} = \pm\frac{w''}{(1+w'^2)^{\frac{3}{2}}} \tag{6-4}$$

其中正负号由坐标确定，当 x 轴向右，y 轴向上时，曲线下凸为正。因此，这里应该取正号。将式(6-3)代入式(6-4)得

$$\frac{w''}{(1+w'^2)^{\frac{3}{2}}}=\frac{M}{EI} \tag{6-5}$$

这就是梁的**挠曲线微分方程**。

在小变形条件下，$w' \ll 1$，忽略高阶小量可得

$$w''=\frac{M}{EI} \tag{6-6}$$

这是**挠曲线的近似微分方程**。实践证明，由此方程求得的挠度与转角，对工程应用已足够精确。

6.3 积分法求梁的位移

根据挠曲线微分方程，若已知梁的弯矩方程，则通过积分法即可求得梁各横截面的位移。

将挠曲线近似微分方程(6-6)的两端各乘以 dx，积分一次可得

$$\theta = w' = \int \frac{M}{EI}\mathrm{d}x + C \tag{6-7}$$

再积分一次，得

$$w = \iint \frac{M}{EI}\mathrm{d}x + Cx + D \tag{6-8}$$

式中 C、D 是积分常数。为确定积分常数，需对梁的变形特点进行研究。

梁内某些特定截面(如约束处)的挠度或转角是已知的，如图 6.6(a)所示的简支梁，左、右两铰支座处的挠度 $w_A = w_B = 0$；图 6.6(b)所示的悬臂梁中，固定端处的挠度 w_A 和转角 θ_A 均等于零。这些条件统称为**边界条件**。

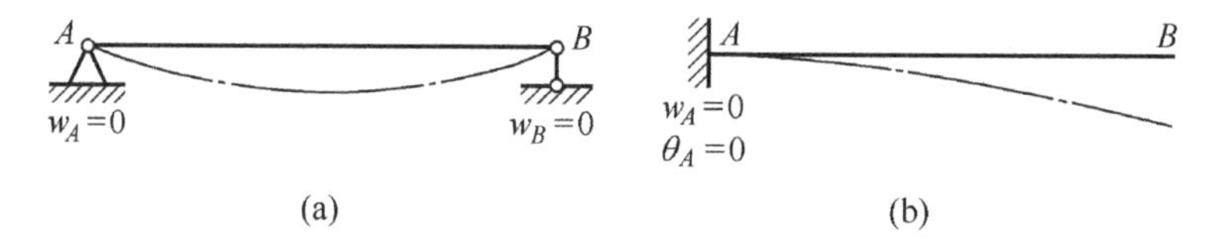

图 6.6　边界条件

梁的变形还应满足**连续条件**，即挠曲线应该是一条连续光滑的曲线，在任意截面处挠度连续，转角连续。

式(6-8)中积分常数可由边界条件和连续条件确定。

一般梁的弯矩方程是一个分段连续函数，则积分式(6-7)、式(6-8)变为分段积分，会引起多个积分常数，若分段较多，将会使计算冗长。

【例 6-1】 弯曲刚度为 EI 的简支梁如图 6.7 所示，在截面 C 处受一集中力 F 作用。求梁的挠度方程和转角方程，并确定其最大挠度。

【分析】 该梁的弯矩方程分为两段，挠度和转角方程也分为两段，因此有四个积分常数。边界条件为截面 A、B 挠度为零，另在截面 C 处挠度连续、转角连续。可确定积分常数。

【解】 先进行受力分析，梁的两个约束力为

$$F_A=\frac{Fb}{l},\quad F_B=\frac{Fa}{l}$$

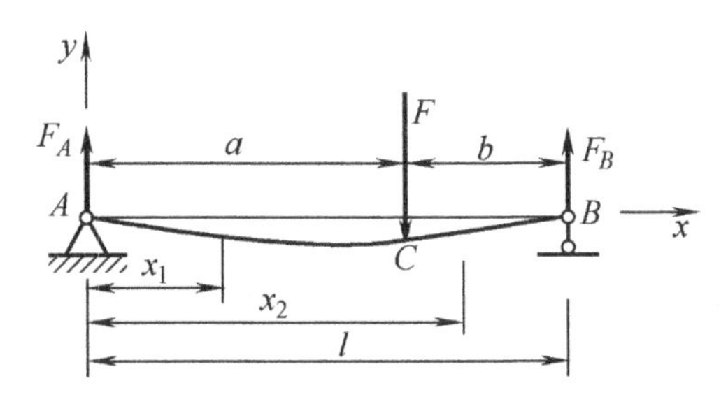

图 6.7　例 6-1 图

梁的弯矩方程

AC 段：　$M_1=\frac{Fb}{l}x_1$　　$(0\leqslant x_1\leqslant a)$

CB 段：　$M_2=\frac{Fb}{l}x_2-F(x_2-a)$　　$(a\leqslant x_2\leqslant l)$

将弯矩方程代入挠曲线微分方程，并进行积分得

$$EIw_1'=\frac{Fb}{2l}x_1^2+C_1\quad(0\leqslant x_1\leqslant a)\tag{6-9}$$

$$EIw_1=\frac{Fb}{6l}x_1^3+C_1x_1+D_1\quad(0\leqslant x_1\leqslant a)\tag{6-10}$$

$$EIw_2'=\frac{Fb}{2l}x_2^2-\frac{F}{2}(x_2-a)^2+C_2\quad(a\leqslant x_2\leqslant l)\tag{6-11}$$

$$EIw_2=\frac{Fb}{6l}x_2^3-\frac{F}{6}(x_2-a)^3+C_2x_2+D_2\quad(a\leqslant x_2\leqslant l)\tag{6-12}$$

边界条件为

$$x_1=0\text{ 时},\quad w_1=0\tag{6-13}$$

$$x_2=l\text{ 时},\quad w_2=0\tag{6-14}$$

连续条件为

$$x_1=x_2=a\text{ 时},\quad w_1'=w_2'\tag{6-15}$$

$$x_1=x_2=a\text{ 时},\quad w_1=w_2\tag{6-16}$$

联列以上各式解得

$$D_1=D_2=0,\quad C_1=C_2=-\frac{Fb}{6l}(l^2-b^2)$$

因此梁的挠度方程和转角方程为

$$EIw_1'=-\frac{Fb}{6l}(l^2-b^2-3x_1^2)\quad(0\leqslant x_1\leqslant a)\tag{6-17}$$

$$EIw_1=-\frac{Fb}{6l}(l^2-b^2-x_1^2)x_1\quad(0\leqslant x_1\leqslant a)\tag{6-18}$$

$$EIw_2' = -\frac{Fb}{6l}\left[(l^2 - b^2 - 3x_2^2) + \frac{3l}{b}(x_2 - a)^2\right] \quad (a \leqslant x_2 \leqslant l) \tag{6-19}$$

$$EIw_2 = -\frac{Fb}{6l}\left[(l^2 - b^2 - 3x_2^2)x_2 + \frac{l}{b}(x_2 - a)^3\right] \quad (a \leqslant x_2 \leqslant l) \tag{6-20}$$

简支梁的最大挠度在 $w' = 0$ 处，此时 $x_0 = \sqrt{\dfrac{l^2 - b^2}{3}}$，得

$$w_{\max} = w_1\big|_{x_1 = x_0} = -\frac{Fb}{27EIl}\sqrt{3(l^2 - b^2)^3}$$

【讨论】 (1) 在 CB 段内积分时，对含有 $(x_2 - a)$ 的项不展开，以 $(x_2 - a)$ 为自变量进行积分，可使确定积分常数的工作得到简化。

(2) 结果为负，表示挠度方向向下。以后无特殊情况均不做说明。

(3) 确定跨度中点挠度。若 F 作用于跨度中点，则最大挠度也发生于跨度中点，此时 $w_{\max} = -\dfrac{Fl^3}{48EI}$。若取极端情形，集中力 F 接近于右端支座，此时，$b \to 0$，$w \to 0$，则 b^2 是对 l^2 的无穷小。此时 $x_0 = \dfrac{l}{\sqrt{3}} = 0.577l$，$w_{\max} = -\dfrac{Fbl^2}{9\sqrt{3}EI}$。此时跨度中点挠度 $w\left(\dfrac{l}{2}\right) = -\dfrac{Fbl^2}{16EI}$。若用跨度中点挠度代替最大挠度，引起的误差仅为2.6%。

(4) 本题解答中若取 x_2 的原点为右支座，即选择左手坐标系，如图 6.8 所示，则数字计算要简单些。

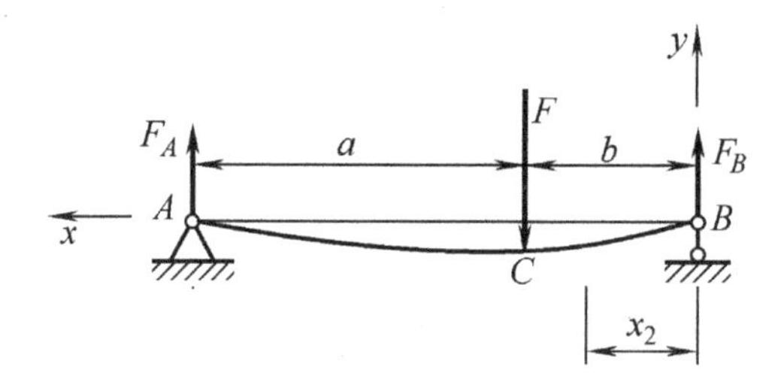

图 6.8　左手坐标系

6.4　叠加法求梁的位移

在弯曲变形很小，且材料服从胡克定律的情况下，挠曲线微分方程(6-6)是线性的，弯矩和载荷的关系也是线性的(参见第 4 章)。这样，梁在几个不同载荷同时作用下，某一截面的挠度和转角就分别等于每个载荷单独作用下该截面挠度和转角的叠加。

在很多的工程计算手册中，已将各种支承条件下的静定梁在各种典型的简单载荷作用下的挠度和转角表达式一一列出，称为**挠度表**(见附录 C)。实际工程计算中，往往只需要计算梁在几个载荷作用下的最大挠度和最大转角，或某些特殊截面的挠度和转角，此时用叠加法较为简便。

【例 6-2】 图 6.9(a)所示的桥式起重机大梁的自重为均布载荷，集度为 q。集中力 $F = ql$ 作用于梁的跨度中点 C。若已知弯曲刚度为 EI，求梁跨度中点 C 的挠度。

【分析】 简支梁受均布载荷和集中力分别作用时，梁的挠度可直接查表。因此，这里用叠加法比较简单。

【解】 把梁所受载荷分解为只受均布载荷 q 及只受集中力 F 的两种情况，如图 6.9(b)、(c)所示。

查表得，均布载荷 q 引起的截面 C 挠度

$$(w_C)_q = -\frac{5ql^4}{384EI}$$

集中力 F 引起的截面 C 挠度

$$(w_C)_F = -\frac{Fl^3}{48EI} = -\frac{ql^4}{48EI}$$

全梁在截面 C 的挠度等于以上两挠度的代数和

$$w_C = (w_C)_q + (w_C)_F = -\frac{5ql^4}{384EI} - \frac{ql^4}{48EI} = -\frac{13ql^4}{384EI}$$

【讨论】 在提供挠度表的情况下，叠加法求特定截面的挠度和转角很方便。

【例 6-3】 图 6.10(a)所示的外伸梁，其外伸端受集中力 F 作用，已知梁的弯曲刚度 EI 为常数，求外伸端 C 的挠度和转角。

【分析】 在载荷 F 作用下，全梁均产生弯曲变形。变形在截面 C 引起的转角和挠度，不仅与 BC 段的变形有关，而且与 AB 段的变形也有关。因此，可先将 AB 段“刚化”(假设其不变形)，求出截面 C 相对截面 B 的挠度和转角；再求 AB 段变形引起的截面 C 的牵连位移(此时，BC 段被“刚化”)。这种方法称为局部刚化法。

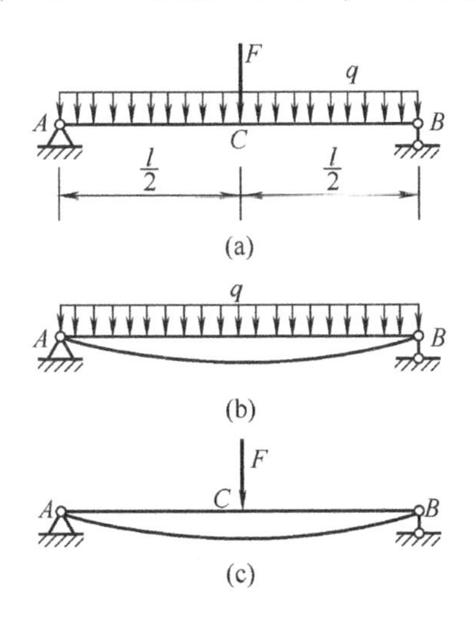

图 6.9　例 6-2 图

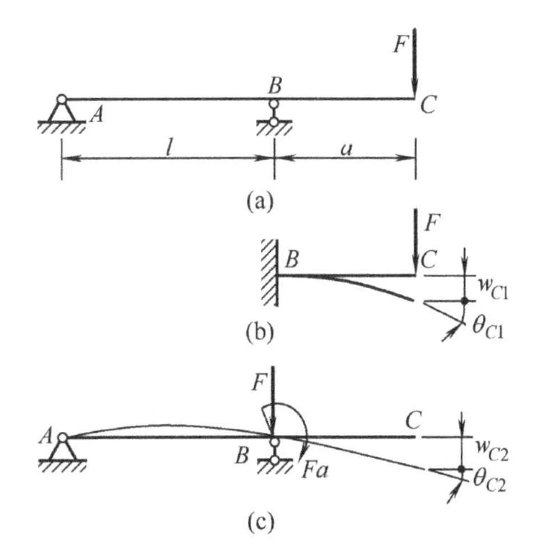

图 6.10　例 6-3 图

【解】 (1) 只考虑 BC 段的变形。

令 AB 段不变形(看成刚体)，在这种情况下，由于挠曲线的光滑连续，截面 B 既不允许产生挠度，也不能出现转角。于是，此时 BC 段可视为悬臂梁，如图 6.10(b)所示。

在集中力 F 作用下，截面 C 的转角和挠度由附录 C 查得

$$\theta_{C1} = -\frac{Fa^2}{2EI}, \quad w_{C1} = -\frac{Fa^3}{3EI}$$

(2) 只考虑 AB 段变形。

刚化 BC 段，将 F 向点 B 简化为一个集中力 F 和一个集中力偶 Fa，如图 6.10(c)所示。由于点 B 处的集中力直接作用在支座 B 上，不引起梁 AB 的变形，因此，只需讨论集中力偶 Fa 对梁 AB 的作用。

由附录 C 查得

$$\theta_{B2}=-\frac{(Fa)l}{3EI}=-\frac{Fal}{3EI}$$

考虑到 BC 段不变形，截面 C 处引起的转角和挠度分别为

$$\theta_{C2}=\theta_{B2}=-\frac{Fal}{3EI}，\quad w_{C2}=a\theta_{B2}=-\frac{Fa^2l}{3EI}$$

(3) 由叠加法求得梁在 C 处的转角和挠度为

$$\theta_C=\theta_{C1}+\theta_{C2}=-\frac{Fa^2}{2EI}-\frac{Fal}{3EI}=-\frac{Fa^2}{2EI}\left(1+\frac{2}{3}\frac{l}{a}\right)$$

$$w_C=w_{C1}+w_{C2}=-\frac{Fa^3}{3EI}-\frac{Fa^2l}{3EI}=-\frac{Fa^2}{3EI}(a+l)$$

【讨论】(1) 局部刚化的思想就是分段研究梁的变形(以便直接利用挠度表结果)，将其余部分暂时看成刚体，最后再叠加，这种方法可以解决比较复杂的变形问题。

(2) 这里应用了小变形的条件。在小变形的条件下 $\tan\theta\approx\theta$，才有 $w_{C2}=a\theta_{B2}=-\dfrac{Fa^2l}{3EI_z}$。如不做特殊说明，本书涉及内容均满足小变形条件。

【例 6-4】 变截面梁如图 6.11(a)所示，已知 AE 段和 DB 段的弯曲刚度为 EI，ED 段的弯曲刚度为 $2EI$。求跨度中点 C 的挠度。

【分析】 对变截面梁也可利用局部刚化法，但本题利用局部刚化法不可直接查表(因为表中结果只对等截面适用)。通过观察可以看出，本题受力和变形完全对称。利用对称性，可以取原梁的一半进行分析。由于对称，截面 C 的转角为零，可将 CB 段看作悬臂梁进行处理。

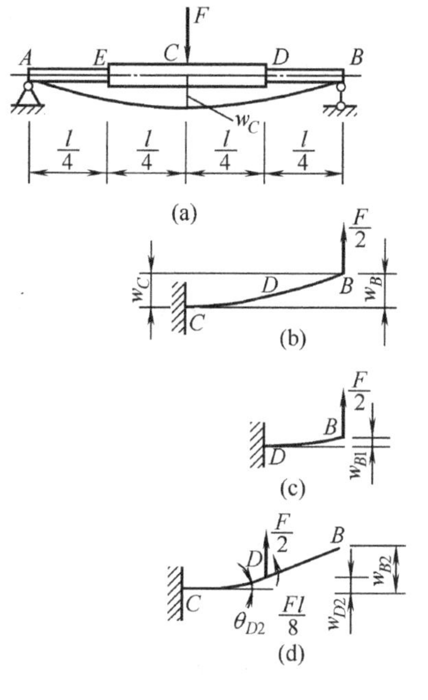

图 6.11　例 6-4 图

【解】 由变形的对称性看出，跨度中点截面 C 的转角为零。取一半进行分析，把变截面梁的 CB 段看作悬臂梁，如图 6.11(b)所示，自由端 B 的挠度 $|w_B|$ 也就等于原来梁 AB 的跨中点挠度 $|w_C|$。

(1) 只考虑 DB 段变形，令 CD 段不变形(即刚化 CD 段)。

此时 DB 段可看作是悬臂梁，如图 6.11(c)所示。查表得 B 端的挠度

$$w_{B1}=\frac{\frac{F}{2}\left(\frac{l}{4}\right)^3}{3EI}=\frac{Fl^3}{384EI}$$

(2) 刚化 DB 段，考虑 CD 段弯曲。

将点 B 的约束力 $\frac{F}{2}$ 向点 D 简化，得一个集中力偶 $\frac{Fl}{8}$ 和一个集中力 $\frac{F}{2}$，如图 6.11(d)所示。查表得由它们引起截面 D 的转角和挠度分别为

$$\theta_{D2}=\frac{\frac{Fl}{8}\times\frac{l}{4}}{2EI}+\frac{\frac{F}{2}\times\left(\frac{l}{4}\right)^2}{2\times(2EI)}=\frac{3Fl^2}{128EI}$$

$$w_{D2}=\frac{\frac{Fl}{8}\times\left(\frac{l}{4}\right)^2}{2\times(2EI)}+\frac{\frac{F}{2}\times\left(\frac{l}{4}\right)^3}{3\times(2EI)}=\frac{5Fl^3}{1536EI}$$

由 θ_{D2} 和 w_{D2} 而引起的 B 端挠度

$$w_{B2}=w_{D2}+\theta_{D2}\times\frac{l}{4}=\frac{5Fl^3}{1536EI}+\frac{3Fl^2}{128EI}\times\frac{l}{4}=\frac{7Fl^3}{768EI}$$

(3) B 端挠度可由叠加法求得

$$w_B=w_{B1}+w_{B2}=\frac{Fl^3}{384EI}+\frac{7Fl^3}{768EI}=\frac{3Fl^3}{256EI}$$

因此梁跨度中点 C 的挠度为

$$w_C=-w_B=-\frac{3Fl^3}{256EI}\text{(向下)}$$

【讨论】 (1) 有时利用对称性可使问题简单，但一定要满足结构对称的条件。若结构对称，载荷也对称，则变形对称。若结构对称，载荷反对称，则变形反对称。

(2) 在利用对称性处理问题时，若取一半进行分析，要注意约束条件和受力的转化。

6.5　简单超静定梁

前面研究的梁都是静定梁，在工程实际中，有时为了提高梁的强度与刚度，或由于构造上的需要，往往给静定梁再增加约束，这时静力学平衡方程的个数少于梁的未知约束力的个数，不能通过平衡方程求解全部约束力，这样的梁称为**超静定梁或静不定梁**。

超静定结构根据约束性质可分为内超静定和外超静定结构。外超静定结构是在静定结构上再加上一个或多个约束而成的，这些约束对于特定的工程要求是必要的，但对于保证结构平衡和几何不变性却是多余的，因此称为**多余约束**。与之对应的约束力称为**多余约束力**。显然超静定次数等于多余约束力的个数。

为了求解超静定梁，除应建立平衡方程外，还应利用变形协调条件及力与位移间的物理关系，以建立补充方程。现以图 6.12(a)所示梁为例说明求解超静定问题的方法。

这是一个一次超静定问题，设想支座 B 为多余约束，相应的多余约束力为 F_B。若去除 B 处的多余约束，再在 B 处施加多余约束力 F_B，此结构变为静定结构，而系统受力不变，

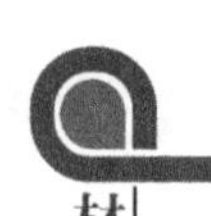

如图 6.12(b)所示，此静定结构称为原来超静定结构的**相当系统**。

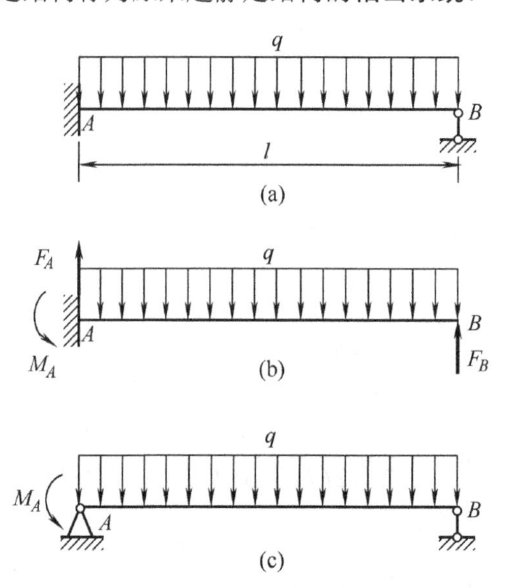

图 6.12　超静定梁及其相当系统

比较图 6.12(a)和(b)可知，要使两系统变形一致，必须使图 6.12(b)在截面 B 处的挠度为零，即**变形协调条件**为

$$w_B = 0$$

由叠加法查表得，图 6.12(b)所示受力情况下，截面 B 的挠度为

$$w_B = -\frac{ql^4}{8EI} + \frac{F_B l^3}{3EI} = 0$$

于是多余约束力 $F_B = \dfrac{3}{8}ql$。

求得多余约束力 F_B 后，截面 A 的约束力可由平衡方程求得。进一步可进行内力、应力分析等。

需要注意的是，超静定结构的相当系统通常不止一个。若以图 6.12(c)所示简支梁为该结构的相当系统，则对应的变形协调条件为

$$\theta_A = 0$$

剩余运算请读者完成。

【例 6-5】 如图 6.13(a)所示超静定梁的弯曲刚度为 EI，求约束力。

【分析】 此题表面上是三次超静定问题。但由于结构对称，载荷也对称，可利用对称性减少超静定次数。

【解】 一般因轴力较小，不予考虑。去除 A、B 处的转动约束，用约束力偶 M_A 和 M_B 代替，将结构变为图 6.13(b)所示的相当系统。由对称性可知

$$M_A = M_B\text{，}\quad F_A = F_B = \frac{F}{2} \tag{6-21}$$

原题化为一次超静定问题。其变形协调条件为

$$\theta_A = \theta_B = 0 \tag{6-22}$$

利用叠加法求得截面 A 的转角为

$$\theta_A = -\frac{M_A l}{3EI} - \frac{M_B l}{6EI} - \frac{Fl^2}{16EI} \tag{6-23}$$

将式(6-21)、式(6-22)、式(6-23)联列解得

$$M_A = M_B = -\frac{Fl}{8}$$

负号表示方向与图示方向相反。

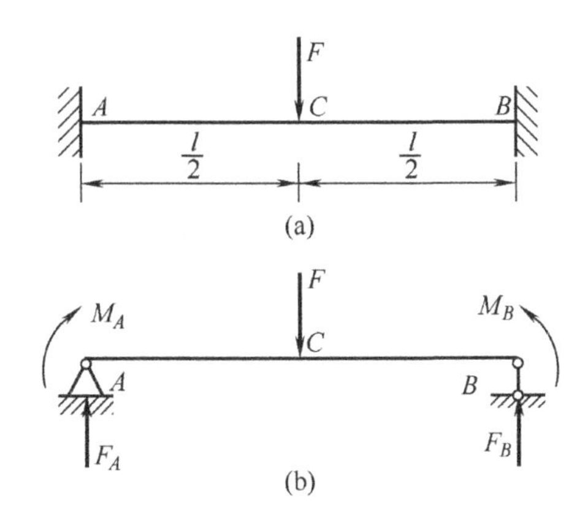

图 6.13　例 6-5 图

6.6　提高弯曲刚度的一些措施

从挠曲线的近似微分方程及其积分可以看出，梁的弯曲变形与梁的跨度、支承情况、梁截面的惯性矩、材料的弹性模量、梁上作用载荷的类别和分布情况有关。因此，为提高梁的刚度，应从以下几方面入手。

1．调整加载方式，改善结构设计

弯矩是引起弯曲变形的主要因素，所以通过调整加载方式，改善结构设计，减小梁的弯矩可以提高梁的弯曲刚度。例如图 6.14(a)所示的简支梁，若将集中力分散成作用于全梁上的均布载荷，如图 6.14(b)所示，则此时最大挠度仅为集中力 F 作用时的 62.5%。如果再将该简支梁的支座内移，改为两端外伸梁，如图 6.14(c)所示，则梁的最大挠度进一步减小。

2．减小梁的跨度，增加支承约束

由于梁的挠度与其跨长的 n 次幂($n \geqslant 2$)成正比，因此，设法缩短梁的跨长，将能显著地减小其挠度。工程实际中的钢梁有时采用两端外伸的结构，如图 6.14(c)所示，就是为缩短跨长从而减小梁的最大挠度，由于梁外伸部分的自重作用也会使跨中的挠度有所减小。

在跨度不能减小的情况下，可采取增加支承(使跨度减小)的方法提高梁的刚度。例如车削细长工件时，除用尾顶针外，有时还加用中心架或跟刀架，以减小工件的变形，提高加工精度。需注意的是，为提高弯曲刚度而增加支承，都将使杆件由原来的静定梁变为超静定梁。如图 6.15(b)所示，在悬臂梁的自由端增加一个支座，在图 6.15(d)所示的简支梁跨

中增加一个支座，均可使梁的挠度显著减小。

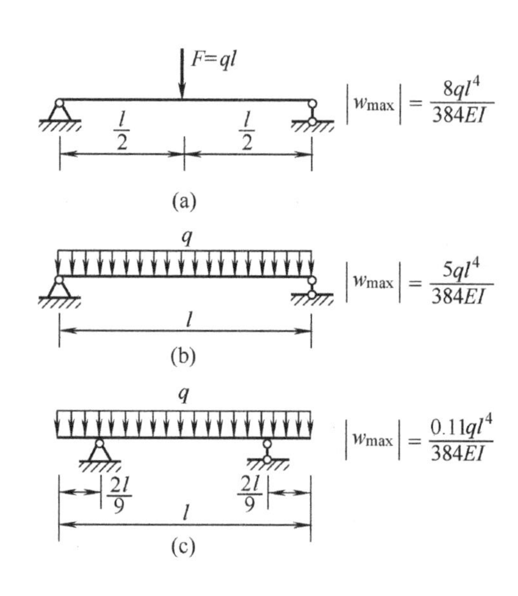

图 6.14　调整加载方式，改善结构设计

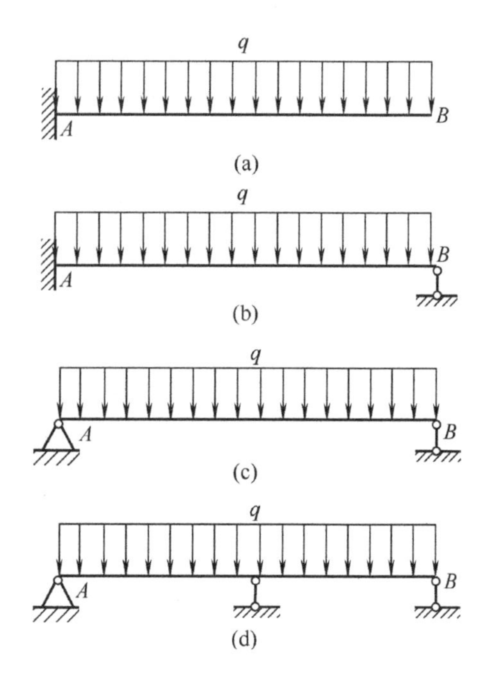

图 6.15　增加支承

3. 增大梁的弯曲刚度

各种不同形状的截面，尽管其截面面积相等，但惯性矩却并不一定相等。所以选取合理的截面形状，增大截面惯性矩的数值，也是提高弯曲刚度的有效措施。例如，工字形、槽形和 T 形截面都比面积相等的矩形截面有更大的惯性矩。所以起重机大梁一般采用工字形或箱形截面，而机器的箱体采用加筋的办法提高箱壁的抗弯刚度，却不采取增加壁厚的方法。通常，提高截面惯性矩 I 的数值，往往也同时提高了梁的强度。不过，在强度问题中考虑的是提高危险截面的弯曲截面系数；而弯曲变形与全长内各部分的刚度都有关系，往往要考虑提高杆件全长的弯曲刚度。

最后指出，弯曲变形还与材料的弹性模量 E 有关。对于 E 值不同的材料来说，E 值越大，弯曲变形越小。因为各种钢材的弹性模量 E 大致相同，所以为提高弯曲刚度而采用高强度钢材，并不会达到预期的效果。

小　　结

(1) 梁发生平面弯曲变形，轴线弯曲成一条平面曲线，称为挠曲线。横截面的位移用挠度 w 和转角 θ 表示。在小变形条件下

$$\theta \approx w'$$

变形和受力的关系可用挠曲线微分方程表示，在小变形条件下有

$$w''=\frac{M}{EI}$$

(2) 梁的转角方程和挠度方程可由挠曲线微分方程积分而得

$$\theta = w' = \int \frac{M}{EI}\mathrm{d}x + C$$

$$w = \iint \frac{M}{EI}\mathrm{d}x + Cx + D$$

式中 C、D 为积分常数，可由边界条件和连续条件确定。积分法是基本方法，适用于各种载荷分布，但是当梁的弯矩方程是 n 段分段连续函数时，将会有 $2n$ 个积分常数，计算比较烦琐。

(3) 工程中各种支承条件下的静定梁在各种典型载荷作用下的挠度和转角可在工程手册中查到。在计算梁某些特定截面的挠度和转角时，利用挠度表(附录 C)采用叠加法比较简便。因此叠加法比积分法应用更为广泛。

(4) 求解简单超静定梁须解除多余约束，添加多余约束力，确定与多余约束力对应的变形协调方程。求得变形后，即可求得多余约束力，进而可进行内力和应力分析等。

(5) 利用对称、反对称性，可使超静定次数减少。

(6) 提高弯曲刚度的措施主要从减小梁跨、增加支承、合理安排载荷以降低弯矩、增大截面惯性矩 I 等方面考虑。其中减小梁跨的方法较为明显，需注意增加支承将使结构变为超静定结构。

思　考　题

6-1 梁的截面位移和变形有何区别？有何联系？图示两梁的弯曲刚度相同，那么两梁的挠曲线曲率是否相同，挠曲线形状是否相同，为什么？

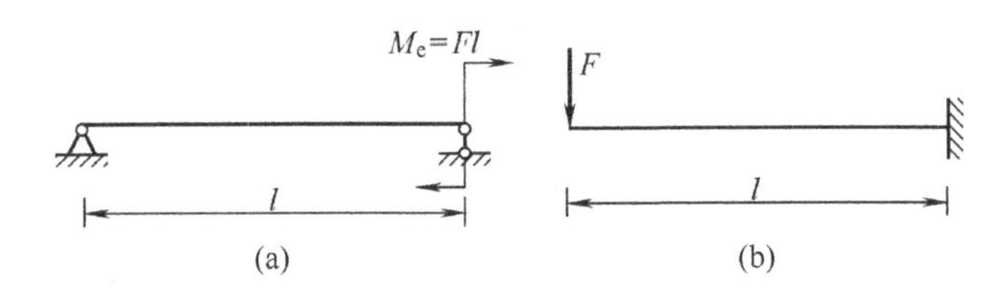

思考题 6-1 图

6-2 挠曲线微分方程 $w'' = \dfrac{M}{EI}$ 具有一定的近似性，其近似性体现在哪些方面？

6-3 工程中传动轴的齿轮或皮带轮一般都放置在靠近轴承处，而不放在中间，这是为什么？

6-4 材料相同，横截面面积相等的钢杆和钢丝绳相比，为何钢丝绳要柔软得多？

6-5 钢制悬臂梁端部受集中力偶作用而弯曲，在小变形情况下做工程计算时，其挠曲线是圆弧状还是抛物线状？或是两者均可，试说明理由。

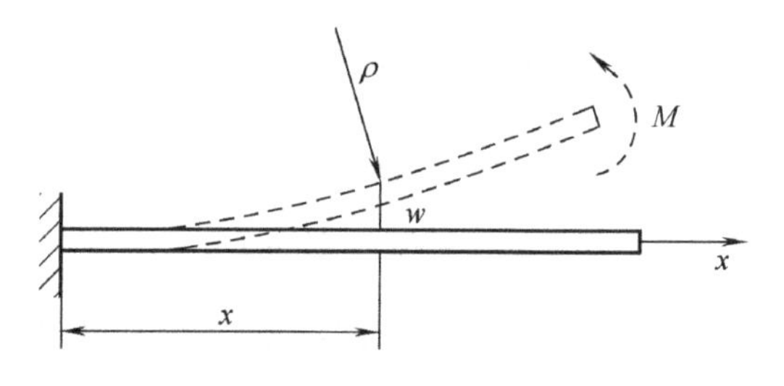

思考题 6-5 图

6-6 使用奇异函数法求梁的变形有什么局限性?

6-7 用叠加法求梁的位移时，应满足哪些条件?

6-8 弯曲刚度相等的两梁受力分别如图所示，试分析两梁的挠曲线大致形状，并比较最大挠度和最大转角。

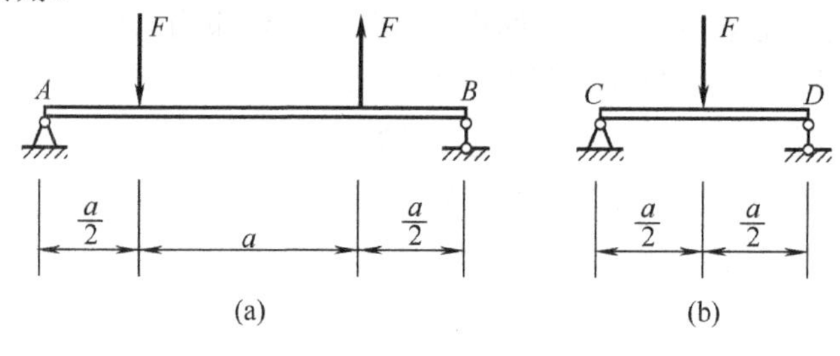

思考题 6-8 图

6-9 提高梁的弯曲刚度的主要措施有哪些?与提高梁强度的措施有何不同?

习　　题

6-1 试确定图示各梁挠曲线的大致形状。

6-2 图示弯曲刚度为 EI 的两端固定梁，其挠曲线方程为 $EIw=-\dfrac{q}{24}x^4+Ax^3+Bx^2+Cx+D$，式中 A、B、C、D 为待定常数。试根据边界条件确定常数 A、B、C、D，并绘制梁的剪力图和弯矩图。

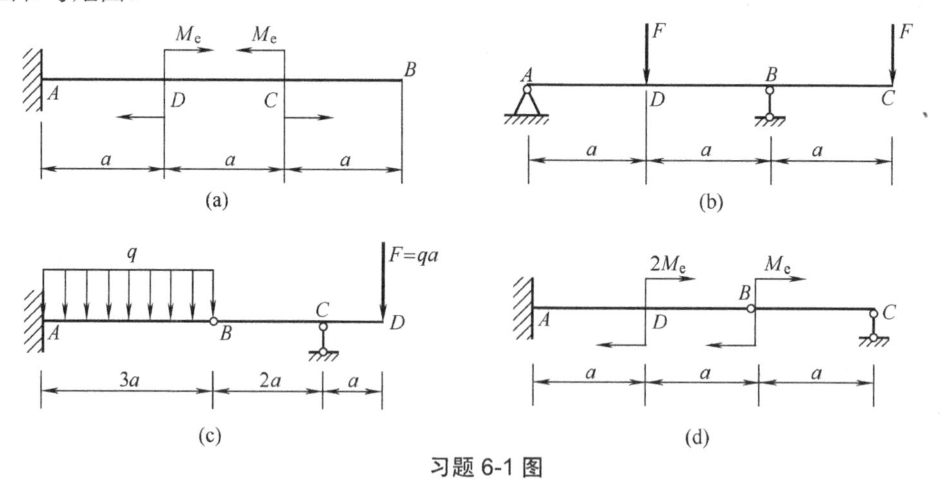

习题 6-1 图

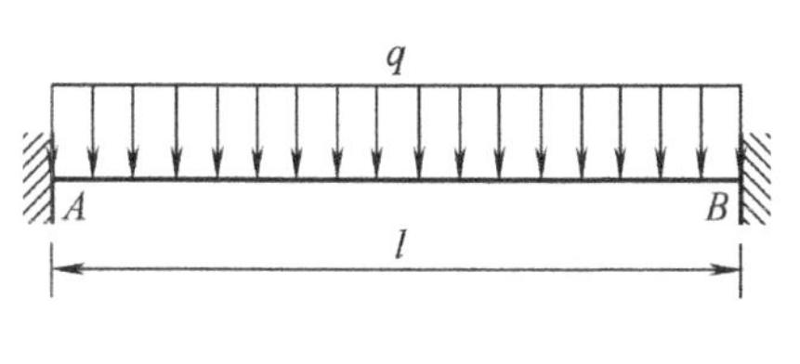

习题 6-2 图

6-3 弯曲刚度为 EI 的直梁，梁长为 l，已知其挠曲线方程为 $w=-\dfrac{Fx^2}{6EI}(3l-x)$，试确定梁的支承和受力情况。

6-4 试用积分法求图示各梁的挠曲线方程，并求截面 A 的挠度和截面 B 的转角。已知各梁的弯曲刚度均为 EI。

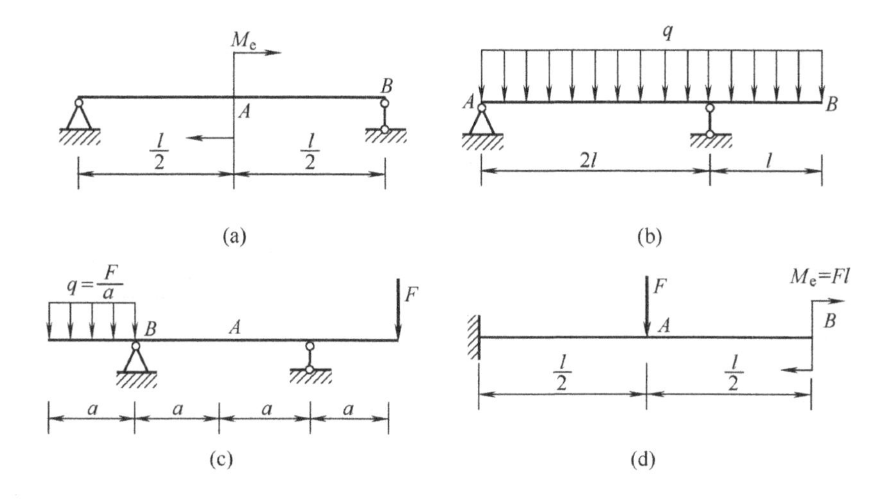

习题 6-4 图

6-5 用叠加法求图示各梁截面 A 的挠度和截面 B 的转角。已知各梁的弯曲刚度均为 EI。

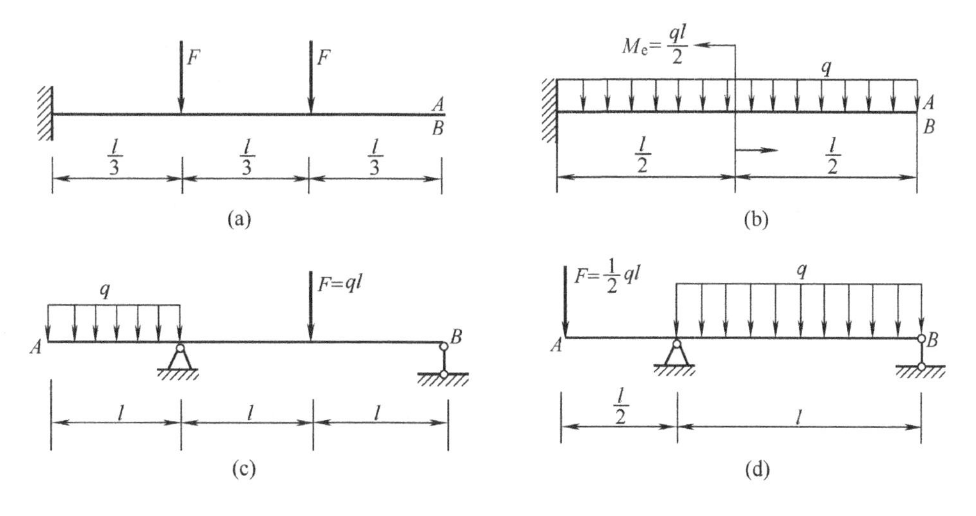

习题 6-5 图

6-6 图示外伸梁的弯曲刚度为EI，为使载荷F作用点的挠度w_C等于零，求载荷F与q的关系。若要使$\theta_C=0$，则F与q的关系又如何？

6-7 单位长度重为q的足够长的均质钢条，放置在刚性水平面上。若已知钢条的弯曲刚度为EI，一端伸出水平面的长度为a，求钢条抬离水平面的长度b。

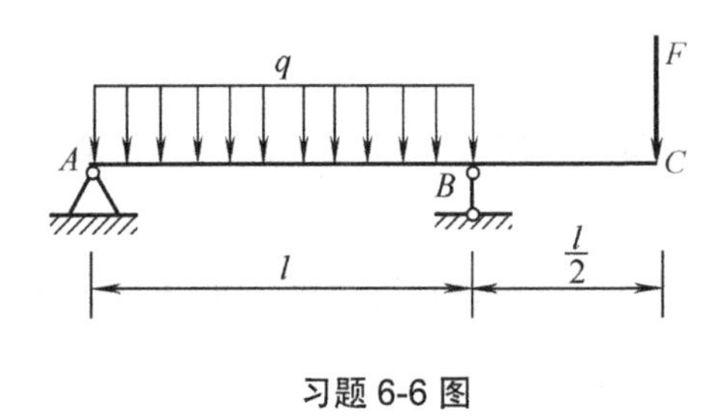

习题 6-6 图

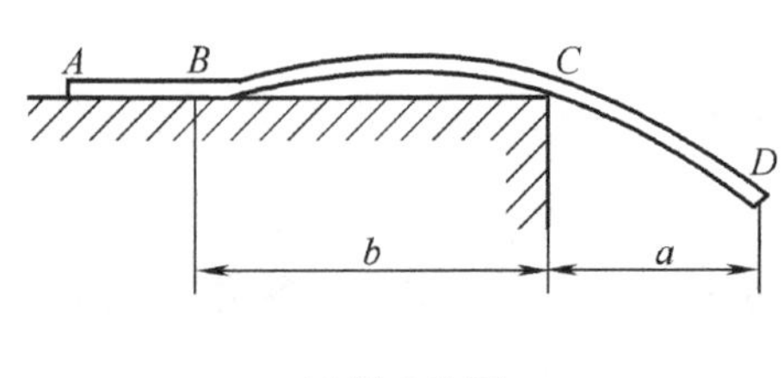

习题 6-7 图

6-8 弯曲刚度为EI的外伸梁受均布载荷如图所示。若梁跨度中点挠度为零，则外伸长度a应为多大？

6-9 试用叠加法求组合梁截面C的挠度与截面B的转角。已知梁的弯曲刚度EI为常量。

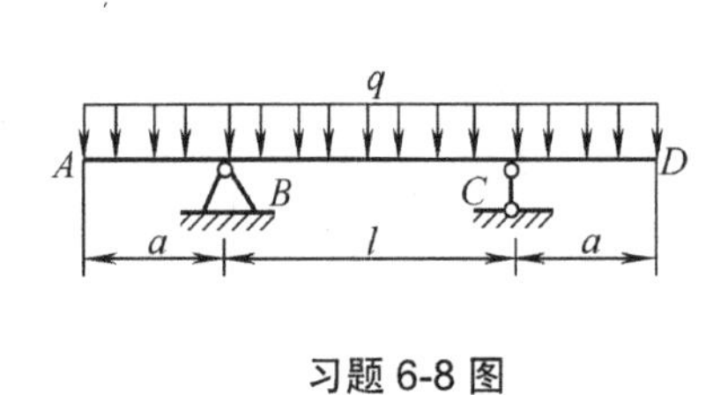

习题 6-8 图

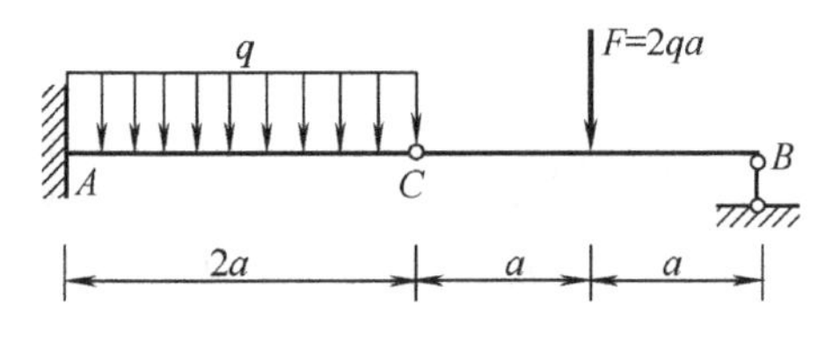

习题 6-9 图

6-10 梁截面由工字钢制成，若跨度$l=5\ \text{m}$，力偶矩$M_1=5\ \text{kN}\cdot\text{m}$，$M_2=10\ \text{kN}\cdot\text{m}$，许用应力$[\sigma]=160\ \text{MPa}$，弹性模量$E=200\ \text{GPa}$，许用挠度$[w]=l/500$，试选择工字钢型号。

6-11 弯曲刚度为EI的梁如图所示，为使梁的三个约束力相等，求支座C与梁之间的空隙δ。

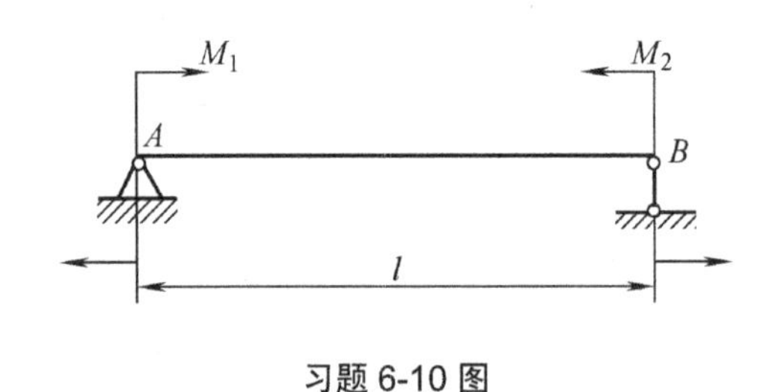

习题 6-10 图

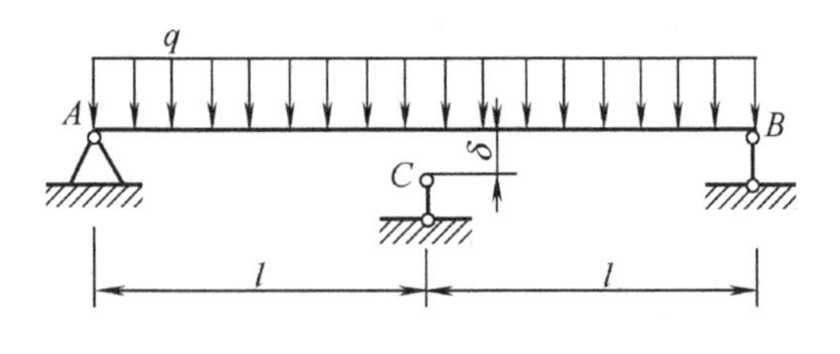

习题 6-11 图

6-12 如图示结构中，梁为 No.16 号工字钢；拉杆的截面为圆形，$d=10\ \text{mm}$。两者均为Q235 钢，$E=200\ \text{GPa}$。求梁及拉杆内的最大正应力。

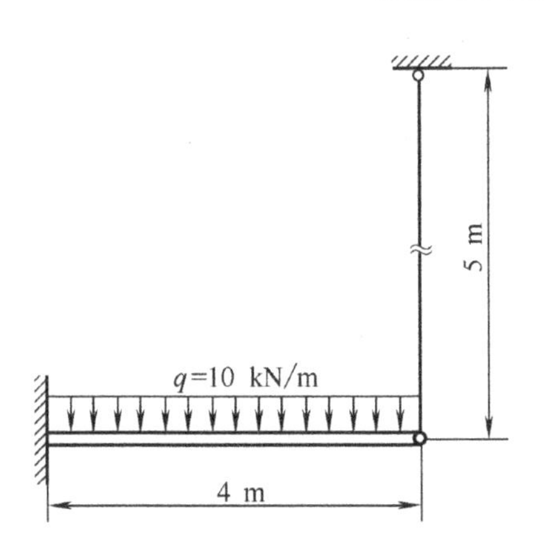

习题 6-12 图

6-13 求图示各超静定梁的约束力(忽略轴力)。设梁的弯曲刚度 EI 为常数。

6-14 图示悬臂梁的弯曲刚度 $EI=30\times10^3\ \text{N}\cdot\text{m}^2$。弹簧的刚度系数 $k=175\times10^3\ \text{N/m}$。若梁与弹簧间的空隙为 $\delta=1.25\ \text{mm}$，当集中力 $F=450\ \text{N}$ 作用于梁的自由端时，问弹簧上的作用力为多大?

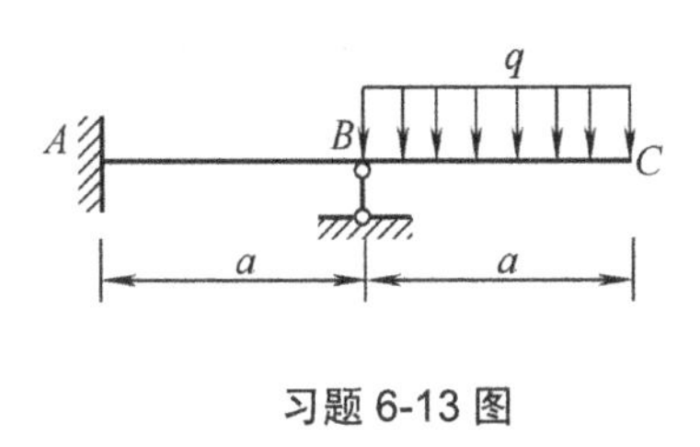

习题 6-13 图

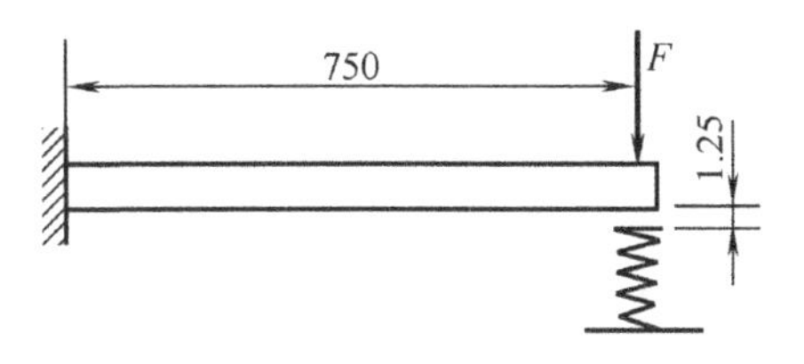

习题 6-14 图

第 7 章　应力状态分析　强度理论

7.1　一点的应力状态的概念

在研究等直杆受拉伸或压缩时斜截面上的应力时，曾经指出：所取截面的方位不同，相应截面上的应力也不同。对扭转和弯曲的研究表明，同一截面上的应力随位置的不同而不同。一般来讲，杆件内不同位置的点具有不同的应力。同一点，截面的方位不同，截面上的应力也不同。为了深入了解受力构件内的应力情况，判断构件受力后在什么地方什么方位最危险，用以作为强度计算的依据，必须分析构件一点处任意方位的应力变化情况，即**一点的应力状态**。另外通过对一点的应力状态的研究，能正确地解决构件在复杂受力情况下的强度问题。

为了分析受力构件内一点处的应力状态，可围绕该点截取各边长均为无穷小的正六面体，称为**单元体**。

以简支梁弯曲为例，如图 7.1(a)所示，设想分别围绕沿直线 m - m 的三个点以纵横 6 个截面从杆内截取三个单元体，并将取得的单元体放大。这三个单元体的应力状态如图 7.1(b)所示。

由于各单元体前后两个面均无应力，故可用平面图表示，如图 7.1(c)所示。在横截面 m-m 上点 1 仅有最大压应力；点 2 仅有最大切应力；点 3 不仅有拉应力还有切应力。

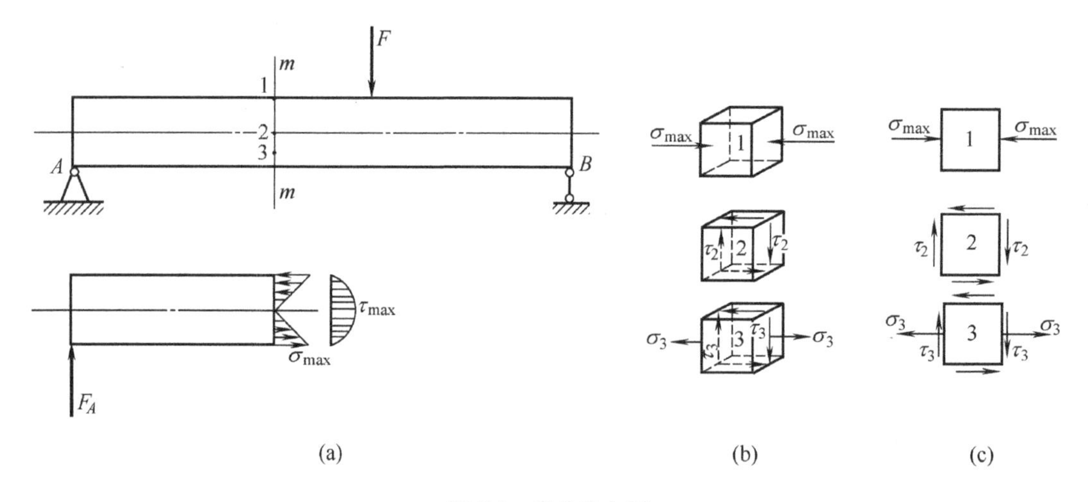

图 7.1　弯曲应力图

围绕一点取出的单元体，一般在三个方向上的尺寸均为无穷小。这样就可以认为：

(1) 在它的每个面上，应力都是均匀分布的；

(2) 单元体相互平行的截面上，应力都是相同的，且都等于通过所研究点的平行平面上的应力。

因此，单元体的应力状态就可以代表一点的应力状态。若在单元体上某一面上的切应力等于零，则称该面为**主平面**。主平面上的应力称为**主应力**。一般情况下，通过受力构件的任意点皆可找到三个互相垂直的主平面。因而每一点都有三个**主应力**。依次用 σ_1、σ_2、σ_3 表示，且按代数值的大小排列，即 $\sigma_1 \geqslant \sigma_2 \geqslant \sigma_3$。根据主应力情况，应力状态可分为以下三类。

(1) **单向应力状态**：三个主应力中，仅有一个主应力不为零。如图 7.1 的点 1。

(2) **平面应力状态(二向应力状态)**：三个主应力中，仅有一个主应力为零。如图 7.1 的点 2、点 3。点 2 的应力状态又常称为**纯切应力状态**。

(3) **空间应力状态(三向应力状态)**：三个主应力均不为零。

7.2　平面应力状态分析——主应力

工程中常见的平面应力状态如图 7.2 所示。

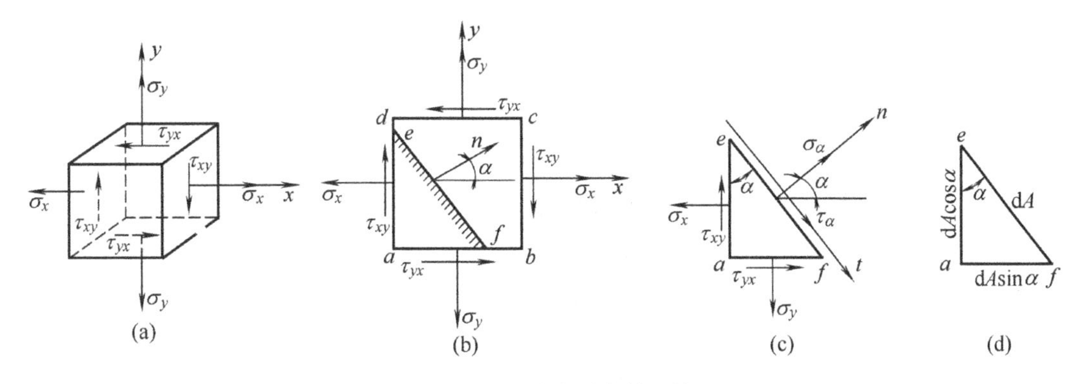

图 7.2　平面应力状态单元体

设应力分量 σ_x、σ_y、τ_{xy} 和 τ_{yx} 皆为已知。图 7.2(b)为单元体的正投影。图 7.2(b)中，面 bc 和面 ad 的法线方向与 x 轴平行，因此面 bc 和面 ad 称为 x 面。用 σ_x 表示 x 面上的正应力，τ_{xy} 表示 x 面上沿 y 方向的切应力。τ_{xy} 的第 1 个下标表示 x 面，第 2 个下标表示切应力沿 y 方向。因此 σ_x 实际上是 σ_{xx} 的简略记法。面 ab 和面 cd 的法线与 y 轴平行，称为 y 面，同理，用 σ_y 表示 y 面上的正应力。用 τ_{yx} 表示 y 面沿 x 方向的切应力。

7.2.1　关于应力的正负约定

材料力学约定：

(1) 正应力以拉应力为正，压应力为负；

(2) 切应力对单元体内任一点取矩，顺时针转向为正，反之为负。

按照上述规定，在图 7.2 中的 σ_x、σ_y、τ_{xy} 皆为正，而 τ_{yx} 为负。

7.2.2　任意斜截面上的应力

取任意斜截面 ef，其外法线 n 与 x 轴的夹角为 α。

这里约定：由 x 轴逆时针转到外法线 n 时，角 α 为正，反之为负。

以截面 ef 把单元体分成两部分，并研究 aef 部分的平衡，如图 7.2(c)所示。斜截面 ef 上

的应力由正应力σ_α和切应力τ_α表示。若斜截面ef的面积为$\mathrm{d}A$，如图7.2(d)所示，则面af和面ae的面积分别是$\mathrm{d}A\sin\alpha$和$\mathrm{d}A\cos\alpha$。把作用于aef部分的力如图7.2(c)所示，分别向轴n和轴t投影，所得平衡方程是

$$\sum F_n=0,\ \sigma_\alpha \mathrm{d}A+(\tau_{xy}\mathrm{d}A\cos\alpha)\sin\alpha-(\sigma_x\mathrm{d}A\cos\alpha)\cos\alpha+(\tau_{yx}\mathrm{d}A\sin\alpha)\cos\alpha-(\sigma_y\mathrm{d}A\sin\alpha)\sin\alpha=0$$

$$\sum F_t=0,\ \tau_\alpha \mathrm{d}A-(\tau_{xy}\mathrm{d}A\cos\alpha)\cos\alpha-(\sigma_x\mathrm{d}A\cos\alpha)\sin\alpha+(\sigma_y\mathrm{d}A\sin\alpha)\cos\alpha+(\tau_{yx}\mathrm{d}A\sin\alpha)\sin\alpha=0$$

根据切应力互等定理，τ_{xy}和τ_{yx}在数值上相等，以τ_{xy}代换τ_{yx}，化简上述两个平衡方程得

$$\begin{aligned}\sigma_\alpha&=\sigma_x\cos^2\alpha+\sigma_y\sin^2\alpha-2\tau_{xy}\sin\alpha\cos\alpha\\&=\frac{\sigma_x+\sigma_y}{2}+\frac{\sigma_x-\sigma_y}{2}\cos 2\alpha-\tau_{xy}\sin 2\alpha\end{aligned}\tag{7-1}$$

$$\tau_\alpha=\frac{\sigma_x-\sigma_y}{2}\sin 2\alpha+\tau_{xy}\cos 2\alpha\tag{7-2}$$

7.2.3 主平面的方位及极值正应力

由式(7-1)和式(7-2)可见，斜截面上的正应力σ_α和切应力τ_α都是角α的函数。若求式(7-1)的极值，只需对式(7-1)求导并令其等于零

$$\frac{\mathrm{d}\sigma_\alpha}{\mathrm{d}\alpha}=-2\left[\frac{\sigma_x-\sigma_y}{2}\sin 2\alpha+\tau_{xy}\cos 2\alpha\right]=0$$

若$\alpha=\alpha_0$时，$\frac{\mathrm{d}\sigma_\alpha}{\mathrm{d}\alpha}=0$，则$\alpha_0$所确定的截面上，正应力即为极大值或极小值。即

$$\frac{\sigma_x-\sigma_y}{2}\sin 2\alpha_0+\tau_{xy}\cos 2\alpha_0=0$$

由此得

$$\tan 2\alpha_0=-\frac{2\tau_{xy}}{\sigma_x-\sigma_y}\tag{7-3}$$

由式(7-3)可以求出相差90°的两个角度α_0，它们确定两个相互垂直的平面，其中一个是极大正应力所在的平面，另一个是极小正应力所在的平面。注意到

$$\frac{\mathrm{d}\sigma_\alpha}{\mathrm{d}\alpha}=-2\left[\frac{\sigma_x-\sigma_y}{2}\sin 2\alpha+\tau_{xy}\cos 2\alpha\right]=-2\tau_\alpha$$

可见$\alpha=\alpha_0$时，$\tau_{\alpha_0}=0$。故由式(7-3)计算出的两个相互垂直的平面是主平面，主应力就是极值正应力。利用式(7-3)求出$\sin 2\alpha_0$和$\cos 2\alpha_0$

$$\cos 2\alpha_0=\frac{1}{\pm\sqrt{1+\tan^2 2\alpha_0}}=\frac{\pm(\sigma_x-\sigma_y)}{\sqrt{(\sigma_x-\sigma_y)^2+4\tau_{xy}^2}}$$

$$\sin 2\alpha_0=\tan 2\alpha_0\cos 2\alpha_0=\frac{\mp 2\tau_{xy}}{\sqrt{(\sigma_x-\sigma_y)^2+4\tau_{xy}^2}}$$

代入式(7-1)得极大和极小正应力

$$\left.\begin{matrix}\sigma_{\max}\\ \sigma_{\min}\end{matrix}\right\} = \frac{\sigma_x + \sigma_y}{2} \pm \sqrt{\left(\frac{\sigma_x - \sigma_y}{2}\right)^2 + \tau_{xy}^2} \tag{7-4}$$

7.2.4 极值切应力

对式(7-2)取导数

$$\frac{\mathrm{d}\tau_\alpha}{\mathrm{d}\alpha} = (\sigma_x - \sigma_y)\cos 2\alpha - 2\tau_{xy}\sin 2\alpha$$

令 $\alpha = \alpha_1$ 时，$\dfrac{\mathrm{d}\tau_\alpha}{\mathrm{d}\alpha} = 0$，即

$$(\sigma_x - \sigma_y)\cos 2\alpha_1 - 2\tau_{xy}\sin 2\alpha_1 = 0$$

求得

$$\tan 2\alpha_1 = \frac{\sigma_x - \sigma_y}{2\tau_{xy}} \tag{7-5}$$

同理，利用式(7-5)求出 $\sin 2\alpha_1$ 和 $\cos 2\alpha_1$，代入式(7-2)，可求得切应力的极大和极小值

$$\left.\begin{matrix}\tau_{\max}\\ \tau_{\min}\end{matrix}\right\} = \pm\sqrt{\left(\frac{\sigma_x - \sigma_y}{2}\right)^2 + \tau_{xy}^2} \tag{7-6}$$

由式(7-3)和式(7-5)知，$\tan 2\alpha_0 \tan 2\alpha_1 = -1$，可见 α_0 和 α_1 相差±45°。

7.2.5 应力圆

将式(7-1)和式(7-2)改写成

$$\sigma_\alpha - \frac{\sigma_x + \sigma_y}{2} = \frac{\sigma_x - \sigma_y}{2}\cos 2\alpha - \tau_{xy}\sin 2\alpha$$

$$\tau_\alpha = \frac{\sigma_x - \sigma_y}{2}\sin 2\alpha + \tau_{xy}\cos 2\alpha$$

以上两式等号两边分别平方，然后相加并化简得

$$\left(\sigma_\alpha - \frac{\sigma_x + \sigma_y}{2}\right)^2 + \tau_\alpha^2 = \left(\frac{\sigma_x - \sigma_y}{2}\right)^2 + \tau_{xy}^2 \tag{7-7}$$

上式表明，在 σ_x、σ_y、τ_{xy} 皆为已知的条件下，这是一个以 $\left(\dfrac{\sigma_x + \sigma_y}{2}, 0\right)$ 为圆心，$\sqrt{\left(\dfrac{\sigma_x - \sigma_y}{2}\right)^2 + \tau_{xy}^2}$ 为半径的圆周方程。这个圆周称**应力圆**或**莫尔应力圆**。

以图 7.2(b)为例，说明应力圆的作图方法。

(1) 建立 σ-τ 坐标系；

(2) 画出 x 面所在的点 D；

(3) 画出 y 面所在的点 D_1；

(4) 连接 DD_1 并与轴 σ 交于点 C；

(5) 以点 C 为圆心，CD 为半径画圆。

这样就可得到图 7.3 所示的以$\left(\dfrac{\sigma_x+\sigma_y}{2},0\right)$为圆心，$\overline{CD}=\sqrt{\left(\dfrac{\sigma_x-\sigma_y}{2}\right)^2+\tau_{xy}^2}$ 为半径的应力圆。从图上可以看出：

$$\sigma_1=\overline{OC}+\overline{AC}=\overline{OC}+\overline{CD}=\frac{\sigma_x+\sigma_y}{2}+\sqrt{\left(\frac{\sigma_x-\sigma_y}{2}\right)^2+\tau_{xy}^2}$$

$$\sigma_2=\overline{OC}-\overline{BC}=\overline{OC}-\overline{CD}=\frac{\sigma_x+\sigma_y}{2}-\sqrt{\left(\frac{\sigma_x-\sigma_y}{2}\right)^2+\tau_{xy}^2}$$

$$\left.\begin{matrix}\tau_{\max}\\ \tau_{\min}\end{matrix}\right\}=\pm\overline{CD}=\pm\sqrt{\left(\frac{\sigma_x-\sigma_y}{2}\right)^2+\tau_{xy}^2}$$

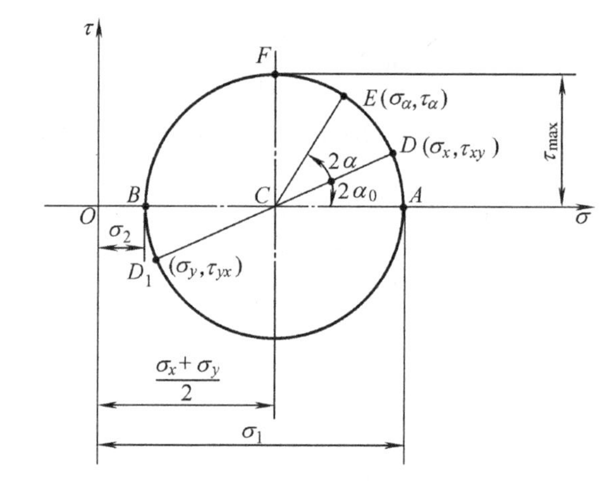

图 7.3 应力圆图

【讨论】 应力圆上 DD_1 为圆的直径，若先找出点 $D(\sigma_x,\tau_{xy})$、点 $C\left(\dfrac{\sigma_x+\sigma_y}{2},0\right)$，再以 CD 为半径画圆也可得图 7.3 所示的应力圆。

从 x 面所在的点 D 顺时针转到主平面所在的点 A，根据顺时针的转角为负，得

$$\tan(-2\alpha_0)=\frac{\tau_{xy}}{\dfrac{\sigma_x-\sigma_y}{2}}=\frac{2\tau_{xy}}{\sigma_x-\sigma_y}$$

即

$$\tan(2\alpha_0)=-\frac{2\tau_{xy}}{\sigma_x-\sigma_y}$$

同样，利用应力圆也可以得到式(7-1)、式(7-2)。

应力圆与式(7-1)、式(7-2)的对应关系如下。

(1) 圆上一点对应单元体的一个面；

(2) 圆上转角为单元体上转角的两倍，且转向相同；

(3) 圆心为平均正应力，为不变量；

(4) 半径对应极值切应力。

图 7.3 中只画出一个主应力角 α_0 (点 A 对应的面)，由图可见，另一个主应力角与图中相差180° (点 B 对应的面)，对应于单元体中相差90°角。

【例 7-1】 求图 7.4 所示单元体斜截面上的正应力和切应力(应力单位为 MPa)。

【分析】 单元体的应力已知，求指定斜截面的应力。

【解】 选定 $\sigma_x = 30\ \text{MPa}$，$\sigma_y = 50\ \text{MPa}$，$\tau_{xy} = -20\ \text{MPa}$ 。

由式(7-1)、式(7-2)得

$$
\begin{aligned}
\sigma_{30^\circ} &= \frac{\sigma_x + \sigma_y}{2} + \frac{\sigma_x - \sigma_y}{2}\cos 2\alpha - \tau_{xy}\sin 2\alpha \\
&= \frac{(30+50)\ \text{MPa}}{2} + \frac{(30-50)\ \text{MPa}}{2}\cos 60^\circ - (-20\ \text{MPa})\sin 60^\circ \\
&= 52.32\ \text{MPa}
\end{aligned}
$$

$$
\begin{aligned}
\tau_{30^\circ} &= \frac{\sigma_x - \sigma_y}{2}\sin 2\alpha + \tau_{xy}\cos 2\alpha \\
&= \frac{(30-50)\ \text{MPa}}{2}\sin 60^\circ + (-20\ \text{MPa})\cos 60^\circ = -18.66\ \text{MPa}
\end{aligned}
$$

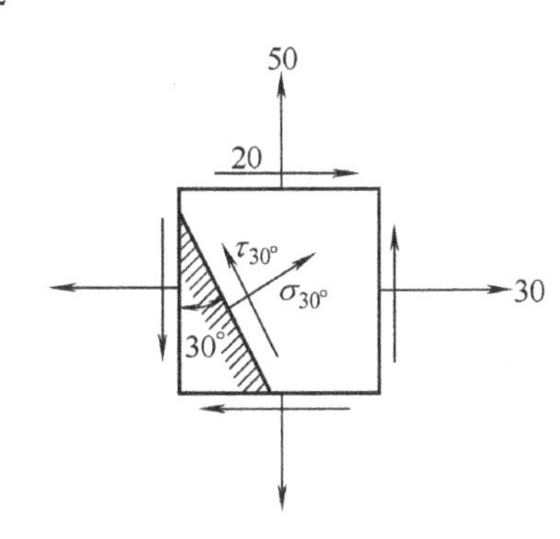

图 7.4 例 7-1 图

【例 7-2】 一单元体的应力状态如图 7.5(a)所示(应力单位为MPa)，分别用解析法和图解法计算主应力的大小和方向及最大切应力。

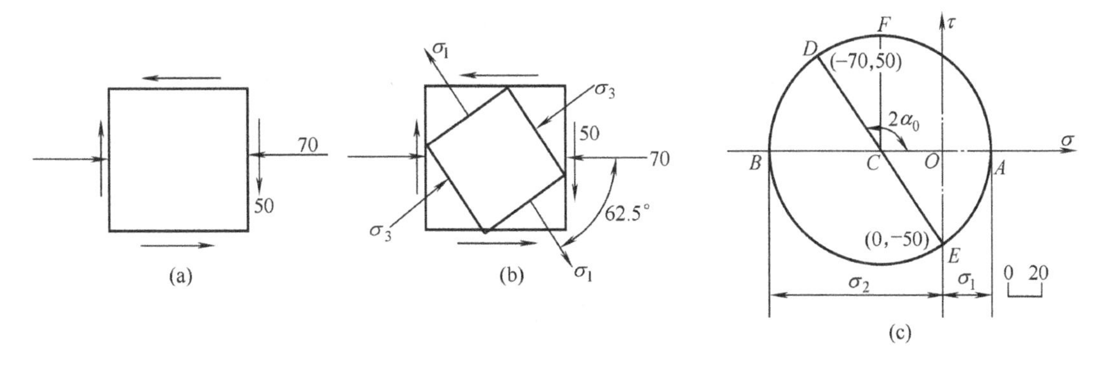

图 7.5 例 7-2 图

【分析】 已知单元体的应力状态，用解析法和图解法分别计算主应力大小和方向及最大切应力。

【解】 (1) 解析法。

截面 x 与 y 上的应力分别为

$$\sigma_x = -70\ \text{MPa},\quad \tau_{xy} = 50\ \text{MPa},\quad \sigma_y = 0$$

代入式(7-3)、式(7-4)、式(7-6)得

$$\tan 2\alpha_0 = -\frac{2\tau_{xy}}{\sigma_x - \sigma_y} = -\frac{2\times 50\ \text{MPa}}{-70\ \text{MPa}} = \frac{10}{7},\quad \alpha_0 = -62.5^\circ$$

$$\left.\begin{matrix}\sigma_{\max}\\ \sigma_{\min}\end{matrix}\right\} = \frac{\sigma_x + \sigma_y}{2} + \sqrt{\left(\frac{\sigma_x - \sigma_y}{2}\right)^2 + \tau_{xy}^2} = \frac{-70\ \text{MPa}}{2} \pm \sqrt{\left(\frac{-70}{2}\right)^2 + (50)^2}\ \text{MPa}$$

$$= \begin{cases} 26\ \text{MPa} \\ -96\ \text{MPa} \end{cases}$$

由此可见

$$\sigma_1 = 26\ \text{MPa},\quad \sigma_2 = 0,\quad \sigma_3 = -96\ \text{MPa}$$

而

$$\tau_{\max} = \sqrt{\left(\frac{\sigma_x - \sigma_y}{2}\right)^2 + \tau_{xy}^2} = \sqrt{\left(\frac{-70\ \text{MPa}}{2}\right)^2 + (50\ \text{MPa})^2} = 61\ \text{MPa}$$

(2) 图解法。

建立 σ-τ 坐标系，按选定的比例尺，由坐标 $(-70, 50)$ MPa 与 $(0, -50)$ MPa 分别确定点 D 与点 E，如图 7.5(c)所示。连接 DE 交轴 σ 于点 C，并以 CD 为半径画圆即得相应的应力圆。

应力圆与坐标轴 σ 交于 A、B 两点。按选定的比例尺量得

$$\overline{OA} = 26\ \text{MPa},\ \overline{OB} = -96\ \text{MPa}$$

所以

$$\sigma_1 = 26\ \text{MPa},\quad \sigma_2 = 0,\quad \sigma_3 = -96\ \text{MPa}$$

从应力圆量得 $\angle DCA = 125^\circ$，且为顺时针转向，因此

$$\alpha_0 = -62.5^\circ$$

从应力圆量得

$$\tau_{\max} = \overline{CF} = 61\ \text{MPa}$$

【例 7-3】 圆轴扭转如图 7.6(a)所示，用解析法和应力圆法计算截面周边上点 A 的主应力大小和方向。

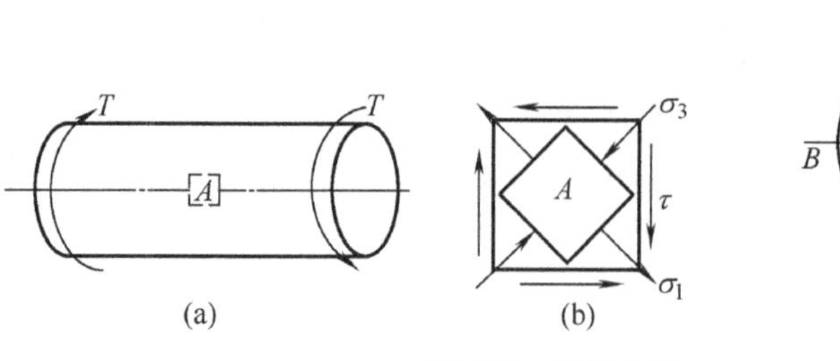

图 7.6　例 7-3 图

【分析】 首先按图示方向取单元体，并求出单元体的应力；然后按点的应力状态计算主应力的大小和方向。

【解】 (1) 解析法。

圆轴扭转时，横截面周边的切应力为

$$\tau=\frac{T}{W_{\mathrm{p}}}$$

单元体如图7.6(b)所示。其中

$$\sigma_x=0,\quad \sigma_y=0,\quad \tau_{xy}=\tau$$

由式(7-4)得

$$\left.\begin{matrix}\sigma_{\max}\\ \sigma_{\min}\end{matrix}\right\}=\frac{\sigma_x+\sigma_y}{2}+\sqrt{\left(\frac{\sigma_x-\sigma_y}{2}\right)^2+\tau_{xy}^2}=\pm\tau$$

由式(7-3)得

$$\tan(2\alpha_0)=-\frac{2\tau_{xy}}{\sigma_x-\sigma_y}\to-\infty$$

所以

$$\alpha_0=-45^\circ\text{或}-135^\circ$$

(2) 图解法。

建立σ-τ坐标系，按选定的比例尺，由坐标$(0,\tau)$与$(0,-\tau)$分别确定点D与点E，如图7.6(c)所示。连接DE交轴σ于原点O，并以OD为半径画圆即得相应的应力圆。

应力圆与坐标轴σ交于A、B两点。按选定的比例尺量得$\overline{OA}=\tau$，$\overline{OB}=-\tau$，所以

$$\sigma_1=\tau,\quad \sigma_2=0,\quad \sigma_3=-\tau$$

从应力圆量得$\angle DOA=90^\circ$，且为顺时针转向，因此

$$\alpha_0=-45^\circ$$

【例7-4】 如图7.7(a)所示是一受内压的圆筒薄壁容器。已知圆筒的平均直径为D，壁厚为$\delta\left(\delta\leqslant\frac{D}{20}\right)$，承受的内压为$p$。试分析筒壁上任一点$A$处的主应力。

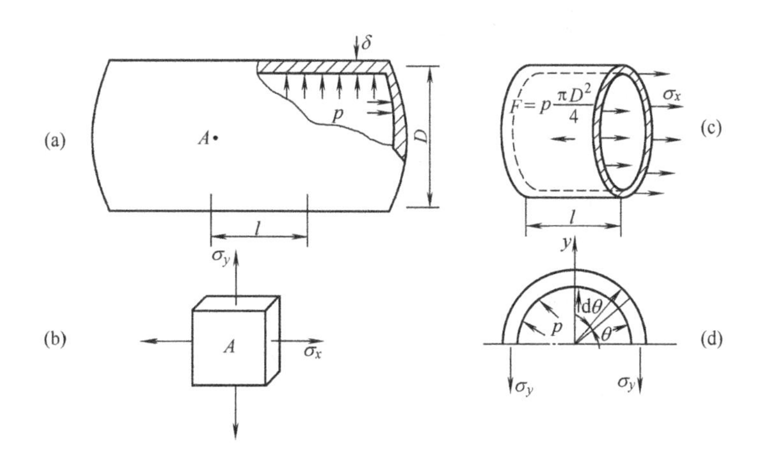

图7.7 例7-4图

【分析】 首先沿纵横截面取单元体，再计算出单元体各面上的应力。

【解】 两端封闭的圆筒，作用于筒底的合力

$$F = p\frac{\pi D^2}{4}$$

薄壁圆筒横截面面积为 $A = \pi D\delta$，故有

$$\sigma_x = \frac{F}{A} = \frac{p \cdot \frac{\pi D^2}{4}}{\pi D\delta} = \frac{pD}{4\delta}$$

在内压作用下，纵向截面上有正应力 σ_y，由于薄壁，纵向截面上的应力可视为均匀分布。用截面法，取长度为 l 的一段圆筒，截取其上半部分研究，如图 7.7(d)所示，由 $\sum F_y = 0$，得

$$2\sigma_y l\delta = \int_0^{\pi} pl \cdot \frac{D}{2}\sin\theta \mathrm{d}\theta = plD$$

故

$$\sigma_y = \frac{pD}{2\delta}$$

此外，在圆筒内壁尽管有径向应力 $\sigma_z = -p$，但对于薄壁圆筒，其径向应力远小于 σ_x 和 σ_y，可忽略不计。σ_x 作用的截面是轴向拉伸的横截面，这类截面没有切应力。又因为内压是轴对称载荷，所以 σ_y 作用的截面上也没有切应力。这样，通过壁内任意点的纵横两截面皆为主平面。其主应力

$$\sigma_1 = \frac{pD}{2\delta}, \quad \sigma_2 = \frac{pD}{4\delta}, \quad \sigma_3 = 0 \tag{7-8}$$

7.3 特殊三向应力状态下的极值应力

三个主应力均不为零的应力状态称为三向应力状态，如图 7.8 所示。三个主应力均已知，且满足 $\sigma_1 \geqslant \sigma_2 \geqslant \sigma_3$。首先分析与三个主应力平行的三组特殊截面。

7.3.1 三组特殊截面的应力状态

1. 平行于主应力 σ_1 的截面

对平行于 σ_1 的截面(其法线与 σ_1 垂直)，如图 7.8(a)所示。由于主应力 σ_1 所在的两个平面上是一对自相平衡的力，因而该截面上的应力 σ，τ 与 σ_1 无关。可将其看作只有 σ_2 和 σ_3 作用的平面应力状态，如图 7.8(b)所示。

2. 平行于主应力 σ_2 的截面

同理，平行于主应力 σ_2 的截面上的应力 σ，τ 与 σ_2 无关。可将其看作只有 σ_1 和 σ_3 作用的平面应力状态，如图 7.9(b)所示。

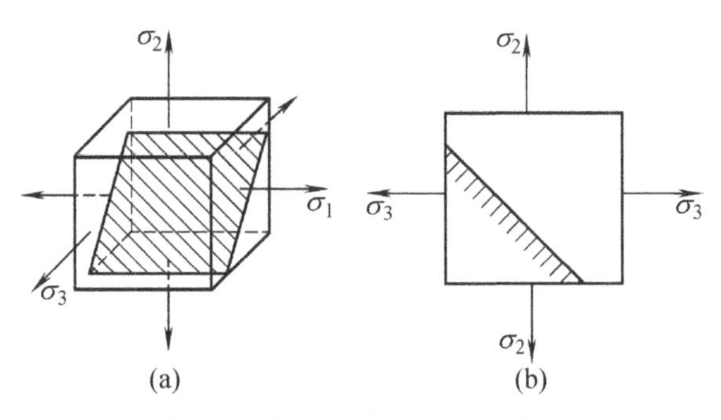

图 7.8 平行于主应力 σ_1 的截面

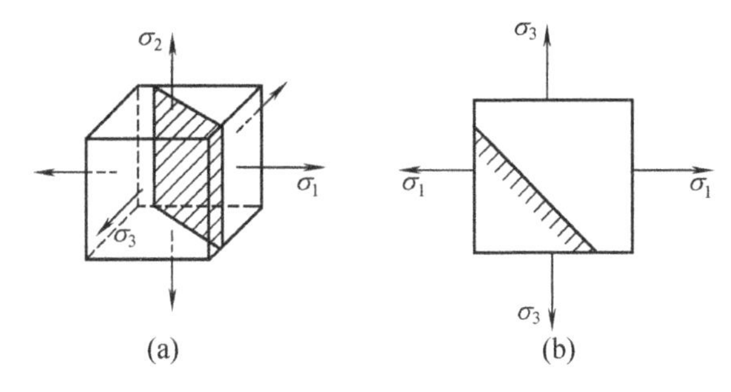

图 7.9 平行于主应力 σ_2 的截面

3. 平行于主应力 σ_3 的截面

同理，平行于主应力 σ_3 的截面上的应力 σ，τ 与 σ_3 无关。可将其看作只有 σ_1 和 σ_2 作用的平面应力状态，如图 7.10(b)所示。

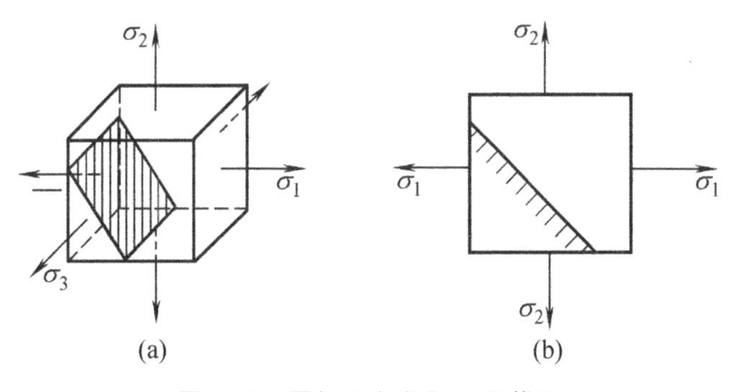

图 7.10 平行于主应力 σ_3 的截面

7.3.2 三向应力状态的应力圆及极值应力

根据图 7.8(b)、图 7.9(b)和图 7.10(b)中所示的平面应力状态，可作出三个与其对应的应力圆，如图 7.11 所示。

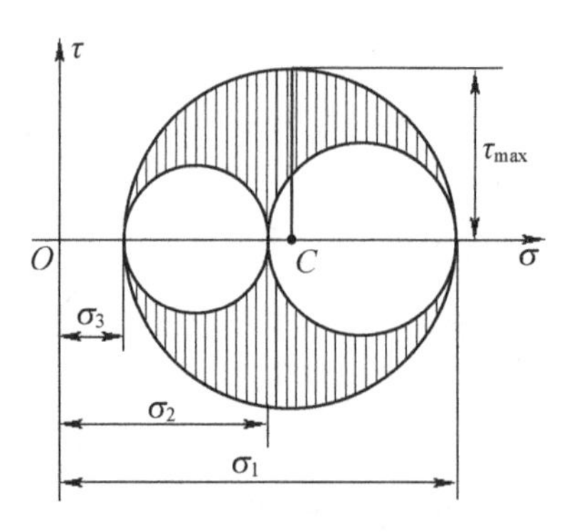

图 7.11　三向应力状态应力圆

(1) 三组特殊截面上的应力都落在相应的应力圆圆周上。

(2) 对于不平行于任一主应力的任意截面，其截面上的应力都落在三个应力圆之间的阴影部分。

从图 7.11 可见，三向应力状态中

$$\sigma_{max}=\sigma_1,\quad \sigma_{min}=\sigma_3$$

$$\tau_{max}=\frac{\sigma_1-\sigma_3}{2} \tag{7-9}$$

对平行于主应力 σ_1 的截面，其截面内的最大切应力为

$$\tau'_{max}=\frac{\sigma_2-\sigma_3}{2}$$

对平行于主应力 σ_3 的截面，其截面内的最大切应力为

$$\tau''_{max}=\frac{\sigma_1-\sigma_2}{2}$$

由此可见，最大切应力 τ_{max} 作用面与 σ_2 平行。

式(7-6)与式(7-9)虽然都是求最大切应力，**但两者的区别在于：**

(1) 式(7-9)所求的是空间的最大切应力，而式(7-6)所求的是与某一主应力平行平面的最大切应力；

(2) 两者仅在主应力为零的主平面是 σ_2 所在平面时，两者才相同。否则，式(7-6)所求的最大切应力可能是 τ'_{max} 或 τ''_{max}。

7.4　广义胡克定律

7.4.1　一般应力状态下的线应变和切应变

在单向拉伸或压缩时，根据实验结果知，在线弹性范围内的应力–应变关系(单向胡克定律)是

$$\varepsilon=\frac{\sigma}{E}$$

同时引起的横向的线应变是

$$\varepsilon' = -\mu\varepsilon = -\mu\frac{\sigma}{E}$$

对于纯切应力状态，实验表明，在线弹性范围内有如下比例关系

$$\gamma = \frac{\tau}{G}$$

对于一般应力状态，如图 7.12(a)所示。对于各向同性材料，当变形很小且在线弹性范围内时，线应变只与正应力有关，而与切应力无关；切应变只与切应力有关，而与正应力无关。引起 x 方向线应变的有 σ_x、σ_y 和 σ_z。其中：

σ_x 引起的 x 方向的线应变为　$\varepsilon_x = \frac{\sigma_x}{E}$

σ_y 引起的 x 方向的线应变为　$\varepsilon_x = -\mu\frac{\sigma_y}{E}$

σ_z 引起的 x 方向的线应变为　$\varepsilon_x = -\mu\frac{\sigma_z}{E}$

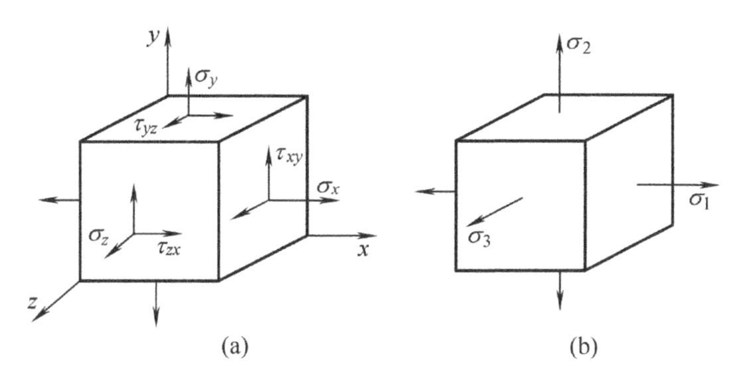

图 7.12　应力状态图

在线弹性范围内，用叠加原理可以求得在 σ_x、σ_y 和 σ_z 的共同作用下，x 方向的线应变为

$$\varepsilon_x = \frac{1}{E}[\sigma_x - \mu(\sigma_y + \sigma_z)]$$

同理，可以求出沿 y 和 z 方向的线应变 ε_y 和 ε_z，最后得到

$$\left.\begin{aligned} \varepsilon_x &= \frac{1}{E}[\sigma_x - \mu(\sigma_y + \sigma_z)], \quad & \gamma_{xy} &= \frac{\tau_{xy}}{G} \\ \varepsilon_y &= \frac{1}{E}[\sigma_y - \mu(\sigma_z + \sigma_x)], \quad & \gamma_{yz} &= \frac{\tau_{yz}}{G} \\ \varepsilon_z &= \frac{1}{E}[\sigma_z - \mu(\sigma_x + \sigma_y)], \quad & \gamma_{zx} &= \frac{\tau_{zx}}{G} \end{aligned}\right\} \tag{7-10}$$

上式称为一般应力状态下的**广义胡克定律**。

7.4.2 主应力状态下的线应变

对于单元体的面皆为主平面的应力状态，三个主应力方向的线应变为

$$\left.\begin{aligned}\varepsilon_1 &= \frac{1}{E}[\sigma_1 - \mu(\sigma_2 + \sigma_3)] \\ \varepsilon_2 &= \frac{1}{E}[\sigma_2 - \mu(\sigma_3 + \sigma_1)] \\ \varepsilon_3 &= \frac{1}{E}[\sigma_3 - \mu(\sigma_1 + \sigma_2)]\end{aligned}\right\} \tag{7-11}$$

三个主方向的线应变皆称为主应变。式(7-11)为主应力表示的广义胡克定律。

7.4.3 总应变能密度

物体受外力作用而产生弹性变形时，在物体内部所储存的能量，称为**弹性应变能**，简称为**应变能**。在弹性范围内，当外力缓慢地增加时，若不考虑能量损失，根据能量守恒原理，外力做的功将全部以应变能的形式储存在弹性体内。当外力逐渐解除时，变形逐渐消失，弹性体将释放出全部应变能而对外做功。

在单向拉伸(压缩)时，若应力−应变满足广义胡克定律，则相应的力和位移存在线性关系，如图 7.13 所示。这时力所做的功

$$W = \frac{1}{2}F\Delta$$

对于如图 7.14 所示的单元体，作用在单元体 3 对平面上的力分别为$\sigma_1\mathrm{d}y\mathrm{d}z$、$\sigma_2\mathrm{d}x\mathrm{d}z$、$\sigma_3\mathrm{d}x\mathrm{d}y$，与这些力对应的位移分别为$\varepsilon_1\mathrm{d}x$、$\varepsilon_2\mathrm{d}y$、$\varepsilon_3\mathrm{d}z$。于是，作用在单元体上的所有力做功之和为

$$\begin{aligned}\mathrm{d}W &= \frac{1}{2}\sigma_1\mathrm{d}y\mathrm{d}z\cdot\varepsilon_1\mathrm{d}x + \frac{1}{2}\sigma_2\mathrm{d}x\mathrm{d}z\cdot\varepsilon_2\mathrm{d}y + \frac{1}{2}\sigma_3\mathrm{d}x\mathrm{d}y\cdot\varepsilon_3\mathrm{d}z \\ &= \frac{1}{2}(\sigma_1\varepsilon_1 + \sigma_2\varepsilon_2 + \sigma_3\varepsilon_3)\mathrm{d}x\mathrm{d}y\mathrm{d}z = \frac{1}{2}(\sigma_1\varepsilon_1 + \sigma_2\varepsilon_2 + \sigma_3\varepsilon_3)\mathrm{d}V\end{aligned}$$

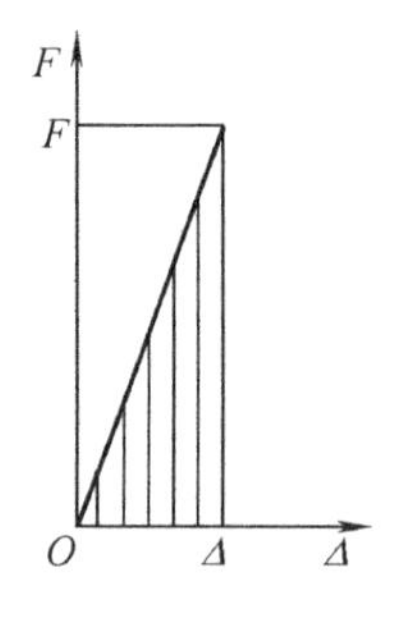

图 7.13 单向拉伸力与变形图

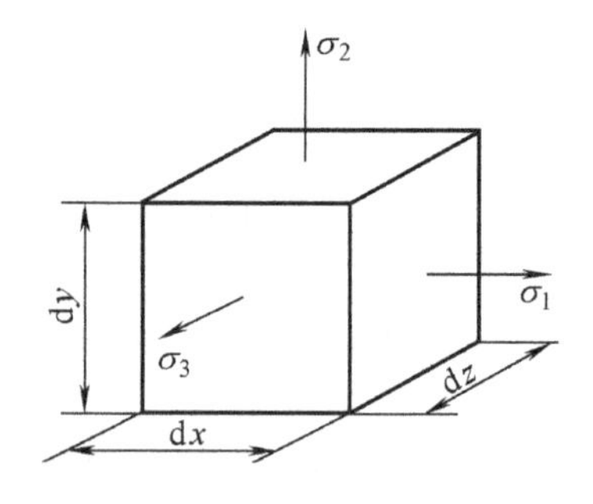

图 7.14 三向应力图

这些功全部转化为储存于弹性体的应变能$\mathrm{d}V_\varepsilon$，$\mathrm{d}V_\varepsilon = \mathrm{d}W$。定义单位体积的应变能称为**应变能密度**$v_\varepsilon$，应变能密度可表示为

$$v_\varepsilon = \frac{\mathrm{d}V_\varepsilon}{\mathrm{d}V}$$

根据应变能密度的定义，得到三向应力状态下，应变能密度表达式为

$$v_\varepsilon = \frac{1}{2}(\sigma_1\varepsilon_1 + \sigma_2\varepsilon_2 + \sigma_3\varepsilon_3)$$

将式(7-11)代入上式得

$$v_\varepsilon = \frac{1}{2E}[\sigma_1^2 + \sigma_2^2 + \sigma_3^2 - 2\mu(\sigma_1\sigma_2 + \sigma_2\sigma_3 + \sigma_3\sigma_1)] \tag{7-12}$$

7.4.4　体积改变能密度与畸变能密度

一般情况下，单元体将同时发生体积改变和形状改变。因此，应变能密度包含相互独立的两种应变能密度。即

$$v_\varepsilon = v_V + v_\mathrm{d} \tag{7-13}$$

式中，v_V 和 v_d 分别称为**体积改变能密度**和**畸变能密度**。

首先研究影响单元体体积变化的因素。设单元体的三对平面均为主平面，变形前各棱边的长度均为 a，如图 7.15 所示。体积 $\mathrm{d}V = a^3$，变形后，单元体的体积为

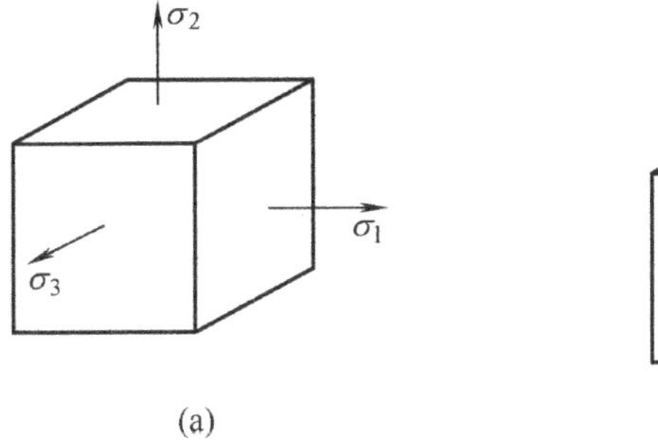

(a)

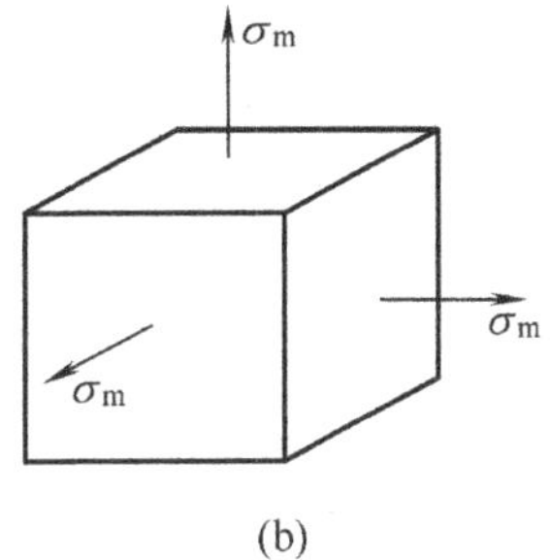

(b)

图 7.15　三向应力图

$$\mathrm{d}V_1 = (1+\varepsilon_1)a\cdot(1+\varepsilon_2)a\cdot(1+\varepsilon_3)a = (1+\varepsilon_1)\cdot(1+\varepsilon_2)\cdot(1+\varepsilon_3)a^3$$

展开上式，并略去高阶微量 $\varepsilon_1\varepsilon_2$、$\varepsilon_2\varepsilon_3$、$\varepsilon_3\varepsilon_1$、$\varepsilon_1\varepsilon_2\varepsilon_3$ 各项，得

$$\mathrm{d}V_1 = (1+\varepsilon_1+\varepsilon_2+\varepsilon_3)a^3$$

单位体积的体积变化率

$$\theta = \frac{\mathrm{d}V_1 - \mathrm{d}V}{\mathrm{d}V} = \varepsilon_1 + \varepsilon_2 + \varepsilon_3 \tag{7-14}$$

将式(7-11)代入上式，整理后得

$$\theta = \frac{1-2\mu}{E}(\sigma_1 + \sigma_2 + \sigma_3) \tag{7-15}$$

上式可写成

$$\theta = \frac{3(1-2\mu)}{E}\sigma_\mathrm{m} \tag{7-16}$$

其中，$\sigma_\mathrm{m} = \dfrac{\sigma_1+\sigma_2+\sigma_3}{3}$ 为**平均应力**。上式表明，体积改变仅与平均应力(或三个主应

力的和)有关，而与三个主应力之间的比例无关。

若用主应力的平均值$\sigma_{\mathrm{m}}=\dfrac{\sigma_1+\sigma_2+\sigma_3}{3}$分别代替原来单元体的三个主应力，则图 7.15(a)所示的单元体变为图 7.15(b)所示的单元体。此时图 7.15(b)所示的单元体只有体积变化，没有形状改变，且体积改变等于原单元体的体积改变。

其体积改变能密度为

$$v_V=\frac{1}{2}\sigma_{\mathrm{m}}\varepsilon_{\mathrm{m}}+\frac{1}{2}\sigma_{\mathrm{m}}\varepsilon_{\mathrm{m}}+\frac{1}{2}\sigma_{\mathrm{m}}\varepsilon_{\mathrm{m}}=\frac{3}{2}\sigma_{\mathrm{m}}\varepsilon_{\mathrm{m}}$$

将$\varepsilon_{\mathrm{m}}=\dfrac{\sigma_{\mathrm{m}}}{E}-\mu\left(\dfrac{\sigma_{\mathrm{m}}}{E}+\dfrac{\sigma_{\mathrm{m}}}{E}\right)$代入上式得

$$v_V=\frac{3(1-2\mu)}{2E}\sigma_{\mathrm{m}}^2=\frac{1-2\mu}{6E}(\sigma_1+\sigma_2+\sigma_3)^2 \tag{7-17}$$

由式(7-13)得单元体的畸变能密度

$$v_{\mathrm{d}}=v_\varepsilon-v_V$$

将式(7-12)、式(7-17)代入上式并化简得

$$v_{\mathrm{d}}=\frac{1+\mu}{6E}[(\sigma_1-\sigma_2)^2+(\sigma_2-\sigma_3)^2+(\sigma_3-\sigma_1)^2] \tag{7-18}$$

【例 7-5】 如图 7.16 所示，钢块上开有宽度和深度均为 10 mm 的槽，槽内嵌入边长为10 mm 的正方形铝块，受$F=6\text{ kN}$的压力作用，设钢块的变形不计，铝的$E=70\text{ GPa}$，$\mu=0.33$，求铝块的三个主应力和相应的主应变。

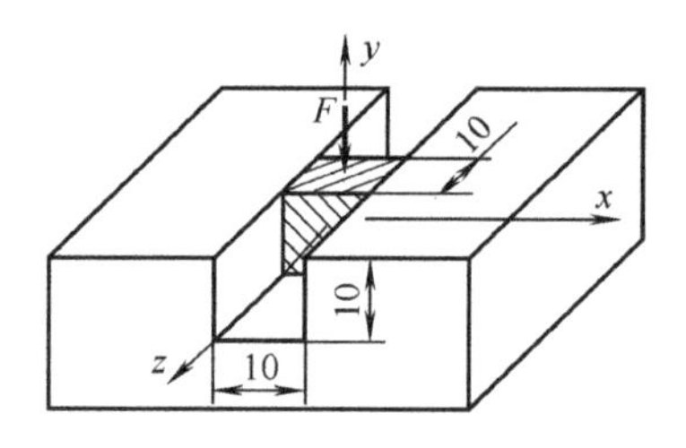

图 7.16 例 7-5 图

【分析】 在力F作用下，铝块将发生变形，由于钢块不变形，所以铝块沿x方向的线应变为零，y方向可视为均匀压缩，子才向应力为零。

【解】 选坐标系，如图 7.16 所示。显然

$$\sigma_z=0$$

$$\sigma_y=-\frac{F}{A}=-\frac{6\times10^3\text{ N}}{10\times10^{-3}\text{ m}\times10\times10^{-3}\text{ m}}=-60\times10^6\text{ Pa}=-60\text{ MPa}$$

由于三个坐标平面的切应力等于零，故σ_x、σ_y、σ_z均为主应力。由于钢块的变形不计(与铝相比认为钢块不变形)，所以铝块沿x方向的应变应等于零。由式(7-10)得

$$\varepsilon_x=\frac{1}{E}[\sigma_x-\mu(\sigma_y+\sigma_z)]=\frac{1}{70\times10^9\text{ Pa}}[\sigma_x-0.33\times(-60\times10^6\text{ Pa})]=0$$

解得

$$\sigma_x = -19.8\times10^6\ \text{Pa} = -19.8\ \text{MPa}$$

故

$$\sigma_1=\sigma_z=0,\quad \sigma_2=\sigma_x=-19.8\ \text{MPa},\quad \sigma_3=\sigma_y=-60\ \text{MPa}$$

由式(7-11)得

$$\varepsilon_1=\frac{1}{E}[\sigma_1-\mu(\sigma_2+\sigma_3)]=\frac{1}{70\times10^9\ \text{Pa}}\times[-0.33\times(-19.8-60)\times10^6\ \text{Pa}]=376\times10^{-6}$$

$$\varepsilon_2=0$$

$$\varepsilon_3=\frac{1}{E}[\sigma_3-\mu(\sigma_1+\sigma_2)]=\frac{1}{70\times10^9\ \text{Pa}}\times[-60-0.33\times(-19.8)]\times10^6\ \text{Pa}=-764\times10^{-6}$$

7.5 强 度 理 论

当构件的应力达到材料的某一极限状态时将会引起构件的破坏。对于单向应力状态(如轴向拉伸、压缩)，极限应力完全可以通过简单的拉伸、压缩试验来确定。对于复杂的应力状态，如三向应力状态，三个主应力之间的比值有无穷多种组合，要对每一种组合情况都由试验来确定材料的极限应力状态，显然是不可能做到的。因此，有必要深入分析材料破坏的原因。

经过长期的生产实践和试验研究，人们将材料的破坏归纳为脆性断裂和塑性屈服两种类型，并对每种类型的破坏原因都提出了相应的假说，称之为**强度理论**。

7.5.1 断裂强度理论

对于脆性材料，其破坏的主要形式为脆性断裂。解释这类材料的破坏原因主要有如下两个理论。

1. 最大拉应力理论(第一强度理论)

最大拉应力理论认为，脆性材料破坏的主要原因是由于最大拉应力引起的。只要最大拉应力$\sigma_{\text{t max}}$达到材料破坏的极限值σ_u，材料就发生断裂。而无论何种应力状态，最大拉应力$\sigma_{\text{t max}}=\sigma_1$。既然最大拉应力的极限值与应力状态无关，于是就可用单向应力状态来确定这一极限值。在单向拉伸材料发生脆性断裂时，最大拉应力的极限值$\sigma_\text{u}=\sigma_\text{b}$。因此，断裂准则为

$$\sigma_1=\sigma_\text{b} \tag{7-19}$$

为使构件不发生破坏，相应的强度条件为

$$\sigma_1\leqslant[\sigma] \tag{7-20}$$

其中，$[\sigma]=\dfrac{\sigma_\text{b}}{n}$ 为许用应力，式中n为安全因数。

铸铁等脆性材料在单向拉伸时，断裂发生于拉应力最大的横截面。脆性材料扭转时断裂沿拉应力最大的斜截面断裂。这些现象都符合最大拉应力理论。但这一理论没有考虑其他两个应力的影响，并且对没有拉应力的状态(如单向压缩、三向压缩等)无法应用。

2. 最大伸长线应变理论(第二强度理论)

最大伸长线应变理论认为，无论什么应力状态，最大伸长线应变是引起材料断裂的主要因素。按照这一理论，只要最大伸长线应变ε_{max}达到某一极限值ε_u，材料就发生断裂。最大伸长线应变

$$\varepsilon_{max}=\varepsilon_1$$

$$\varepsilon_1=\frac{1}{E}[\sigma_1-\mu(\sigma_2+\sigma_3)]$$

而伸长线应变的极限值，可由单向拉伸确定。设脆性材料在单向拉伸至断裂时，仍可用胡克定律计算应变，则

$$\varepsilon_u=\frac{\sigma_b}{E}$$

故断裂准则为

$$\frac{1}{E}[\sigma_1-\mu(\sigma_2+\sigma_3)]=\frac{\sigma_b}{E}$$

化简得

$$\sigma_1-\mu(\sigma_2+\sigma_3)=\sigma_b \tag{7-21}$$

为使构件能够安全工作，相应的强度条件为

$$\sigma_1-\mu(\sigma_2+\sigma_3)\leqslant[\sigma] \tag{7-22}$$

石块、混凝土等脆性材料在轴向压缩时，若通过添加润滑剂等使其接触面的摩擦力较小时，石块、混凝土等脆性材料将沿垂直于压力的方向裂开。即沿ε_1的方向裂开，符合最大伸长线应变理论。但是按照这一理论，二向拉伸比单向拉伸安全，但试验结果并不能证明这一点。对这种情况，最大拉应力理论更接近试验结果。

7.5.2 屈服强度理论

对于塑性材料，其破坏的主要形式为塑性屈服，因为此时变形太大，构件已失效。解释这类材料的破坏原因主要有如下两个理论。

1. 最大切应力理论(第三强度理论)

最大切应力理论认为，无论什么应力状态，最大切应力是引起屈服破坏的主要因素。按照这一理论，当最大切应力τ_{max}达到某一极限值τ_u时，材料就发生屈服。

三向应力状态的最大切应力为

$$\tau_{max}=\frac{\sigma_1-\sigma_3}{2}$$

最大切应力的极限值可由单向应力状态确定。在单向拉伸时，当材料达到屈服状态时，$\sigma_1=\sigma_s$，$\sigma_2=\sigma_3=0$。代入最大切应力公式得

$$\tau_u=\frac{\sigma_1-\sigma_3}{2}=\frac{\sigma_s}{2}$$

故屈服准则为

$$\frac{\sigma_1-\sigma_3}{2}=\frac{\sigma_s}{2}$$

即

$$\sigma_1-\sigma_3=\sigma_s \tag{7-23}$$

为使构件能够安全工作，相应的强度条件为

$$\sigma_1-\sigma_3\leqslant[\sigma] \tag{7-24}$$

这一理论能够很好地解释塑性材料的屈服现象。例如，低碳钢拉伸时，沿与轴线成45°的方向出现滑移线，而沿这一方向的斜截面上的切应力正好是最大。然而这一理论未考虑σ_2的影响，其计算结果偏于安全。

2. 畸变能密度理论(第四强度理论)

畸变能密度理论认为，畸变能是引起材料屈服的主要因素。按照这一理论，无论什么应力状态，只要畸变能密度v_d达到某一极限值v_u，材料就会发生屈服。

由式(7-18)知畸变能密度

$$v_d=\frac{1+\mu}{6E}[(\sigma_1-\sigma_2)^2+(\sigma_2-\sigma_3)^2+(\sigma_3-\sigma_1)^2]$$

畸变能密度的极限值可由单向拉伸获得，在单向拉伸到材料屈服时，$\sigma_1=\sigma_s$，$\sigma_2=\sigma_3=0$。代入畸变能密度公式得

$$v_u=\frac{1+\mu}{6E}(\sigma_s^2+\sigma_s^2)=\frac{1+\mu}{6E}2\sigma_s^2$$

故屈服准则为

$$\frac{1+\mu}{6E}[(\sigma_1-\sigma_2)^2+(\sigma_2-\sigma_3)^2+(\sigma_3-\sigma_1)^2]=\frac{1+\mu}{6E}2\sigma_s^2$$

化简得

$$\sqrt{\frac{1}{2}[(\sigma_1-\sigma_2)^2+(\sigma_2-\sigma_3)^2+(\sigma_3-\sigma_1)^2]}=\sigma_s \tag{7-25}$$

为使构件能够安全工作，相应的强度条件为

$$\sqrt{\frac{1}{2}[(\sigma_1-\sigma_2)^2+(\sigma_2-\sigma_3)^2+(\sigma_3-\sigma_1)^2]}\leqslant[\sigma] \tag{7-26}$$

这一理论与实验结果较吻合，比最大切应力理论更符合实验结果。

*7.5.3　莫尔强度理论

有些脆性材料，例如铸铁在受压(或以压为主)时，也会出现被剪断的破坏形式，这主要取决于切应力，但和正应力也有很大关系。由于脆性材料的抗拉和抗压强度不同，材料的失效并不能简单地看作是由某一因素引起的。莫尔强度理论是以各种应力状态下材料的破坏试验结果为依据，进行综合分析和适当的简化而得到的强度理论。

1. 不同应力状态下材料破坏时的极限应力圆

(1) 如图 7.17 所示，首先作出单向拉伸破坏时的极限应力圆 OA，单向压缩破坏时的极限应力圆 OB，纯剪切破坏时的以点 O 为圆心、OC 为半径的极限应力圆。

(2) 对任意的应力状态，设想三个主应力按比例增加，直至出现屈服或断裂的破坏形式。这时，由三个主应力可确定三个应力圆，这里仅取三个应力圆中最大的应力圆，即由 σ_1 和 σ_3 确定的应力圆 DE，如图 7.17 所示。按这样的方法可得到一系列的极限应力圆。

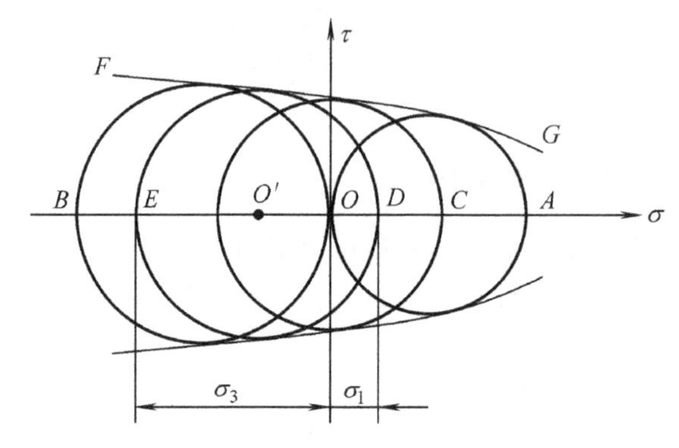

图 7.17　极限应力圆及包络线

2. 材料的失效准则

在得到图 7.17 所示的一系列极限应力圆后，可以作出它们的包络线 FG。包络线与材料的性质有关，不同的材料包络线不同；但同一种材料包络线是唯一的。

对于一个已知的应力状态 σ_1、σ_2、σ_3，若由 σ_1 和 σ_3 所确定的应力圆在上述包络线之内，则这一应力状态不会失效。如与包络线相切，则表明这一应力状态已达到失效状态。

3. 强度条件

在工程实际中，通常用单向拉伸和压缩的两个极限应力圆的公切线代替包络线。这样可使确定包络线的工作大为简化。

为了进行强度计算，还应该引进安全因数。于是，可用材料在单向拉伸和压缩时的许用拉应力 $[\sigma_t]$ 和许用压应力 $[\sigma_c]$ 分别作出单向拉伸和压缩时的许用应力圆，并作这两圆的公切线，如图 7.18 所示。对于已知的应力状态 σ_1、σ_2、σ_3，若由 σ_1 和 σ_3 所确定的应力圆在公切线内，则应力状态是安全的；若与公切线相切，则达到许可状态的最高界限。由图 7.18 可见，$\triangle O_1O_3N$ 相似于 $\triangle O_1O_2P$。所以

$$\frac{\overline{O_3N}}{\overline{O_2P}} = \frac{\overline{O_3O_1}}{\overline{O_2O_1}} \tag{7-27}$$

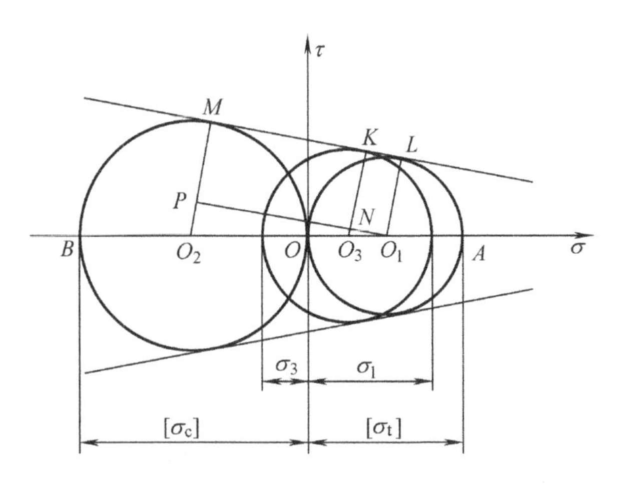

图 7.18 简化极限应力圆及包络线

容易求出

$$\left.\begin{aligned}\overline{O_3N}&=\overline{O_3K}-\overline{O_1L}=\frac{\sigma_1-\sigma_3}{2}-\frac{[\sigma_t]}{2}\\\overline{O_2P}&=\overline{O_2M}-\overline{O_1L}=\frac{[\sigma_c]}{2}-\frac{[\sigma_t]}{2}\\\overline{O_3O_1}&=\overline{O_1O}-\overline{O_3O}=\frac{[\sigma_t]}{2}-\frac{\sigma_1+\sigma_3}{2}\\\overline{O_2O_1}&=\overline{O_1O}+\overline{O_2O}=\frac{[\sigma_t]}{2}+\frac{[\sigma_c]}{2}\end{aligned}\right\}\tag{7-28}$$

在式(7-28)中，$[\sigma_c]$用的是绝对值，σ_3为压应力时仍沿用负值。

将式(7-28)代入式(7-27)，化简后得

$$\sigma_1-\frac{[\sigma_t]}{[\sigma_c]}\sigma_3=[\sigma_t]\tag{7-29}$$

对实际的应力状态，由σ_1和σ_3所确定的应力圆应在公切线内，放大k ($k\geqslant1$) 倍后才与公切线相切。即σ_1和σ_3放大k倍后，应力圆才与公切线相切。于是

$$k\sigma_1-\frac{[\sigma_t]}{[\sigma_c]}k\sigma_3=[\sigma_t]$$

由于$k\geqslant1$

$$\sigma_1-\frac{[\sigma_t]}{[\sigma_c]}\sigma_3=\frac{[\sigma_t]}{k}\leqslant[\sigma_t]$$

故得强度条件

$$\sigma_1-\frac{[\sigma_t]}{[\sigma_c]}\sigma_3\leqslant[\sigma_t]\tag{7-30}$$

对于抗拉、抗压强度相等的材料，$[\sigma_t]=[\sigma_c]$，式(7-30)化为最大切应力理论的强度条件。

强度条件可写成统一的形式：

$$\sigma_{eq} \leqslant [\sigma] \tag{7-31}$$

其中

$$\sigma_{eq1} = \sigma_1$$
$$\sigma_{eq2} = \sigma_1 - \mu(\sigma_2 + \sigma_3)$$
$$\sigma_{eq3} = \sigma_1 - \sigma_3$$
$$\sigma_{eq4} = \sqrt{\frac{1}{2}[(\sigma_1 - \sigma_2)^2 + (\sigma_2 - \sigma_3)^2 + (\sigma_3 - \sigma_1)^2]}$$
$$\sigma_{eqM} = \sigma_1 - \frac{[\sigma_t]}{[\sigma_c]}\sigma_3$$

【例 7-6】 如图 7.19 所示的工字型钢梁，$F = 210\ \text{kN}$，许用应力$[\sigma] = 160\ \text{MPa}$，许用切应力$[\tau] = 80\ \text{MPa}$，截面高度$h = 250\ \text{mm}$，宽度$b = 113\ \text{mm}$，腹板与翼缘的厚度分别为$t = 10\ \text{mm}$与$\delta = 13\ \text{mm}$，截面的惯性矩$I_z = 5.25 \times 10^{-5}\ \text{m}^4$，试按第三强度理论校核梁的强度。

【分析】 横截面上最大正应力发生在梁的上下表面，为单向应力状态，最大切应力发生在横截面的中点，为纯剪切应力状态，点 a 既有正应力，又有切应力，为复杂应力状态，其强度计算需用第三强度理论。

【解】 梁的剪力图和弯矩图如图 7.19(b)、(c)所示。最大剪力和最大弯矩在截面 C。

$$F_{S\max} = 140\ \text{kN},\ M_{\max} = 56\ \text{kN} \cdot \text{m}$$

(1) 最大弯曲正应力的校核。

$$\sigma_{\max} = \frac{M_{\max}}{I_z}\frac{h}{2} = \frac{56 \times 10^3\ \text{N} \cdot \text{m} \times 0.25\ \text{m}}{2 \times 5.25 \times 10^{-5}\ \text{m}^4} = 133 \times 10^6\ \text{Pa=133 MPa} < [\sigma]$$

(2) 最大切应力的校核。

$$S_z^* = b \times \delta \times \left(\frac{h}{2} - \frac{\delta}{2}\right) + t \times \left(\frac{h}{2} - \delta\right) \times \frac{1}{2} \times \left(\frac{h}{2} - \delta\right) = 113 \times 13 \times \left(\frac{250}{2} - \frac{13}{2}\right)$$
$$+ 10 \times \left(\frac{250}{2} - 13\right) \times \frac{1}{2} \times \left(\frac{250}{2} - 13\right) = 2367965\ \text{mm}^3$$

$$\tau_{\max} = \frac{F_{S\max} S_z^*}{I_z t} = \frac{140 \times 10^3\ \text{N} \times 2367965 \times 10^{-9}\ \text{m}^3}{5.25 \times 10^{-5}\ \text{m}^4 \times 10 \times 10^{-3}\ \text{m}} = 63.1 \times 10^6\ \text{Pa}$$
$$= 63.1\ \text{MPa} < [\tau]$$

(3) 在腹板与翼缘交界处(点 a)的校核。

$$\sigma_a = \frac{M_{\max}}{I_z}\left(\frac{h}{2} - \delta\right) = \frac{5.6 \times 10^4\ \text{N} \cdot \text{m}}{5.25 \times 10^{-5}\ \text{m}^4}\left(\frac{0.25}{2} - 0.013\right)\text{m} = 1.195 \times 10^8\ \text{Pa}$$
$$=119.5\ \text{MPa}$$

$$\tau_a = \frac{F_{S\max}}{I_z t} b\delta\left(\frac{h}{2} - \frac{\delta}{2}\right) = \frac{140 \times 10^3\ \text{N} \times 0.113\ \text{m} \times 0.013\ \text{m} \times (0.25 - 0.013)\ \text{m}}{2 \times 5.25 \times 10^{-5}\ \text{m}^4 \times 0.01\ \text{m}}$$
$$= 4.64 \times 10^7\ \text{Pa} = 46.4\ \text{MPa}$$

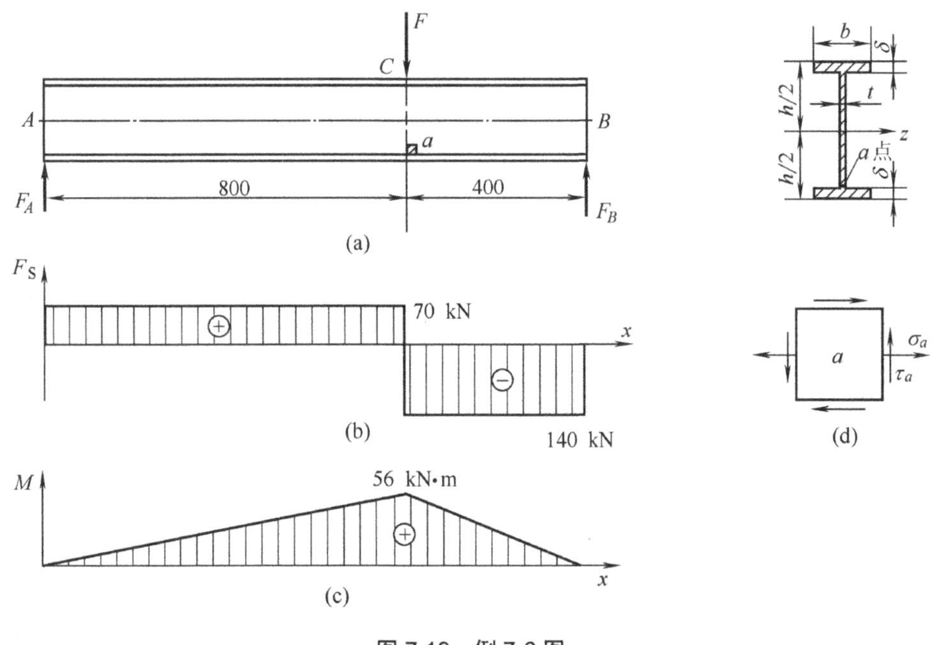

图 7.19　例 7-6 图

单元体的应力状态如图 7.19(d)所示。

$$\sigma_{1,3}=\frac{\sigma_a}{2}\pm\sqrt{\left(\frac{\sigma_a}{2}\right)^2+\tau_a^2}$$

由第三强度理论

$$\sigma_{\mathrm{eq3}}=\sigma_1-\sigma_3=\sqrt{\sigma_a^2+4\tau_a^2}=\sqrt{(119.5)^2+4\times(46.4)^2}\ \mathrm{MPa}=151\ \mathrm{MPa}<[\sigma]$$

满足强度要求。

小　　结

本章介绍了一点的应力状态，即受力构件上过该点的单元体各个不同截面上的应力状况。接着介绍了用解析法和图解法计算任意斜截面上的应力、主应力的大小和方向以及最大切应力的大小和方向，并介绍了广义胡克定律和强度理论。本章重点是平面应力状态分析(解析法和应力圆法都要求熟练掌握)和强度理论的应用。

(1) 在分析平面应力状态时要注意最大切应力与平面内最大切应力的区别。

(2) 在强度理论中，一般脆性断裂用第一、第二强度理论及莫尔强度理论，塑性屈服用第三、第四强度理论。

应当指出：材料的塑性或脆性性质不仅与材料本身有关，还与其所处的应力状态及温度等因素有关。在三向压缩条件下，脆性材料有时会呈现良好的塑性，例如，将淬火的钢球放在铸铁板上，在钢球上加一定载荷后会使铸铁板产生一凹坑(塑性破坏)。而在三向拉伸条件下，塑性材料会呈现脆性断裂，如带环槽的低碳钢试件在拉伸时，将发生脆性破坏。

思 考 题

7-1 何谓一点处的应力状态？何谓平面应力状态？

7-2 何谓主平面？何谓主应力？如何确定主应力的大小与方位？

7-3 何谓单向应力状态？何谓三向应力状态？何谓纯剪切应力状态？

7-4 平面应力状态的极值切应力就是单元体的最大切应力吗？

7-5 脆性材料适用哪几个强度理论？塑性材料适用哪几个强度理论？莫尔强度理论适用于什么条件？

7-6 何谓广义胡克定律？该定律是如何建立的？其适用范围是什么？

7-7 若某一平面应力状态的单元体，其任一斜截面上的总应力 p 为常量，则该单元体一定处于纯剪切状态吗？

7-8 若某一方向的主应力为零，其主应变一定为零吗？

7-9 若受力构件内某点沿某一方向有线应变，则该点沿此方向一定有正应力吗？

7-10 过受力构件上任一点，其主平面有几个？

7-11 石料、极硬的工具钢在轴向压缩时，会沿压力作用方向的纵截面裂开，为什么？

7-12 水管在冬天常发生冻裂，为什么冰不破碎而钢管却破裂？

7-13 用塑性很好的低碳钢制成的螺栓，当拧得过紧时，往往沿螺纹根部崩断，试分析其破坏原因。

习 题

7-1 已知应力状态如图所示(应力单位为 MPa)，用解析法计算图中指定截面的正应力与切应力。

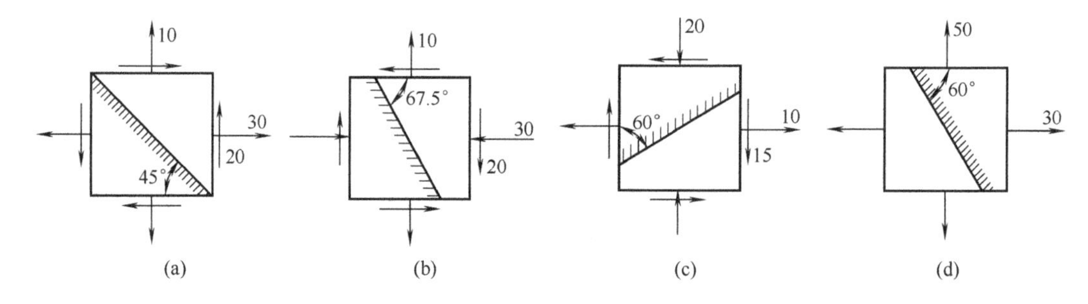

习题 7-1 图

7-2 已知应力状态如图所示(应力单位为 MPa)，用解析法计算：

(1) 主应力大小以及主平面位置；

(2) 在单元体上绘出主平面位置及主应力方向；

(3) 最大切应力。

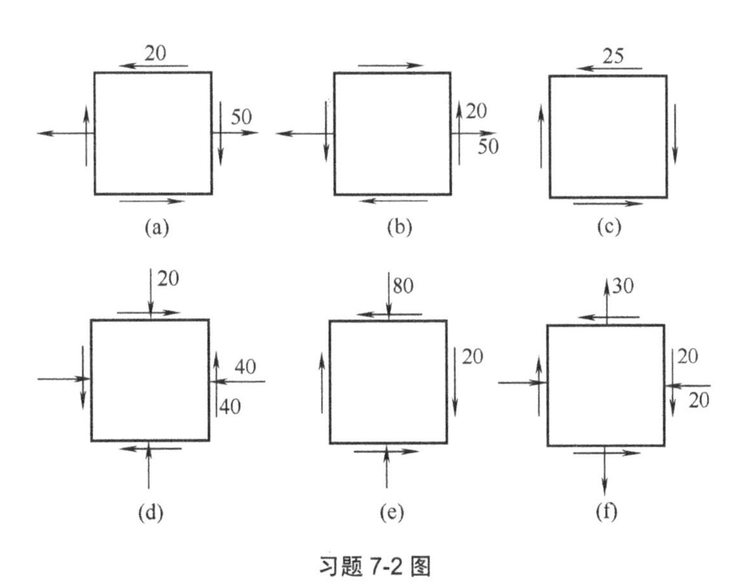

习题 7-2 图

7-3 用图解法解习题 7-1。

7-4 用图解法解习题 7-2。

7-5 图示应力状态，应力$\sigma_x = \sigma_y = \sigma$，证明其任意斜截面上的正应力均为$\sigma$，而切应力则为零。

7-6 已知某点 *A* 处截面 *AB* 与 *AC* 的应力如图所示(应力单位为 MPa)，试用应力圆法求该点的主应力大小和主应力的方位及面 *AB* 与面 *AC* 间夹角的大小。本题若用解析法求解，方便吗？

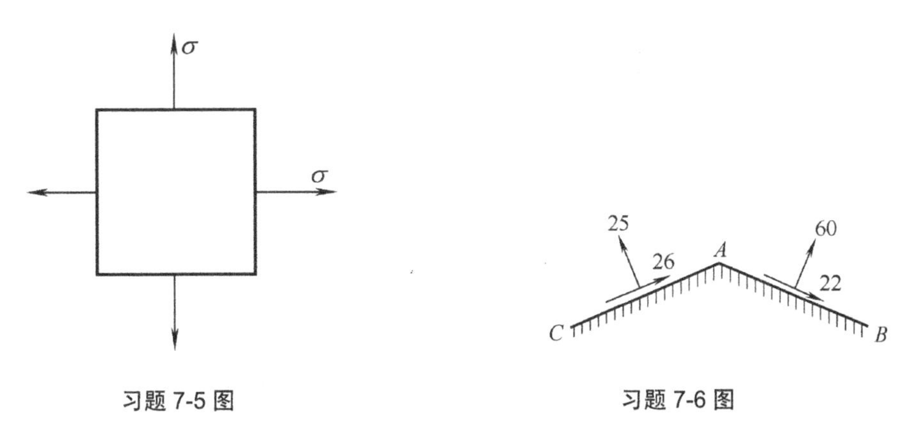

习题 7-5 图　　　　习题 7-6 图

7-7 在处于二向应力状态的物体，边界 *bc* 为自由面，点 *A* 处的最大切应力为 35 MPa 。求点 *A* 的主应力。若在点 *A* 周围以垂直于 *x* 轴和 *y* 轴的平面分割出单元体，求单元体各面上的应力分量。

7-8 图示棱柱形单元体上$\sigma_y = 40$ MPa ，其面 *AB* 上无应力作用，求σ_x及τ_{xy}。

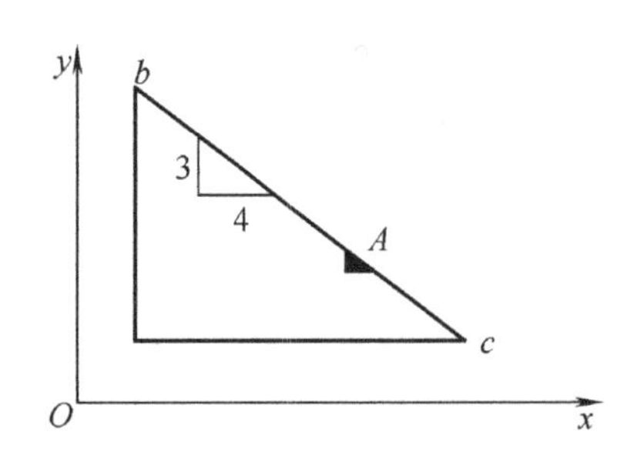

习题 7-7 图

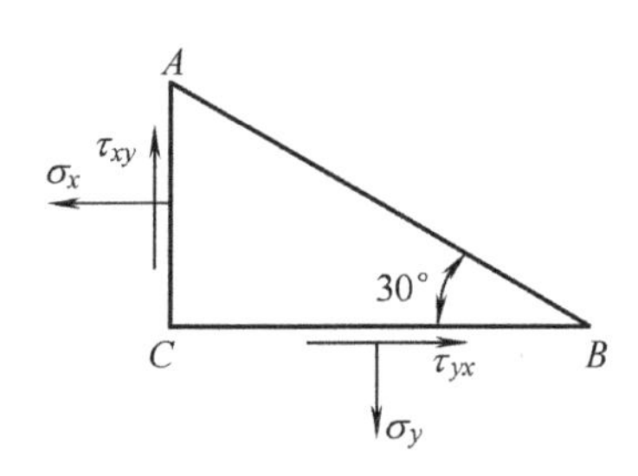

习题 7-8 图

7-9 已知应力状态如图所示(应力单位为 MPa)，求主应力的大小和最大切应力。

7-10 图示的应力状态，若要求其中的最大且应力 $\tau_{\max} < 160\ \text{MPa}$ ，求 τ_{xy} 取何值。

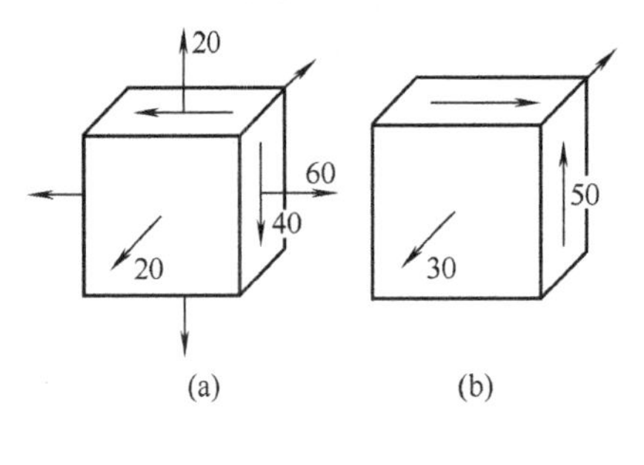

习题 7-9 图

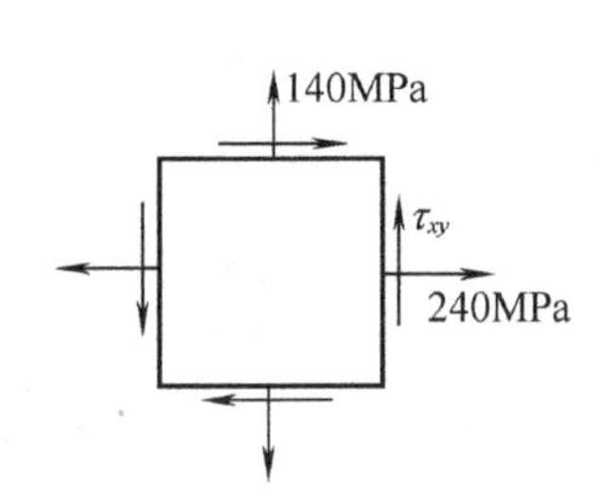

习题 7-10 图

7-11 图示单元体处于平面应力状态，已知应力 $\sigma_x = 100\ \text{MPa}$ ， $\sigma_y = 80\ \text{MPa}$ ， $\tau_{xy} = 50\ \text{MPa}$ ，弹性模量 $E = 200\ \text{GPa}$ ，泊松比 $\mu = 0.3$ ，求正应变 ε_x、ε_y 与切应变 γ_{xy} ，以及 $\alpha = 30^\circ$ 方位的正应变。

7-12 已知材料的弹性模量为 E，泊松比为 μ ，单元体应力状态如图所示，求单元体沿最大主应力方向的线应变。

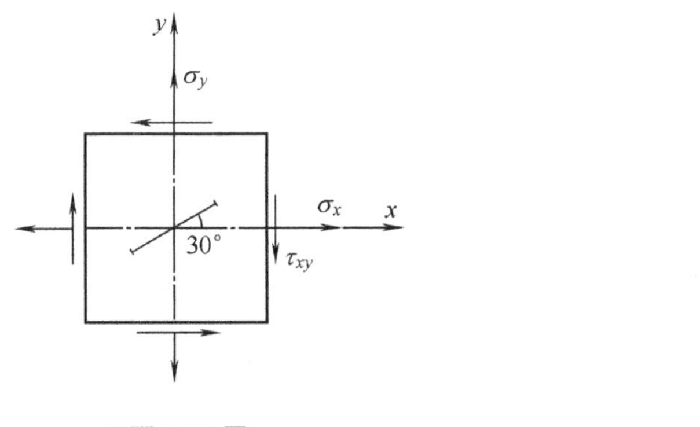

习题 7-11 图

习题 7-12 图

7-13 如图所示单元体，应力单位为 MPa，试按第四强度理论求其等效应力。

7-14 已知一点的应力状态如图所示(单位为 MPa)，弹性模量 $E = 200\ \text{GPa}$ ， $\mu = 0.3$ 。求：

(1) 沿 x、y、z 方向的线应变；

(2) 求其三个主应力；

(3) 用第三强度理论求其等效应力。

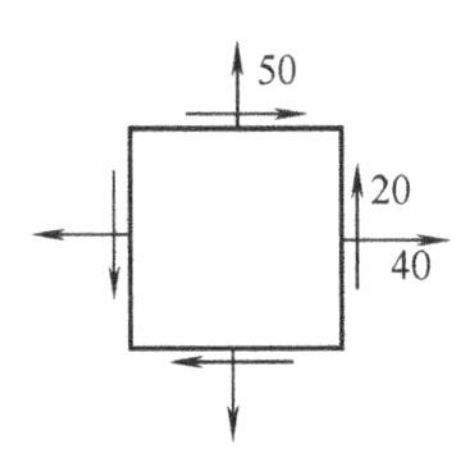

习题 7-13 图

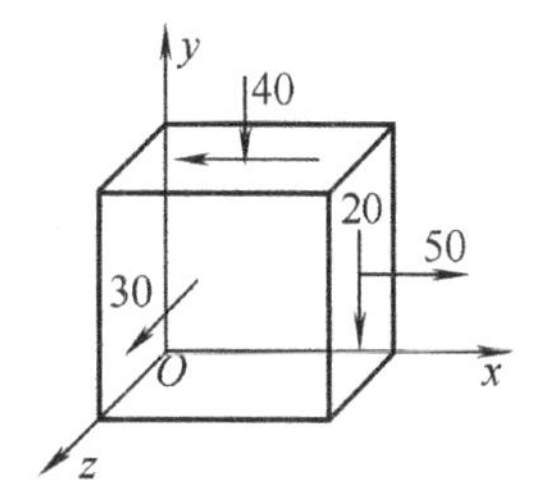

习题 7-14 图

7-15 如图所示单元体，单位为 MPa，弹性模量 $E=200$ GPa， $\mu=0.3$。求：

(1) 三个主应力的大小及方向；

(2) 最大线应变的大小。

7-16 杆件受力如图所示，直径 $d=50$ mm，力 $F=100$ kN，扭矩 $M=800$ N·m。求：

(1) 横截面的正应力及切应力；

(2) 画出点 A 沿纵横截面的单元体；

(3) 点 A 的主应力。

7-17 图示薄壁圆筒，平均直径 $d=50$ mm，壁厚 $\delta=2$ mm，受轴向拉力 $F=20$ kN，力偶矩 $M_e=600$ N·m。D 为筒壁上任一点，求：

(1) 在点 D 处沿纵横截面取一单元体，求单元体各面上的应力并画出单元体图；

(2) 按图示倾斜方位取单元体，求出单元体各面上的应力并画出单元体图；

(3) 求点 D 处的主应力和主平面，并画出主单元体图。

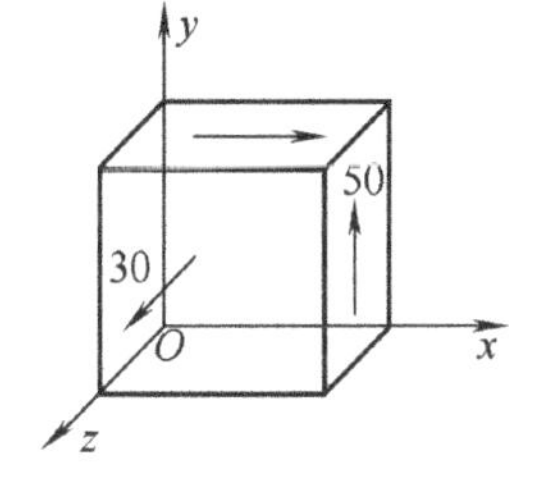

习题 7-15 图

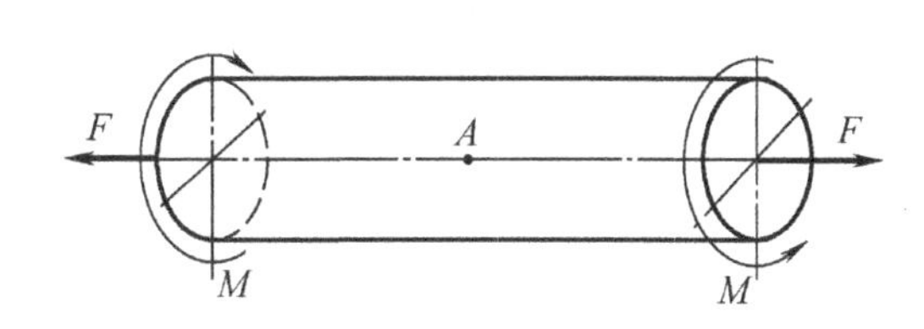

习题 7-16 图

7-18 梁上某点 A 的应变为 $\varepsilon_x=0.50\times10^{-3}$， $\varepsilon_y=-1.65\times10^{-4}$。材料的弹性模量 $E=200$ GPa，泊松比 $\mu=0.33$。求该点的正应力 σ_x 及 σ_y。

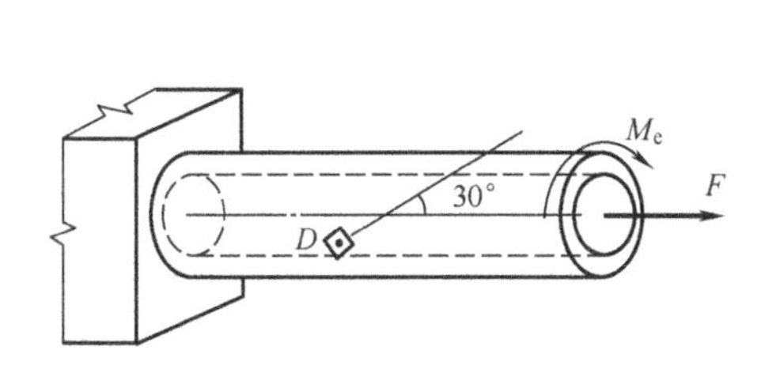

习题 7-17 图

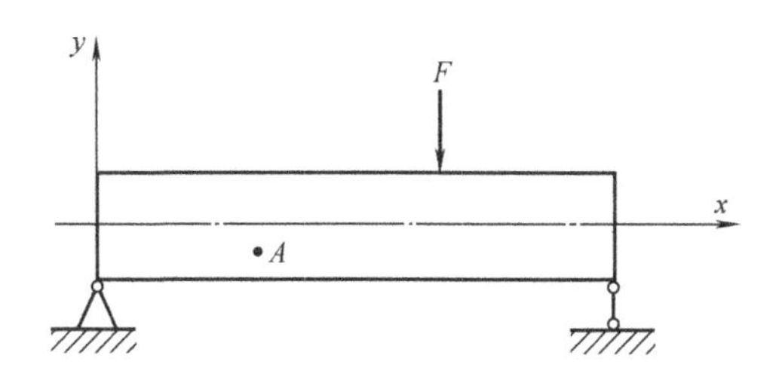

习题 7-18 图

7-19 28a 号工字钢梁受力如图所示，钢材 $E = 200\ \text{GPa}$， $\mu = 0.3$ 。现测得梁中性层上点 K 处与轴线成 45° 方向的应变 $\varepsilon = -2.6\times10^{-4}$，求梁承受的载荷 F 。

7-20 受扭圆轴，直径 $d = 20\ \text{mm}$，材料的 $E = 200\ \text{GPa}$， $\mu = 0.3$，现测得圆轴表面与轴线成 45° 方向的应变 $\varepsilon = 5.2\times10^{-4}$，求扭矩 T 。

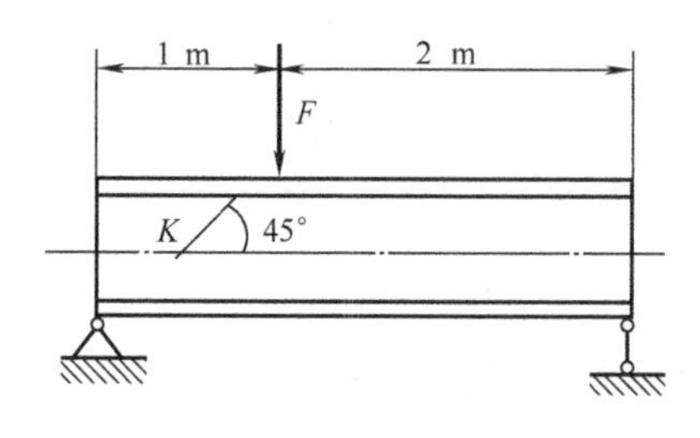

习题 7-19 图

习题 7-20 图

7-21 某厚壁圆筒的横截面如图所示。危险点处 $\sigma_t = 55\ \text{MPa}$， $\sigma_r = 35\ \text{MPa}$，第三个主应力垂直于图面是拉应力，且为 $42\ \text{MPa}$ 。试按第三和第四强度理论计算其相当应力。

7-22 图示同一材料的两个单元体，试按第四强度理论判断哪个更危险。

7-23 铸铁薄管如图所示。管的外径为 200 mm， 壁厚 $\delta = 15\ \text{mm}$， 内压 $p = 4\ \text{MPa}$， $F = 200\ \text{kN}$ 。铸铁的抗拉及抗压许用应力分别为 $[\sigma_t] = 30\ \text{MPa}$，$[\sigma_c] = 120\ \text{MPa}$， $\mu = 0.25$ 。试用第二强度理论及莫尔强度理论校核薄管的强度。

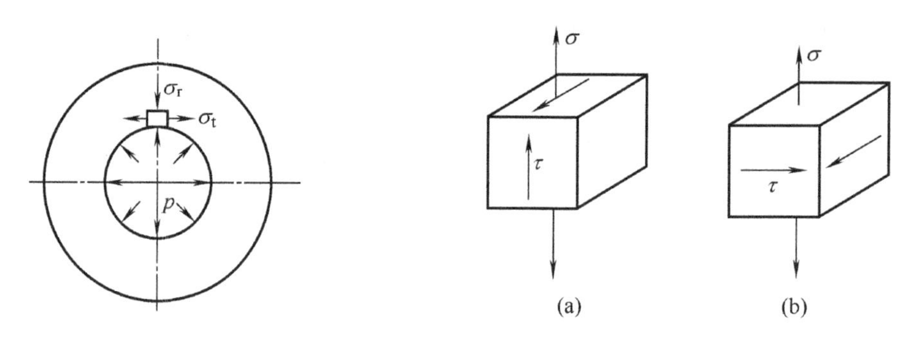

习题 7-21 图

习题 7-22 图

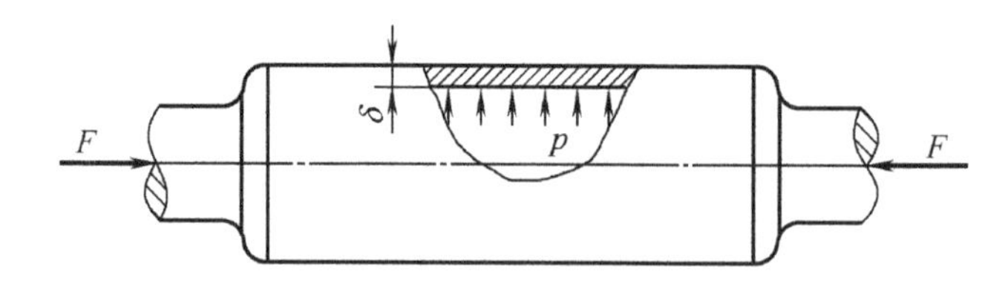

习题 7-23 图

第8章　组 合 变 形

8.1　组合变形与叠加原理的概念

在前面的几章中，分别讨论了杆件轴向拉伸、压缩，扭转及平面弯曲等几种基本变形。基本变形要求载荷具备一定的条件，例如，轴向拉伸和压缩时，载荷的作用线和直杆的轴线必须重合；平面弯曲时，载荷必须作用在梁的纵向对称面内。事实上，在工程实际中，很多构件的受力并不一定能满足这些条件。因此，有些构件受力后，会同时产生几种基本变形。例如，图 8.1(a)所示的链环。为了分析链环直线部分的变形，首先研究链环直线部分任一横截面的内力，如图 8.1(b)所示。此时链环直线部分承受着轴力 F_N 引起的拉伸和由弯矩 $M = Fa$ 引起的弯曲。构件在外力作用下同时产生几种基本变形的情况称为**组合变形**。

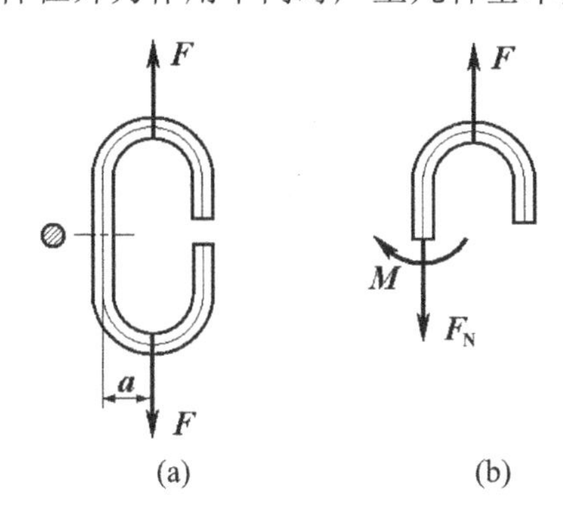

图 8.1　链环的受力

一般情况下，当构件的变形在弹性范围内时，材料服从胡克定律，且为小变形的条件下，当构件受多个外力共同作用时，各外力所引起的内力、应力及变形均互不相关。可以用叠加法计算，即分别计算每一个外力所引起的应力和变形，然后再将所有的应力及变形加以综合，求出构件总的应力及变形。

8.2　斜　弯　曲

一矩形截面的悬臂梁，其受力如图 8.2 所示。因外力不在对称平面内，不满足平面弯曲的条件，不能直接用平面弯曲的公式计算。为此，将力 F 向两个对称平面内分解，得

$$F_y = F\cos\varphi\ ,\quad F_z = F\sin\varphi \tag{8-1}$$

这时，F_y、F_z 将分别使构件产生以轴 z 及轴 y 为中性轴的两个平面弯曲变形。

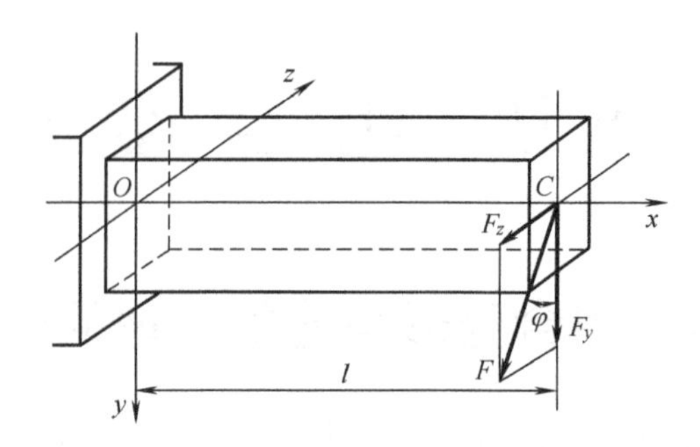

图 8.2　斜弯曲受力图

8.2.1　斜弯曲时的变形

在 F_y 作用下，悬臂梁自由端在铅垂方向的挠度为

$$w_{\mathrm{V}}=\frac{F_y l^3}{3EI_z}=\frac{Fl^3\cos\varphi}{3EI_z} \tag{8-2}$$

在 F_z 作用下，悬臂梁自由端在水平方向的挠度为

$$w_{\mathrm{H}}=\frac{F_z l^3}{3EI_y}=\frac{Fl^3\sin\varphi}{3EI_y} \tag{8-3}$$

自由端总的挠度为

$$w=\sqrt{w_{\mathrm{V}}^2+w_{\mathrm{H}}^2}=\frac{Fl^3}{3E}\sqrt{\frac{\cos^2\varphi}{I_z^2}+\frac{\sin^2\varphi}{I_y^2}} \tag{8-4}$$

自由端总的挠度 w 与铅垂方向的夹角

$$\tan\beta=\frac{w_{\mathrm{H}}}{w_{\mathrm{V}}}=\frac{\sin\varphi\, I_z}{\cos\varphi\, I_y}=\tan\varphi\frac{I_z}{I_y} \tag{8-5}$$

由式(8-5)可知，当 $I_y\neq I_z$ 时，$\beta\neq\varphi$，挠度 w 方向与载荷 F 的作用线方向不一致，即构件弯曲后的挠曲线不再是载荷作用平面内的一条平面曲线，如图 8.3 所示，这种弯曲称为**斜弯曲**。

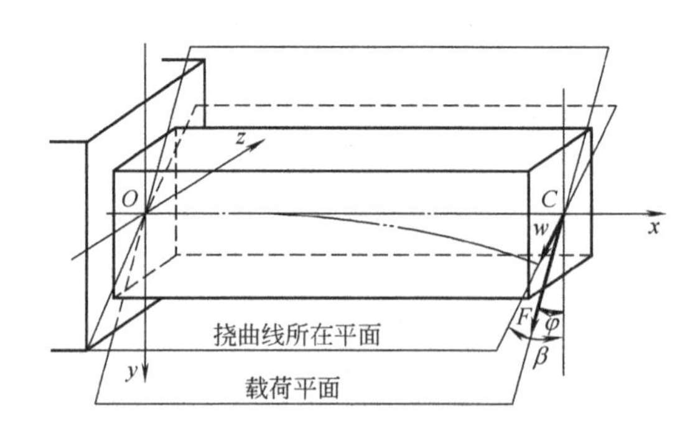

图 8.3　斜弯曲变形图

8.2.2　斜弯曲时的应力

以图 8.4 所示矩形截面梁的截面 m-m 上任一点 $A(y,z)$ 的应力为例。在该截面上，由 F_z 及 F_y 引起的弯矩

$$M_y = F_z(l-x) = F(l-x)\sin\varphi \tag{8-6}$$

$$M_z = F_y(l-x) = F(l-x)\cos\varphi \tag{8-7}$$

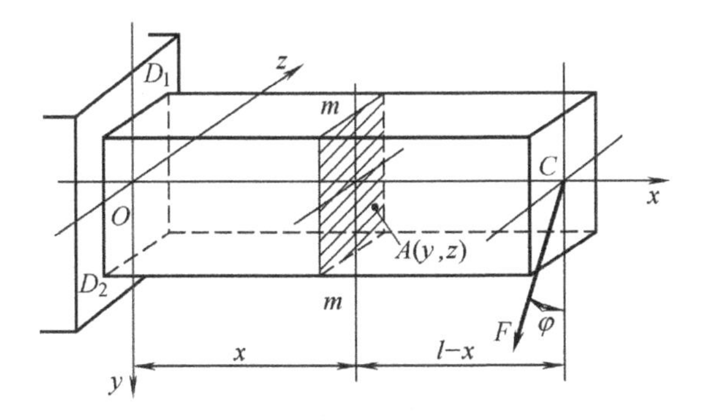

图 8.4　矩形截面梁的截面 m-m 图

M_z 、M_y 在该截面上点 A 处引起的应力如图 8.5(a)和图 8.5(b)所示。

$$\sigma' = -\frac{M_z y}{I_z}, \quad \sigma'' = \frac{M_y z}{I_y}$$

点 A 处总的正应力

$$\sigma = \sigma' + \sigma'' = -\frac{M_z y}{I_z} + \frac{M_y z}{I_z} \tag{8-8}$$

将式(8-6)、式(8-7)代入上式得

$$\sigma = F(l-x)\left(-\frac{y}{I_z}\cos\varphi + \frac{z}{I_y}\sin\varphi\right) \tag{8-9}$$

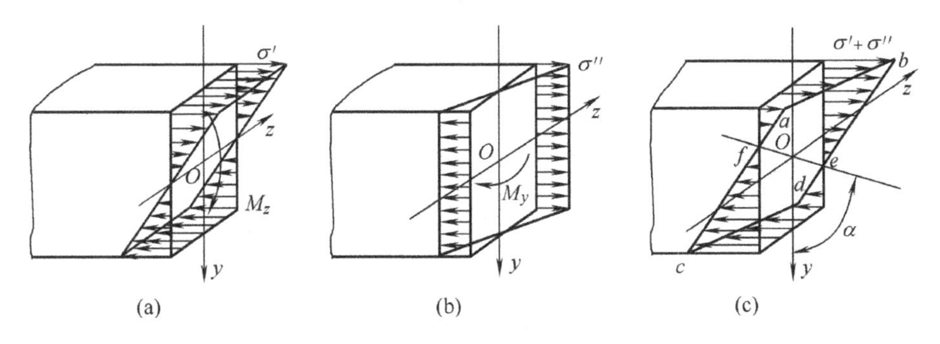

图 8.5　斜弯曲应力图

截面 m-m 上总的正应力分布如图 8.5(c)所示。

从图 8.5(c)可见，直线 ef 上的应力为零，故直线 ef 为梁斜弯曲时的中性轴。且距中性轴最远的点应力最大。设 (y_0, z_0) 为中性轴上的任一点，则由式(8-9)得

$$\frac{z_0}{I_y}\sin\varphi-\frac{y_0}{I_z}\cos\varphi=0 \tag{8-10}$$

上式为**中性轴方程**。

斜弯曲时最大拉、压应力发生在距中性轴最远的点。最大拉、压应力及强度条件分别为

$$\sigma_{\text{t max}}=\frac{M_{z\max}}{W_z}+\frac{M_{y\max}}{W_y} \tag{8-11}$$

强度条件 $\sigma_{\text{t max}}\leqslant[\sigma_\text{t}]$

$$\sigma_{\text{c max}}=-\frac{M_{z\max}}{W_z}-\frac{M_{y\max}}{W_y} \tag{8-12}$$

强度条件 $\sigma_{\text{c max}}\leqslant[\sigma_\text{c}]$

(1) 对有棱角的截面，最大拉、压应力出现在距中性轴最远的具有突出棱角的点。

(2) 对无棱角的截面，如图8.6所示，最大拉、压应力出现在距中性轴平行且与截面边界相切的切点上。

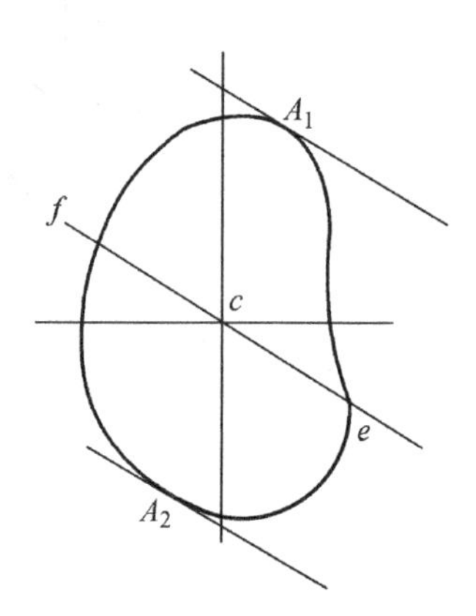

图 8.6　无棱角截面的最大拉、压应力点

【例 8-1】 如图8.7(a)所示简支梁用32a号工字钢制成，跨距 $l=4\,\text{m}$，材料为Q235钢，$[\sigma]=160\,\text{MPa}$。作用在梁跨中点 C 截面的集中力 $F=30\,\text{kN}$，力 F 的作用线与铅直对称轴 y 夹角 $\alpha=15^\circ$，试校核梁的强度。

【分析】 点2在 $M_{z\max}$ 和 $M_{y\max}$ 作用下，均产生拉应力，故为弯弯组合，其拉应力为 $M_{z\max}$ 与 $M_{y\max}$ 产生的应力之和。

【解】 将 F 沿 y 轴和 z 轴分解，有

$$F_y=F\cos\alpha=30\,\text{kN}\cdot\cos15^\circ=29\,\text{kN}$$

$$F_z=F\sin\alpha=30\,\text{kN}\cdot\sin15^\circ=7.76\,\text{kN}$$

在平面 xy 上由 F_y 引起的梁中点 C 处最大弯矩

$$M_{z\max}=\frac{F_y l}{4}=\frac{29\,\text{kN}\times4\,\text{m}}{4}=29\,\text{kN}\cdot\text{m}$$

在平面 xz 内由 F_z 引起的最大弯矩

$$M_{y\max}=\frac{F_z l}{4}=\frac{7.76\,\text{kN}\times4\,\text{m}}{4}=7.76\,\text{kN}\cdot\text{m}$$

分析图8.7(a)右图所示截面的4个角点1、2、3、4处的应力情况，可以发现 F_y 和 F_z 均在点2处产生极值拉应力，因而最大拉应力发生在梁跨度中点截面 C 的点2。由附录D型钢表查得32a工字钢的两个弯曲截面系数分别为

$$W_y=70.8\,\text{cm}^3，\ W_z=692.2\,\text{cm}^3$$

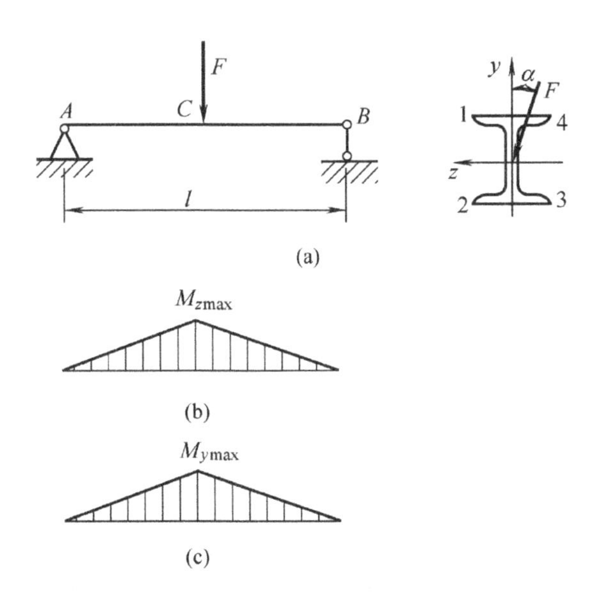

图 8.7　例 8-1 图

计算点 2 处的拉应力 $\sigma_{(2)}$

$$\sigma_{(2)}=\frac{M_{y\max}}{W_y}+\frac{M_{z\max}}{W_z}=\frac{7.76\times10^3\ \text{N}\cdot\text{m}}{70.8\times10^{-6}\ \text{m}^3}+\frac{29\times10^3\ \text{N}\cdot\text{m}}{692.2\times10^{-6}\ \text{m}^3}$$

$$=151.5\times10^6\ \text{Pa}=151.5\ \text{MPa}<[\sigma]$$

故此梁是安全的。

8.3　弯拉(压)组合

如图 8.8 所示，点 $A(y_F,z_F)$ 作用有与 x 轴平行的力 F，由于力 F 不通过截面形心，称为**偏心力**。将力 F 平移至截面形心，用 F_x 表示，受力如图 8.9 所示。根据圣维南原理，这样平移后，对远离自由端的截面上的应力并无影响。此时梁不仅受轴力 F_x 的作用，而且还受力偶 M_y 及 M_z 的作用。其值为

$$F_x=F，\quad M_y=F\cdot z_F，\quad M_z=F\cdot y_F$$

此时，梁的变形为拉伸与弯曲的组合。

在图 8.9 任一截面 1-1 的内力

$$F_{\text{N}}=F_x=F，\quad M_y=F\cdot z_F，\quad M_z=F\cdot y_F$$

截面上任一点 $B(y,z)$ 的应力如下。

轴力引起的正应力　　$\sigma'=\frac{F_{\text{N}}}{A}=\frac{F}{A}$

弯矩 M_y 引起的正应力　　$\sigma''=\frac{M_y z}{I_y}=\frac{F\cdot z_F\cdot z}{I_y}$

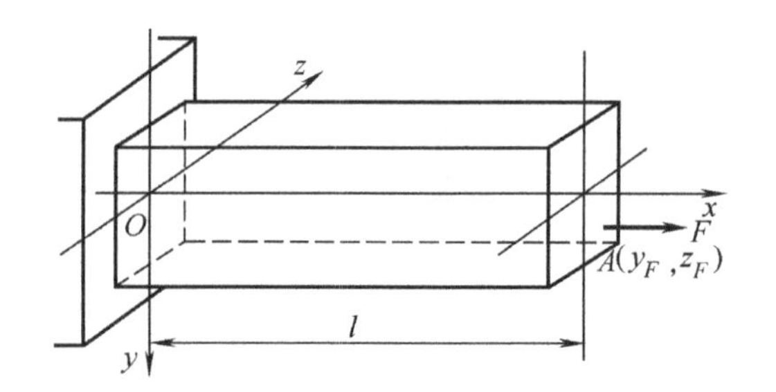

图 8.8 偏心拉伸

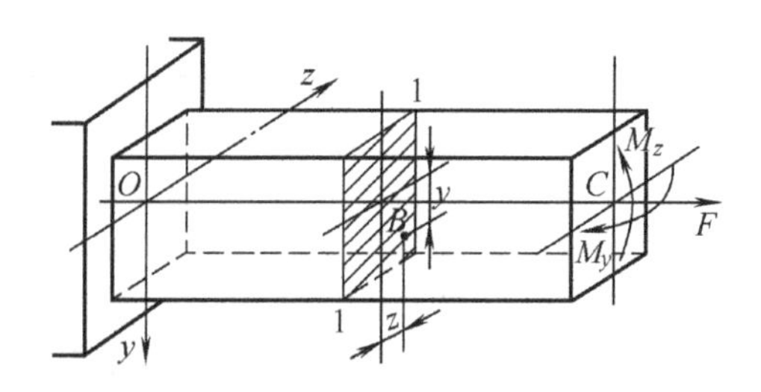

图 8.9 弯拉组合

弯矩 M_z 引起的正应力 $$\sigma''' = \frac{M_z y}{I_z} = \frac{F \cdot y_F \cdot y}{I_z}$$

点 B 的总应力 $$\sigma = \sigma' + \sigma'' + \sigma''' = \frac{F}{A} + \frac{F \cdot z_F \cdot z}{I_y} + \frac{F \cdot y_F \cdot y}{I_z} \tag{8-13}$$

各项应力在横截面上的分布如图 8.10(a)、(b)、(c)所示。图 8.10(d)所示为总应力分布图。在计算时，截面上每一点应力的正负号一般根据该点的位置及构件的变形情况来判定。图 8.10(d)上的直线 ef 为中性轴，且中性轴上各点的应力为零。由式(8-13)知

$$\sigma = \frac{F}{A} + \frac{F \cdot z_F \cdot z}{I_y} + \frac{F \cdot y_F \cdot y}{I_z} = \frac{F}{A}\left(1 + \frac{z_F \cdot z}{i_y^2} + \frac{y_F \cdot y}{i_z^2}\right) = 0$$

$$1 + \frac{z_F \cdot z}{i_y^2} + \frac{y_F \cdot y}{i_z^2} = 0 \tag{8-14}$$

式(8-14)为**中性轴方程**。其中，$i_y = \sqrt{\dfrac{I_y}{A}}$，$i_z = \sqrt{\dfrac{I_z}{A}}$。

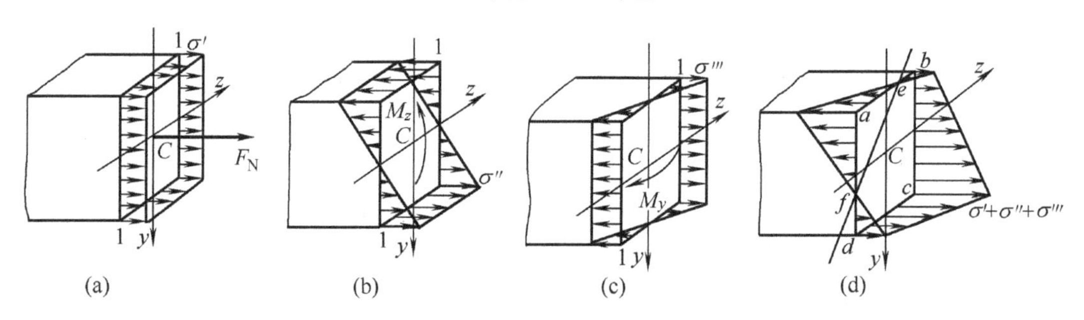

图 8.10 横截面 1-1 的应力分布

【例 8-2】 如图 8.11(a)所示钻床的立柱为铸铁制成，许用拉应力 $[\sigma_t] = 45\ \text{MPa}$，$d = 50\ \text{mm}$，试确定许用载荷 $[F]$。

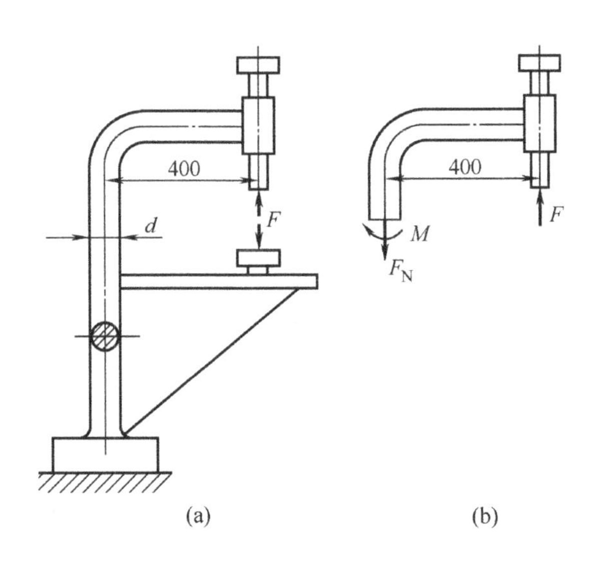

图 8.11　例 8-2 图

【分析】 力 F 在立柱的横截面将产生轴力 F_N 及弯矩 M，此时为拉弯组合。

【解】 立柱的内力如图 8.11(b)所示，将产生拉伸和弯曲的组合变形，其内力

$$F_N = F \text{，} \quad M = 0.4F$$

立柱内侧将达到最大拉应力，另据强度条件有

$$\sigma_{max} = \frac{F_N}{A} + \frac{M}{W} \leqslant [\sigma_t]$$

注意到 $A = \frac{\pi d^2}{4}$，$W = \frac{\pi d^3}{32}$，并将上式取等号后可得

$$\frac{4F}{\pi d^2} + \frac{0.4 \times 32F}{\pi d^3} = [\sigma_t]$$

$$F = \frac{[\sigma_t]}{\frac{4}{\pi d^2} + \frac{0.4 \times 32}{\pi d^3}} = \frac{45 \times 10^6 \text{ Pa}}{\frac{4}{\pi \times (50 \times 10^{-3} \text{ m})^2} + \frac{0.4 \text{ m} \times 32}{\pi \times (50 \times 10^{-3} \text{ m})^3}} = 1359 \text{ N}$$

8.4　弯 扭 组 合

以图 8.12(a)为例，分析 AB 段的强度问题。将力 F 由点 C 平移至点 B，同时附加一力偶 $M_x = Fa$，此时仅分析 AB 段，如图 8.12(b)所示。AB 段的弯矩图和扭矩图如图 8.12(c)所示，若不考虑剪力的影响，此时 AB 段的变形为弯曲和扭转的组合变形。危险截面在截面 A，其值为

$$M = Fl \text{，} \quad T = Fa$$

截面 A 在弯矩 M 的作用下，点 D_1 的正应力为最大拉应力，点 D_2 的正应力为最大压应力。在扭矩 T 的作用下，截面周边各点的扭转切应力均为最大，因而 D_1、D_2 为截面 A 的两个危险点。D_1、D_2 两点的应力状态如图 8.12(e)所示。现以点 D_1 的应力状态为例，分析其强度条件。

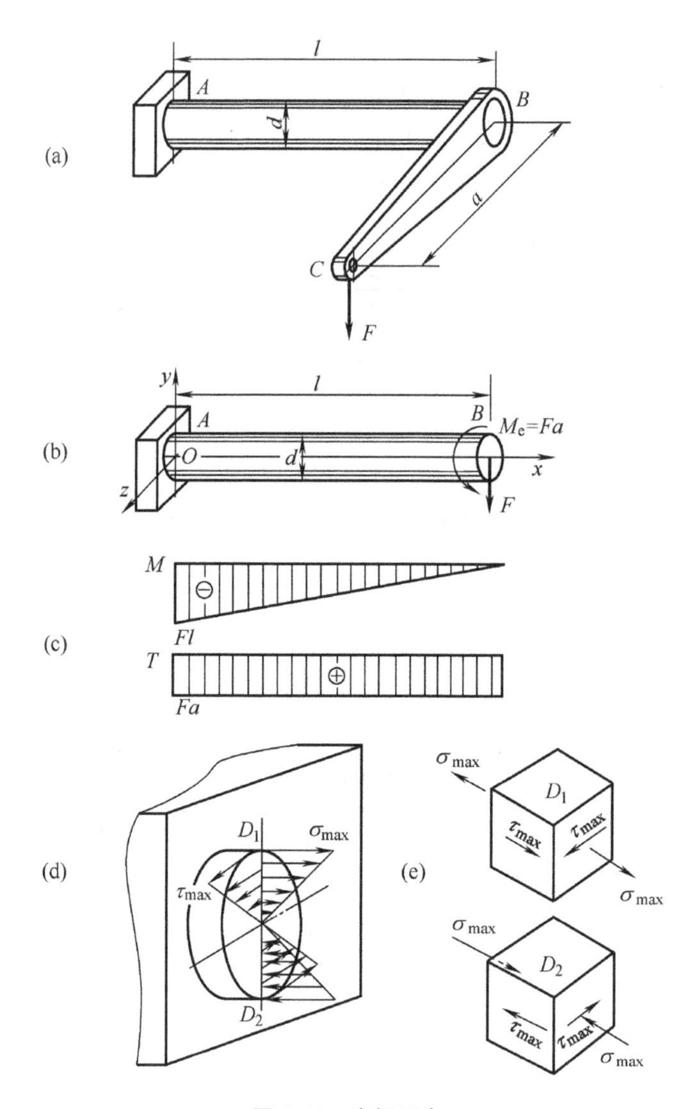

图 8.12 弯扭组合

点 D_1 的应力分别为

$$\sigma=\frac{M}{W}, \quad \tau=\frac{T}{W_p} \tag{8-15}$$

点 D_1 的主应力分别为

$$\sigma_{1,3}=\frac{\sigma}{2}\pm\sqrt{\left(\frac{\sigma}{2}\right)^2+\tau^2}, \quad \sigma_2=0 \tag{8-16}$$

因轴类零件通常为塑性材料，故可用第三、第四强度理论检验其强度条件。若用第三强度理论，则

$$\sigma_{eq3}=\sigma_1-\sigma_3$$

将式(8-16)代入上式得

$$\sigma_{eq3}=\sqrt{\sigma^2+4\tau^2}$$

其强度条件为

$$\sqrt{\sigma^2+4\tau^2}\leqslant[\sigma] \tag{8-17}$$

若用第四强度理论，则

$$\sigma_{eq4}=\sqrt{\frac{1}{2}[(\sigma_1-\sigma_2)^2+(\sigma_2-\sigma_3)^2+(\sigma_3-\sigma_1)^2]}$$

将式(8-16)代入上式得

$$\sigma_{eq4}=\sqrt{\sigma^2+3\tau^2}$$

其强度条件为

$$\sqrt{\sigma^2+3\tau^2}\leqslant[\sigma] \tag{8-18}$$

因圆轴横截面的

$$W_p=2W \tag{8-19}$$

将式(8-15)、式(8-19)代入式(8-17)得

$$\frac{\sqrt{M^2+T^2}}{W}\leqslant[\sigma] \tag{8-20}$$

将式(8-15)、式(8-19)代入式(8-18)得

$$\frac{\sqrt{M^2+0.75T^2}}{W}\leqslant[\sigma] \tag{8-21}$$

计算圆截面杆时，式(8-20)及式(8-21)比较方便，但计算非圆截面杆及拉扭组合变形时，只能用式(8-17)及式(8-18)。

对于拉(压)扭组合变形，由于其应力状态与弯扭的应力状态完全相同，同样可用式(8-17)及式(8-18)计算。

【例 8-3】 如图 8.13(a)所示的圆轴，装有两个皮带轮 A 和 B，两轮直径相同，$D_A=D_B=1\,\mathrm{m}$；重量相同，$W_A=W_B=5\,\mathrm{kN}$。轮 A 上的皮带拉力沿水平方位，轮 B 上的皮带拉力沿铅直方位，拉力的大小为 $F_A=F_B=5\,\mathrm{kN}$，$F_A'=F_B'=2\,\mathrm{kN}$。设许用应力 $[\sigma]=80\,\mathrm{MPa}$，试按第三强度理论求圆轴所需的直径 d。

【分析】 将皮带轮上的力向轴线简化，简化后的力将在轴上产生扭矩及绕 y 轴和 z 轴的弯矩。计算出最危险截面的总弯矩和扭矩后，可用第三强度理论计算。

【解】 (1) 分析载荷。

将如图 8.13(a)所示载荷向轴线简化，得圆轴所受载荷，如图 8.13(b)所示。

(2) 作内力图。

作出水平面内的弯矩图 8.13(c)，铅直面内的弯矩图 8.13(d)及扭矩图 8.13(f)。

各横截面上合成弯矩的大小如下。

截面 C

$$M_C=\sqrt{M_z^2+M_y^2}=\sqrt{(1.5)^2+(2.1)^2}\,\mathrm{kN\cdot m}=2.58\,\mathrm{kN\cdot m}$$

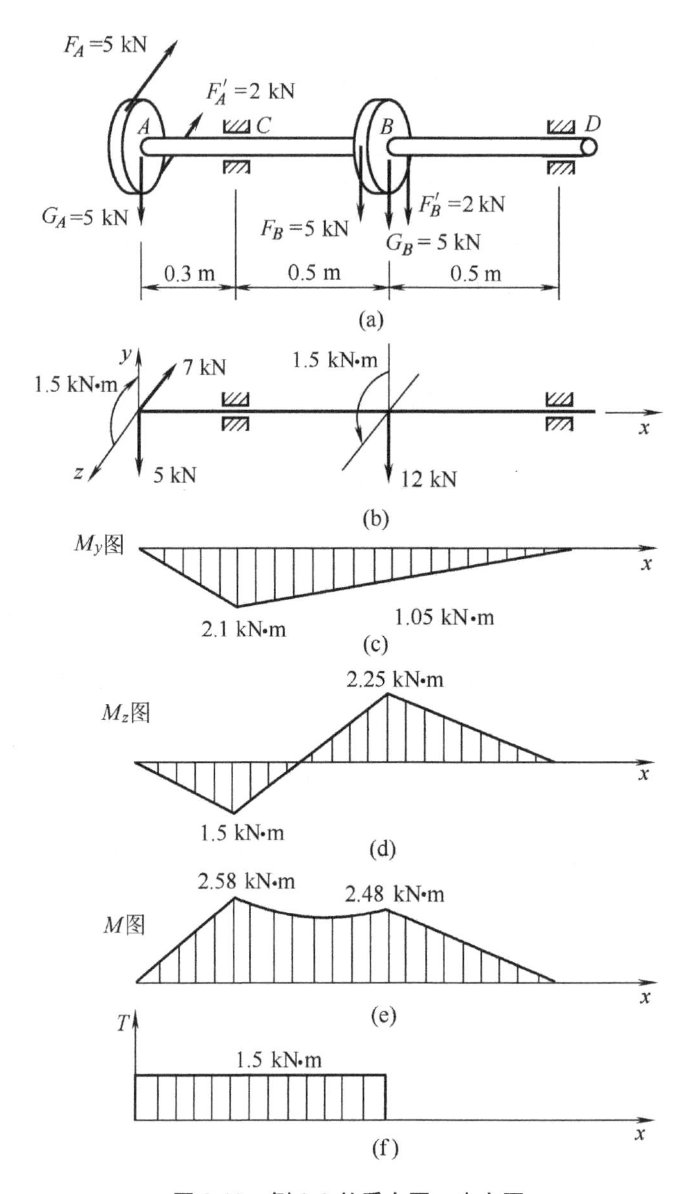

图 8.13　例 8-3 的受力图、内力图

截面 B

$$M_B=\sqrt{M_z^2+M_y^2}=\sqrt{(2.25)^2+(1.05)^2}\text{kN}\cdot\text{m}=2.48\text{ kN}\cdot\text{m}$$

由此作轴的合成弯矩图，如图 8.13(e)所示，最大弯矩在截面 C。

(3) 确定危险截面并计算直径。

由图 8.13(e)知，截面 C 是轴的危险截面。按第三强度理论的弯扭组合强度条件，由式(8-20)得

$$\frac{\sqrt{(2.58\times10^3)^2+(1.50\times10^3)^2}\text{kN}\cdot\text{m}}{\dfrac{\pi}{32}d^3}\leqslant 80\times10^6\text{ Pa}$$

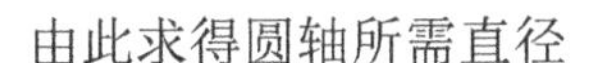

由此求得圆轴所需直径

$$d \geqslant 72 \times 10^{-3}\ \text{m} = 72\ \text{mm}$$

【讨论】

(1) 将图8.13(a)简化为图8.13(b)这一步很重要；

(2) 由图 8.13(c)和图 8.13(d)确定$M_{\max}$，一般只要比较M_B、M_C即可。作业时，图8.13(e)可不画出。

小　结

本章主要研究了斜弯曲、弯拉(压)组合变形，弯扭组合变形的强度计算。

(1) 对于斜弯曲、弯拉(压)组合变形，由于其变形后危险点的应力均为同向和反向的正应力，属简单应力状态。故对每种变形的应力代数相加后，就是其总的应力，其强度条件可由简单应力状态的强度条件确定。

(2) 弯扭组合变形时危险点是平面应力状态，一般轴类零件用钢制成，故常用第三、四强度理论来确定其强度条件。

(3) 式(8-20)和式(8-21)适用于塑性材料制成的圆轴。

(4) 对有拉(压)扭或拉(压)弯扭的组合变形，若为塑性材料，可由式(8-17)和式(8-18)计算其强度。

思 考 题

8-1 何为斜弯曲？何谓偏心拉压及弯拉组合变形？何谓弯扭组合变形？

8-2 为何斜弯曲、偏心拉压及弯拉组合变形的应力可用叠加原理。

8-3 为何弯扭组合变形的强度条件不能用代数叠加？

8-4 如果弯扭组合变形的轴用铸铁制成，是否仍可用式(8-20)和式(8-21)进行强度校核。

8-5 偏心拉伸时，是否可使横截面上的应力都成为拉应力？

8-6 斜弯曲的外力特点和变形特点各是什么？

8-7 下列三个强度条件表达式各适用于什么情况？

(a)$\sigma_1 - \sigma_3 \leqslant [\sigma]$；(b)$\sqrt{\sigma^2 + 3\tau^2} \leqslant [\sigma]$；(c)$\dfrac{\sqrt{M^2 + T^2}}{W} \leqslant [\sigma]$

8-8 当矩形截面杆处于双向弯曲、轴向拉伸(压缩)与扭转组合变形时，危险点位于何处？如何计算危险点处的应力并建立相应的强度条件？

习　题

8-1 受集度为q的均布载荷作用的矩形截面简支梁，其载荷作用面与梁的纵向对称面间的夹角为$\alpha = 30^\circ$，如图如示。已知该梁材料的弹性模量$E = 10\text{GPa}$；梁的尺寸为$l = 4\ \text{m}$，

$h = 160$ mm， $b = 120$ mm；许用应力 $[\sigma] = 12$ MPa；许可挠度 $[w] = \dfrac{1}{150}$。试校核此梁的强度和刚度。

8-2 有一木质拉杆如图所示，截面原为边长 a 的正方形，拉力 F 与杆轴线重合。后因使用上的需要，在杆长的某一段范围内开一 $\dfrac{a}{2}$ 宽的切口，如图所示。求截面 m - m 上的最大拉应力和最大压应力，并求此最大拉应力是截面削弱以前的拉应力值的几倍(不计应力集中的影响)。

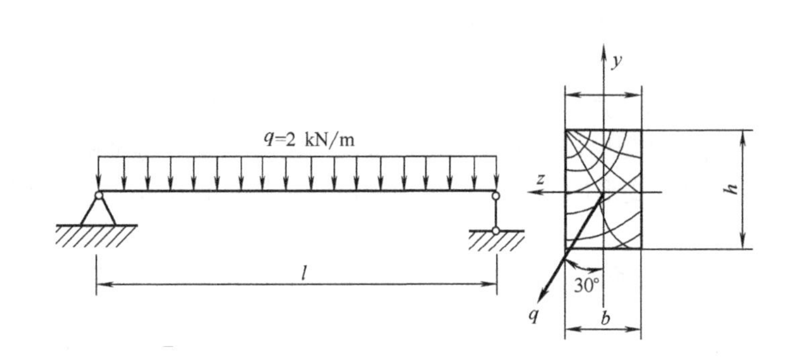

习题 8-1 图

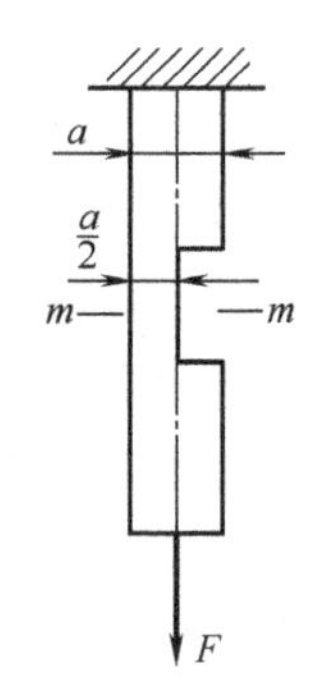

习题 8-2 图

8-3 作用于图示悬臂木梁上的载荷 $F_1 = 800$ N， $F_2 = 1650$ N。若木材许用应力 $[\sigma] = 10$ MPa，矩形截面边长之比为 $\dfrac{h}{b} = 2$，试确定截面的尺寸。

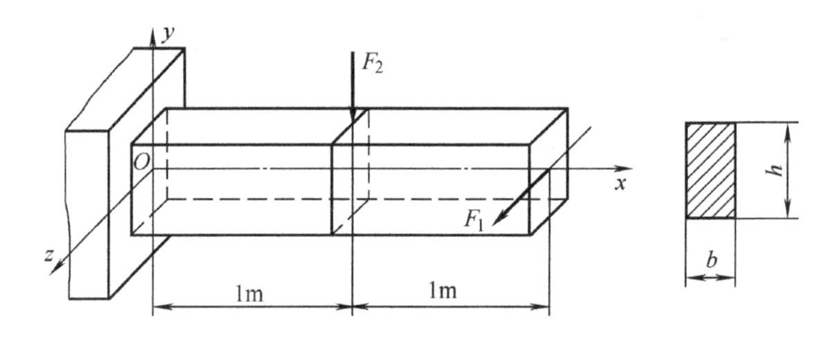

习题 8-3 图

8-4 螺旋夹紧器立臂的横截面为 $a \times b$ 的矩形，如图所示。已知该夹紧器工作时承受的夹紧力 $F = 16$ kN，材料的许用应力 $[\sigma] = 160$ MPa，立臂厚 $a = 20$ mm，偏心距 $e = 140$ mm。求立臂宽度 b。

8-5 已知杆 AB 的横截面为边长为 $a = 100$ mm 的正方形， $F_1 = 20$ kN， $F_2 = 30$ kN， $l_1 = 200$ mm， $l_2 = 300$ mm，求杆 AB 内的最大正应力。

8-6 如图所示，杆 AB 为边长为 $a = 200$ mm、 $b = 100$ mm 的矩形， $l = 0.5$ m， $F_1 = 200$ kN， $F_2 = 100$ kN，求 AB 杆的绝对值最大的正应力。

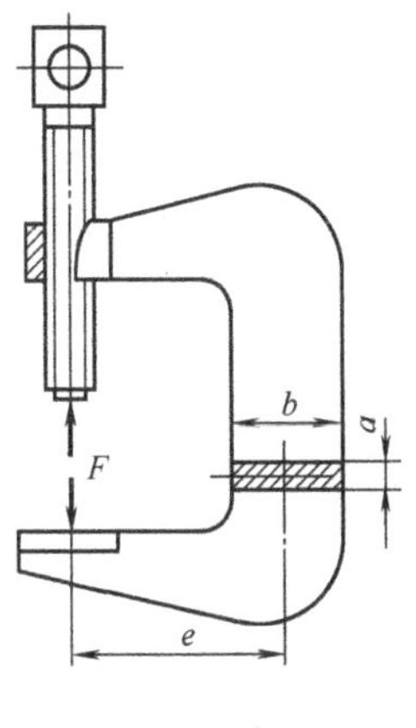

习题 8-4 图

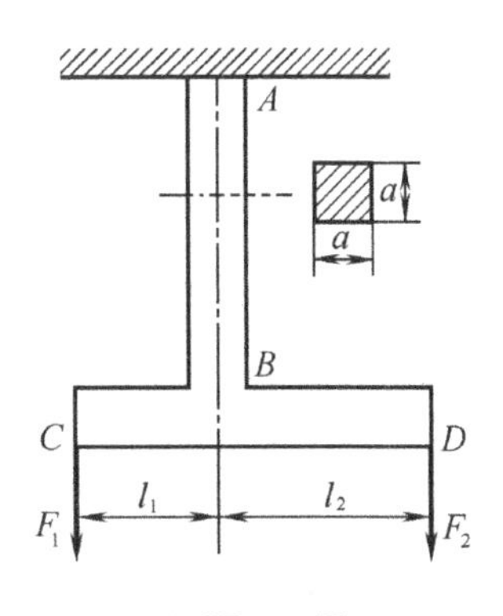

习题 8-5 图

8-7 折杆 ABC，载荷及支承情况如图所示。

(1) 欲使 B 处的挠度等于零，试求 α；

(2) 设 $a=\frac{1}{2}$，α 为任一值，求 AB 杆内绝对值最大的正应力。

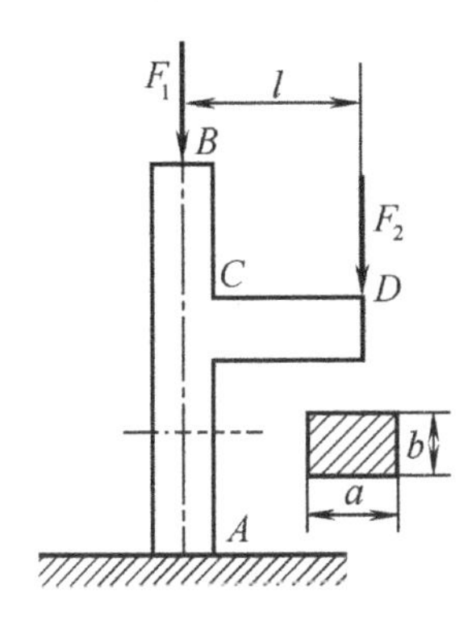

习题 8-6 图

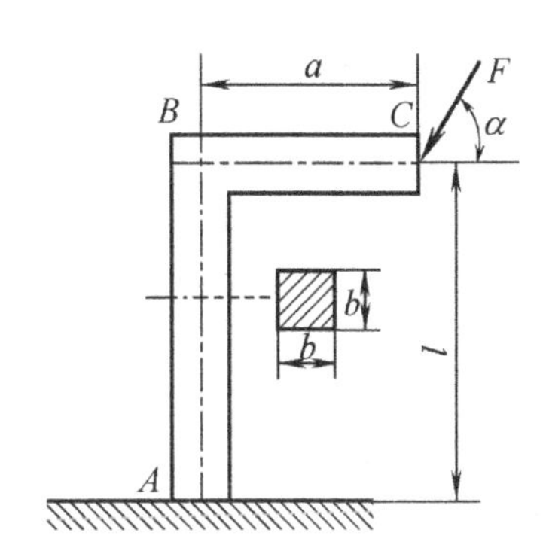

习题 8-7 图

8-8 图示折杆 ABC，横截面为正方形，载荷沿 AC 连线，已知 $F=10\text{ kN}$，$l=0.8\text{ m}$，$b=0.3\text{ m}$，$a=60\text{ mm}$。求危险横截面的最大正应力。

8-9 曲拐受力如图所示，其圆杆部分的直径 $d=50\text{ mm}$。试画出表示点 A 处应力状态的单元体，并求其主应力及最大切应力。

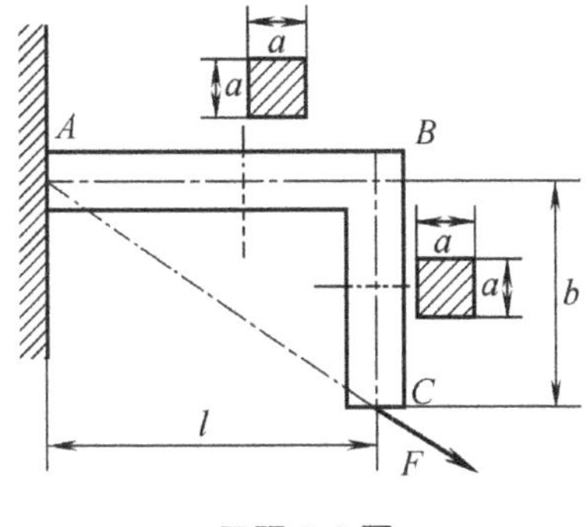

习题 8-8 图

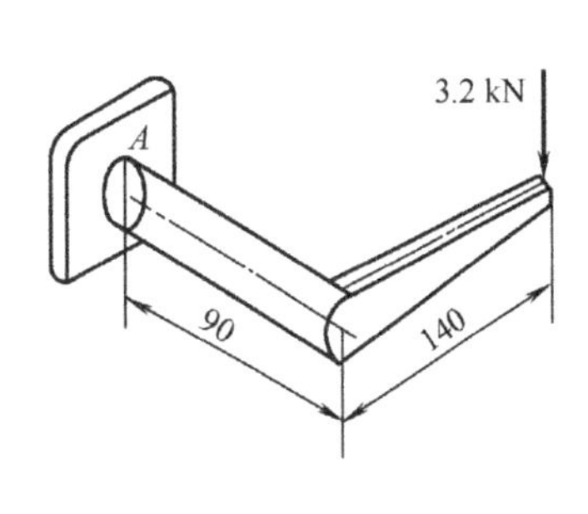

习题 8-9 图

8-10 一手摇绞车如图所示。已知轴的直径$d = 25\ \mathrm{mm}$，材料为 Q235 钢，其许用应力$[\sigma] = 80\ \mathrm{MPa}$。试按第四强度理论求绞车的最大起吊重量$P$。

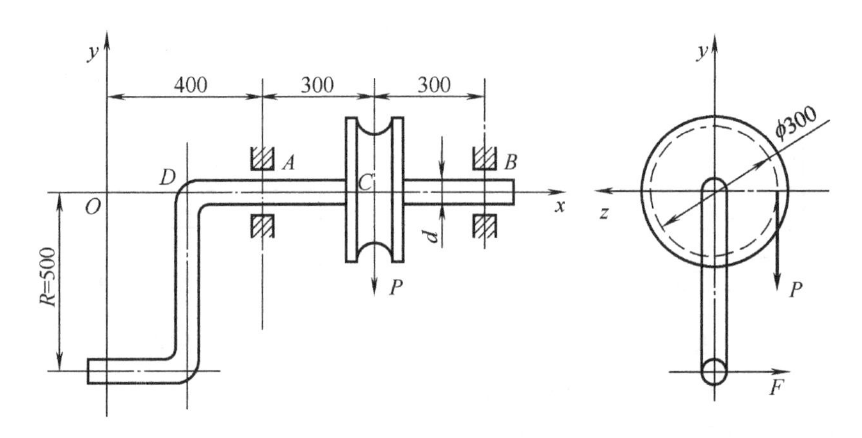

习题 8-10 图

8-11 图示传动轴，转速$n = 110\ \mathrm{r/min}$，传递功率$P = 11\ \mathrm{kW}$，皮带的紧边张力为其松边张力的 3 倍。若许用应力$[\sigma] = 70\ \mathrm{MPa}$，试按第三强度理论确定该传动轴外伸段的许可长度$l$。

8-12 图示齿轮传动轴，齿轮 1 与 2 的节圆直径分别为$d_1 = 50\ \mathrm{mm}$与$d_2 = 130\ \mathrm{mm}$。在齿轮 1 上，作用有切向力$F_y = 3.83\ \mathrm{kN}$，径向力$F_z = 1.393\ \mathrm{kN}$；在齿轮 2 上，作用有切向力$F_y' = 1.473\ \mathrm{kN}$，径向力$F_z' = 0.536\ \mathrm{kN}$。轴用 45 号钢制成，直径$d = 22\ \mathrm{mm}$，许用应力$[\sigma] = 180\ \mathrm{MPa}$，试按第三强度理论校核轴的强度。

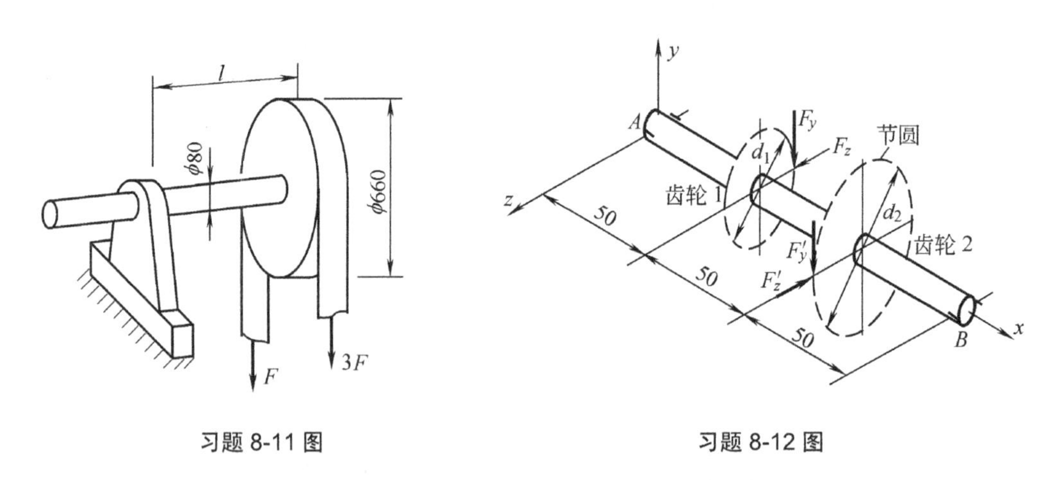

习题 8-11 图　　　　习题 8-12 图

8-13 图示圆截面杆，直径为d，承受轴向力F与扭力偶矩M作用，杆用塑性材料制成，许用应力为$[\sigma]$，试画出危险点处微单元体的应力状态图，并按第四强度理论建立杆的强度条件。

8-14 若习题 8-13 所述杆用脆性材料制成，许用拉应力为$[\sigma]$，试解该题。

8-15 图示圆截面钢杆，承受横向载荷F_1、轴向载荷F_2与扭力偶矩M_e作用，试按第三强度理论校核杆的强度。已知$F_1 = 500\ \mathrm{kN}$，$F_2 = 15\ \mathrm{kN}$，$M_e = 1.2\ \mathrm{kN \cdot m}$，许用应力

$[\sigma]=160\ \text{MPa}$。

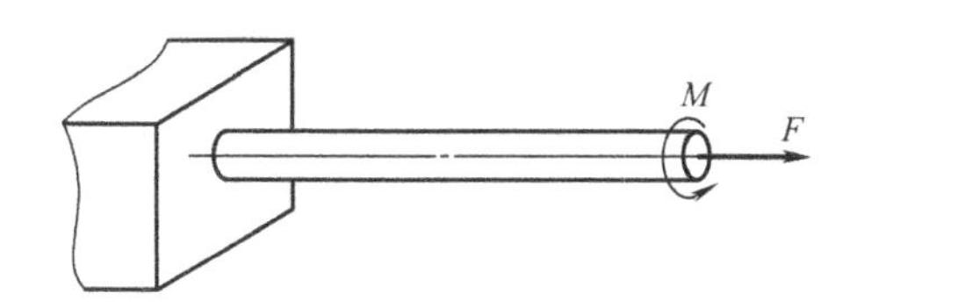

习题 8-13 图

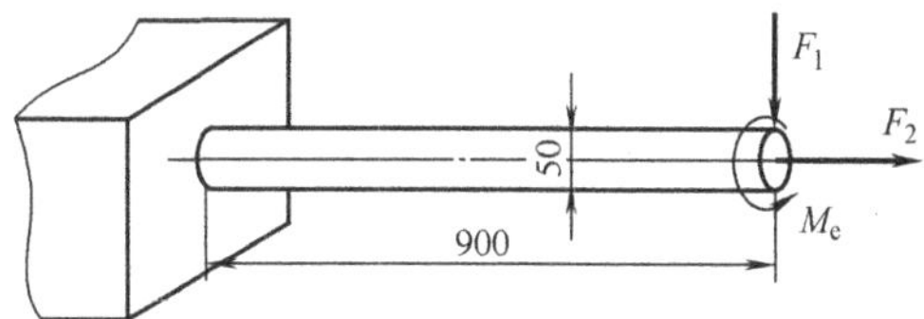

习题 8-15 图

8-16 图示圆截面钢轴，由电机带动。在斜齿轮的齿面上，作用有切向力 $F_t=19\ \text{kN}$，径向力 $F_r=740\ \text{N}$，以及平行于轴线的外力 $F=660\ \text{N}$。若许用应力 $[\sigma]=160\ \text{MPa}$，试按第四强度理论校核轴的强度。

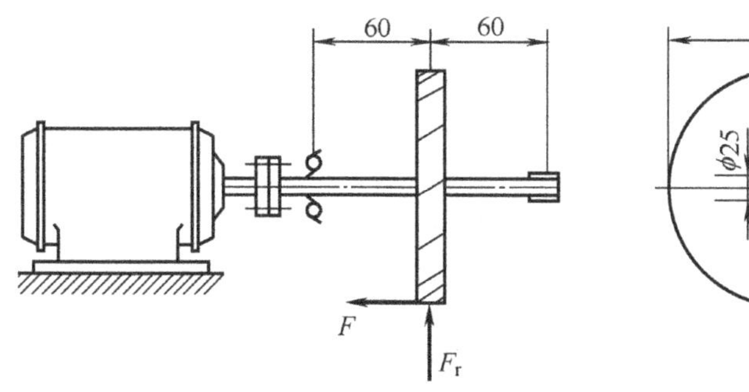

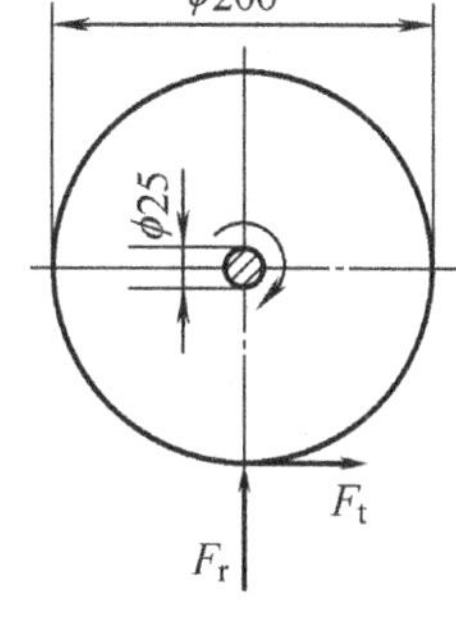

习题 8-16 图

8-17 图示钢质拐轴，承受铅垂载荷 F 作用，试按第三强度理论确定轴 AB 的直径。已知载荷 $F=1\ \text{kN}$，许用应力 $[\sigma]=160\ \text{MPa}$。

8-18 空心圆轴的外径 $D=200\ \text{mm}$，内径 $d=160\ \text{mm}$。在端部作用有集中力 F，作用点为切于圆周的点 A。已知：$F=60\ \text{kN}$，$[\sigma]=80\ \text{MPa}$，$l=500\ \text{mm}$。试求：

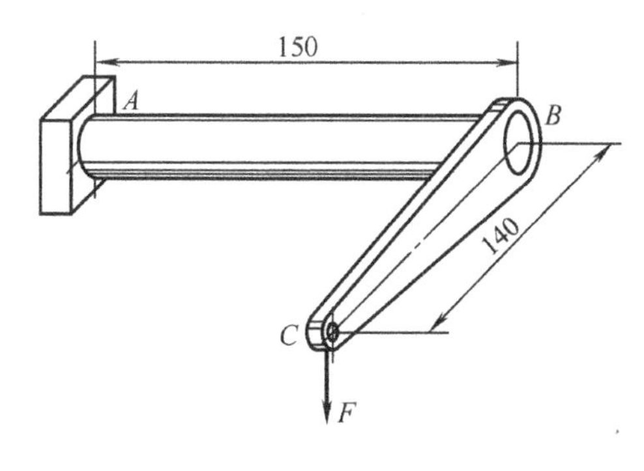

习题 8-17 图

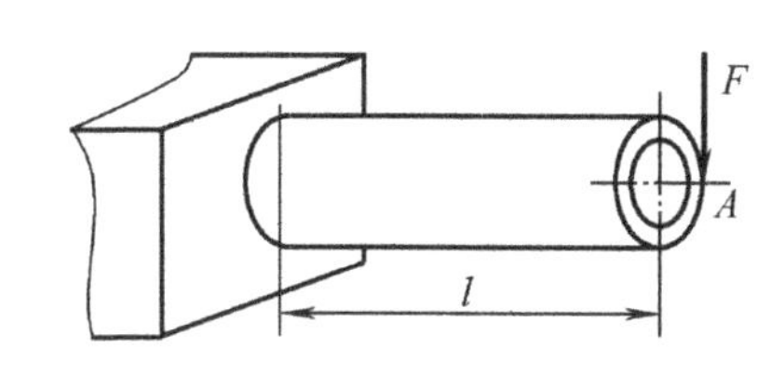

习题 8-18 图

(1) 校核轴的强度；

(2) 标出危险截面危险点的位置(可在题图上标明)；

(3) 给出危险点的应力状态。

8-19 图示圆直径 $d=200\ \text{mm}$，受弯矩 M_y 及扭矩 T 作用。若由实验测得轴表面上点 A

沿轴线方向的线应变 $\varepsilon_0 = 6\times10^{-4}$，点 B 沿轴线成 45°方向的线应变 $\varepsilon_{45^\circ} = 4\times10^{-4}$，已知材料的 $E = 200$ GPa，$\mu = 0.25$，$[\sigma] = 160$ MPa。求 M_y 及 T，并按第四强度理论校核轴的强度。

8-20 图示水平直角折杆受竖直力 F 作用，已知轴直径 $d = 100$ mm；$a = 400$ mm；$E = 200$ GPa，$\mu = 0.25$；在截面 D 的顶点 K 处测出轴向应变 $\varepsilon_0 = 2.75\times10^{-4}$。求该折杆危险点的相当应力 σ_{eq4}。

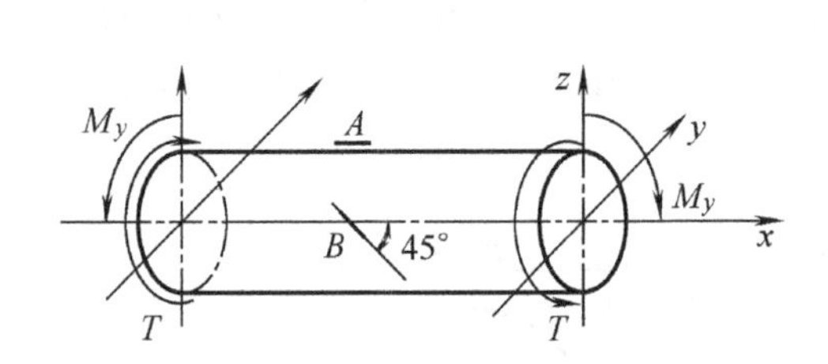

习题 8-19 图

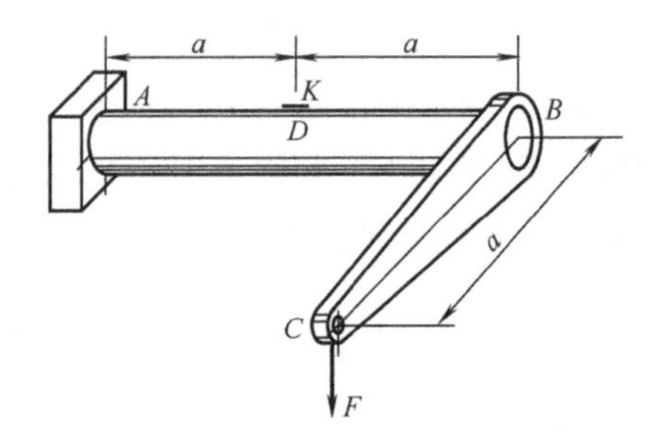

习题 8-20 图

8-21 直径 $d = 25$ mm 的 AB 杆受力如图所示，$F_1 = 100$ N，$F_2 = 50$ N，$l_1 = 0.8$ m，$l_2 = 0.5$ m，$a = 0.5$ m。材料的许用应力 $[\sigma] = 160$ MPa，校核杆 AB 的强度。

8-22 如图所示 T 形杆件，$F_1 = 30$ N，$F_2 = 20$ N，$a = 100$ mm，$b = 200$ mm，$l = 500$ mm，$[\sigma] = 160$ MPa，按第三强度理论设计杆 AB 的直径。

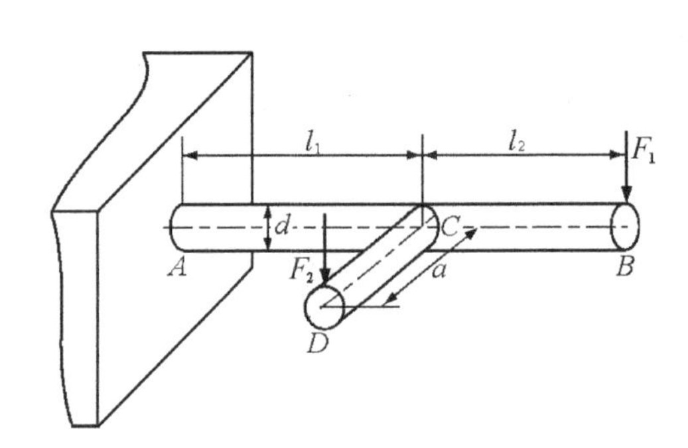

习题 8-21 图

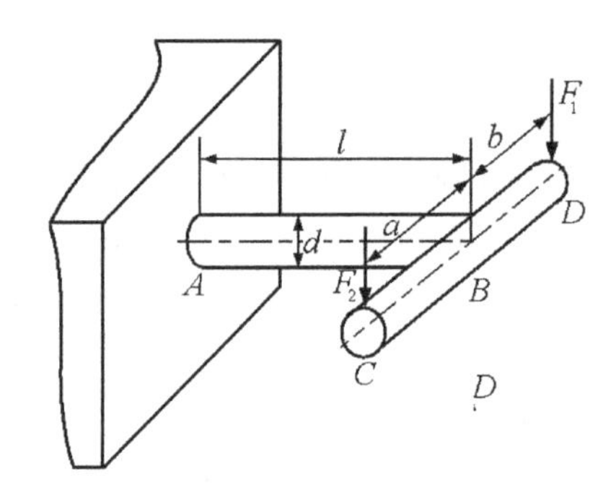

习题 8-22 图

第9章　压杆稳定

9.1　压杆稳定的基本概念

在前面几章中讨论了杆件的强度和刚度问题。在工程实际中，杆件除了由于强度、刚度不够而不能正常工作外，还有一种破坏形式就是失稳。什么叫失稳呢？根据第2章中讨论的轴向拉伸与压缩理论，我们知道，长度较小的粗短杆受压时，将引起塑性变形或断裂，这是由于强度不足引起的失效。但当受压杆比较细长时，在压应力尚未达到材料屈服极限，会突然发生弯曲而丧失其工作能力。因此，细长杆受压时，表现出与强度失效完全不同的性质。

例如取一根长为300 mm的钢板尺，其横截面尺寸为$20\ \text{mm}\times 1\ \text{mm}$。若钢的许用应力为$[\sigma]=196\ \text{MPa}$，则按强度条件算出钢尺所能承受的轴向压力为

$$F=(20\times 1\times 10^{-6}\,\text{m}^2)\times(196\times 10^6\,\text{Pa})=3.92\text{kN}$$

若将此钢尺竖立在桌上，用手压其上端，则当压力不到40 N时，钢尺就被明显压弯，不能再承担更多的压力。显然，这个压力比3.92 kN小两个数量级。工程结构中有很多受压的细长杆，例如桁架结构中的抗压杆件，建筑物中的柱等都是压杆。

细长压杆轴线不能维持原有直线形式的平衡状态而突然变弯这一现象称为**丧失稳定**，简称**失稳**，也称为**屈曲**。杆件失稳不仅使压杆本身失去了承载能力，而且对整个结构会因局部构件的失稳而导致整个结构的破坏。因此，对于轴向受压杆件，除应考虑强度与刚度问题外，还应考虑其稳定性问题。所谓稳定性指的是平衡状态的稳定性，亦即物体保持其当前平衡状态的能力。

下面先以小球为例介绍平衡的三种状态。

如果小球受到微小干扰而稍微偏离它原有的平衡位置，当干扰消除以后，它能够回到原有的平衡位置，这种平衡状态称为**稳定平衡状态**，如图9.1(a)所示。

如果小球受到微小干扰而稍微偏离它原有的平衡位置，当干扰消除以后，它不能够回到原有的平衡位置，但能够在附近新的位置维持平衡，原有的平衡状态称为**随遇平衡状态**，如图9.1(b)所示。

如果小球受到微小干扰而稍微偏离它原有的平衡位置，当干扰消除以后，它不但不能回到原有的平衡位置，而且继续离去，那么原有的平衡状态称为**不稳定平衡状态**，如图9.1(c)所示。

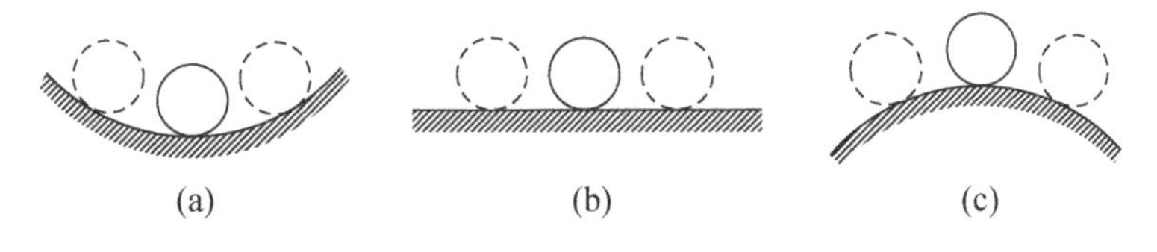

图9.1　平衡状态

如图 9.2 所示，两端铰支的细长压杆，所用材料、几何形状等无缺陷的理想直杆，当压力逐渐增加，但小于某一极限值时，杆件一直保持直线形状的平衡，即使用微小的侧向干扰力使其暂时发生轻微弯曲，干扰力解除后，它仍将恢复直线形状，如图 9.2(a)所示。说明压杆处于稳定的平衡状态。当轴向压力逐渐增加到某一值时，如再用微小的侧向干扰力使其发生轻微弯曲，干扰力撤除后，它将保持曲线形状的平衡，即杆件在微弯状态下平衡，不再恢复到原来的直线状态，如图 9.2(b)所示。说明压杆处于不稳定的平衡状态，或称失稳。当轴向压力继续增加并超过一定值时，压杆会产生显著的弯曲变形甚至破坏。

中心受压直杆在直线状态下的平衡，由稳定平衡转化为不稳定平衡时所受轴向压力的极限值称为**临界载荷**，简称**临界力**，记为 F_{cr}。它是压杆保持直线平衡时能承受的最大压力。对于一个具体的压杆(材料、尺寸、约束等情况均已确定)来说，临界力 F_{cr} 是一个确定的数值。压杆的临界状态是一种随遇平衡状态，因此，根据杆件所受的实际压力是小于、大于该压杆的临界力，就能判定该压杆所处的平衡状态是稳定的还是不稳定的。

杆件失稳后，压力的微小增加将引起弯曲变形的显著增大，从而导致杆件丧失承载能力。因失稳造成的失效，可能导致整个结构或机器的破坏。细长压杆失稳时，应力并不一定很高，有时甚至低于比例极限。可见这种形式的失效，并非强度不足，而是稳定性不够。

除压杆外，其他构件也存在稳定失效问题。例如板条或工字梁在最大抗弯刚度平面内弯曲时，会因载荷达到临界值而发生侧向弯曲，如图 9.3(a)所示。与此相似，圆柱形薄壳在均匀外压作用下，壁内应力为压应力，如图 9.3(b)所示，则当外压到达临界值时，薄壳的圆形平衡就变为不稳定，会突然变成由虚线表示的椭圆形。薄壳或薄拱等问题都存在稳定性问题。

本章将主要讨论压杆的稳定性问题，其他构件的稳定性问题可参阅有关的专著。

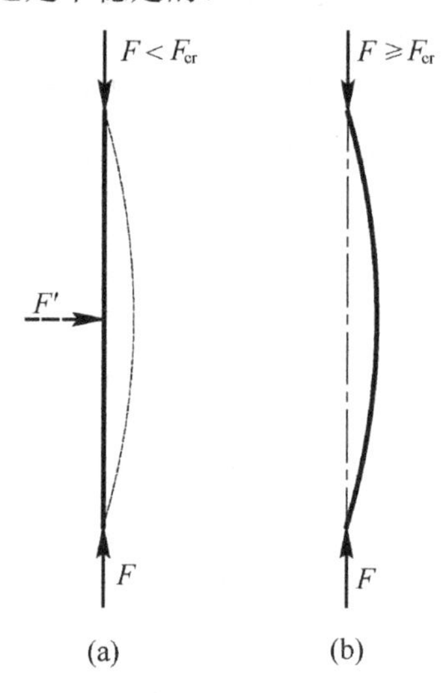

图 9.2 压杆的稳定性

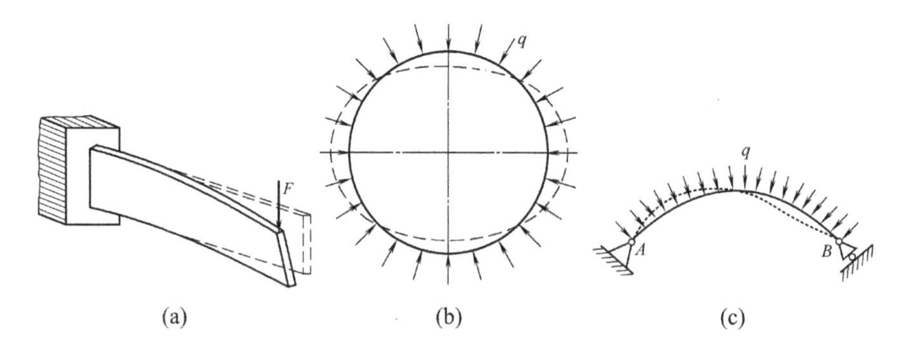

图 9.3 构件的失稳失效

9.2 两端铰支细长压杆临界载荷的欧拉公式

下面以两端球形铰支、长度为 l 的等截面细长压杆为例，推导其临界力的计算公式。设细长压杆两端为球铰支座，轴线为直线，压力与轴线重合。选取坐标系如图 9.4(a)所示，当轴向压力达到临界值 F_{cr} 时，压杆既可保持直线形态的平衡，又可保持微弯形态的平衡。假设压杆在临界载荷 F_{cr} 作用下处于微弯状态下的平衡。

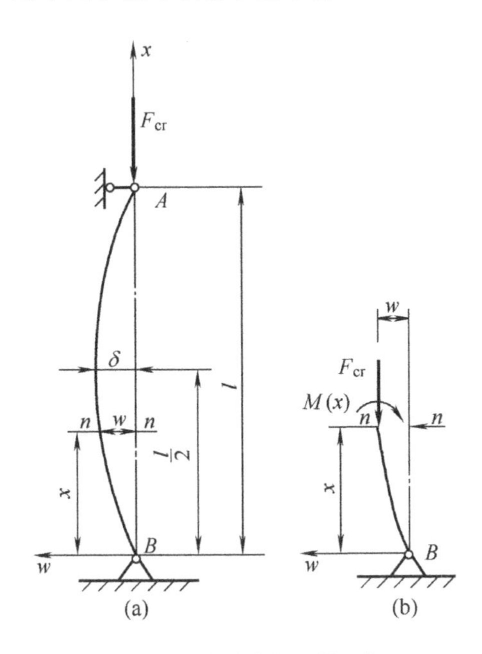

图 9.4 两端铰支的细长压杆

此时压杆距原点为 x 的任意截面 n-n 的挠度为 $w(x)$，截面法留下部分如图 9.4(b)所示，截面 n-n 上的轴力为 F_{cr}，弯矩为

$$M(x) = -F_{cr} w \tag{9-1}$$

弯矩正负号仍采用前面的规定，压力 F_{cr} 取为正值，位移以沿轴 w 正方向者为正。将弯矩 $M(x)$的表达式(9-1)代入挠曲线的近似微分方程，可得

$$\frac{d^2 w}{dx^2} = \frac{M(x)}{EI} = -\frac{F_{cr}}{EI} w \tag{9-2}$$

式中 I 为压杆横截面的最小惯性矩(由于两端是球铰，允许杆件在任意纵向平面内发生弯曲变形，因而杆件的微小弯曲变形一定发生在抗弯能力最小的纵向平面内)。

令

$$k^2 = \frac{F_{cr}}{EI} \tag{9-3}$$

则式(9-2)可以写为

$$\frac{d^2 w}{dx^2} + k^2 w = 0 \tag{9-4}$$

这是一个二阶常系数线性微分方程，其通解为

$$w = A\sin kx + B\cos kx \tag{9-5}$$

式中 A、B 为积分常数，可由压杆两端的边界条件确定。此杆的边界条件为

$$x = 0,\ w = 0$$

$$x = l,\ w = 0$$

由 $x = 0,\ w = 0$，可得 B=0。即式(9-5)成为 $w = A\sin kx$。

又由 $x = l,\ w = 0$，可得 $A\sin kl = 0$。因为压杆处于微弯状态的平衡，因此 $A \neq 0$，所以

$$\sin kl = 0 \tag{9-6}$$

由此可得

$$kl = n\pi (n = 0,1,2\cdots)$$

所以

$$k = \frac{n\pi}{l} \tag{9-7}$$

代入式(9-3)，可得

$$F_{cr} = \frac{n^2\pi^2 EI}{l^2} \qquad (n = 0,1,2\cdots)$$

因为 n 是 0，1，2，…整数中的任一个数，故理论上是多值的，即使杆件保持为曲线平衡的压力也是多值的。但由于临界压力是使压杆失稳的最小压力，因此 n 应取不为零的最小值。因此，只有取 n=1，所以

$$F_{cr} = \frac{\pi^2 EI}{l^2} \tag{9-8}$$

这就是两端球形铰支(简称两端铰支)细长压杆临界力 F_{cr} 的计算公式，由欧拉(L.Euler)于 1744 年首先导出，所以通常称为**欧拉公式**。

应该注意：(1) 在导出上述公式的过程中，采用了变形以后的位置计算弯矩，如式(9-1)所示，不再使用原始尺寸原理，这是稳定问题在处理方法上与以往不同之处。

(2) 压杆的弯曲在其最小的刚度平面内发生，因此欧拉公式中的 I 应该是截面的最小形心主惯性矩。

此外，稳定问题和强度问题有以下两点不同。

(1) 研究稳定问题时，是根据压杆变形后的状态建立平衡方程的，而研究强度问题时，是忽略小变形，以变形前尺寸建立平衡方程的；

(2) 研究稳定问题主要通过理论分析与计算，确定构件所能承受的临界载荷；而研究强度问题时，则是通过理论分析与计算确定构件内部的力(内力和应力)，构件所能承受的力(如屈服极限和强度极限等)是通过实验确定的。

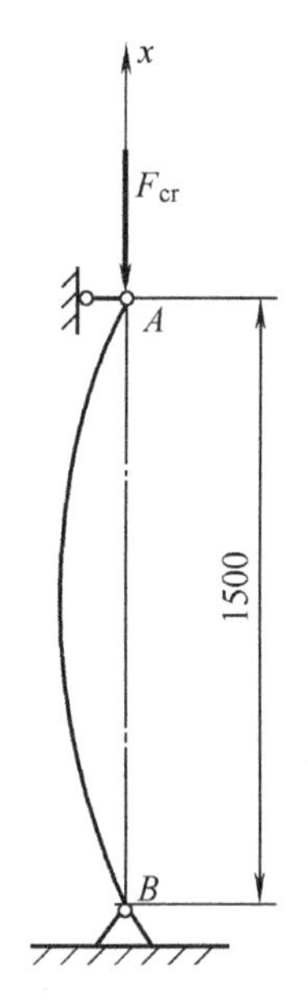

图 9.5　例 9-1 图

【例 9-1】 如图 9.5 所示，两端铰支细长压杆，横截面直径 d=50 mm，材料为 Q235 钢，弹性模量 $E = 200$ GPa。试确定临界力。

【解】 横截面惯性矩

$$I=\frac{\pi}{64}d^4=\frac{\pi\times0.05^4}{64}\text{m}^4=3.07\times10^{-7}\text{m}^4$$

则临界力

$$F_{\rm cr}=\frac{\pi^2EI}{l^2}=\frac{\pi^2\times200\times10^9\,\text{Pa}\times3.07\times10^{-7}\,\text{m}^4}{1.5^2\,\text{m}^2}=269\text{ kN}$$

9.3 其他支座条件下细长压杆临界载荷的欧拉公式

压杆两端除同为铰支座外，还可能有其他情况。例如，千斤顶螺杆就是一根压杆，如图 9.6 所示，其下端可简化成固定端，而上端因可与顶起的重物共同做微小的位移，所以可简化成自由端。这样就成为下端固定、上端自由的压杆。

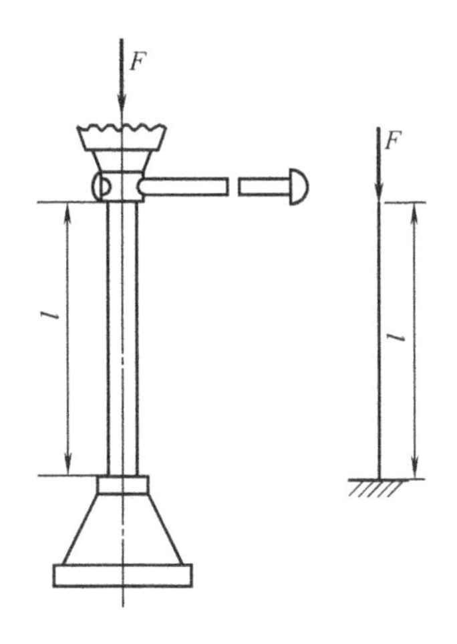

图 9.6 千斤顶螺杆及其计算简图

在不同的杆端约束下，压杆受到的约束程度不同，杆的抗弯能力也就不同，所以临界力的表达式也将不同。不同杆端约束下细长中心受压直杆的临界力表达式，可用与上节相同的方法导出。表 9.1 给出几种典型的理想约束条件下，细长等截面中心受压直杆的欧拉公式。

表 9.1 各种理想约束条件下细长等截面中心受压直杆临界力的欧拉公式

约束条件	两端铰支	一端固定另一端铰支	两端固定	一端固定另一端自由
失稳时挠曲线形状	$F_{\rm cr}$, B, A, l	$F_{\rm cr}$, B, C, A, l, $0.7l$ C—挠曲线拐点	$F_{\rm cr}$, B, D, C, A, l, $0.5l$ C、D—挠曲线拐点	$F_{\rm cr}$, l, $2l$

续表

μ	1.0	0.7	0.5	2
欧拉公式	$F_{cr}=\dfrac{\pi^2 EI}{l^2}$	$F_{cr}\approx\dfrac{\pi^2 EI}{(0.7l)^2}$	$F_{cr}=\dfrac{\pi^2 EI}{(0.5l)^2}$	$F_{cr}=\dfrac{\pi^2 EI}{(2l)^2}$

对于各种支承情况的压杆，其临界力的欧拉公式可写成统一的形式，即

$$F_{cr}=\frac{\pi^2 EI}{(\mu l)^2} \tag{9-9}$$

式中μ为压杆的**长度系数**，与杆端的约束情况有关；μl 为压杆的**相当长度(计算长度)**，其物理意义可从细长压杆失稳时挠曲线形状的比拟来说明：由于压杆失稳时挠曲线上拐点处的弯矩为零，故可设想拐点处有一铰，而将压杆挠曲线上两拐点之间的一段看作为两端铰支压杆，并利用两端铰支压杆的欧拉公式(9-1)得到原支承条件下压杆的临界力 F_{cr}。这两拐点之间的长度即为原压杆的计算长度。即把压杆折算成两端铰支杆的长度，或者说，相当长度就是各种支承条件下的细长压杆失稳时，挠曲线中相当于半波正弦曲线的一段长度。

表 9.1 给出的示例只是几种典型情形，实际问题中压杆的约束还可能有其他情况。例如杆端与其他弹性构件固接的压杆，由于弹性构件也会发生变形，所以压杆的端部约束就是介于固定端和铰支座之间的弹性支座。此外，压杆上的载荷也有多种形式。例如压力可能沿轴线分布而不是集中于两端。上述各种情况，也可用不同的长度因数 μ 来反映，这些长度因数的值可从相关设计手册或规范中查到。

应当注意，利用欧拉公式计算细长压杆临界力时，I 是横截面对某一形心主惯性轴的惯性矩。若杆端在各个方向的约束情况都相同(如球形铰等)，则 I 应取最小的形心主惯性矩。若杆端在不同方向的约束情况不同(如柱形铰)，则 I 应按计算的挠曲方向选取横截面对其相应中性轴的惯性矩(参见例 9-7)。

【例 9-2】 推导如图 9.7(a)所示，两端固定，弯曲刚度为 EI，长为 l 的等截面中心受压细长直杆的临界力 F_{cr} 的欧拉公式。

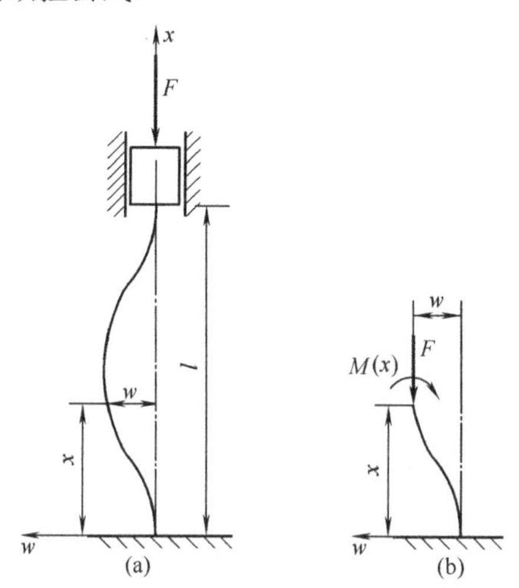

图 9.7　例 9-2 图

【解】 如图 9.7(b)所示，受压直杆距根部 x 处截面上弯矩为

$$M(x)=-F_{cr}w+M_0$$

式中 M_0 为约束力偶矩，代入挠曲线方程

$$EIw''=M(x)$$

$$EIw''=M_0-F_{cr}w$$

令 $k^2=\dfrac{F_{cr}}{EI}$，则上式转化为

$$w''+k^2w=\frac{k^2}{F_{cr}}M_0$$

此方程的特解为

$$w_t=\frac{M_0}{F_{cr}}$$

通解为

$$w=C_1\sin kx+C_2\cos kx+\frac{M_0}{F_{cr}}$$

$$w'=C_1k\cos kx+C_2k\sin kx$$

$x=0$ 处，$w=0$，$w'=0$ 代入上式得

$$C_1=0,\quad C_2=-\frac{M_0}{F_{cr}}$$

$x=l$ 处，$w=0$，代入上式得

$$C_2\cos kl+\frac{M_0}{F_{cr}}=-\frac{M_0}{F_{cr}}\cos kl+\frac{M_0}{F_{cr}}=0$$

上式有非零解，则必有：$\cos kl=1$。得：$kl=2n\pi(n=0,1,2,\cdots)$

取 $n=1$ 得：

$$k=\frac{2\pi}{l}$$

则：

$$k=\frac{4\pi^2}{l}=\frac{F_{cr}}{EI}$$

求得：

$$F_{cr}=\frac{\pi^2EI}{\left(\dfrac{l}{2}\right)^2}=\frac{\pi^2EI}{(0.5l)^2}$$

【思考】 试推导下端固定、上端自由，并在自由端受轴向压力作用的等直细长压杆临界力 F_{cr} 的欧拉公式。

9.4 欧拉公式的适用范围 临界应力总图

9.4.1 欧拉公式的适用范围

压杆的临界力 F_{cr} 除以压杆的横截面面积 A，即得压杆的临界应力

$$\sigma_{cr}=\frac{F_{cr}}{A}=\frac{\pi^2 EI}{(\mu l)^2 A}=\frac{\pi^2 E}{\left(\dfrac{\mu l}{i}\right)^2} \tag{9-10}$$

式中$i=\sqrt{I/A}$为压杆横截面对中性轴的惯性半径，令

$$\lambda=\frac{\mu l}{i} \tag{9-11}$$

这是一个无量纲的参数，称为压杆的**长细比**或**柔度**。λ集中反映了压杆的长度、约束条件、截面尺寸和形状等因素对临界应力σ_{cr}的影响。则临界应力可写成

$$\sigma_{cr}=\frac{\pi^2 E}{\lambda^2} \tag{9-12}$$

上式是临界应力的计算公式，实际是欧拉公式的另一种形式。根据该式压杆的临界应力σ_{cr}与柔度λ之间的关系可用曲线表示，称为**欧拉临界应力曲线**。

因为在推导欧拉公式过程中，曾用到了挠曲线的近似微分方程，而挠曲线的近似微分方程又是建立在胡克定律基础上的，因此只有材料在线弹性范围内工作时，即只有临界应力小于比例极限σ_p时，欧拉公式才能适用。因此，欧拉公式的适用范围是

$$\sigma_{cr}=\frac{\pi^2 E}{\lambda^2}\leqslant\sigma_p \tag{9-13}$$

也可写成

$$\lambda\geqslant\sqrt{\frac{\pi^2 E}{\sigma_p}}=\pi\sqrt{\frac{E}{\sigma_p}}=\lambda_p \tag{9-14}$$

λ_p表示能够应用欧拉公式的压杆柔度临界值，$\lambda\geqslant\lambda_p$就是欧拉公式的适用范围。通常称满足$\lambda\geqslant\lambda_p$的压杆为大柔度压杆或细长压杆；而对于$\lambda<\lambda_p$压杆，就不能应用欧拉公式。

压杆的λ_p值与材料的性质有关，材料不同，λ_p的值也就不同。对于 Q235 钢，可取$E=206\ \text{GPa}$，$\sigma_p=200\ \text{GPa}$。于是

$$\lambda_p=\sqrt{\frac{\pi^2 E}{\sigma_p}}=\sqrt{\frac{\pi^2\times 206\times 10^9\ \text{Pa}}{200\times 10^6\ \text{Pa}}}\approx 100$$

则用 Q235 钢制成的压杆，只有当柔度$\lambda\geqslant 100$时，才能使用欧拉公式计算其临界力或临界应力。

【例 9-3】 如图 9.8(a)所示结构中，AB及AC均为圆截面杆，直径d=80 mm，材料为 Q235 钢，求此结构的临界载荷F_{cr}。

【解】 结构中两杆可分别计算各杆可承担的临界载荷，取其中最小结果。

(1) 计算杆中轴力。

A点受力如图 9.8(b)所示：

$$F_{N1}=F\cos 60^\circ=\frac{1}{2}F,\ \ F=2F_{N1}$$

$$F_{N2}=F\sin 60^\circ=\frac{\sqrt{3}}{2}F,\ \ F=\frac{2}{\sqrt{3}}F_{N2}=1.15F_{N2}$$

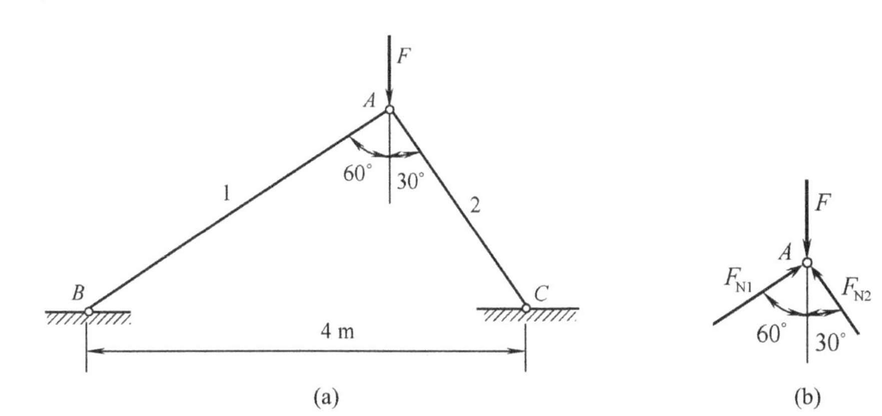

图 9.8　例 9-3 图

(2) 计算各杆柔度：

$$\lambda_1=\frac{\mu l_1}{i_1}=\frac{1\times 4000\ \text{mm}\times\cos 30^\circ}{80\ \text{mm}/4}=173$$

$$\lambda_2=\frac{\mu l_2}{i_2}=\frac{1\times 4000\ \text{mm}\times\sin 30^\circ}{80\ \text{mm}/4}=100$$

两杆均为细长杆，满足欧拉公式使用范围。

(3) 分别计算两杆的临界轴力，确定各杆能承担的临界载荷：

$$F_{N1}=\frac{\pi^2 EI}{(\mu l_1)^2}=\frac{\pi^2 200\times 10^9\ \text{Pa}\times\dfrac{\pi\times(80\times 10^{-3}\ \text{m})^4}{64}}{(1\times 4\ \text{m}\times\cos 30^\circ)^2}=330.7\times 10^3\ \text{N}=330.7\text{kN}$$

杆 1 能承担的临界载荷：

$$F_{cr1}=2F_{N1}=661.4\ \text{kN}$$

$$F_{N2}=\frac{\pi^2 EI}{(\mu l_2)^2}=\frac{\pi^2 200\times 10^9\ \text{Pa}\times\dfrac{\pi\times(80\times 10^{-3}\ \text{m})^4}{64}}{(1\times 4\ \text{m}\times\sin 30^\circ)^2}=990\times 10^3\ \text{N}=990\ \text{kN}$$

杆 2 能承担的临界载荷：

$$F_{cr2}=1.15F_{N2}=1139\ \text{kN}$$

(4) 确定结构临界载荷。

总体结构的临界载荷为两杆中临界载荷较小者，即 $F_{cr}=F_{cr1}=661.4\ \text{kN}$ 。

9.4.2　中、小柔度杆的临界应力

如果压杆的柔度 $\lambda<\lambda_p$，则临界应力 σ_{cr} 大于材料的比例极限 σ_p，这时欧拉公式已不能使用。在工程中对这类压杆的计算，一般使用以试验结果为依据的经验公式。常用的经验公式有直线公式和抛物线公式两种。

1. 直线公式

直线经验公式把临界应力 σ_{cr} 与柔度 λ 表示为下述的直线关系：

$$\sigma_{cr} = a - b\lambda \tag{9-15}$$

式中，a 和 b 为与材料的力学性能有关的常数。一些常用材料的 a 和 b 值请见书中的表 9.2。

表 9.2　直线公式的系数 a 和 b

材料(σ_s, σ_b/MPa)	a/MPa	b/MPa
Q235 钢(σ_s=235, $\sigma_b \geqslant$372)	304	1.12
优质碳钢(σ_s=306, $\sigma_b \geqslant$471)	461	2.57
硅钢(σ_s=353, $\sigma_b \geqslant$510)	578	3.74
铬钼钢	981	5.29
灰口铸铁	332	1.45
硬铝	373	2.15
松木	28.7	0.199

显然临界应力不能大于极限应力(塑性材料为屈服极限，脆性材料为强度极限)，因此直线型经验公式也有其适用范围。应用式(9-15)时柔度 λ 应有一个最低界限，对于塑性材料

$$\sigma_{cr} = a - b\lambda \leqslant \sigma_s \tag{9-16}$$

或

$$\lambda \geqslant \frac{a - \sigma_s}{b} \tag{9-17}$$

用 λ_s 表示式(9-17)右侧的临界值，即

$$\lambda_s \geqslant \frac{a - \sigma_s}{b} \tag{9-18}$$

柔度满足 $\lambda_s \leqslant \lambda \leqslant \lambda_p$ 的压杆不能用欧拉公式计算临界应力，但可以用式(9-15)所示的直线公式计算。这样的压杆称为中柔度杆或中长压杆。对于脆性材料只需把以上各式中的 σ_s 改为 σ_b 得到相应的 λ_b。

2. 抛物线公式

$$\sigma_{cr} = \sigma_u - a\lambda^2 \tag{9-19}$$

式中的 a 是与材料力学性能有关的常数。

我国钢结构设计规范中，对于 Q235 钢和 16Mn 钢采用如下抛物线经验公式。

Q235 钢($\sigma_s = 235$ MPa, $E = 206$ GPa)：

$$\sigma_{cr} = 235 - 0.00668\lambda^2 \qquad (\lambda \leqslant \lambda_p = 100)$$

16Mn 钢($\sigma_s = 343$ MPa, $E = 206$ GPa)：

$$\sigma_{cr} = 343 - 0.0161\lambda^2 \qquad (\lambda \leqslant \lambda_p = 109)$$

3. 粗短压杆

$\lambda < \lambda_s$ (塑性材料)或 $\lambda < \lambda_b$ (脆性材料)的压杆，称为小柔度杆或粗短压杆。对于小柔度的短柱，受压时其失效原因是应力达到屈服极限(塑性材料)或强度极限(脆性材料)，属于强

度问题。

因此，小柔度的粗短杆受压的临界应力应为材料的极限应力。塑性材料，临界应力 $\sigma_{cr}=\sigma_s$；脆性材料，临界应力 $\sigma_{cr}=\sigma_b$。

综上所述，可将压杆的临界应力依柔度的不同归结如下。

(1) 大柔度压杆(细长杆)　　$\lambda \geqslant \lambda_p$　　$\sigma_{cr}=\dfrac{\pi^2 E}{\lambda^2}$

(2) 中柔度压杆(中长杆)　　$\lambda_s \leqslant \lambda \leqslant \lambda_p$　　$\sigma_{cr}=a-b\lambda(\sigma_{cr}=\sigma_u-a\lambda^2)$

(3) 小柔度压杆(粗短杆)　　$\lambda<\lambda_s(\lambda<\lambda_b)$　　$\sigma_{cr}=\sigma_s(\sigma_{cr}=\sigma_b)$

9.4.3　压杆的临界应力总图

根据上述讨论可知，压杆的临界应力 σ_{cr} 与杆的柔度 λ 有关，在不同的 λ 范围内计算方法也不相同。压杆的临界应力 σ_{cr} 与柔度 λ 之间的关系曲线称为压杆的临界应力总图。

图 9.9 为直线型和抛物线型经验公式的临界应力总图。

$\lambda<\lambda_s$ 的粗短压杆，其临界应力 $\sigma_{cr}=\sigma_u$，按照强度问题处理；图 9.9 中表示为水平线 AB。

$\lambda_s \leqslant \lambda \leqslant \lambda_p$ 的中长压杆，可采用直线经验公式或抛物线经验公式计算临界应力；如果用直线经验公式计算临界应力，在图 9.9(a)中表示为斜直线 BC。如果用抛物线经验公式计算，则在图 9.9(b)中表示为抛物线 AC。

$\lambda \geqslant \lambda_p$ 的细长压杆，应用欧拉公式计算临界应力，在图 9.8 中表示为曲线 CD。

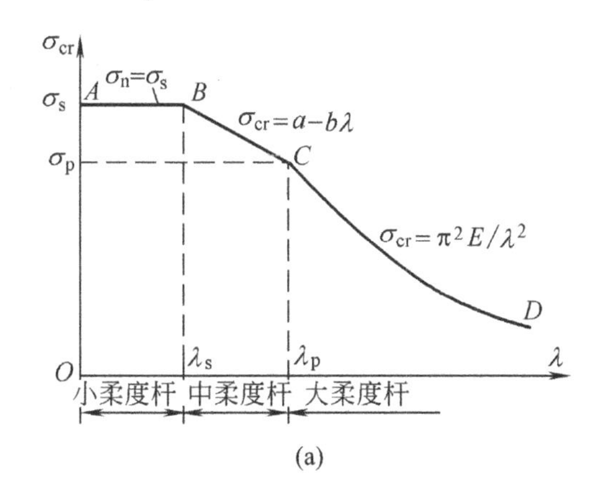

(a)

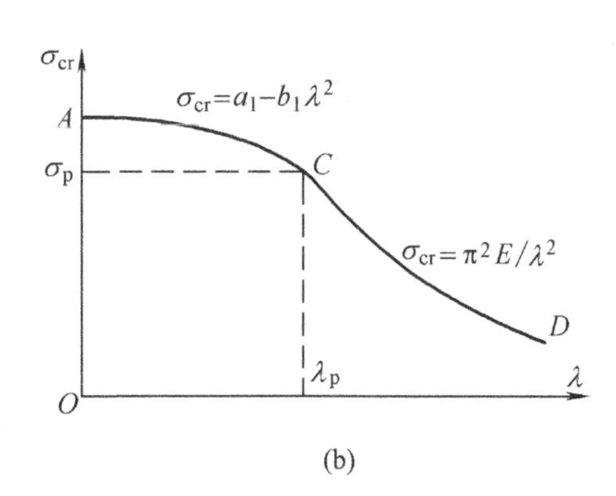

(b)

图 9.9　临界应力总图

【例 9-4】 如图 9.10 所示，一端固定另一端自由的细长压杆，其杆长 $l=2$ m，截面形状为矩形，$b=20$ mm、$h=45$ mm，材料为 Q235 钢，弹性模量 $E=200$ GPa。试计算该压杆的临界力。若把截面改为 $b=h=30$ mm，而保持长度不变，则该压杆的临界力又为多大？

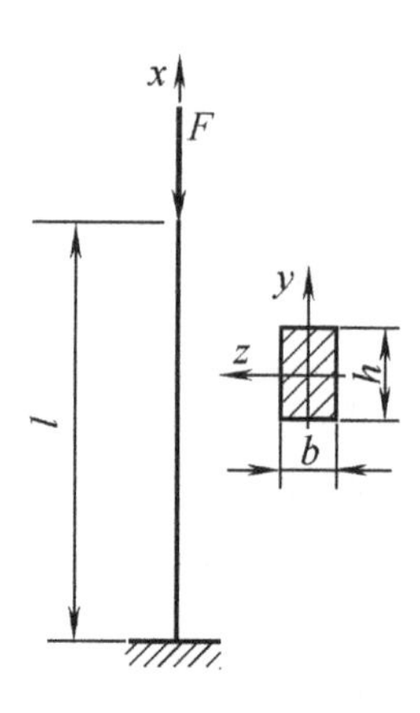

图 9.10　例 9-4 图

【解】 1) 当 b=20 mm、h=45 mm 时

(1) 计算压杆的柔度：

$$\lambda=\frac{\mu l}{i}=\frac{2\times 2000}{\frac{20}{\sqrt{2}}}=692.8>100$$

该压杆是大柔度杆，可应用欧拉公式。

(2) 计算截面的惯性矩。

由前述可知，该压杆必在 xy 平面内失稳，故计算惯性矩

$$I_y=\frac{hb^3}{12}=\frac{45\times 20^3}{12}=3.0\times 10^4\ (\text{mm}^4)$$

(3) 计算临界力。

$\mu=2$，因此临界力为

$$F_{\text{cr}}=\frac{\pi^2 EI}{(\mu l)^2}=\frac{\pi^2\times 200\times 10^9\times 3\times 10^{-8}}{(2\times 2)^2}=3701\ \text{N}=3.70\ \text{kN}$$

2) 当截面改为 $b=h=30$ mm 时

(1) 计算压杆的柔度：

$$\lambda=\frac{\mu l}{i}=\frac{2\times 2000}{\frac{30}{\sqrt{2}}}=461.9>100$$

该压杆是大柔度杆，可应用欧拉公式。

(2) 计算截面的惯性矩：

$$I_y=I_z=\frac{bh^3}{12}=\frac{30^4}{12}=6.75\times 10^4\ \text{mm}^4$$

代入欧拉公式，可得

$$F_{\text{cr}}=\frac{\pi^2 EI}{(\mu l)^2}=\frac{\pi^2\times 200\times 10^9\times 6.75\times 10^{-8}}{(2\times 2)^2}=8330\ \text{N}$$

从以上两种情况分析，其横截面面积相等，支承条件也相同，但是，计算得到的临界力后者大于前者。可见在材料用量相同的条件下，选择恰当的截面形式可以提高细长压杆

的临界力。

【例 9-5】 如图 9.11 所示为两端铰支的圆形截面受压杆，用 Q235 钢制成，材料的弹性模量 E=200 GPa，直径 d = 40 mm，试分别计算下面两种情况下压杆的临界力。

(1) 杆长 l=1.5 m；(2) 杆长 l=0.5 m。

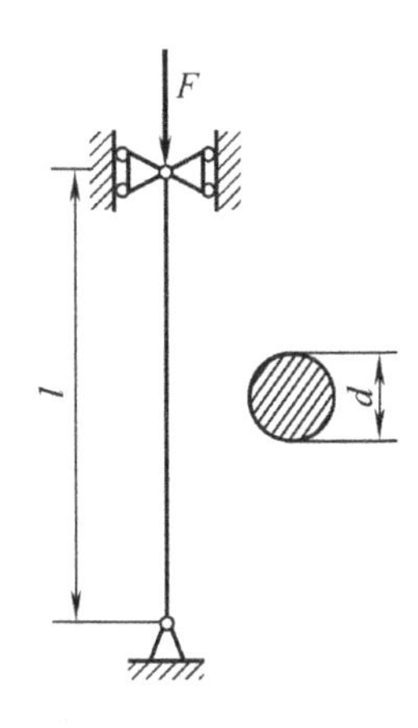

图 9.11　例 9-5 图

【解】 (1) 计算杆长 l=1.2 m 时的临界力。

两端铰支，因此 $\mu=1$

惯性半径 $i=\sqrt{\dfrac{I}{A}}=\sqrt{\dfrac{\dfrac{\pi d^4}{64}}{\dfrac{\pi d^2}{4}}}=\dfrac{d}{4}=\dfrac{40}{4}=10\ (\text{mm})$

柔度：$\lambda=\dfrac{\mu l}{i}=\dfrac{1\times 1\,500}{10}=150>100$

(所以是大柔度杆，可应用欧拉公式)

$$\sigma_{cr}=\frac{\pi^2 E}{\lambda^2}=\frac{3.14^2\times 2\times 10^5}{150^2}=87.64\ \text{MPa}$$

$$F_{cr}=\sigma_{cr}A=\sigma_{cr}\times\frac{\pi d^2}{4}=87.64\times\frac{3.14\times 40^2}{4}=110.08\times 10^3\ (\text{N})\approx 110\ \ \text{kN}$$

(2) 计算杆长 l=0.5 m 时的临界力：

$$\mu=1,\ i=100\ \text{mm}$$

柔度：$\lambda=\dfrac{\mu l}{i}=\dfrac{1\times 500}{10}=50<100$

压杆为中粗杆，其临界力为

$$\sigma_{cr}=240-0.00682\lambda^2=240-0.00682\times 50^2=222.95\ (\text{MPa})$$

$$F_{cr}=\sigma_{cr}A=\sigma_{cr}\times\frac{\pi d^2}{4}=222.95\times\frac{3.14\times 40^2}{4}=280.02\times 10^3\ (\text{N})\approx 280\ \ \text{kN}$$

9.5 压杆稳定校核

工程中的压杆，在使用过程中存在因失稳而破坏的问题，且一般情况下发生此类破坏时，其临界应力往往低于强度计算中的许用应力$[\sigma]$。因此，为了保证压杆能安全可靠地使用，必须对压杆建立相应的稳定条件，根据稳定性的条件校核它是否安全或者设计它安全工作时需要的尺寸或截面形状。这一类问题统称为稳定性设计。其要求是：压杆工作时，工作压力应小于临界压力。即失效准则为

$$F = F_{cr}$$

F_{cr}与实际工作压力F之比称为压杆的工作安全系数n，它应大于或等于规定的**稳定安全系数**$[n]_{st}$，则压杆的稳定设计条件为

$$n = \frac{F_{cr}}{F} \geqslant [n]_{st} \tag{9-20}$$

或

$$n = \frac{\sigma_{cr}}{\sigma} \geqslant [n]_{st} \tag{9-21}$$

稳定安全系数$[n]_{st}$一般要高于强度安全系数。这是因为考虑到杆件的初弯曲、压力偏心、材料不均匀和支座缺陷等因素，都严重地影响压杆的稳定，降低压杆的临界压力。压杆柔度λ越大，其影响也越大。而同样这些因素，对杆件强度的影响就不像对稳定的影响那么严重。稳定安全系数$[n]_{st}$一般可在设计手册或规范中查到。

【例 9-6】 某圆截面直杆，长$l = 250\ \text{mm}$，直径$d = 8\ \text{mm}$，材料弹性模量$E = 210\ \text{GPa}$，$\sigma_p = 240\ \text{MPa}$。承受轴向压力$F = 1.76\ \text{kN}$，稳定安全因数$[n]_{st} = 2.5$。试校核该杆的稳定性。

【解】 (1) 计算柔度：

$$\lambda_p = \pi\sqrt{\frac{E}{\sigma_p}} = \pi\sqrt{\frac{210\times10^9}{240\times10^6}} = 92.9$$

$$\lambda = \frac{\mu l}{i} = \frac{1\times0.25}{\frac{8}{4}\times10^{-3}} = 125 > \lambda_p$$

因此，杆为细长杆，应用欧拉公式计算临界力。

(2) 计算临界力：

$$F_{cr} = \frac{\pi^2 EI}{l^2} = \frac{\pi^2\times210\times\pi\times8^4\times10^{-12}}{64\times0.250^2} = 6668\ \text{N}$$

(3) 稳定性校核：

$$n = \frac{F_{cr}}{F} = \frac{6668}{1760} = 3.79 > [n]_{st}(\text{安全})$$

【例 9-7】 Q235 钢制成的矩形截面杆，受力及两端约束情况如图 9.12 所示，其中图 9.12(a)为正视图、图 9.12(b)为俯视图，在A、B两处为销钉连接。已知材料的弹性模量$E = 206\ \text{GPa}$，$l = 2300\ \text{mm}$，$b = 40\ \text{mm}$，$h = 60\ \text{mm}$。求此杆的临界载荷。

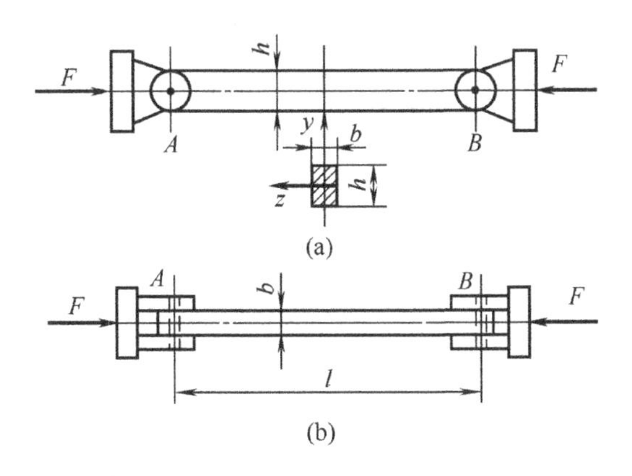

图 9.12 例 9-7 图

【分析】 给定的压杆在 A 和 B 两处为销钉连接，这种约束与球铰约束不同。在正视图(图 9.12(a))平面内屈曲时，A 和 B 两处可以自由转动，相当于铰链；而在俯视图(图 9.12(b))平面内屈曲时，A 和 B 两处不能转动，这时可近似视为固定端约束。又因为是矩形截面，压杆在正视图平面内屈曲时，截面将绕轴 z 转动；而在俯视图平面内屈曲时，截面将绕轴 y 转动。

根据以上分析，为了计算临界力，首先应分别计算压杆在两个平面内的柔度，以确定它将在哪一个平面内屈曲。

【解】 在正视图(图 9.12(a))平面内：

$$I_z=\frac{bh^3}{12},\ A=bh,\ \mu=1.0,\ i_z=\sqrt{\frac{I_z}{A}}=\frac{h}{2\sqrt{3}}$$

$$\lambda_y=\frac{\mu l}{i_y}=\frac{1\times 2300\times 10^{-3}\,\text{m}\times 2\sqrt{3}}{60\times 10^{-3}\,\text{m}}=132.8$$

在俯视图(图 9.12(b))平面内：

$$I_y=\frac{hb^3}{12},\ A=bh,\ \mu=0.5,\ i_z=\sqrt{\frac{I_z}{A}}=\frac{b}{2\sqrt{3}}\left(\frac{\pi}{2}-\theta\right)$$

$$\lambda_y=\frac{\mu l}{i_y}=\frac{0.5\times 2300\times 10^{-3}\,\text{m}\times 2\sqrt{3}}{40\times 10^{-3}\,\text{m}}=99.6$$

由于 $\lambda_z=132.8>\lambda_y=99.6$，所以压杆将在正视图平面内屈曲，同时，在该平面内，$\lambda_z=132.8>\lambda_p=100$，压杆属于细长杆，则临界载荷

$$F_{cr}=\sigma_{cr}A=\frac{\pi^2E}{\lambda_z^2}bh=\frac{\pi^2\times 206\times 10^9\,\text{Pa}\times 40\times 10^{-3}\,\text{m}\times 60\times 10^{-3}\,\text{m}}{132.8^2}=277\ \text{kN}$$

有许多结构是由梁、拉杆、压杆和轴组成的，因此对该类结构设计时，要同时进行强度计算和稳定性计算，并做出综合分析。下面举例说明。

【例 9-8】 如图 9.13(a)所示结构中，分布载荷。梁的横截面为矩形，b=90 mm，h=130 mm。柱的截面为圆形，直径 d=80 mm。梁和柱均为 Q235 钢，$[\sigma]=160\ \text{MPa}$，稳定安全因数 $n_{st}=3$。试校核结构的安全。

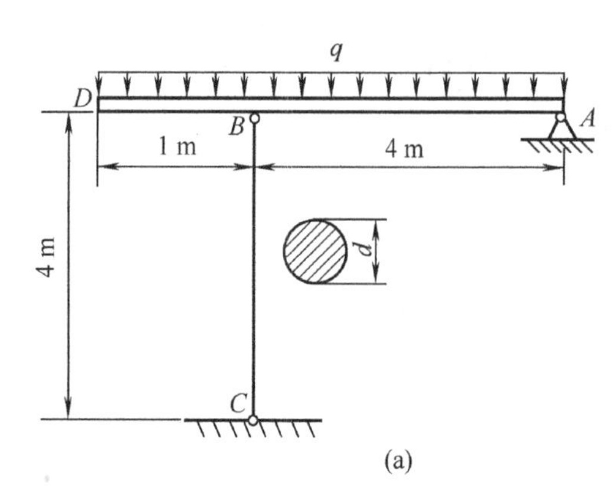

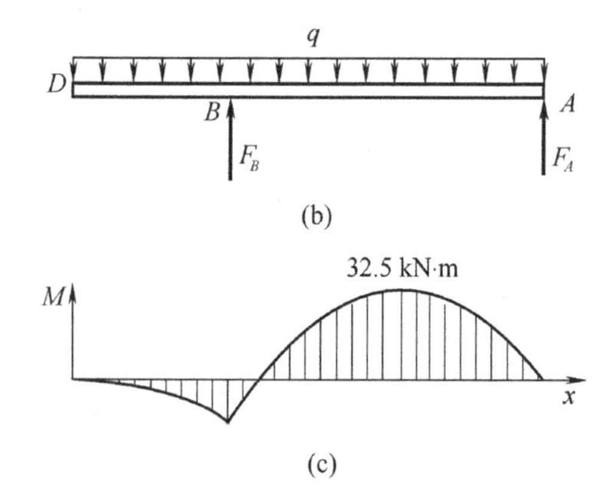

图 9.13　例 9-8 图

【分析】 结构涉及弯曲梁的强度校核与受压柱的稳定性，两者分别符合强度、稳定性条件才能保障结构的安全。

【解】(1) 梁的强度校核。

根据如图 9.13(b)所示 $\sum M_A = 0$，得 $F_B = 62.5\ \text{kN}$

作梁的弯矩图，如图 9.13(c)所示，$M_{\max} = 35.2\ \text{kN}\cdot\text{m}$

梁的最大弯曲正应力为

$$\sigma_{\max} = \frac{M_{\max}}{W} = \frac{6M_{\max}}{bh^2} = \frac{6\times 35.2\times 10^3\ \text{N}\cdot\text{m}}{90\times 10^{-3}\ \text{m}\times(130\times 10^{-3}\ \text{m})^2}$$

$$= 138.9\times 10^6\ \text{Pa} = 138.9\ \text{MPa} < [\sigma]$$

所以梁的强度足够。

(2) 柱的稳定性校核。

柱的轴向压力为 $F = F_B = 62.5\ \text{kN}$，柱两端铰支

$$\mu = 1,\ i = \frac{d}{4} = \frac{80}{4} = 20\ \text{mm},\ \lambda = \frac{\mu l}{i} = \frac{4000\ \text{mm}}{20\ \text{mm}} = 200$$

$\lambda > \lambda_{\text{p}}$，故 BC 杆是大柔度杆。

$$F_{\text{cr}} = \frac{\pi^2 EI}{(\mu l)^2} = \frac{\pi^2\times 200\times 10^9\ \text{Pa}}{(1\times 4\ \text{m})^2}\times\frac{\pi^2\times(80\times 10^{-3}\ \text{m})^4}{64} = 248\times 10^3\ \text{N} = 248\ \text{kN}$$

稳定校核

$$F_{\text{B}} = 62.5\ \text{kN} < \frac{F_{\text{cr}}}{n_{\text{st}}} = \frac{248\ \text{kN}}{3} = 82.7\ \text{kN}$$

柱的稳定性足够，所以结构安全。

9.6　提高压杆稳定性的措施

压杆的临界应力或临界压力的大小，能直接反映压杆稳定性的高低。提高压杆稳定性的关键，在于提高压杆的临界压力或临界应力，而影响压杆临界应力或临界压力的因素有：压杆的截面形状与尺寸、长度与约束条件、材料的性质等。因而，对压杆进行合理设计，

提高压杆的稳定性，可以从以下几个方面考虑。

1. 合理选择材料

欧拉公式告诉我们，大柔度杆的临界应力与材料的弹性模量成正比。所以选择弹性模量较高的材料，就可以提高大柔度杆的临界应力，也就提高了其稳定性。但是，对于钢材而言，各种钢的弹性模量大致相同，所以，选用高强度钢并不能明显提高大柔度杆的稳定性。

中长压杆和粗短压杆的临界应力则与材料的强度有关，采用高强度钢材，可以提高这类压杆抵抗失稳的能力。

2. 选择合理的截面形状

从欧拉公式和经验公式可以看出，增大截面的惯性矩，可以增大截面的惯性半径，降低压杆的柔度，从而可以提高压杆的稳定性。于是，在保持横截面面积不变的情况下，尽可能地把材料放在远离截面形心处，可以取得较大的 I 和 i 值，从而提高临界应力和临界压力。

从这个角度出发，相同面积情况下，空心截面要比实心截面合理。如图 9.14 所示，图(b)比图(a)合理，图(d)比图(c)合理。工程实际中，若压杆的截面是由型钢组成的，则应采用如图 9.14(e)所示的布置方式，可以取得较大的惯性矩或惯性半径。

但需要注意的是，不能为了取得较大的惯性矩或惯性半径，就无限制地增大截面直径使其壁厚减小，这将使其因壁厚太薄而引起局部失稳，发生局部折皱的危险，反而降低了稳定性。

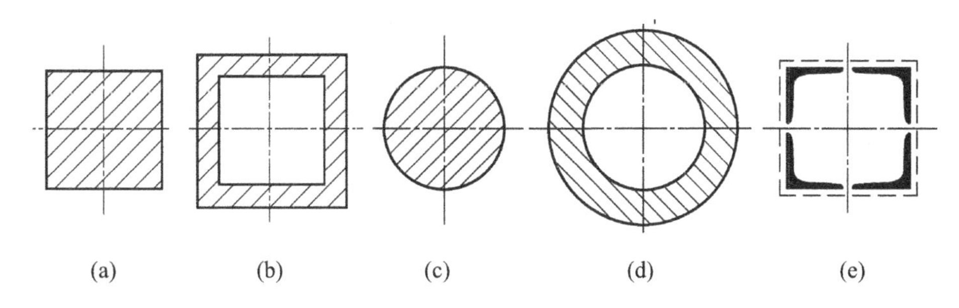

图 9.14 合理截面形状的选择

另外，当压杆两端在各弯曲平面内约束条件相同时，失稳总是发生在最小刚度的平面内。因此，如果压杆在各个纵向平面内的相当长度 μl 相同，则应使用截面对任一形心轴的惯性半径相等或接近相等的截面，这样压杆在任一纵向平面内的柔度 λ 都相等或接近相等。于是在任一纵向平面内有相等或接近相等的稳定性。而压杆在不同的纵向平面内，μl 值不相同时，截面对两个主形心惯性轴 y 和 z 有不同的 i_y 和 i_z，设计的截面应尽量使在两个主惯性平面内的柔度 λ_y 和 λ_z 接近相等，从而使压杆在两个主惯性平面内仍然有接近相等的稳定性。

3. 改善约束条件，减小压杆长度

从欧拉公式可知，压杆的临界力与其计算长度的平方成反比，而压杆的计算长度又与其约束条件有关。因此，改善约束条件，可以减小压杆的长度系数和计算长度，从而增大临界力。在相同条件下，考虑稳定性问题，则自由支座的约束最不利，铰支座次之，固定支座最有利。

另外，减小压杆长度的另一方法是在压杆的中间增加支承约束，把一根长杆变成两根甚至几根短杆，从而有效提高结构稳定性。例如将长为l的两端铰支的细长压杆，如图9.15(a)所示，在其中点增加一个铰支座。如图 9.15(b)所示，则相当长度就由原来的$\mu l = l$变为$\mu l = l/2$，于是临界压力也由原来的$F_{cr} = \pi^2 EI/l^2$变成$F_{cr} = \pi^2 EI/(l/2)^2$，临界力是原来的4倍。可见增加压杆的约束，使其不容易发生弯曲变形，从而提高压杆的稳定性。

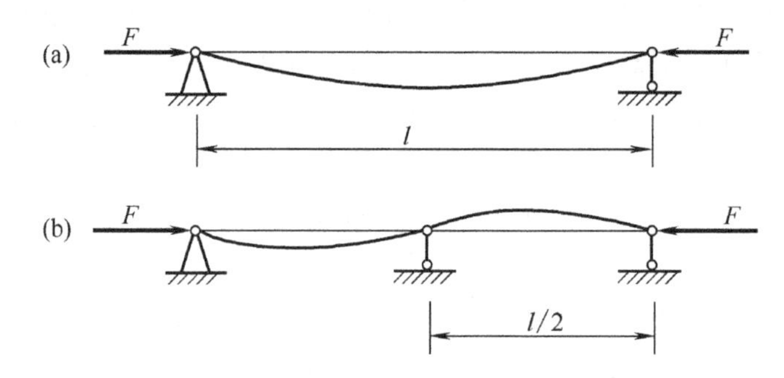

图 9.15　压杆约束条件的选择

小　　结

本章讨论的是与强度、刚度问题不同的稳定性问题，在本章中除必须掌握和理解稳定、失稳、临界力等基本概念之外，还需掌握下述主要内容。

(1) 平衡状态的稳定性。

稳定平衡：当工作力小于临界力时，压杆能保持原来的平衡状态。

不稳定平衡：当工作力大于、等于临界力时，压杆不能保持原来的平衡状态。

(2) 不同杆端约束下，等截面细长中心受压直杆临界力的欧拉公式

$$F_{cr} = \frac{\pi^2 EI}{(\mu l)^2}$$

临界应力公式

$$\sigma_{cr} = \frac{\pi^2 E}{\lambda^2}$$

式中$\lambda = \dfrac{\mu l}{i}$。对不同的约束，$\mu$取不同的值。当$\lambda \geqslant \lambda_p$时，欧拉公式适用，且$\lambda_p = \sqrt{\dfrac{\pi^2 E}{\sigma_p}}$。

(3) 临界应力的经验公式如下。

直线经验公式　　$\sigma_{cr} = a - b\lambda$

抛物线经验公式　　$\sigma_{cr} = a_1 - b_1\lambda^2$

(4) 临界应力总图。

(5) 压杆的稳定校核：

$$n=\frac{F_{cr}}{F}\geqslant[n]_{st}$$

(6) 提高压杆承载能力的主要措施有：选择合理的截面形状、改变压杆的约束条件和合理选择材料等。

思　考　题

9-1 如何区别压杆的稳定平衡与不稳定平衡？

9-2 什么叫临界力？压杆临界力的物理意义是什么？影响临界力 F_{cr} 大小的因素有哪些？

9-3 计算临界力的欧拉公式的应用条件是什么？

9-4 何谓柔度？它与压杆的哪些因素有关？

9-5 由塑性材料制成的小柔度压杆，在临界力作用下是否仍处于弹性状态？

9-6 计算中小柔度压杆的临界力时，若误用欧拉公式计算其临界力，其后果如何(是偏于安全，还是偏于不安全)？

9-7 只要保证压杆的稳定就能够保证其承载能力，这种说法是否正确？

9-8 请你在日常生活中碰到的实例来说明压杆稳定问题的存在。

习　　题

9-1 两端球形铰支的压杆，选用 22a 工字钢，材料弹性模量 E=200 GPa，杆长 l=5 m。试用欧拉公式求其临界力 F_{cr}。

9-2 图示各等圆截面杆的材料和横截面面积均相同，请问哪一根杆能承受的压力最大，哪一根的最小(图(e)所示杆在中间支承处不能转动)？

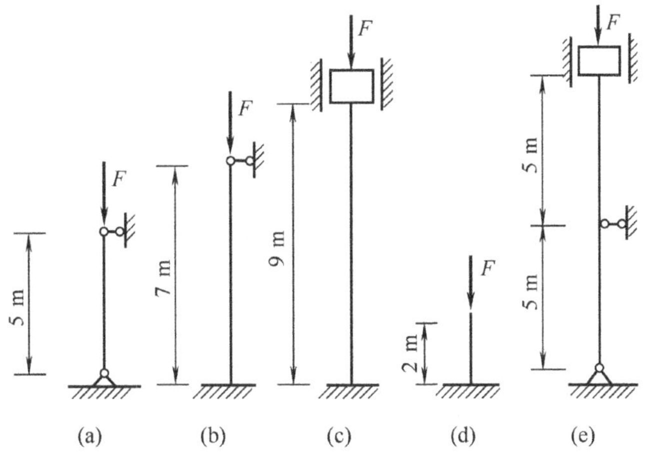

习题 9-2 图

9-3 一木柱两端铰支，其横截面为120 mm×200 mm 的矩形，长度为 4 m。木材的$E=10\ \text{GPa}$，$\sigma_p=20\ \text{GPa}$。求木柱的临界应力。

9-4 图示结构 *ABCD* 由三根直径均为 *d* 的圆截面钢杆组成，在 *B* 点铰支，而在 *A* 点和 *C* 点固定，*D* 为铰接点，$\dfrac{l}{d}=10\pi$。若结构由于杆件在平面 *ABCD* 内弹性失稳而丧失承载能力，试确定作用于节点 *D* 处的荷载 *F* 的临界值。

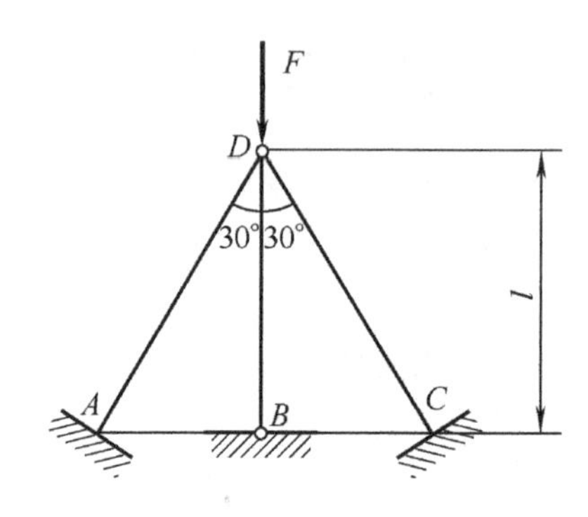

习题 9-4 图

9-5 两端球铰铰支等截面圆柱压杆，长度$l=703\ \text{mm}$，直径$d=45\ \text{mm}$，材料为优质碳钢，$\sigma_s=306\ \text{MPa}$，$\sigma_p=280\ \text{MPa}$，$E=210\ \text{GPa}$。最大轴向压力$F_{max}=41.6\ \text{kN}$，稳定安全因数$[n]_{st}=10$。试校核其稳定性。

9-6 在图示铰接杆系 *ABC* 中，*AB* 和 *BC* 皆为细长压杆，且截面、材料相同。若因在 *ABC* 平面内失稳而破坏，并规定$0<\theta<\pi/2$，求 *F* 为许用最大值时的θ值。

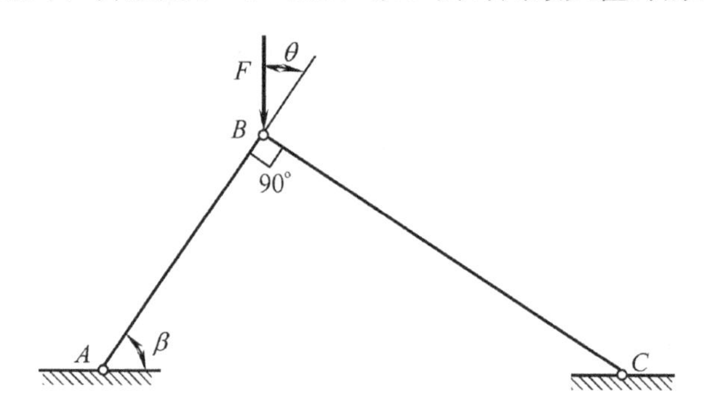

习题 9-6 图

9-7 自制简易起重机如图所示，其压杆 *BD* 为 20b 号槽钢，材料为 Q235 钢。起重机的最大起重量是$P=40\ \text{kN}$。稳定安全因数$[n]_{st}=5$，试校核杆 *BD* 的稳定性。

9-8 图示的简单构架承受均布载荷$q=50\ \text{kN/m}$作用，撑杆 *AB* 为圆截面木柱，材料的许用应力$[\sigma]=11\ \text{MPa}$。试设计杆 *AB* 的直径。

9-9 如图所示的油缸直径$D=65\ \text{mm}$，油压$p=1.2\ \text{MPa}$。活塞杆长度$l=1250\ \text{mm}$，材料的$\sigma_p=220\ \text{MPa}$，$E=210\ \text{GPa}$，稳定安全因数$[n]_{st}=6$。试确定活塞杆的直径 *d*。

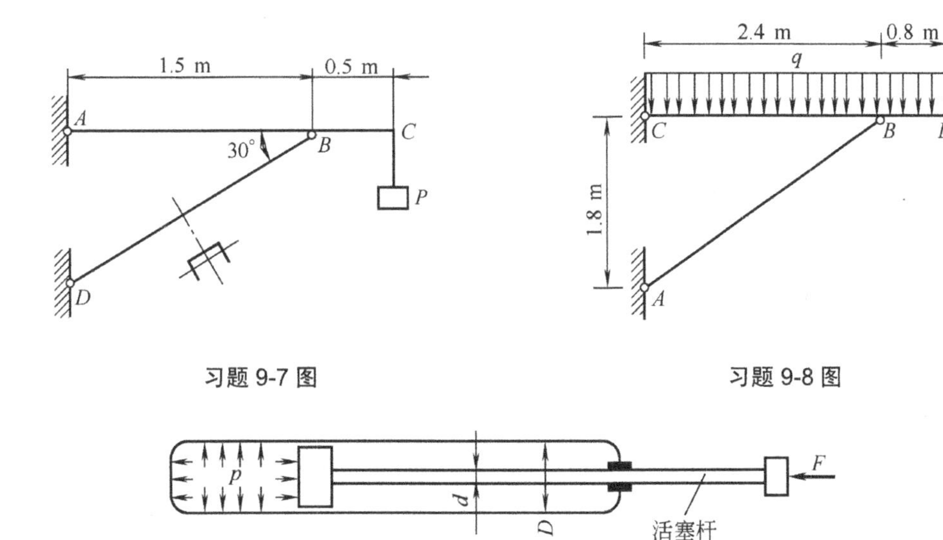

习题 9-7 图

习题 9-8 图

习题 9-9 图

9-10 求可以用欧拉公式计算临界力的压杆的最小柔度，如果杆分别由下列材料制成：

(1) 比例极限 $\sigma_{\mathrm{p}}=220\ \mathrm{MPa}$ ，弹性模量 $E=190\ \mathrm{GPa}$ 的钢。

(2) 比例极限 $\sigma_{\mathrm{p}}=20\ \mathrm{MPa}$ ，弹性模量 $E=11\ \mathrm{GPa}$ 的松木。

9-11 如图所示结构，材料为 Q235 钢。已知 $F=25\ \mathrm{kN}$ ， $\alpha=30°$ ， $a=1250\ \mathrm{mm}$ ， $l=550\ \mathrm{mm}$ ， $d=20\ \mathrm{mm}$ ， $E=206\ \mathrm{GPa}$ ， $[\sigma]=160\ \mathrm{MPa}$ ， $[n]_{\mathrm{st}}=2$ 。试校核此结构是否安全。

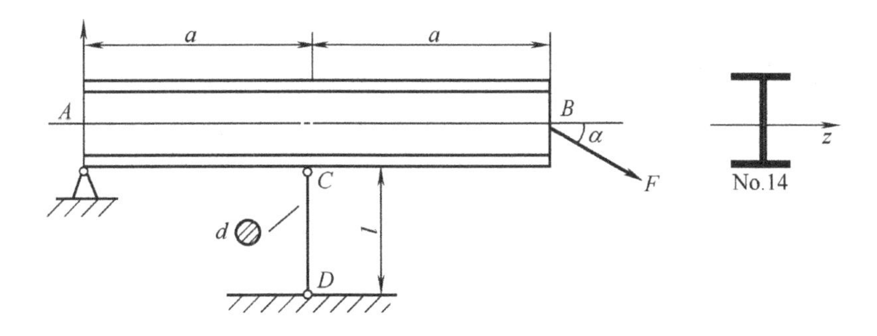

习题 9-11 图

9-12 如图所示的压杆，两端为球铰约束，杆长 $l=2400\ \mathrm{mm}$ ，压杆由两根 125 mm×125 mm×12 mm 的等边角钢铆接而成，铆钉孔直径为 23mm。已知压杆所受压力 $F=800\ \mathrm{kN}$ ，材料为 Q235 钢，许用应力 $[\sigma]=160\ \mathrm{MPa}$ ，稳定安全因数 $[n]_{\mathrm{st}}=1.48$ 。试校核此压杆是否安全。

9-13 刚性杆 OCD 的左端为固定铰支座，在 C 截面处由两根钢杆支承。已知钢杆 AC 和 BC 的两端均为球铰铰接，长度 $l=1\ \mathrm{m}$ ，横截面为边长 $a=20\ \mathrm{mm}$ 的正方形，材料的弹性模量 $E=200\ \mathrm{GPa}$ ，比例极限 $\sigma_{\mathrm{p}}=200\ \mathrm{MPa}$ 。求能施加在刚性杆 D 端的最大载荷 $F_{\max}$ 。

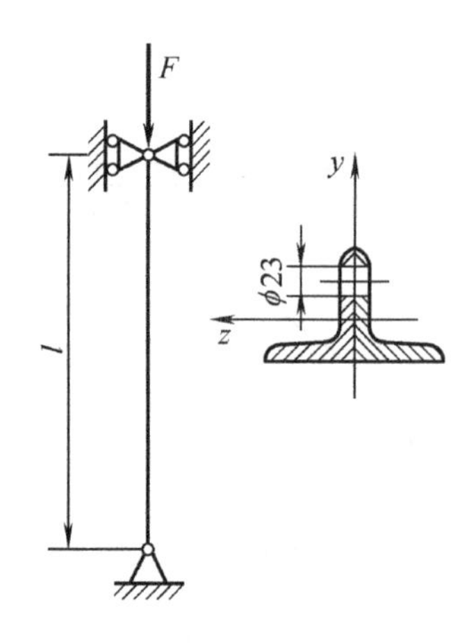

习题 9-12 图

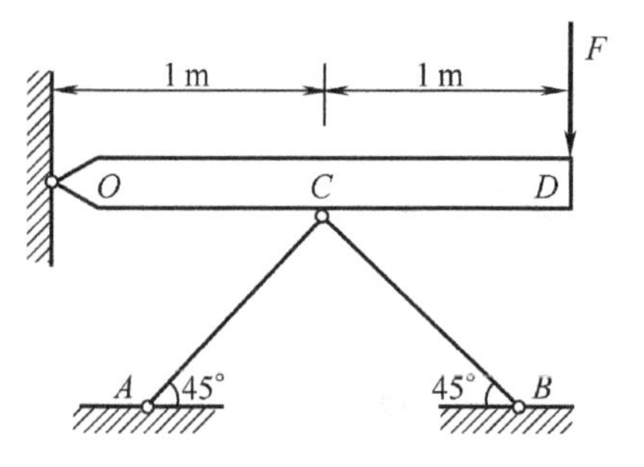

习题 9-13 图

第10章 能 量 法

设弹性体在支座约束作用下无任何刚性位移，则弹性体在外力(即载荷)作用下必定发生变形，同时外力作用点在外力作用方向要产生位移，因此，外力在相应位移上做功，用 W 表示。而弹性体由于变形的发生就要积蓄一定的能量，这种因变形而储存的能量称为**应变能**，用 V_ε 表示。根据功能原理，若弹性体的外力由零缓慢地增至最终值，忽略弹性体在变形过程中的其他能量损耗，则储存在弹性体内的应变能在数值上等于外力在其相应位移上所做的功。即

$$V_\varepsilon = W \tag{10-1}$$

利用外力功与应变能的关系计算和分析构件及结构的位移、变形、内力和应力的方法称为**能量法**。能量法是一种重要的应用非常广泛的计算方法。本章从基本概念入手，介绍能量法的基本理论和方法及应用。

10.1 外力功与应变能

10.1.1 外力功

由功的定义 $W = F \cdot \mathrm{d}s$ 知，**广义力**在作用方向上有相应的**广义位移**(不管位移产生的原因)，并做功。

如图 10.1(a)所示，当外力 F 为常量时，外力在其作用方向上的位移为 $\varDelta$，则该外力做功

$$W = F_1 \varDelta_1 \tag{10-2}$$

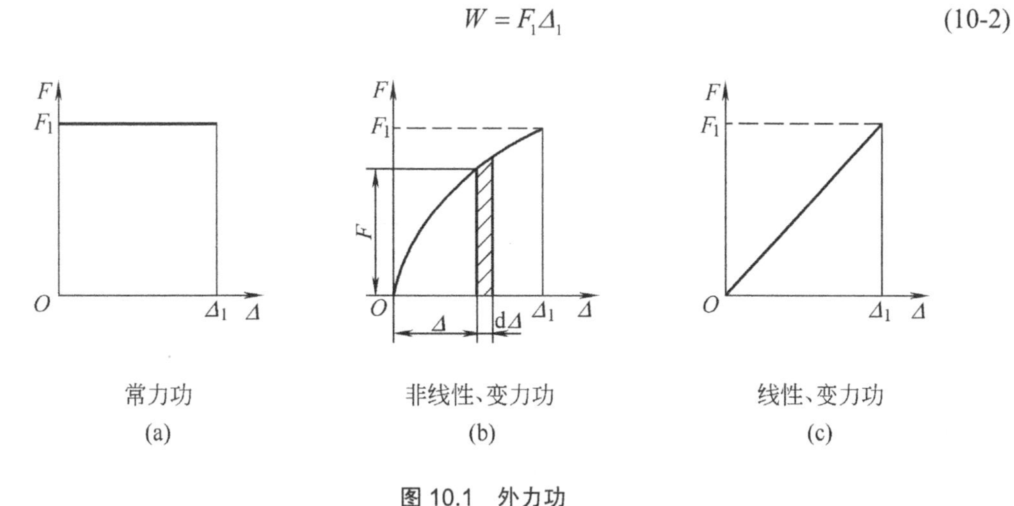

常力功 (a)　非线性、变力功 (b)　线性、变力功 (c)

图 10.1 外力功

如图 10.1(b)所示，当外力为变量时，外力在其作用方向上缓慢地由零逐渐地增加，最后达到最终值 F_1，外力在其作用方向上的位移相应地缓慢地由零逐渐地增加，最后达到最终值 $\varDelta_1$，则在整个加载过程中，外力所做的总功

$$W = \int_0^{\Delta_1} F(\Delta)\mathrm{d}\Delta \tag{10-3}$$

在线弹性情况下，如图 10.1(c)所示，变外力所做的总功

$$W = \frac{1}{2}F_1\Delta_1 \tag{10-4}$$

式中 F_1 为广义力，它可以是集中力，集中力偶，一对等值、反向的力或力偶等；与此相应，式中的位移 Δ_1 则应理解为与广义力相应的广义位移，即与集中力相应的位移为线位移，与集中力偶相应的位移为角位移，与一对大小等值、反向的力(或力偶)相应的位移为相对线位移(或相对角位移)，等等。总之是广义力在相应广义位移上做功。

10.1.2 互等定理

为了叙述方便，以梁表示线性弹性体，如图 10.2(a)所示，F_1 在点 1 沿 F_1 方向产生的位移为 Δ_{11}，F_1 在点 2 沿 F_2 方向产生的位移为 Δ_{21}；同样如图 10.2(b)所示，F_2 在点 2 沿 F_2 方向产生的位移为 Δ_{22}，F_2 在点 1 沿 F_1 方向产生的位移为 Δ_{12}(即在位移符号的双下标中，第一个下标表示位置，第二个下标表示由哪个力产生)。

设在梁上先加 F_1，在 F_1 作用完毕后再加上 F_2，产生的变形位移如图 10.3(a)所示，外力总功

$$W = \frac{1}{2}F_1\Delta_{11} + \left(\frac{1}{2}F_2\Delta_{22} + F_1\Delta_{12}\right) \tag{10-5}$$

若在梁上先加 F_2，在 F_2 作用完毕后再加上 F_1，产生的变形位移如图 10.3(b)所示，外力总功

$$W = \frac{1}{2}F_2\Delta_{22} + \left(\frac{1}{2}F_1\Delta_{11} + F_2\Delta_{21}\right) \tag{10-6}$$

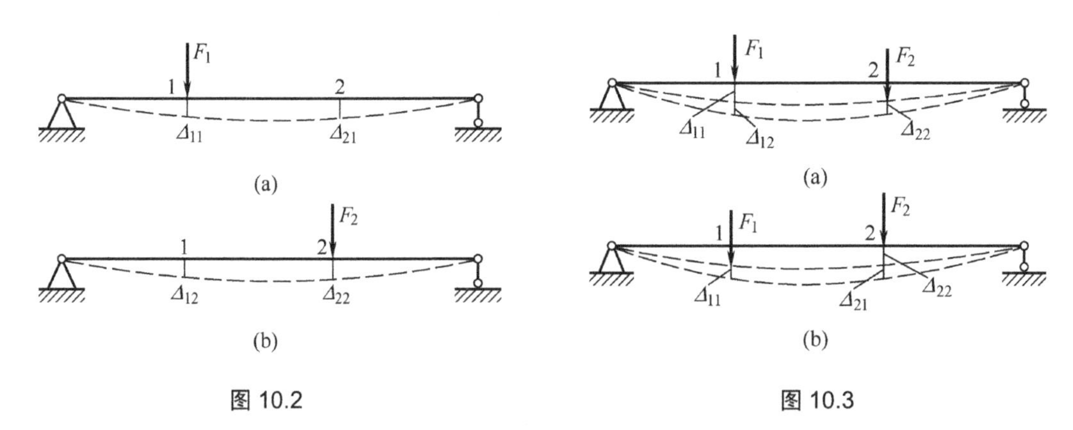

图 10.2　　图 10.3

由于外力做功与加载次序无关(否则可按一个储存能量多的次序加载，再按一个储存能量较少的次序卸载后，弹性体内的能量就会增加，这与**能量守恒定律**相矛盾)，故式(10-5)与式(10-6)必相等，从而得

$$F_1\Delta_{12} = F_2\Delta_{21} \tag{10-7}$$

这就是**功的互等定理**，即对于线性弹性体，F_1 在由 F_2 于点 1 沿 F_1 方向产生的位移 Δ_{12} 上

所做的功等于 F_2 在由 F_1 于点 2 沿 F_2 方向产生的位移 $\varDelta_{21}$ 上所做的功。若 $F_1=F_2$ (即两个广义力数值相等，量纲可以不同)，则其广义位移在数值上(量纲可以不同)有

$$\varDelta_{12}=\varDelta_{21} \tag{10-8}$$

此即**位移互等定理**。

上述定理中，只要保证广义力的量纲与广义位移的量纲乘积为功的量纲即可。上述定理中，力 F_1 可以推广为一组广义力，力 F_2 可以推广为另一组广义力，即功的互等定理的一般叙述为：第一组外力在第二组外力所引起的位移上所作的功等于第二组外力在第一组外力所引起的位移上所做的功。

10.1.3 克拉贝依隆原理

将式(10-7)代入上面式(10-5)或式(10-6)得

$$W=\frac{1}{2}F_1(\varDelta_{11}+\varDelta_{12})+\frac{1}{2}F_2(\varDelta_{21}+\varDelta_{22})=\frac{1}{2}F_1\varDelta_1+\frac{1}{2}F_2\varDelta_2$$

上式可推广到有多个广义力共同作用于线性弹性体的情况，连同式(10-1)有

$$V_\varepsilon=W=\sum\frac{1}{2}F_i\varDelta_i \tag{10-9}$$

上式称为**克拉贝依隆原理**。式中 $\varDelta_i$ 为全部外力 $(F_1,F_2,\cdots,F_i,\cdots,F_n)$ 在广义力 F_i 处沿 F_i 方向共同产生的广义位移。

10.1.4 杆件的应变能

圆截面杆微段 dx 受力的一般形式如图 10.4(a)所示，可以看出，微段两端的内力已成为该微段的“外力”，且轴力 $F_\mathrm{N}(x)$ 仅在轴力引起的轴向变形 du 上做功，而扭矩 $T(x)$ 与弯矩 $M(x)$ 则仅分别在各自引起的扭转变形 dφ 与弯曲变形 dθ 上做功，如图 10.4(b)所示，它们相互独立。因此，在忽略剪力影响的情况下，由式(10-5)得微段 dx 的应变能

$$\mathrm{d}V_\varepsilon=\delta W=\frac{F_\mathrm{N}(x)\mathrm{d}u}{2}+\frac{T(x)\mathrm{d}\varphi}{2}+\frac{M(x)\mathrm{d}\theta}{2}$$

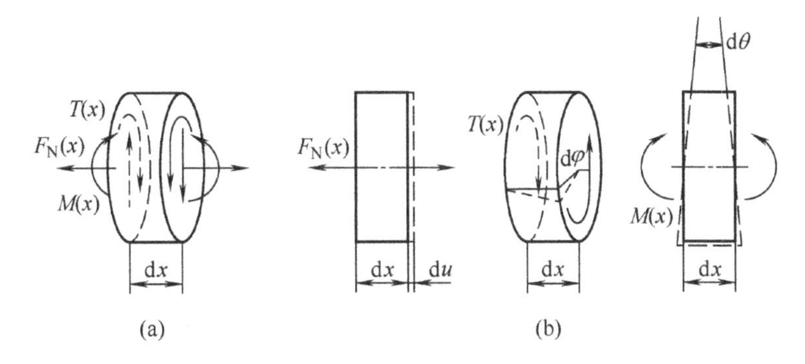

图 10.4 圆截面杆微段受力及位移

而 $\mathrm{d}u=\dfrac{F_\mathrm{N}\mathrm{d}x}{EA}$，$\mathrm{d}\varphi=\dfrac{T(x)\mathrm{d}x}{GI_\mathrm{p}}$，$\mathrm{d}\theta=\dfrac{M(x)\mathrm{d}x}{EI}$，代入上式得

$$\mathrm{d}V_{\varepsilon}=\frac{F_{\mathrm{N}}^{2}(x)\mathrm{d}x}{2EA}+\frac{T^{2}(x)\mathrm{d}x}{2GI_{\mathrm{p}}}+\frac{M^{2}(x)\mathrm{d}x}{2EI}$$

则整个圆截面杆的应变能

$$V_{\varepsilon}=\int_{l}\frac{F_{\mathrm{N}}^{2}(x)}{2EA}\mathrm{d}x+\int_{l}\frac{T^{2}(x)}{2GI_{\mathrm{p}}}\mathrm{d}x+\int_{l}\frac{M^{2}(x)}{2EI}\mathrm{d}x \tag{10-10}$$

对于一般对称截面杆，当其处于轴向拉压、扭转与对称弯曲时，上式中 I_{p} 应改为 I_{t}。由式(10-10)可知，当杆件只有一个内力(或两个内力)时，应变能只取式右端相应的一项(或两项)，且应变能恒为正值。

【例 10-1】 如图 10.5 所示简支梁 AB，其弯曲刚度 EI 为常数，受集中力偶 M_{e} 作用，试计算梁的应变能与横截面 A 的转角。

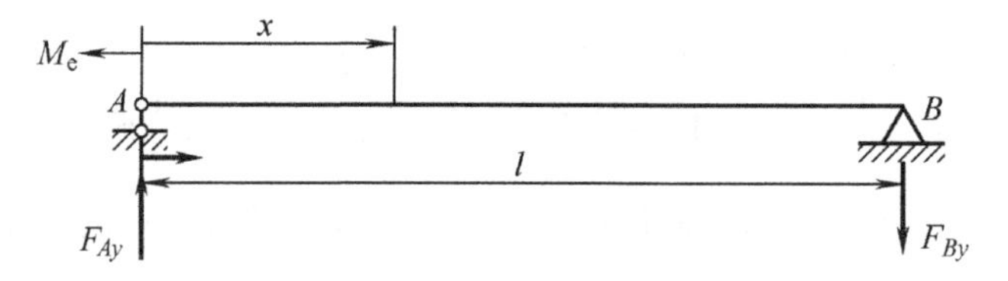

图 10.5 例 10-1 图

【解】 (1) 应变能计算。

梁的约束力

$$F_{A}=F_{B}=\frac{M_{\mathrm{e}}}{l}$$

梁的弯矩方程

$$M(x)=F_{A}x-M_{\mathrm{e}}=M_{\mathrm{e}}\left(\frac{x}{l}-1\right)$$

将上式代入式(10-10)，得应变能

$$V_{\varepsilon}=\frac{1}{2EI}\int_{0}^{l}M_{\mathrm{e}}^{2}\left(\frac{x}{l}-1\right)^{2}\mathrm{d}x=\frac{M_{\mathrm{e}}^{2}l}{6EI}$$

(2) 转角计算。

设横截面 A 的转角为 θ_{A}，且与力偶矩 M_{e} 同向，则由式(10-9)得

$$\frac{M_{\mathrm{e}}\theta_{A}}{2}=\frac{M_{\mathrm{e}}^{2}l}{6EI}$$

由此得

$$\theta_{A}=\frac{M_{\mathrm{e}}l}{3EI}(\text{逆})$$

所得 θ_{A} 为正，说明转角 θ_{A} 与力偶矩 M_{e} 同向的假设正确。

10.2 莫尔定理及其应用

为了叙述方便，以图 10.6(a)所示梁的弯曲为例，设梁在载荷 F_{1}，F_{2}，… 作用下发生弯曲变形，且在支座约束下无任何刚性位移，其应变能

$$V_\varepsilon = \int_l \frac{M^2(x)\mathrm{d}x}{2EI} \tag{10-11}$$

式中 $M(x)$ 是 F_1，F_2，… 作用下梁横截面上的弯矩。现要求在上述载荷作用下，梁轴线上任意点 C 的位移 Δ。我们可以进行如下处理。

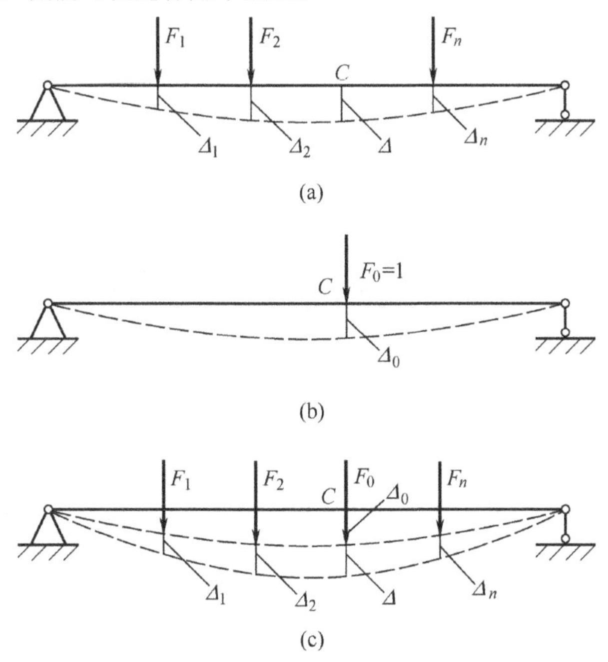

图 10.6　莫尔定理推导

(1) 设在上述载荷作用之前，先在点 C 沿位移 Δ 的方向，作用 $F_0=1$ 的单位力如图 10.6(b)所示，这时梁横截面上的弯矩记为 $\bar{M}(x)$，梁的应变能

$$V_{\varepsilon 0} = \int_l \frac{\bar{M}^2(x)\mathrm{d}x}{2EI} \tag{10-12}$$

在已经作用 F_0 后，再将原来的一组载荷 F_1，F_2，… 作用于梁上，如图 10.6(c)所示。线性弹性体的位移与载荷之间为线性关系，F_1，F_2，… 引起的位移不因预先作用过 F_0 而变化，应与未曾作用过 F_0 相同。因而梁因这些力作用而储存的应变能仍是式(10-11)表示的 V_ε，点 C 因这些力发生的位移 Δ 也仍然不变。不过，点 C 上已有常力 F_0 作用，且 F_0 与 Δ 的方向一致。于是在作用 F_1，F_2，… 的过程中，F_0 又完成了数量为 $F_0\cdot\Delta=1\cdot\Delta$ 的功。这样，按先作用 F_0 后作用 F_1，F_2，… 的次序加力，梁内应变能应为

$$V_{\varepsilon 1} = V_{\varepsilon 0} + V_\varepsilon + 1\cdot\Delta \tag{10-13}$$

(2) 设梁在 F_0 与 F_1，F_2，… 同时共同作用下(即同时缓慢地从零加到各自的最终值)，梁内弯矩应为 $M(x)+\bar{M}(x)$。由式(10-9)，梁的应变能 $V_{\varepsilon 2}$ 可写成

$$V_{\varepsilon 2} = \int_l \frac{[M(x)+\bar{M}(x)]^2\,\mathrm{d}x}{2EI} \tag{10-14}$$

因变形能与加载次序无关，故式(10-13)与式(10-14)相等，得

$$V_{\varepsilon 0} + V_\varepsilon + 1\cdot\Delta = \int_l \frac{[M(x)+\bar{M}(x)]^2\,\mathrm{d}x}{2EI}$$

将式(10-11)、式(10-12)代入上式，并将$1\cdot\varDelta$记为$\varDelta$，化简得

$$\varDelta=\int_l\frac{M(x)\bar{M}(x)}{EI}\mathrm{d}x \tag{10-15}$$

这就是**莫尔定理**，也称**莫尔积分**。它虽然是从以梁为例推出，但它适用于各种线性弹性结构。由于它是用虚加单位力求解，故也称**单位载荷法**(实际上是单位载荷法用于线性弹性结构的积分形式，真正的单位载荷法还可用于非线性结构)。

同样可以证明，杆件组合变形时的位移

$$\varDelta=\int_l\frac{F_{\mathrm{N}}(x)\bar{F}_{\mathrm{N}}(x)}{EA}\mathrm{d}x+\int_l\frac{T(x)\bar{T}(x)}{GI_{\mathrm{t}}}\mathrm{d}x+\int_l\frac{M(x)\bar{M}(x)}{EI}\mathrm{d}x \tag{10-16}$$

对于桁架，上式变为

$$\varDelta=\sum\frac{F_{\mathrm{N}i}\bar{F}_{\mathrm{N}i}l_i}{EA} \tag{10-17}$$

在使用式(10-16)时应注意：

(1) 虚加的单位力为与欲求的广义位移相应的广义力，加在欲求位移点、沿欲求广义位移方向。

(2) 若求得的广义位移为正，则表示实际位移与虚加的单位力方向相同，否则相反。

(3) 式中$F_{\mathrm{N}}(x)$、$T(x)$、$M(x)$单由结构原载荷引起，与虚加单位力无关；$\bar{F}_{\mathrm{N}}(x)$、$\bar{T}(x)$、$\bar{M}(x)$单由虚加的广义单位力引起，与原载荷无关。

(4) 求位移时，对桁架只考虑轴力；对梁只考虑弯矩；对平面刚架和小曲率曲杆一般只考虑弯矩；对轴或空间刚架只考虑扭矩和弯矩。总之忽略剪力对位移的影响。

(5) 构件为曲杆时，积分域用弧坐标表示(见例 10-2)。

(6) 实际使用时，应根据具体情况对积分限分段。对圆截面杆，I_{t}自然变为I_{p}。

(7) 解题步骤一般为如下。

① 求支座约束力；

② 分段写出由外载荷引起的内力方程；

③ 画出虚加单位力系统，分段写出由虚加单位力引起的内力方程；

④ 代入式(10-16)积分。

【例 10-2】 如图 10.7(a)所示圆弧形曲杆的EI为常数，求截面B的水平位移$\varDelta_{Bx}$。

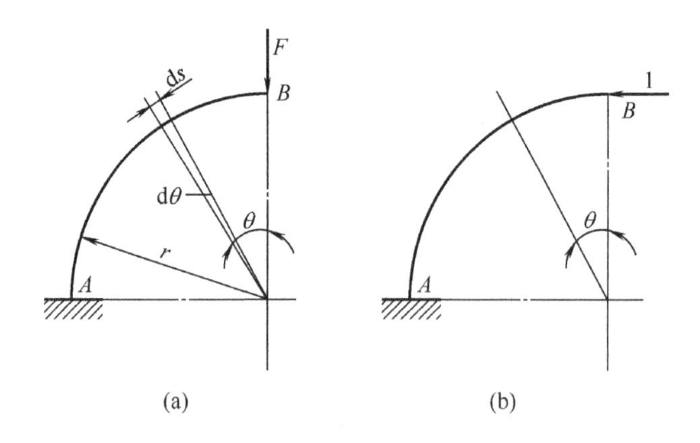

图 10.7　例 10-2 图

【解】 (1) 建立单位力系统如图 10.7(b)所示，在欲求位移的方向上施加对应的广义单位力。

(2) 以角度 θ 为自变量，对原系统写出内力方程

$$M(\theta)=Fr\sin\theta \qquad (0^\circ \leqslant \theta \leqslant 90^\circ)$$

(3) 对单位力系统写出内力方程

$$\bar{M}(\theta)=-r(1-\cos\theta) \qquad (0^\circ \leqslant \theta \leqslant 90^\circ)$$

(4) 取曲线微段 $\mathrm{d}s=r\mathrm{d}\theta$。由式(10-16)得

$$\begin{aligned}\Delta_{Bx}&=\int_s \frac{\bar{M}M}{EI}\mathrm{d}s=\int_{0^\circ}^{90^\circ}\frac{\bar{M}(\theta)M(\theta)}{EI}r\mathrm{d}\theta\\&=\frac{1}{EI}\int_{0^\circ}^{90^\circ}-r(1-\cos\theta)(Fr\sin\theta)r\mathrm{d}\theta\\&=-\frac{Fr^3}{2EI}(\rightarrow)\end{aligned}$$

结果为负值表示实际位移方向与所施加单位力的方向相反。

【例 10-3】 如图 10.8(a)所示刚架的自由端 A 作用集中载荷 F。刚架各段的弯曲刚度如图示。若不计轴力和剪力对位移的影响，试计算点 A 的垂直位移 δ_y 及截面 B 的转角 θ_B。

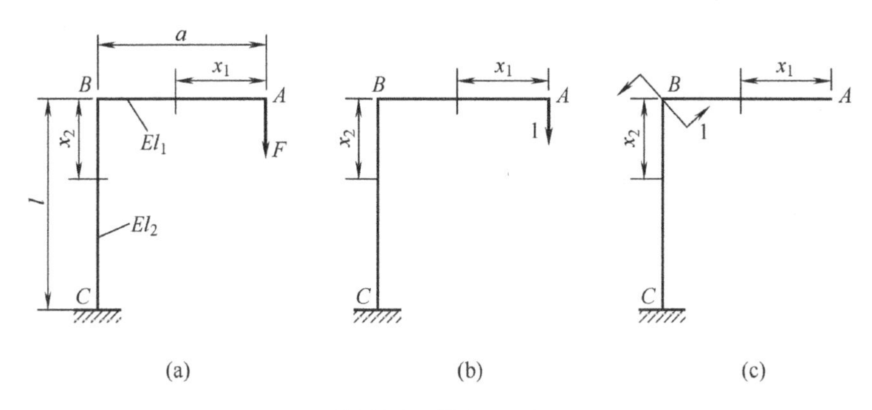

图 10.8　例 10-3 图

【解】 (1) 首先计算点 A 的垂直位移。建立图 10.8(b)单位力系统。由图 10.8(a)、(b)得

AB 段：$M(x_1)=Fx_1$，$\bar{M}(x_1)=x_1$

BC 段：$M(x_2)=Fa$，$\bar{M}(x_2)=a$

由莫尔定理得

$$\begin{aligned}\delta_y&=\int_0^a\frac{M(x_1)\bar{M}(x_1)\mathrm{d}x_1}{EI_1}+\int_0^l\frac{M(x_2)\bar{M}(x_2)\mathrm{d}x_2}{EI_2}\\&=\frac{1}{EI_1}\int_0^a Fx_1\cdot x_1\mathrm{d}x_1+\frac{1}{EI_2}\int_0^l Fa\cdot a\mathrm{d}x_2\\&=\frac{Fa^3}{3EI_1}+\frac{Fa^2l}{EI_2}\end{aligned}$$

(2) 计算截面 B 的转角 θ_B 。

在截面 B 上附加一单位力偶矩，如图 10.8(c)所示。由图 10.8(a)、(c)算出

AB 段：$M(x_1)=Fx_1$，$\bar{M}(x_1)=0$

BC 段：$M(x_2)=Fa$，$\bar{M}(x_2)=-1$

由莫尔定理得

$$\theta_B=\frac{1}{EI_2}\int_0^l Fa(-1)\mathrm{d}x_2=-\frac{Fal}{EI_2}$$

式中负号表示 θ_B 的方向与所加单位力偶矩的方向相反。

【讨论】 若考虑轴力对点 A 垂直位移的影响，由莫尔定理，则在上式中应再增加一项

$$\delta_{y1}=\sum_{i=1}^{2}\frac{F_{Ni}\bar{F}_{Ni}l_i}{EA_i}$$

由图 10.8(a)、(b)可知

AB 段：$F_{N1}=0$，$\bar{F}_{N1}=0$

BC 段：$F_{N2}=-F$，$\bar{F}_{N2}=-1$

由此求得点 A 因轴力引起的垂直位移

$$\delta_{y1}=\frac{Fl}{EA}$$

为了便于比较，设刚架横杆和竖杆长度相等，横截面相同，即 $a=l$，$I_1=I_2=I$ 。这样，点 A 因弯矩引起的垂直向下位移

$$\delta_y=\frac{Fa^3}{3EI_1}+\frac{Fa^2l}{EI_2}=\frac{4Fl^3}{3EI}$$

δ_{y1} 与 δ_y 之比是

$$\frac{\delta_{y1}}{\delta_y}=\frac{3I}{4Al^2}=\frac{3}{4}\left(\frac{i}{l}\right)^2$$

一般来说，$\left(\frac{i}{l}\right)^2$ 是一个很小的数值，例如当横截面是边长为 b 的正方形，且 $l=10b$ 时，$\left(\frac{i}{l}\right)^2=\frac{1}{1600}$，以上比值变为

$$\frac{\delta_{y1}}{\delta_y}=\frac{3}{4}\left(\frac{i}{l}\right)^2=\frac{1}{1600}$$

显然，与 δ_y 相比，δ_{y1} 可以省略。这就说明，计算抗弯杆件或杆系的变形时，一般可以省略轴力的影响。

【例 10-4】 如图 10.9(a)所示等截面刚架，承受集中载荷 F 作用，试用单位载荷法计算截面 A 的铅垂位移 w_A。设弯曲刚度 EI 与扭转刚度 GI_t 均为常数。

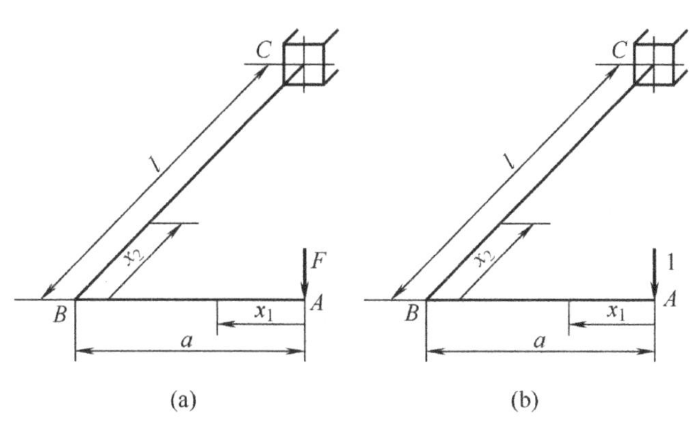

(a) (b)

图 10.9 例 10-4 图

【解】 在载荷 F 作用下，刚架的 AB 段受弯，BC 段处于弯扭组合受力状态，因此，由图 10.9(b)与式(10-16)可知，截面 A 的铅垂位移

$$w_A=\int_0^a\frac{M(x_1)\bar{M}(x_1)}{EI}\mathrm{d}x_1+\int_0^l\frac{M(x_2)\bar{M}(x_2)}{EI}\mathrm{d}x_2+\int_0^l\frac{T(x_2)\bar{T}(x_2)}{GI_\mathrm{t}}\mathrm{d}x_2$$

由图 10.9(a)，载荷 F 引起的内力

$$M(x_1)=Fx_1,\ M(x_2)=Fx_2,\ T(x_2)=-Fa$$

由图 10.9(b)，单位力引起的内力

$$\bar{M}(x_1)=x_1,\ \bar{M}(x_2)=x_2,\ \bar{T}(x_2)=-a$$

于是得

$$w_A=\int_0^a\frac{Fx_1\cdot x_1}{EI}\mathrm{d}x_1+\int_0^l\frac{Fx_2\cdot x_2}{EI}\mathrm{d}x_2+\int_0^l\frac{Fa\cdot a}{GI_\mathrm{t}}\mathrm{d}x_2$$

$$=\frac{Fa^3}{3EI}+\frac{Fl^3}{3EI}+\frac{Fa^3 l}{GI_t}(\downarrow)$$

有时需要求结构上两点间相对位移，这时，只要在沿两点的连线上作用一对方向相反的单位力，然后用单位载荷法计算，即可求得相对位移。这是因为按单位载荷法求出的位移，事实上是单位力在位移上做的功。同理，如果需要求两个截面的相对转角，就在这两个截面上作用一对方向相反的单位力偶。如下例。

【例 10-5】 如图 10.10(a)所示桁架各杆的 EA 相同，求 B、C 两点间的相对位移 Δ_{BC}。

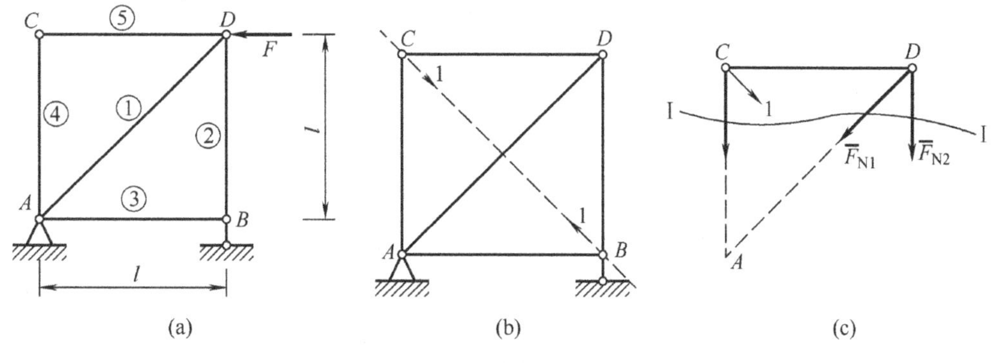

(a) (b) (c)

图 10.10 例 10-5 图

【解】(1) 为了便于表述，对桁架各杆编号，如图 10.10(a)所示。单位力系统如图 10.10(b)

所示，在欲求位移的方向上施加一对单位力。

(2) 由图 10.10(a)中节点 C 平衡得

$$F_{N4}=0,\ F_{N5}=0$$

由节点 B 平衡得

$$F_{N3}=0$$

由节点 D 平衡得

$$F_{N1}=-\frac{F}{\cos 45^\circ}=-\sqrt{2}F,\ F_{N2}=-F_{N1}\sin 45^\circ=F$$

(3) 对图 10.10(b)，只需求 $\bar{F}_{N1}$、$\bar{F}_{N2}$ (请思考为什么)。由截面Ⅰ-Ⅰ取分离体图 10.10(c)。由平衡方程 $\sum F_x=0$ 及 $\sum M_A=0$，得

$$\bar{F}_{N1}=1,\ \bar{F}_{N2}=-\frac{1\times\frac{\sqrt{2}}{2}l}{l}=-\frac{\sqrt{2}}{2}$$

(4) 由式(10-17)得

$$\begin{aligned}\varDelta_{BC}&=\sum\frac{F_N\bar{F}_N}{EA}=\frac{F_{N1}\bar{F}_{N1}l_1}{EA}+\frac{F_{N2}\bar{F}_{N2}l_2}{EA}\\&=\frac{1}{EA}\left[(-\sqrt{2}F)\times 1\times\sqrt{2}l+F\left(-\frac{\sqrt{2}}{2}\right)l\right]=-2.707\frac{Fl}{EA}\end{aligned}$$

负号表示离开。

10.3 卡氏定理及其应用

10.3.1 卡氏定理的证明

如图 10.11(a)所示结构，在载荷 F_1、F_2、…、F_i 作用下，其应变能为

$$V_0=\frac{1}{2}F_1\varDelta_1+\frac{1}{2}F_2\varDelta_2+\cdots+\frac{1}{2}F_i\varDelta_i \tag{10-18}$$

若该梁在 i 点单独加一载荷 $\mathrm{d}F_i$，如图 10.11(b)所示，其应变能为

$$\mathrm{d}V=\frac{1}{2}\mathrm{d}F_i\mathrm{d}\varDelta_i \tag{10-19}$$

如果先加载荷 $\mathrm{d}F_i$，再加载荷 F_1、F_2、…、F_i，如图 10.11(c)所示。在忽略高阶微量时，其应变能为

$$V=\frac{1}{2}F_1\varDelta_1+\frac{1}{2}F_2\varDelta_2+\cdots+\frac{1}{2}F_i\varDelta_i+\mathrm{d}F_i\varDelta_i=V_0+\mathrm{d}F_i\varDelta_i \tag{10-20}$$

由于应变能可表示为载荷的函数

$$V=V(F_1,F_2,\cdots,F_i)$$

根据全微分理论，其应变能增量可表示为

$$\Delta V=\frac{\partial V}{\partial F_1}\mathrm{d}F_1+\frac{\partial V}{\partial F_2}\mathrm{d}F_2+\cdots+\frac{\partial V}{\partial F_i}\mathrm{d}F_i \tag{10-21}$$

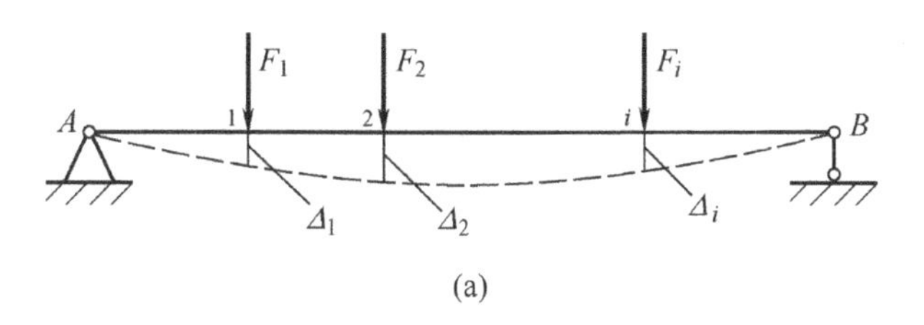

(a)

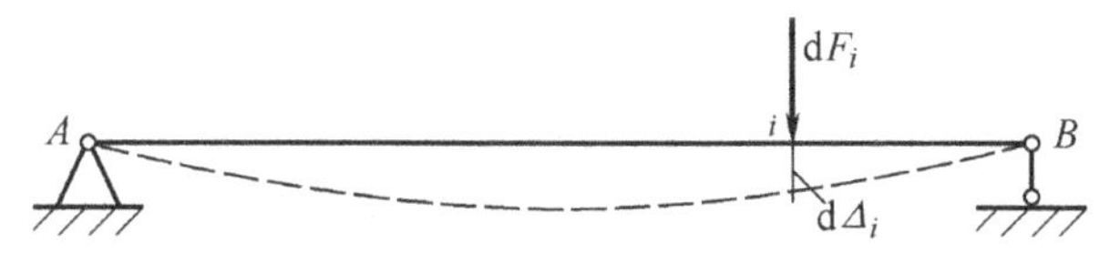

(b)

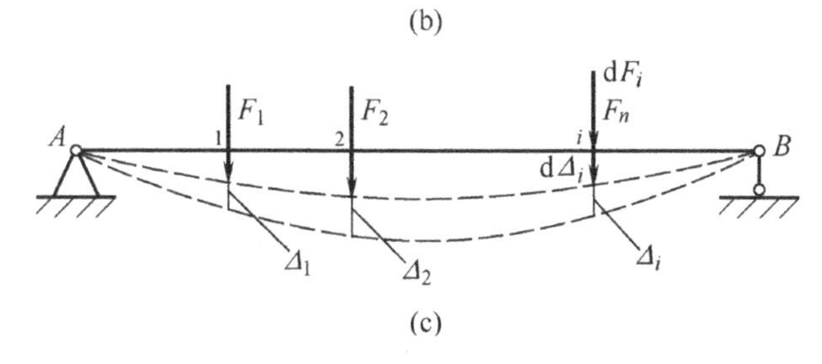

(c)

图 10.11　卡氏定理推导

由于 $\mathrm{d}F_1=\mathrm{d}F_2=0$，则

$$\Delta V=\frac{\partial V}{\partial F_i}\mathrm{d}F_i \tag{10-22}$$

于是结构的应变能为

$$V=V_0+\Delta V=V_0+\frac{\partial V}{\partial F_i}\mathrm{d}F_i \tag{10-23}$$

由式(10-20)、式(10-23)得

$$V_0+\mathrm{d}F_i\varDelta_i=V_0+\frac{\partial V}{\partial F_i}\mathrm{d}F_i \tag{10-24}$$

于是得到公式

$$\varDelta_i=\frac{\partial V}{\partial F_i} \tag{10-25}$$

式(10-25)即是卡氏定理。

10.3.2　卡氏定理的应用

(1) 对于弯曲变形

$$\varDelta_i=\frac{\partial V}{\partial F_i}=\frac{\partial}{\partial F_i}\left(\int_l\frac{M^2(x)\mathrm{d}x}{2EI}\right)=\int_l\frac{M(x)}{EI}\frac{\partial M(x)}{\partial F_i}\mathrm{d}x \tag{10-26}$$

(2) 对于圆轴扭转变形

$$\varDelta_i=\frac{\partial V}{\partial F_i}=\frac{\partial}{\partial F_i}\left(\int_l\frac{T^2(x)\mathrm{d}x}{2GI_\mathrm{p}}\right)=\int_l\frac{T(x)}{EI_\mathrm{p}}\frac{\partial M(x)}{\partial F_i}\mathrm{d}x \tag{10-27}$$

(3) 对于桁架结构

$$\varDelta_i=\frac{\partial V}{\partial F_i}=\frac{\partial}{\partial F_i}\left(\sum_{j=1}^{n}\frac{F_{Nj}^2 l_j}{2EA_j}\right)=\sum_{j=1}^{n}\frac{F_{Nj}l_j}{EA_j}\frac{\partial F_{Nj}}{\partial F_i} \tag{10-28}$$

上述各式中 $\varDelta$ 和 F 分别代表广义位移和广义力。卡氏定理只适用于小变形，且力与位移必须满足线性关系。

用卡氏定理解题时要注意：

(1) 若不同点含有相同的变量时，要将各点改用不同的变量表示，否则，变性能对某一点的该变量求偏导数时，具有相同变量的其他点也将参与求偏导，导致结果错误。

(2) 需求广义位移的方向若无载荷时，必须虚加一个广义力，待求偏导后，令虚加的广义力等于零即可。

【例 10-6】 如图 10.12(a)所示结构，各段 EI 相同，不考虑轴力的影响，求 C 截面的水平位移、铅直位移和转角。

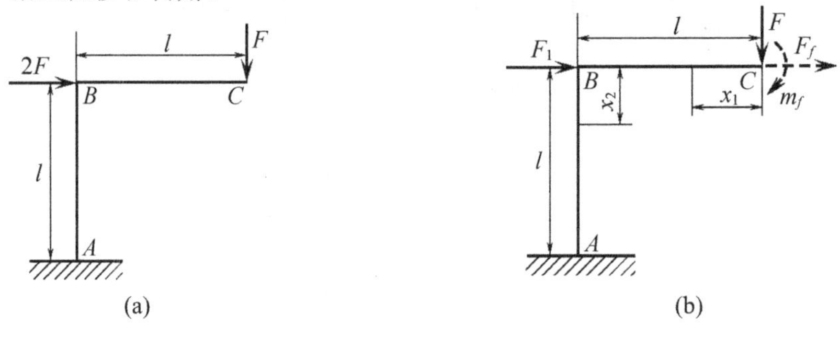

图 10.12　例 10-6 图

【解】 (1) 将图 10.12(a)的载荷改写为图 10.12(b)的形式。求水平位移及转角时，由于 C 截面无相应的水平方向载荷及力偶，故虚加一个水平方向的力 F_f 和力偶 m_f。

(2) 计算 BC 段的弯矩方程并对 C 点各载荷求偏导

$$M(x_1)=Fx_1+m_f \qquad (0\leqslant x_1\leqslant l)$$

$$\frac{\partial M(x_1)}{\partial F}=x_1,\quad \frac{\partial M(x_1)}{\partial F_f}=0,\quad \frac{\partial M(x_1)}{\partial m_f}=1$$

(3) 计算 AB 段的弯矩方程并对 C 点各载荷求偏导

$$M(x_2)=Fl+F_f x_2+m_f+F_1x_2 \qquad (0\leqslant x_2\leqslant l)$$

$$\frac{\partial M(x_2)}{\partial F}=l,\quad \frac{\partial M(x_2)}{\partial F_f}=x_2,\quad \frac{\partial M(x_2)}{\partial m_f}=1$$

代入卡氏定理，并令 $F_f=0$，$m_f=0$，$F_1=2F$

水平位移：$\varDelta_{\mathrm{H}}=\int_0^l\frac{Fl+2Fx_2}{EI}x_2\mathrm{d}x_2=\frac{7Fl^3}{6EI}(\rightarrow)$

铅直位移：$\varDelta_{\mathrm{V}}=\int_0^l\frac{Fx_1x_1\mathrm{d}x_1}{EI}+\int_0^l\frac{(Fl+2Fx_2)l}{EI}\mathrm{d}x_2=\frac{7Fl^3}{3EI}(\downarrow)$

绕 C 截面的转角：$\theta_C=\int_0^l\frac{Fx_1}{EI}\mathrm{d}x_1+\int_0^l\frac{Fl+2Fx_2}{EI}\mathrm{d}x_2=\frac{5Fl^2}{2EI}$　(顺时针)

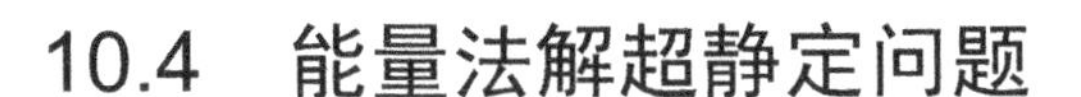

10.4　能量法解超静定问题

10.4.1　超静定问题的基本解法

如图 10.13(a)所示梁，显然是一次超静定梁。可以认为 B 处是多余约束。拆去该约束，用约束力 F_B 代替其作用，如图 10.13(b)所示。静定形式如图 10.13(b)所示，称为原结构的**相当系统**，加上变形协调条件：竖向位移 $\Delta_B=0$，则它与超静定形式的图 10.13(a)等效。解除约束后的不包括载荷的静定结构称为原结构的**静定基**。

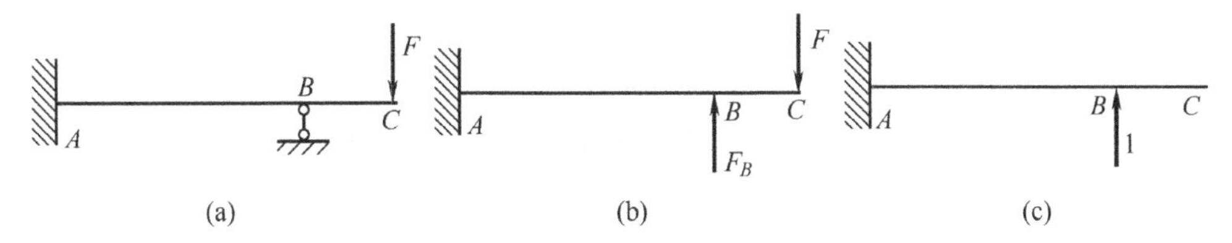

图 10.13　超静定结构分析

对图 10.13(b)写出弯矩方程 M，M 中含有未知力 F_B，再由**单位力系统**(在静定基上欲求广义位移处加上相应的广义单位力)图 10.13(c)，写出弯矩方程 $\bar{M}$，然后用莫尔积分求竖向位移 Δ_B。这里显然有

$$\Delta_B=\sum\int_l \frac{\bar{M}M}{EI}\mathrm{d}x=0$$

这是用莫尔积分表示的变形协调方程。解方程求出多余约束力后，超静定问题就转化为静定问题，然后可以根据静力平衡方程确定其余全部未知约束力。

【例 10-7】 如图 10.14(a)所示梁 AB，已知 EI 为常量，求支座 C 的约束力 F_C。

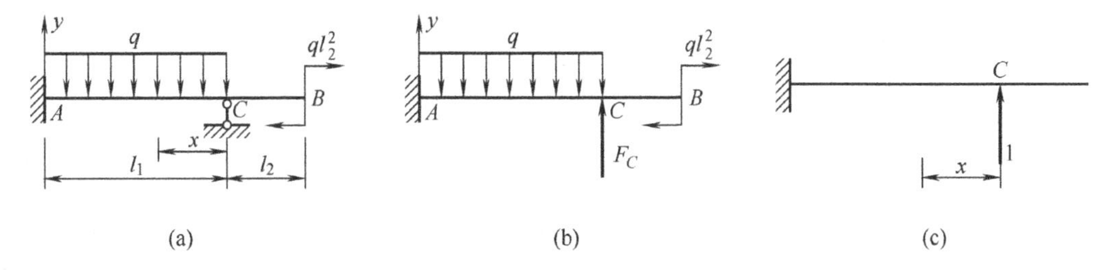

图 10.14　例 10-7 图

【解】 本题为一次超静定，用单位载荷法求 F_C。

由图 10.14(b)有

$$M(x)=F_C\cdot x-\frac{qx^2}{2}-ql_2^2 \qquad (0\leqslant x\leqslant l_1) \tag{10-29}$$

在截面 C 加一单位力，得图 10.14(c)所示单位力系统，有

$$\bar{M}(x)=x \qquad (0\leqslant x\leqslant l_1) \tag{10-30}$$

代入变形协调方程

$$w_C=\int_0^{l_1}\frac{M(x)\cdot\bar{M}(x)}{EI}\mathrm{d}x=0 \tag{10-31}$$

求得
$$F_C = \frac{3ql_1}{8} + \frac{3q}{2}\cdot\frac{l_2^2}{l_1}$$

【讨论】式(10-29)、式(10-30)为什么可不考虑区间 BC 段？

10.4.2 对称与反对称的利用

若结构的几何形状、尺寸、材料性能和约束条件均对称于某一轴线，则称为**对称结构**。例如图 10.15(a)所示的简支梁(不计轴力影响)和图 10.15(d)所示的刚架。

若载荷的作用位置、数值、方位及指向均对称于某一轴线，则称**对称载荷**，如图 10.15(b)、(e)所示；若载荷的作用位置、数值及方向对称于某一轴线，而指向为反对称，则称为**反对称载荷**，如图 10.15(c)、(f)所示。

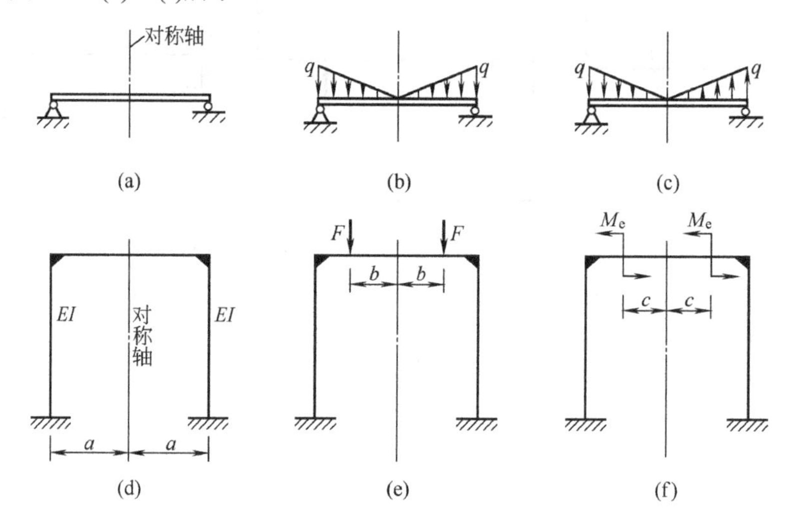

图 10.15　对称与反对称

对称结构在对称载荷作用下，则结构内力分布(或约束力)和变形(或位移)均对称于**对称轴**。因而，位于对称轴上截面的反对称的内力分量(扭矩，剪力)和位移分量(轴向线位移，转角 θ)必为零；反之，对称结构在反对称载荷作用下，则结构的内力分布和变形均反对称于对称轴。因而，位于对称轴上截面的对称的内力分量(轴力，弯矩)和位移分量(扭转角，挠度)必为零。

【例 10-8】 已知图 10.16(a)所示平面刚架的 EI 为常数，C 处为刚架的对称截面，求其外约束力。

【解】 本题为三次约束超静定，如图 10.16(b)所示，但由于该刚架相对于横截面 C 为对称结构，承受反对称载荷。若沿对称轴将刚架截开，则根据反对称条件在截面 C 上只有剪力 F_{SC} ，如图 10.16(c)所示，简化为一次超静定。

由于载荷为反对称，刚架变形也必为反对称，所以在 C 处竖直方向上位移必为零，即 $\delta_{Cy}=0$ 。由此变形协调条件可确定 F_{SC} 。

由图 10.16(c)得各段的弯矩方程

$$M(x) = F_{SC}x_1 \qquad \left(0\leqslant x_1\leqslant\frac{a}{2}\right)$$

$$M(x) = F_{SC}\cdot\frac{a}{2} - Fx_2 \qquad (0\leqslant x_2\leqslant a)$$

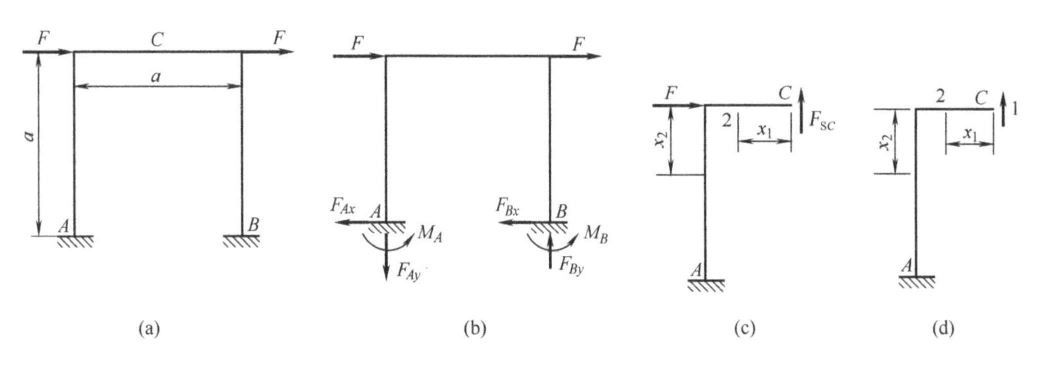

图 10.16　例 10-8 图

由图 10.16(d)所示单位力系统，有

$$\bar{M}(x)=x_1 \qquad \left(0\leqslant x_1\leqslant \frac{a}{2}\right)$$

$$\bar{M}(x)=\frac{a}{2} \qquad (0\leqslant x_2\leqslant a)$$

由莫尔定理得

$$\delta_{Cy}=\int_l \frac{M(x)\bar{M}(x)}{EI}\mathrm{d}x=\frac{1}{EI}\int_0^{\frac{a}{2}}F_{SC}x_1\cdot x_1\mathrm{d}x_1+\frac{1}{EI}\int_0^a\left(F_{SC}\cdot\frac{a}{2}-Fx_2\right)\frac{a}{2}\mathrm{d}x_2$$

$$=\frac{7F_{SC}a^3}{24EI}-\frac{Fa^3}{4EI}=0$$

得

$$F_{SC}=\frac{6}{7}F$$

由平衡方程可求得

$$F_{Ax}=F,\ F_{Ay}=\frac{6}{7}F,\ M_A=\frac{4}{7}Fa$$

各约束力的方向如图 10.16(b)所示。

【讨论】 利用结构对称性条件，可降低超静定次数，使计算量大大减少。

【例 10-9】 在图 10.17(a)所示等截面圆环直径 AB 的两端，沿直径作用方向相反的一对力 F。求直径 AB 的长度变化。

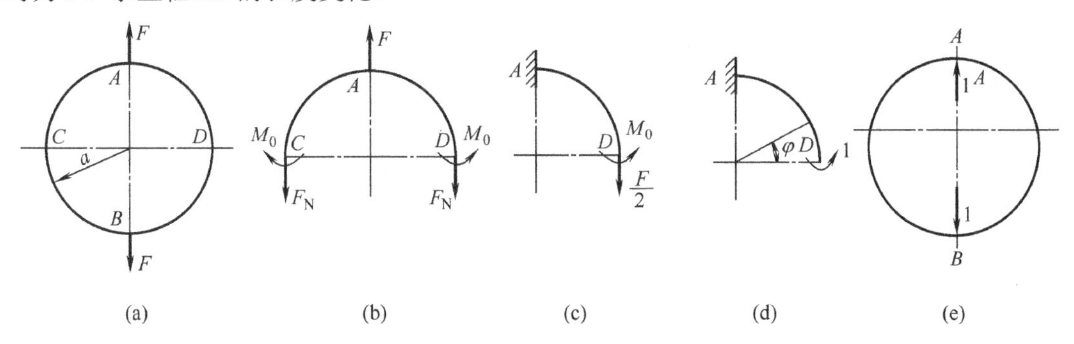

图 10.17　例 10-9 图

【解】 沿水平直径将圆环切开，如图 10.17(b) 所示，由载荷的对称性质，截面 C 和

D 上的剪力等于零，只有轴力 F_N 和弯矩 M_0。利用平衡条件容易求出 $F_N = F/2$，故只有 M_0 为多余约束力。圆环对垂直直径 AB 和水平直径 CD 都是对称的，可以只研究圆环的四分之一，如图 10.17(c)所示。由于对称截面 A 和 D 的转角皆等于零，于是可把截面 A 作为固定端，而把截面 D 的转角为零作为变形协调条件，并写成

$$\theta_D = 0 \tag{10-32}$$

由图 10.17(c)得

$$M = \frac{Fa}{2}(1-\cos\varphi) - M_0 \qquad \left(0 \leqslant \varphi \leqslant \frac{\pi}{2}\right) \tag{10-33}$$

由图 10.17(d) 得

$$\bar{M} = -1 \qquad \left(0 \leqslant \varphi \leqslant \frac{\pi}{2}\right) \tag{10-34}$$

由莫尔定理和式(10-32)、式(10-33)、式(10-34)得

$$\theta = \int_0^{\frac{\pi}{2}} \frac{M\bar{M}a\mathrm{d}\varphi}{EI} = \frac{a}{2EI}\int_0^{\frac{\pi}{2}}\left[\frac{Fa}{2}(1-\cos\varphi) - M_0\right](-1)\mathrm{d}\varphi = 0$$

求得

$$M_0 = Fa\left(\frac{1}{2} - \frac{1}{\pi}\right)$$

图 10.17(c)任意截面上的弯矩

$$M(\varphi) = \frac{Fa}{2}(1-\cos\varphi) - Fa\left(\frac{1}{2} - \frac{1}{\pi}\right) = Fa\left(\frac{1}{\pi} - \frac{\cos\varphi}{2}\right) \tag{10-35}$$

这也就是四分之一圆环内的实际弯矩。由式(10-35)可画出圆环的弯矩图。

在力 F 作用下圆环垂直直径 AB 的长度变化也就是力 F 作用点 A 和 B 的相对位移 δ。为了求出这个位移，在 A、B 两点作用单位力如图 10.17(e)所示。这时只要在式(10-35)中令 $F=1$，就得到在单位力作用下圆环内的弯矩

$$\bar{M}(\varphi) = a\left(\frac{1}{\pi} - \frac{\cos\varphi}{2}\right) \qquad \left(0 \leqslant \varphi \leqslant \frac{\pi}{2}\right)$$

用莫尔积分求 A、B 两点的相对位移 δ 时，积分应遍及整个圆环。故

$$\delta = 4\int_0^{\frac{\pi}{2}} \frac{M(\varphi)\bar{M}(\varphi)a\mathrm{d}\varphi}{EI} = \frac{4Fa^3}{EI}\int_0^{\frac{\pi}{2}}\left(\frac{1}{\pi} - \frac{\cos\varphi}{2}\right)^2 \mathrm{d}\varphi$$

$$= \frac{Fa^3}{EI}\left(\frac{\pi}{4} - \frac{2}{\pi}\right) = 0.149\frac{Fa^3}{EI}$$

【讨论】 本题原为三次内超静定问题，利用对称性，简化为一次内超静定。

10.5 动应力与冲击应力

前面讨论的问题均为静载荷。工程中许多构件具有加速度，有时还会受到其他物体的冲击作用，对于这些问题，下面通过例题说明其分析方法。

10.5.1 动应力

如图 10.18(a)所示的均质圆环，以等角速度 ω 转动，由于存在向心加速度，所以圆环

承受动载荷。

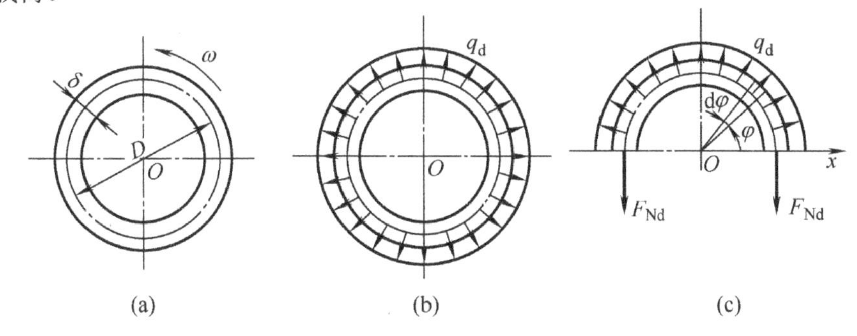

图 10.18　匀速定轴转动圆环

当圆环的平均直径 D 远大于厚度 δ 时，可近似认为环内各点的向心加速度大小相等，均为 $a_n = D\omega^2/2$。设圆环横截面面积为 A，密度为 ρ，则作用在圆环中心线单位长度上的惯性力

$$q_d = 1 \cdot A\rho a_n = A\rho D\omega^2/2$$

其方向与向心加速度方向相反，且沿圆环中心线上各点大小相等，如图 10.18(b)所示。

为计算圆环中应力，将圆环沿任一直径切开，并设切开后截面上拉力为 F_{Nd}，则由上半部分(图 10.18(c))平衡，$\sum F_y = 0$ 得

$$2F_{Nd} = \int_0^{\pi} q_d \sin\varphi \cdot \frac{D}{2} d\varphi = \frac{1}{2} A\rho D^2\omega^2$$

则圆环横截面上的应力

$$\sigma_d = \frac{F_{Nd}}{A} = \frac{1}{4}\rho D^2\omega^2 = \rho v^2$$

式中 $v = D\omega/2$ 为圆环中心线上各点的线速度。上式表明，圆环中应力仅与材料密度和圆环中心线上各点线速度有关，而与原环横截面面积无关。这意味着增大圆环横截面面积并不能改善圆环强度，而应控制圆环的转动速度。

10.5.2　冲击应力

当物体(冲击物)以一定速度作用在构件(被冲击物)上时，构件在极短的时间内使冲击物的速度变为零。这时，在物体与构件之间产生很大的相互作用力，称为**冲击载荷**。实际的冲击问题是一个很复杂的问题，这里只介绍工程中常用的简化计算方法。简化计算的主要假设为：

(1) 视冲击物为刚体，且当其与被冲击物接触后即始终保持接触(不回弹)；

(2) 不计被冲击物的质量，即不考虑冲击过程中被冲击物的动能；

(3) 忽略冲击过程中由发声、发热及局部塑性变形等消耗的能量。

下面介绍冲击载荷与冲击应力的工程计算方法。

1. 自由落体冲击

如图 10.19 所示，一重量为 W 的物体自高度 h 处自由下落，冲击某线性弹性体。由于该弹性体阻碍冲击物的运动，后者的速度迅速变为零。这时，弹性体所受冲击载荷及相应

位移均达到最大值，并分别用 F_d 与 Δ_d 表示。根据以上假设，由能量守恒原理，可以认为冲击物减少的能量全部转化为被冲击物的弹性应变能。即

$$E = V_\varepsilon \tag{10-36}$$

式中，E 表示冲击物冲击前后能量的改变量，通常包括动能变化量 E_k (本例为零)和势能变化量 E_p，即 $E = E_k + E_p$；V_ε 表示被冲击物应变能的变化量。

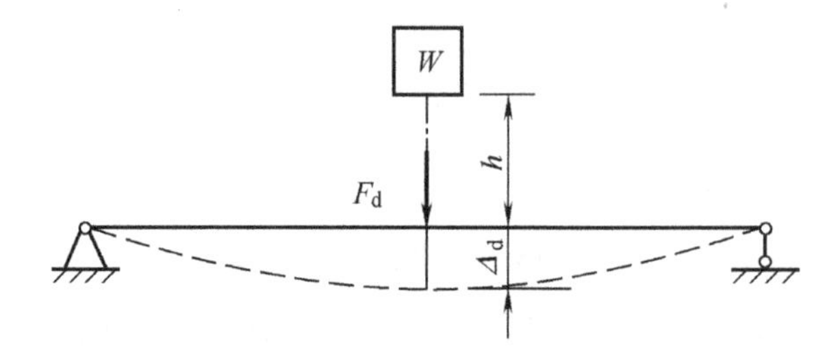

图 10.19　自由落体冲击

由图 10.19 可知，当冲击物的速度变为零时，物体减少的势能为

$$E_p = W(h + \Delta_d) \tag{10-37}$$

而弹性体的应变能

$$V_\varepsilon = \frac{F_d \Delta_d}{2} \tag{10-38}$$

将式(10-37)、式(10-38)代入式(10-36)，得

$$W(h + \Delta_d) = \frac{F_d \Delta_d}{2} \tag{10-39}$$

如前所述，作用在线弹性体上的载荷与其相应的位移成正比，即

$$F_d = k\Delta_d \tag{10-40}$$

式中，k 为刚度系数，代表使弹性体在冲击点、沿冲击载荷方向产生单位位移所需之力。且有

$$\Delta_{st} = W / k \tag{10-41}$$

Δ_{st} 代表将 W 视为静载荷作用在被冲击物上时的相应静位移。式(10-40)、式(10-41)代入式(10-39)，得

$$\Delta_d^2 - 2\Delta_{st}\Delta_d - 2\Delta_{st}h = 0$$

解得

$$\Delta_d = \Delta_{st}\left(1 + \sqrt{1 + \frac{2h}{\Delta_{st}}}\right) \tag{10-42}$$

记

$$k_d = 1 + \sqrt{1 + \frac{2h}{\Delta_{st}}} \tag{10-43}$$

k_d 称为**动荷因数**。则最大冲击力

$$F_d = k_d W \tag{10-44}$$

由以上分析可知，关键在于确定动荷因数 k_d 的数值。而最大冲击载荷确定后，弹性体

内的应力亦随之确定。

讨论：(1) 由式(10-43)，当 $h=0$ 时(此时为突加载荷)，$k_d=2$；

(2) 当 $\frac{2h}{\Delta_{st}}>10$ 时，可略去 $\sqrt{1+\frac{2h}{\Delta_{st}}}$ 中的 1，则 $k_d=1+\sqrt{\frac{2h}{\Delta_{st}}}$；

(3) 当 $\frac{2h}{\Delta_{st}}>100$ 时，式子 $1+\sqrt{1+\frac{2h}{\Delta_{st}}}$ 根号外的 1 也无足轻重，可以略去，则 $k_d\approx\sqrt{\frac{2h}{\Delta_{st}}}$。

(4) 对于有初速度自由落体，应利用机械能守恒 $mv^2/2=mgh_0$ 公式，将初速度换算成高度。

2. 水平冲击问题

重为 W 的物体以水平速度 v 冲击构件，如图 10.20 所示。在构件被冲击变形最大时，冲击物的初始动能

$$E_k=\frac{W}{2g}v^2 \tag{10-45}$$

完全转化为构件的应变能

$$V_\varepsilon=\frac{1}{2}F_d\Delta_d=\frac{1}{2}k_d\cdot W\cdot k_d\Delta_{st} \tag{10-46}$$

由式(10-36)和式(3-45)、式(3-46)，得

$$k_d=\sqrt{\frac{v^2}{g\Delta_{st}}} \tag{10-47}$$

式中，Δ_{st} 为重力 W 视为水平力作用在构件的被冲击点时，引起的水平方向(即冲击方向)的静位移。由悬臂梁自由端挠度公式知

$$\Delta_{st}=\frac{Wl^3}{3EI} \tag{10-48}$$

3. 突然刹车问题

如图 10.21 所示的重物 W，在匀速下降过程中突然刹车。设重物 W 静止悬挂在绳索时，绳索的变形为 Δ_{st}，突然刹车后，绳索中最大拉力为 F_d，最大变形为 Δ_d，则重物刹车前后能量减小

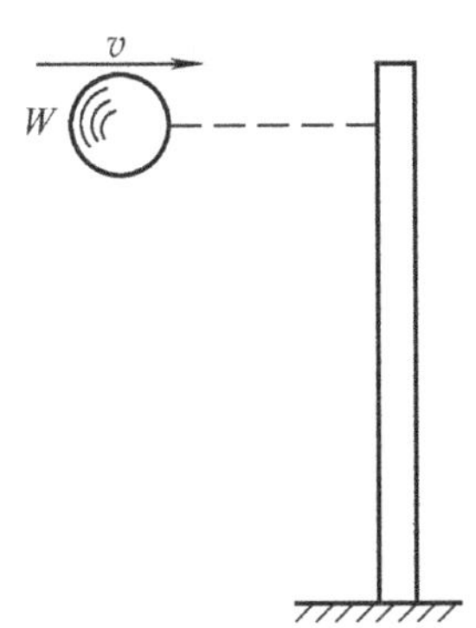

图 10.20　水平冲击

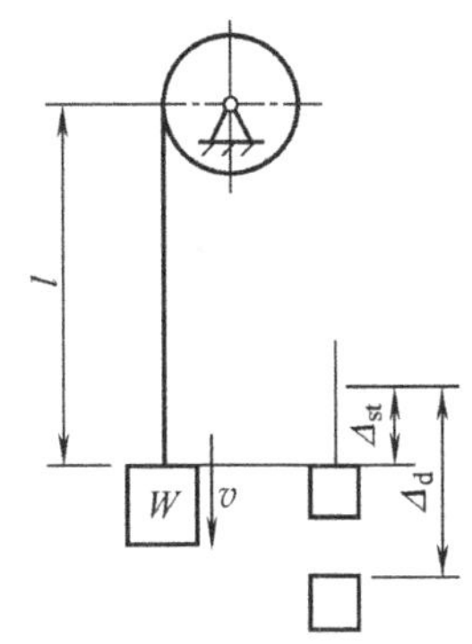

图 10.21　突然刹车

$$E = E_k + E_p = \frac{1}{2}\frac{W}{g}v^2 + W(\varDelta_d - \varDelta_{st})$$

绳索应变能增加

$$V_\varepsilon = \frac{1}{2}F_d\varDelta_d - \frac{1}{2}W\varDelta_{st}$$

代入式(10-36)，解得

$$k_d = 1 + \sqrt{\frac{v^2}{g\varDelta_{st}}} \tag{10-49}$$

【例 10-10】 如图 10.22 所示两个相同的钢梁受相同的自由落体冲击，一个支于刚性支座上，另一个支于弹簧常数$k = 100\text{N/mm}$的弹簧上，已知$l = 3\text{ m}$，$h = 50\text{ mm}$，$W = 1\text{ kN}$，钢梁的$I = 34\times10^6\text{ mm}^4$，$W_z = 309\times10^3\text{mm}^3$，$E$=200 GPa，试比较二者的动应力。

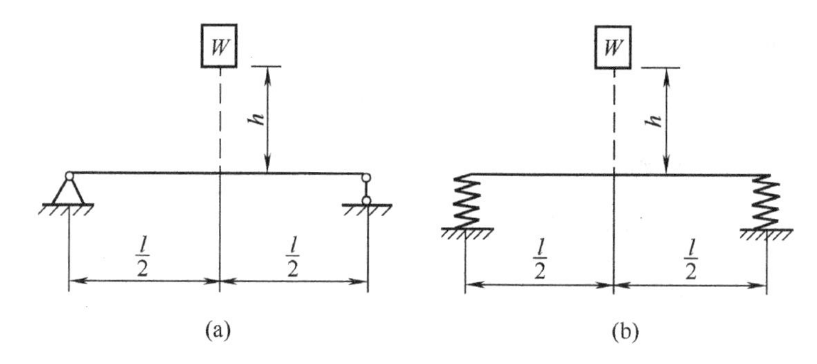

图 10.22　例 10-10 图

【解】 该冲击属自由落体冲击，动荷因数

$$k_d = 1 + \sqrt{1 + \frac{2h}{\varDelta_{st}}}$$

对于图 10.22(a)，有

$$\varDelta_{st} = \frac{Wl^3}{48EI} = \frac{(1\times10^3\text{ N})\times(3\text{m})^3}{48\times(200\times10^9\text{ Pa})\times(3400\times10^{-8}\text{ m}^4)} = 8.27\times10^{-5}\text{ m}$$

$$k_d = 1 + \sqrt{1 + \frac{2\times(5\times10^{-2}\text{ m})}{8.27\times10^{-5}\text{ m}}} = 35.8$$

$$\sigma_{st,max} = \frac{Wl}{4W_z} = \frac{(1\times10^3\text{ N})\times3\text{m}}{4\times(309\times10^{-6}\text{ m}^3)} = 2.43\times10^6\text{ Pa} = 2.43\text{ MPa}$$

于是得

$$\sigma_{d,max} = k_d\sigma_{st,max} = 35.8\times2.43\text{MPa} = 86.9\text{ MPa}$$

对于图 10.22(b)，有

$$\varDelta_d = \frac{Wl^3}{48EI} + \frac{W}{2k} = 8.27\times10^{-5}\text{ m} + \frac{1\times10^3\text{ N}}{2\times(100\times10^3\text{ N/m})} = 5.08\times10^{-3}\text{ m} = 5.08\text{ mm}$$

$$k_d = 1 + \sqrt{1 + \frac{2\times(5\times10^{-2}\text{ m})}{5.08\times10^{-3}\text{ m}}} = 5.55$$

$$\sigma_{d,max} = k_d\sigma_{st,max} = 5.55\times2.43\text{MPa} = 13.5\text{ MPa}$$

由于图 10.22(b)采用了弹簧支座，减小了系统的刚度，因而使动荷因数减小，这是降低冲击应力的有效方法。

10.5.3 提高构件抗冲击能力的措施

为了降低杆件受冲击时的动应力，提高构件的抗冲击能力，就要设法降低动荷因数。从动荷因数表达式可知，在载荷条件不变的前提下，构件的静位移Δ_{st}越大，则动荷因数k_d越小。由于静位移Δ_{st}与构件的刚度成反比，因此，常常采用降低构件刚度的方法来减小冲击作用的影响。

某些情况下，改变受冲击杆件的尺寸，可以起到增加静位移以降低动应力的效果。但是，采用减小构件的横截面面积来增加静位移以降低动荷因数的方法是不可行的。因为在降低了动荷因数k_d的同时，由于截面的减小又增加了静应力σ_{st}，反而有可能使动应力增加。所以必须在保证构件静强度的前提下，用降低构件刚度来提高其抗冲击能力。在汽车大梁与轮轴之间安装叠板弹簧、火车车厢与轮轴之间安装压缩弹簧、某些机器或零件上加上橡胶垫，都是在不改变静强度的前提下提高静位移Δ_{st}，降低了动荷因数k_d，从而减小冲击应力，起到缓冲作用。

小　结

本章的基本概念有：广义力、广义位移、功、应变能、互等定理、克拉贝依隆原理、动荷因数等。

本章介绍的莫尔积分及卡氏定理只能用于线性弹性体求解。它即可以求解静定问题，又可求解超静定问题，即可用于直杆，又可用于曲杆和刚架，要求熟练掌握应用。对超静定问题，至少应掌握一次超静定(包括利用结构对称，载荷对称或反对称简化成的一次超静定)问题分析。

在对冲击问题的计算中，采用近似的能量分析方法，导出动荷因数，把静载荷作用下的解答乘以相应的动荷因数即得相应的动载荷解答。

思 考 题

10-1 你能说出哪些广义力与相应的广义位移？

10-2 什么是常力功？什么是变力功？什么是线弹性体？线弹性体的应变能如何计算？

10-3 互等定理以及克拉贝依隆原理的内容各是什么？适用范围是什么？

10-4 运用莫尔定理时，如何建立单位力系统？怎样确定所求位移的实际方向？

10-5 运用卡氏定理时，载荷有相同变量时如何处理，所求位移处无相应广义力时如何处理？

10-6 超静定问题有哪几类？怎样确定超静定问题的次数？什么是相当系统？什么是静定基？静定基是否唯一？

10-7 简述用莫尔定理求解超静定问题的基本步骤。

10-8 什么是对称结构？什么是对称载荷和反对称载荷？

10-9 对称结构在对称载荷或反对称载荷作用下，对称面上的内力有什么特点？如何利用对称与反对称性降低超静定次数？

10-10 如何提高构件的抗冲击能力？

10-11 自由落体动荷因数是多少？突加载荷的动荷因数是多少？

习　　题

10-1 图示的悬臂梁，设其自由端只作用集中力 F 时，θ 为 F 作用时自由端转角，梁的应变能为 $V_\varepsilon(F)$；自由端只作用弯曲力偶 M 时，w_{max} 为 M 作用时自由端挠度，梁的应变能为 $V_\varepsilon(M)$。若同时施加 F 和 M，则梁的应变能为多少？

10-2 图示简支梁中点只承受集中力 F 时，梁的最大转角为 θ_{max}，应变能为 $V_\varepsilon(F)$；中点只承受集中力偶 M 时，最大挠度为 w_{max}，梁的应变能为 $V_\varepsilon(M)$。当同时在中点施加 F 和 M 时，梁的应变能为多少？

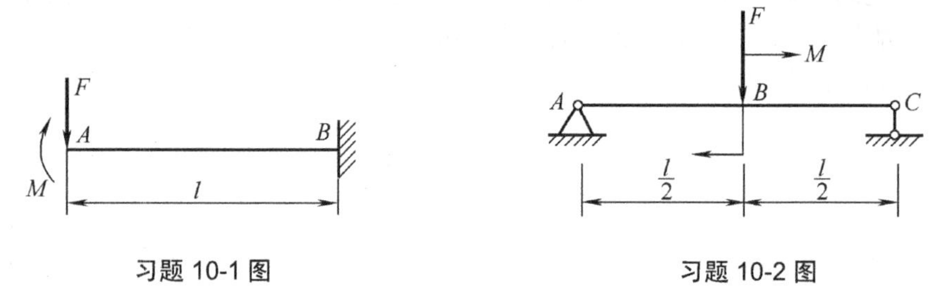

习题 10-1 图　　　　习题 10-2 图

10-3 图示各圆截面杆的材料 E 相同，受力如图，求各杆的应变能。

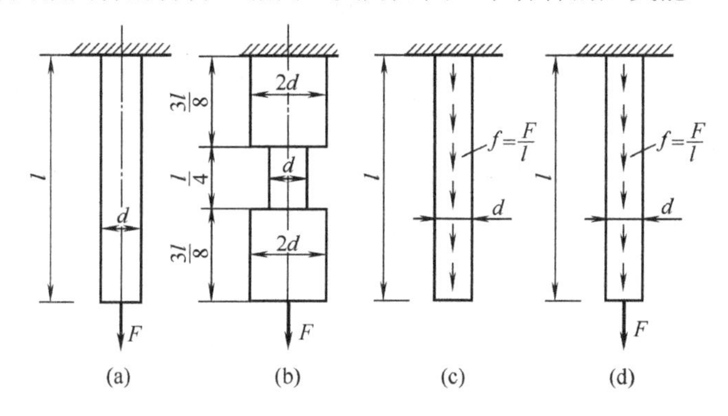

习题 10-3 图

10-4 求切变模量为 G 的图示受扭圆轴的应变能 ($d_2 = 1.5d_1$)。

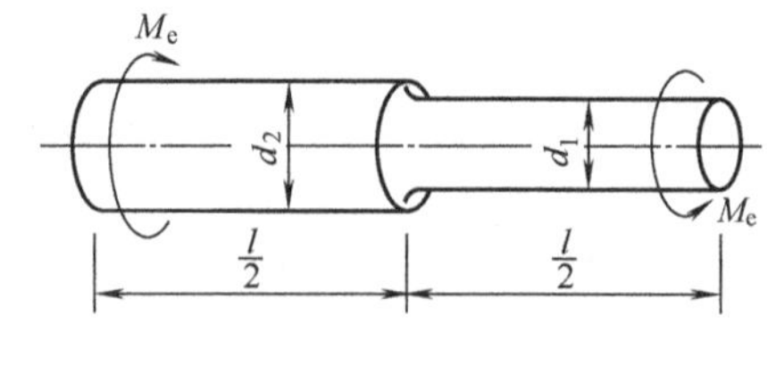

习题 10-4 图

10-5 等截面刚架如图所示，各杆的抗弯刚度 EI 相同。用莫尔定理计算截面 A 的铅垂位移 Δ_{Ay}。忽略轴力及剪力对变形的影响。

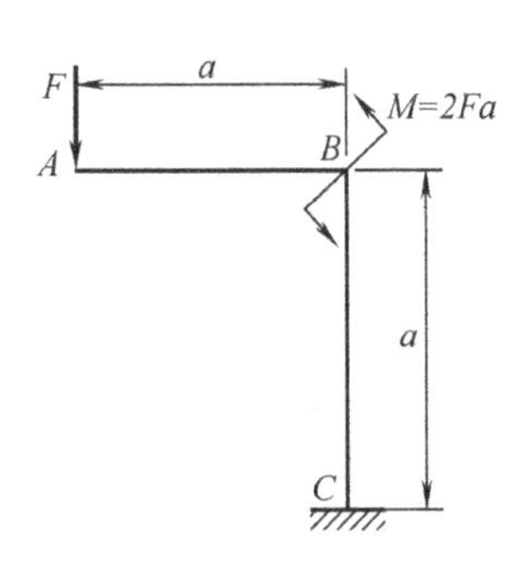

习题 10-5 图

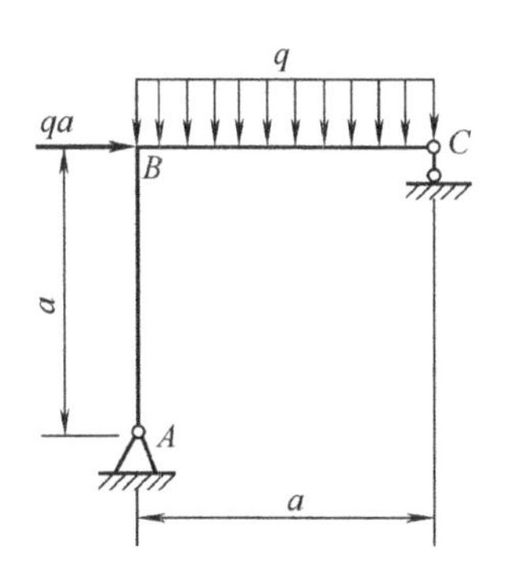

习题 10-6 图

10-6 已知两杆 EI 相等且为常数，用莫尔定理计算刚架 C 截面处的水平位移(忽略剪力和轴力对位移的影响)。

10-7 图示刚架，各段的抗弯刚度均为 EI。不计轴力和剪力的影响，用卡氏定理求截面 D 的水平位移 Δ_D 和转角 θ_D。

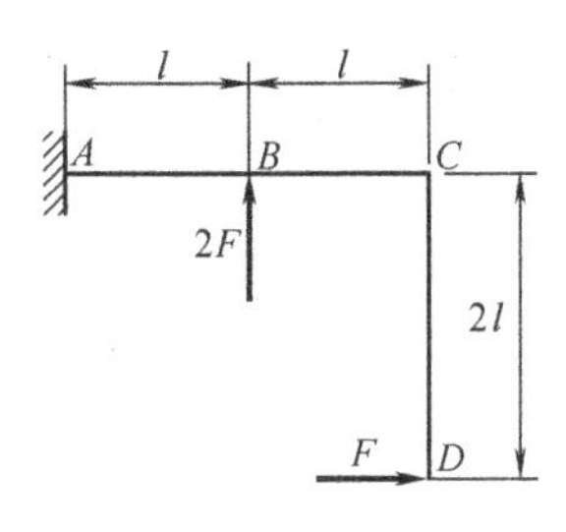

习题 10-7 图

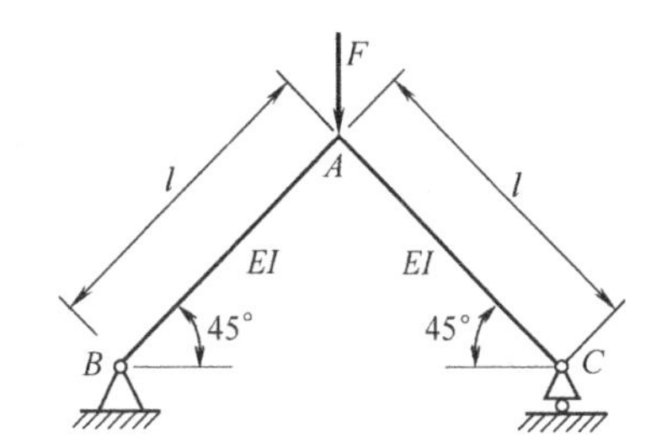

习题 10-8 图

10-8 平面刚架受力如图，用卡氏定理求 C 点的水平位移 Δ_{Cx} (不计轴力和剪力的影响)。

10-9 图示外伸梁的弯曲刚度 EI 已知，求外伸端 C 的挠度 w_C 和左端截面 A 的转角 θ_A。

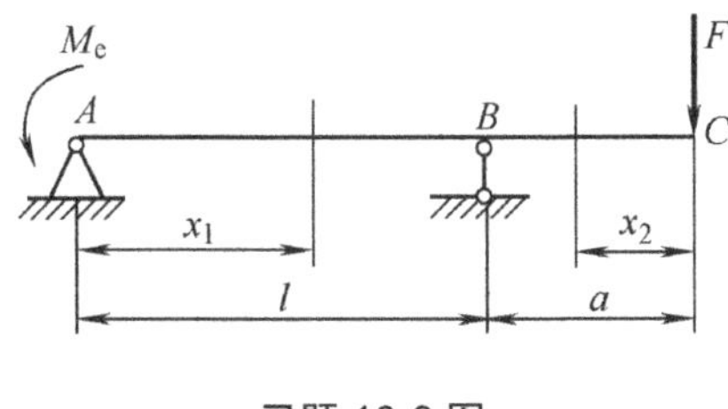

习题 10-9 图

10-10 用能量法求图示变截面梁在 F 力作用下截面 B 的挠度和截面 A 的转角。

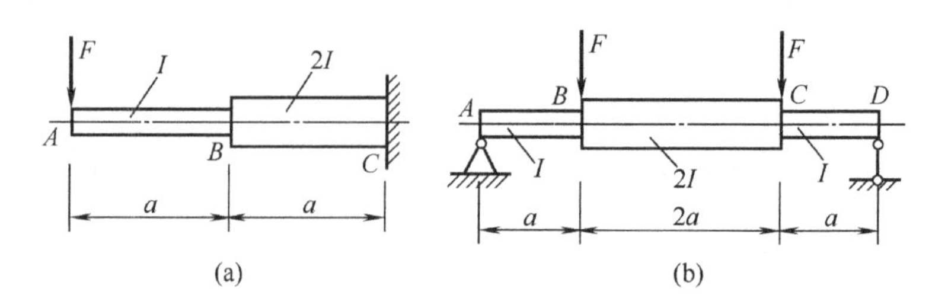

习题 10-10 图

10-11 图示刚架的 EI 为常量，用能量法求截面 A 的位移和截面 B 的转角。轴力和剪力对变形的影响可略去不计。

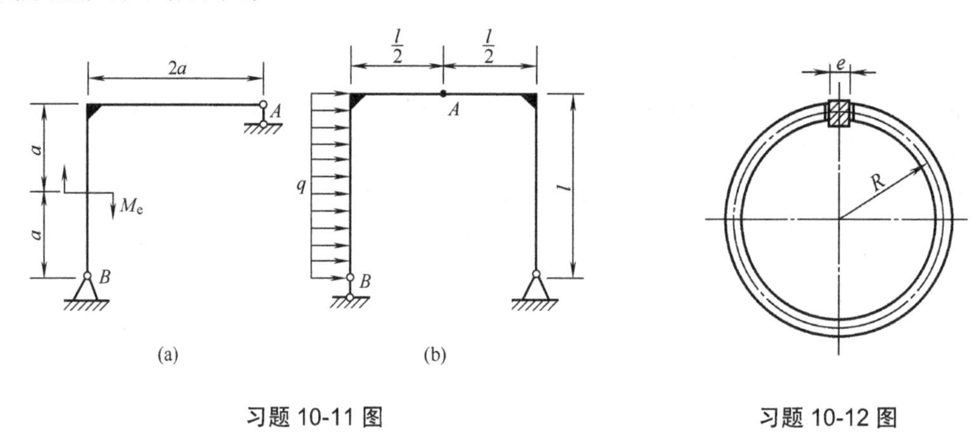

习题 10-11 图

习题 10-12 图

10-12 设 EI 为已知，平均半径为 R 的细圆环，在切口处嵌入块体，使环张开位移为 e。求此时环中的最大弯矩。

10-13 两个弯曲刚度 EI 相同、半径为 R 的半圆环，在 A、C 两处铰接，加力方式如图所示。求 A、B 两处截面上的内力分量的绝对值。

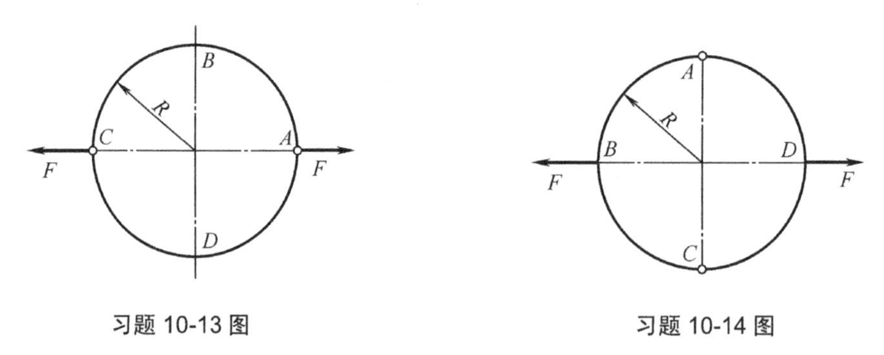

习题 10-13 图

习题 10-14 图

10-14 两个弯曲刚度 EI 相同，半径为 R 的半圆环，在 A、C 两处铰接。求图示受力情形下 A、B 两处截面上的内力分量的绝对值。

10-15 图示杆系各杆的材料相同，横截面面积相等，应用能量法求各杆的内力。

10-16 应用能量法求图示超静定梁的两端约束力。设固定端沿梁轴线的约束力可以省略。

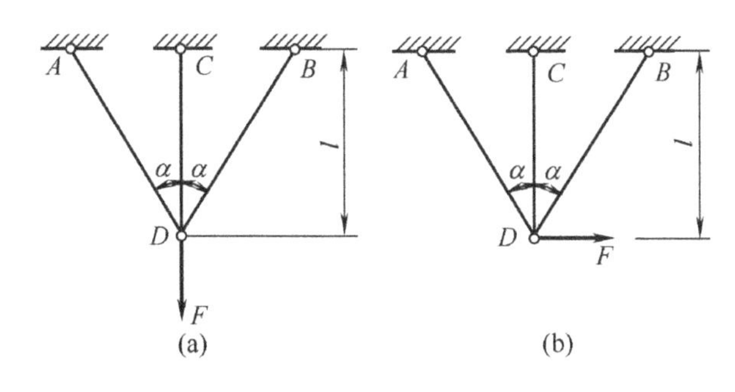

习题 10-15 图

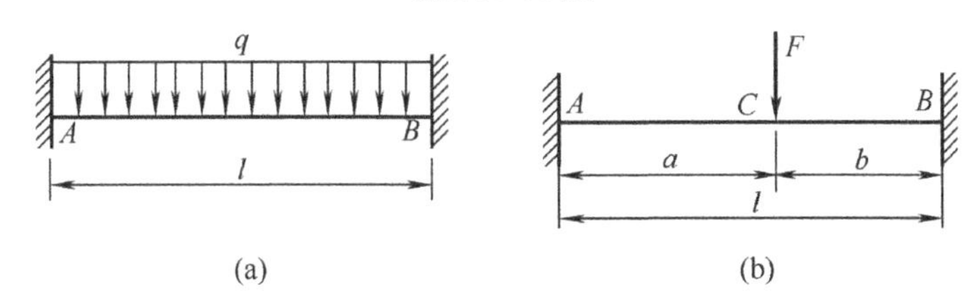

习题 10-16 图

10-17 图示梁 AB，已知 EI 为常量，应用能量法求支座 C 的约束力 F_C。

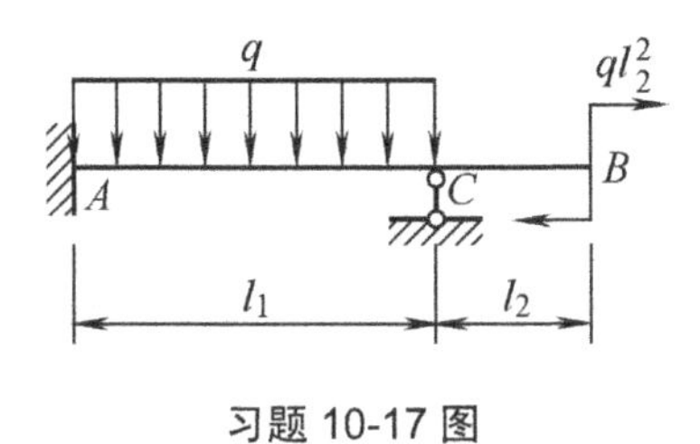

习题 10-17 图

10-18 设刚架各杆的 EI 皆相等。作图示刚架的弯矩图。

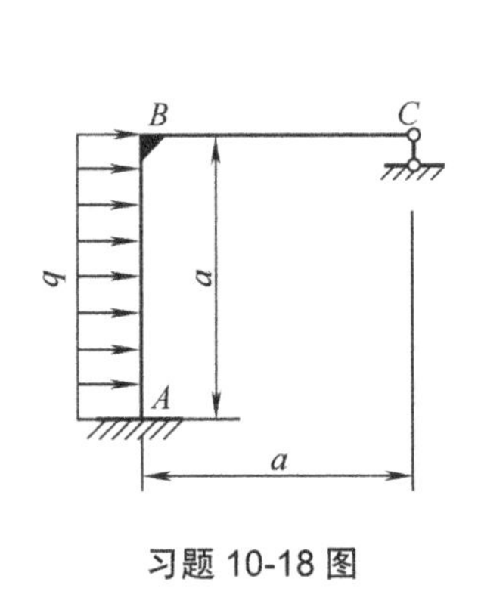

习题 10-18 图

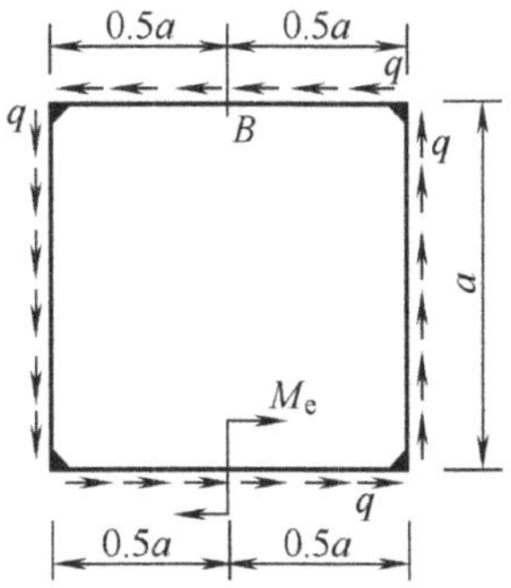

习题 10-19 图

10-19 求图示框架中截面 B 的内力。

10-20 直角折杆 ABC 在 A 处为固定端，C 端由直杆 CD 悬挂，折杆受力如图。已知折杆直径 $d = 35\,\text{mm}$，$l = 300\,\text{mm}$，$F = 5\,\text{kN}$，$E = 210\,\text{GPa}$，杆 CD 因制造误差比预计长度短了 10 mm，工作时杆 CD 的温度比安装时升高了 100℃，材料的线膨胀系数 $\alpha = 11.5 \times 10^{-6}\,℃^{-1}$。求工作时杆 AB 和 CD 中的最大正应力。($G = 80\,\text{GPa}$，杆 CD 直径 $d_1 = 35\,\text{mm}$)

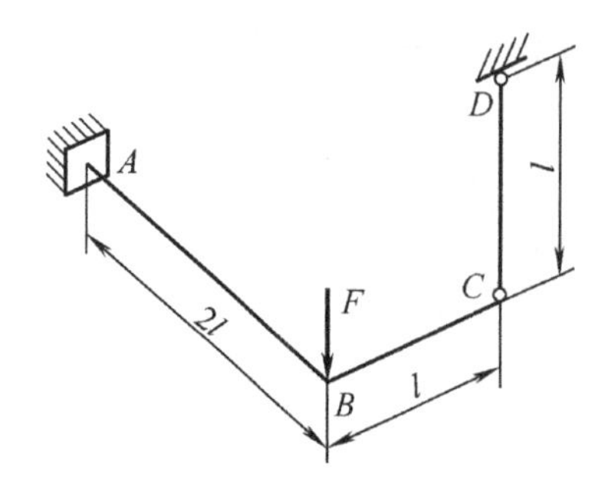

习题 10-20 图

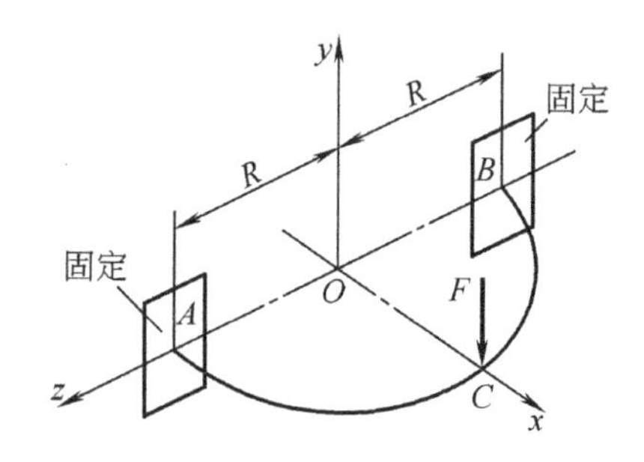

习题 10-21 图

10-21 图中位于 xz 平面内的半圆环，A、B 两处为固定端，F、R、EI 等均已知，$EI = 1.25GI_p$，忽略剪力影响。求横截面 C 处内力。

10-22 图示钢轴 AB 的直径为 80 mm，轴上有一直径 80 mm 的钢质圆杆 CD，CD 垂直于 AB。若 AB 以等角速度 $\omega = 40\ \text{rad/s}$ 转动，材料的许用应力 $[\sigma] = 70\ \text{MPa}$，材料密度 $\rho = 7\,800\ \text{kg/m}^3$，试校核轴 AB 和杆 CD 的强度。

10-23 重量为 W 的重物自高度 h 下落冲击于简支架上点 C，已知梁的 EI 及弯曲截面系数 W_z。求梁内最大正应力及梁跨度中点的挠度。

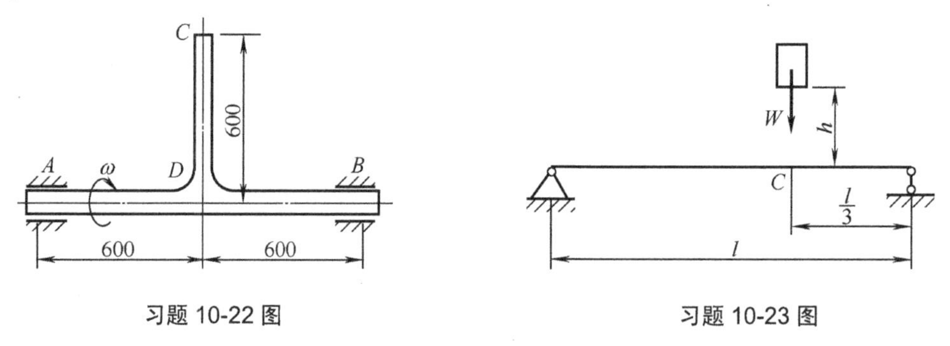

习题 10-22 图　　　　习题 10-23 图

10-24 一杆以角速度 ω 绕铅垂轴在水平面内转动。已知杆长为 l，杆的横截面面积为 A，重量为 P_1。另有一重量为 P 的重物连接在杆的端点，如图所示。求杆的伸长。

10-25 重量为 $P = 5\ \text{kN}$ 的重物，自高度 $h = 15\ \text{mm}$ 处自由下落，冲击到外伸梁的 C 点处，如图所示。已知梁为 20b 号工字钢，其弹性模量 $E = 210\ \text{GPa}$。求梁内最大冲击正应力(不计梁的自重)。

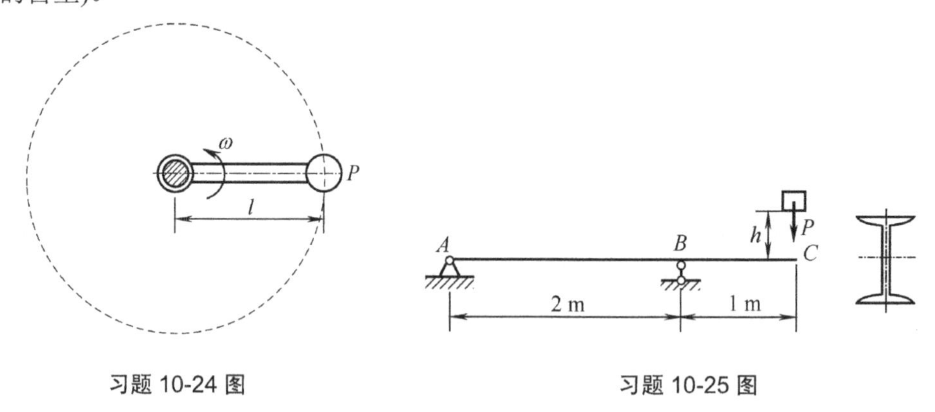

习题 10-24 图　　　　习题 10-25 图

10-26 图示为等截面刚架，重物(重量为 P)自高度 h 处自由下落冲击到刚架的 A 点处。已知 $P=300\ \text{N}$，$h=50\ \text{mm}$，$E=200\ \text{GPa}$。求截面 A 的最大竖直位移和刚架内的最大冲击正应力(刚架的质量可略去不计，且不计轴力、剪力对刚架变形的影响)。

10-27 重量为 $P=5\ \text{kN}$ 的重物，在高度 $h=10\ \text{mm}$ 处，有向下的速度 $v=0.4\ \text{m/s}$，铅直下落，冲击到 20b 号工字钢梁上的 B 点处，如图所示。已知钢的弹性模量 $E=210\ \text{GPa}$。求梁内最大冲击正应力(不计梁的自重)。

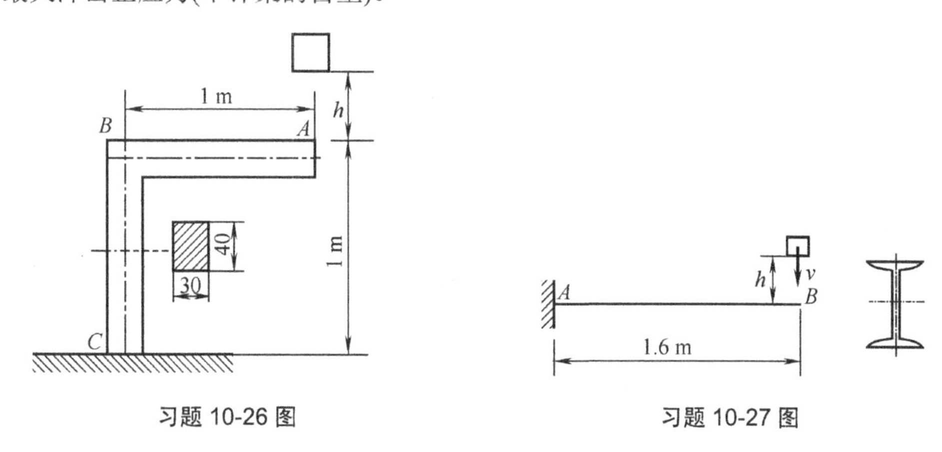

习题 10-26 图　　　　习题 10-27 图

10-28 图示钢杆的下端有一固定圆盘，盘上放置弹簧，弹簧在 1 kN 的静载下缩短 0.625 mm，钢杆直径 d=40 mm，l=4 m，许用应力 $[\sigma]=120\ \text{MPa}$，$E=200\ \text{GPa}$。若有重 $W=15\ \text{kN}$ 的重物自由下落，求其许可高度 h。又若没有弹簧时，则许可高度 h 等于多少？

10-29 重为 W 的物体以速度 v 水平冲击在杆件点 C，已知构件的横截面惯性矩 I，弯曲截面系数 W_z 和弹性模量 E。求构件的最大弯曲动应力和最大挠度。

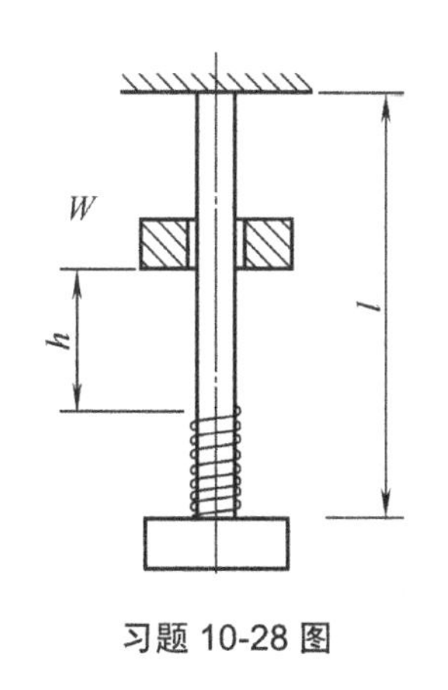

习题 10-28 图

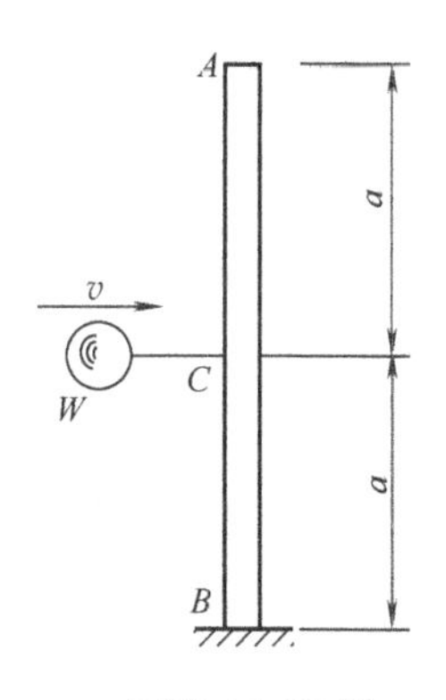

习题 10-29 图

附录 A　平面图形的几何性质

本章主要介绍平面图形的静矩、形心、惯性矩、极惯性矩、惯性积、平行移轴公式、转轴公式、主惯性轴、主惯性矩等定义和计算方法。这些与图形形状及尺寸有关的几何量，统称为平面图形的几何性质。

A.1　静矩与形心

A.1.1　静矩

设任意形状平面图形如图 A.1 所示，其面积为 A，建立图示 Oyz 直角坐标系。任取微面积 $\mathrm{d}A$，其坐标为 (y,z)，则积分

$$S_y=\int_A z\,\mathrm{d}A\text{，}\quad S_z=\int_A y\,\mathrm{d}A \tag{A-1}$$

分别称为平面图形对轴 y 与轴 z 的**静矩或一次矩**。

从式(A-1)可以看出，平面图形的静矩是对某一坐标轴而言的，同一平面图形对不同的坐标轴，其静矩也就不同。因此，静矩的数值可能为正，可能为负，也可能为零。静矩的量纲为长度的三次方。

A.1.2　形心

设想有一个厚度很小的均质薄板，薄板板面形状如图 A.1 所示。根据合力矩定理可知，该均质薄板的重心在 Oyz 坐标系中坐标为

$$\left.\begin{aligned}y_C&=\frac{\int_A y\mathrm{d}A}{A}\\ z_C&=\frac{\int_A z\mathrm{d}A}{A}\end{aligned}\right\} \tag{A-2}$$

对均质板，该板的重心与其平面图形的形心 C 相重合。

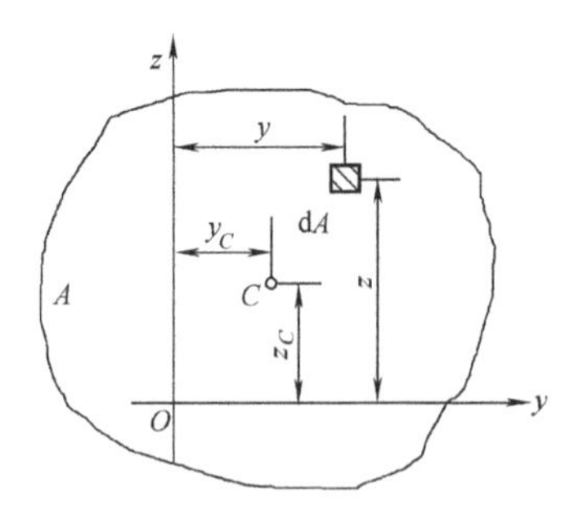

图 A.1　平面图形的静矩与形心

$$z_C = \frac{S_y}{A}，\quad y_C = \frac{S_z}{A} \tag{A-3}$$

或

$$S_y = A \cdot z_C，\quad S_z = A \cdot y_C \tag{A-4}$$

由式(A-4)得知，若坐标轴 z 或 y 通过形心时，即 $y_C = 0$ 或 $z_C = 0$，则平面图形对该轴的静矩等于零，即 $S_z = 0$ 或 $S_y = 0$；反之，若平面图形对某一轴的静矩等于零，则该轴必然通过平面图形的形心。通过平面图形形心的坐标轴称为形心轴。

【例 A-1】 已知圆的半径为 R。求图 A.2 所示半圆形的静矩 S_y、S_z 及形心 C 位置。

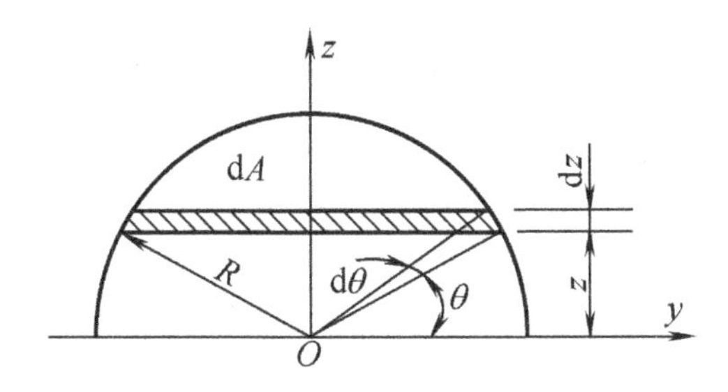

图 A.2　例 A-1 图

【解】 (1) 求静矩。

由于轴 z 为对称轴，过形心，则

$$S_z = 0$$

取平行于轴的狭长条为微面积 $\mathrm{d}A$，则

$$\mathrm{d}A = 2R\cos\theta\,\mathrm{d}z$$

而 $$z = R\sin\theta，\quad \mathrm{d}z = R\cos\theta\,\mathrm{d}\theta$$

即 $$\mathrm{d}A = 2R^2\cos^2\theta\,\mathrm{d}\theta$$

将上式代入式(A-1)，得半圆形对轴 y 的静矩

$$S_y = \int_A z\,\mathrm{d}A = \int_0^{\frac{\pi}{2}} R\sin\theta \cdot 2R^2\cos^2\theta\,\mathrm{d}\theta = \frac{2}{3}R^3$$

(2) 求形心坐标。

由式(A-2)，得形心坐标

$$z_C = \frac{S_y}{A} = \frac{\frac{2}{3}R^3}{\frac{1}{2}\pi R^2} = \frac{4R}{3\pi}，\quad y_C = 0$$

【讨论】 利用几何对称性，使 $S_z = 0$，$y_C = 0$，则所求计算量减少一半。

A.1.3　组合图形的静矩与形心

当一个平面图形是由几个简单图形(例如矩形、圆形、三角形等)组成时，称为**组合图形**。

根据静矩的定义可知，图形各组成部分对某一轴的静矩的代数和，等于整个图形对同一轴的静矩，即

$$S_z=\sum_{i=1}^{n}A_i y_{C_i}\text{，}\quad S_y=\sum_{i=1}^{n}A_i z_{C_i} \tag{A-5}$$

式中，A_i 和 y_{C_i}，z_{C_i} 分别表示任一组成部分的面积及其形心的坐标。n 表示图形由 n 个部分组成。

将式(A-5)代入式(A-3)，得组合图形形心坐标的计算公式为

$$y_C=\frac{S_z}{A}=\frac{\sum_{i=1}^{n}A_i y_{C_i}}{\sum_{i=1}^{n}A_i}\text{，}\quad z_C=\frac{S_y}{A}=\frac{\sum_{i=1}^{n}A_i z_{C_i}}{\sum_{i=1}^{n}A_i} \tag{A-6}$$

【例 A-2】 试确定图 A.3 所示图形形心 C 的位置。

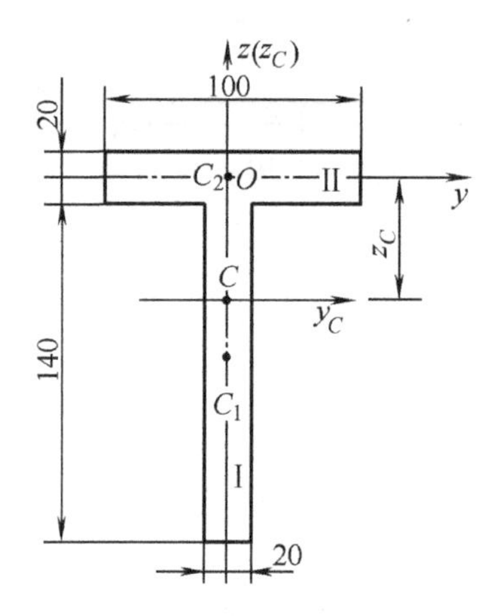

图 A.3　例 A-2 图

【解】 选取图示参考坐标系 Oyz，并将图形划分为 I 和 II 两个矩形。

矩形 I 的面积与形心的纵坐标分别为

$$A_1=0.14\,\text{m}\times 0.02\,\text{m}=2.8\times 10^{-3}\,\text{m}^2$$

$$z_{C_1}=-8.0\times 10^{-2}\,\text{m}$$

矩形 II 的面积与形心的纵坐标分别为

$$A_2=0.02\,\text{m}\times 0.1\,\text{m}=2.0\times 10^{-3}\,\text{m}^2$$

$$z_{C_2}=0$$

由式(A-6)，得组合图形形心 C 的纵坐标为

$$z_C=\frac{2.8\times 10^{-3}\,\text{m}\times(-8.0\times 10^{-2}\,\text{m})+2.0\times 10^{-3}\,\text{m}\times 0}{2.8\times 10^{-3}\,\text{m}+2.0\times 10^{-3}\,\text{m}}=-0.0467\,\text{m}$$

因轴 z 通过图形的形心 C，则 $y_C=0$。

A.2　惯性矩和惯性积

A.2.1　惯性矩

设任意形状平面图形如图 A.4 所示。其图形面积为 A，任取微面积 $\mathrm{d}A$，坐标为 (y,z)，则积分

$$I_y = \int_A z^2 \,\mathrm{d}A，\quad I_z = \int_A y^2 \,\mathrm{d}A \tag{A-7}$$

分别称为平面图形对轴 y 与轴 z 的**惯性矩**或**二次矩**。由式(A-7)知，惯性矩 I_y 和 I_z 恒为正，其量纲为长度的四次方。

在力学计算中，有时也把惯性矩写成如下形式

$$I_y = Ai_y^2，\quad I_z = Ai_z^2 \tag{A-8}$$

或者改写为

$$i_y = \sqrt{\frac{I_y}{A}}，\quad i_z = \sqrt{\frac{I_z}{A}} \tag{A-9}$$

式中，i_y 和 i_z 分别称为平面图形对轴 y 和轴 z 的**惯性半径**。惯性半径的量纲为长度。

若以 ρ 表示微面积 $\mathrm{d}A$ 到坐标原点的距离，则下述积分

$$I_\mathrm{p} = \int_A \rho^2 \,\mathrm{d}A \tag{A-10}$$

定义为平面图形对坐标原点的**极惯性矩**或**二次极矩**。

由图 A.4 可以看出

$$\rho^2 = y^2 + z^2$$

于是有

$$I_\mathrm{p} = \int_A (y^2 + z^2)\,\mathrm{d}A = I_z + I_y \tag{A-11}$$

式(A-11)表明，平面图形对任意两个互相垂直轴的惯性矩之和，等于它对该两轴交点的极惯性矩。

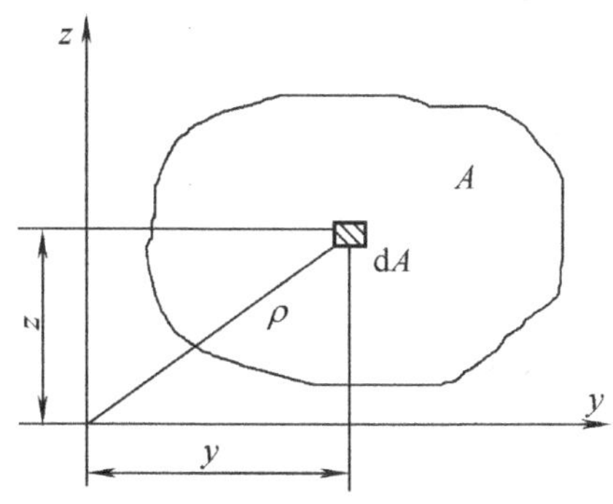

图 A.4　平面图形的惯性矩与惯性积

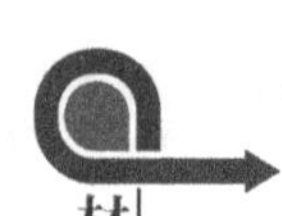

A.2.2 惯性积

在图 A.4 中，下述积分

$$I_{yz}=\int_A yz\,\mathrm{d}A \tag{A-12}$$

定义为平面图形对轴 y,z 的惯性积。由式(A-12)知，I_{yz} 可能为正，为负或为零。量纲是长度的四次方。

若坐标轴 y 或 z 中有一个是平面图形的对称轴，则平面图形的惯性积 I_{yz} 恒为零。因为在对称轴的两侧，处于对称位置的两面积元素 $\mathrm{d}A$ 的惯性积 $zy\,\mathrm{d}A$，数值相等而正负号相反，致使整个图形的惯性积 $I_{yz}=\int_A yz\,\mathrm{d}A$ 必等于零。

【例 A-3】 求图 A.5 所示实心和空心圆对形心的极惯性矩和对形心轴的惯性矩。

【解】 (1) 实心圆。

如图 A.5(a)所示，设有直径为 d 的圆，微面积取厚度为 $\mathrm{d}\rho$ 的圆环，则有

$$\mathrm{d}A=2\pi\rho\mathrm{d}\rho$$

由式(A-10)得实心圆的极惯性矩

$$I_{\mathrm{p}}=\int_0^{d/2}\rho^2 2\pi\rho\mathrm{d}\rho=\frac{\pi d^4}{32} \tag{A-13}$$

由于图形对称，则有

$$I_y=I_z$$

由式(A-11)，显然有

$$I_{\mathrm{p}}=2I_y=2I_z$$

则有

$$I_y=I_z=\frac{I_{\mathrm{p}}}{2}=\frac{\pi d^4}{64} \tag{A-14}$$

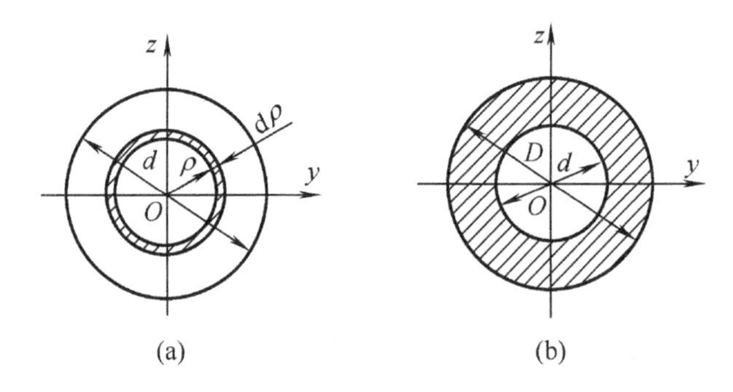

图 A.5 例 A-3 图

(2) 空心圆。

空心圆如图 A.5(b)所示，内径为 d，外径为 D，按实心圆的方法，由式(A-10)得其极惯性矩为

$$I_{\mathrm{p}}=\frac{\pi D^4}{32}-\frac{\pi d^4}{32}=\frac{\pi}{32}(D^4-d^4)=\frac{\pi D^4}{32}(1-\alpha^4) \tag{A-15}$$

同理，可得空心圆对轴 y 和轴 z 的惯性矩为

$$I_y = I_z = \frac{\pi D^4}{64} - \frac{\pi d^4}{64} = \frac{\pi}{64}(D^4 - d^4) = \frac{\pi D^4}{64}(1-\alpha^4) \tag{A-16}$$

式中，$\alpha = \dfrac{d}{D}$ 代表空心圆内外径的比值。

【例 A-4】 求图 A.6 所示矩形图形对形心轴的惯性矩。

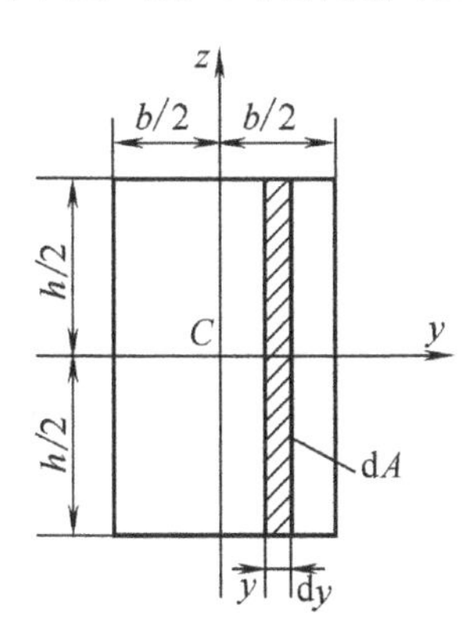

图 A.6　例 A-4 图

【解】 如图 A.6 所示，微面积取宽为 $\mathrm{d}y$，高为 h 且平行于轴 z 的狭长矩形，即 $\mathrm{d}A = h\mathrm{d}y$。

于是，由式(A-7)得矩形图形对轴 z 的惯性矩为

$$I_z = \int_A y^2 \mathrm{d}A = \int_{-b/2}^{b/2} y^2 h \mathrm{d}y = \frac{hb^3}{12} \tag{A-17}$$

同理，得矩形图形对轴 y 的惯性矩为

$$I_y = \frac{bh^3}{12} \tag{A-18}$$

A.2.3　组合图形的惯性矩

当一个平面图形是若干个简单的图形组成时，根据惯性矩的定义，可先计算出每一个简单图形对同一轴的惯性矩，然后求其总和，即得整个图形对于这一轴的惯性矩。用公式表达为

$$I_y = \sum_{i=1}^{n} I_{y_i}，\quad I_z = \sum_{i=1}^{n} I_{z_i} \tag{A-19}$$

【例 A-5】 计算图 A.7(a)所示工字形图形对形心轴 y 的惯性矩。

【解】 如图 A.7(b)所示的边长为 $b \times h$ 的矩形图形，可视为由工字形图形与阴影部分矩形图形的组合。即边长为 $b \times h$ 的矩形图形对形心轴 y 的惯性矩 I_{y_1}，等于工字形图形对轴 y 的惯性矩 I_y，加上阴影部分矩形对轴 y 的惯性矩 I_{y_2}。亦即

$$I_{y_1} = I_{y_2} + I_y$$

根据例 A-4 知

$$I_{y_1} = \frac{bh^3}{12}$$

$$I_{y_2}=2\times\frac{\frac{b-d}{2}h_0^3}{12}=\frac{(b-d)h_0^3}{12}$$

所以工字形图形对轴 y 的惯性矩

$$I_y=\frac{bh^3}{12}-\frac{(b-d)h_0^3}{12}$$

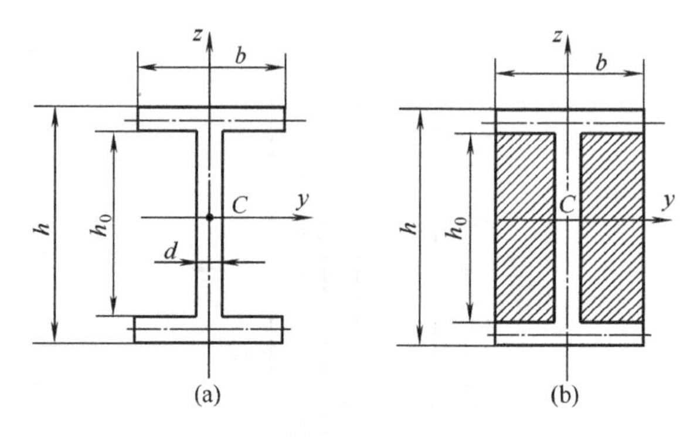

图 A.7　例 A-5 图

【讨论】 若将工字形图形视为上、下及中间三个矩形条组成，则如何求解？

A.3　平行移轴公式

如图 A.8 所示，设 C 为平面图形的形心，y_C 和 z_C 是通过形心的坐标轴，图形对形心轴的惯性矩和惯性积已知，分别记为

$$\left.\begin{aligned}I_{y_C}&=\int_A z_C^2\mathrm{d}A\\I_{z_C}&=\int_A y_C^2\mathrm{d}A\\I_{y_Cz_C}&=\int_A y_Cz_C\mathrm{d}A\end{aligned}\right\}\tag{A-20}$$

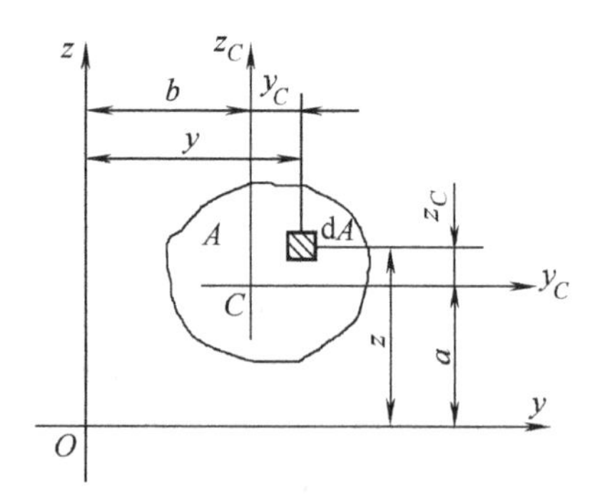

图 A.8　平行移轴公式

若轴 y 平行于轴 y_C，两者的距离为 a；轴 z 平行于轴 z_C，两者的距离为 b。按照定义，图形对轴 y 和轴 z 的惯性矩和惯性积分别为

$$\left.\begin{aligned} I_y &= \int_A z^2 \mathrm{d}A \\ I_z &= \int_A y^2 \mathrm{d}A \\ I_{yz} &= \int_A yz \mathrm{d}A \end{aligned}\right\} \tag{A-21}$$

由图 A.8 可以看出

$$y = y_C + b\text{，}\quad z = z_C + a \tag{A-22}$$

以式(A-22)代入式(A-21)得

$$I_y = \int_A z^2 \mathrm{d}A = \int_A (z_C + a)^2 \mathrm{d}A = \int_A z_C^2 \mathrm{d}A + 2a\int_A z_C \mathrm{d}A + a^2\int_A \mathrm{d}A$$

$$I_z = \int_A y^2 \mathrm{d}A = \int_A (y_C + b)^2 \mathrm{d}A = \int_A y_C^2 \mathrm{d}A + 2b\int_A y_C \mathrm{d}A + b^2\int_A \mathrm{d}A$$

$$\begin{aligned} I_{yz} &= \int_A yz \mathrm{d}A = \int_A (y_C + b)(z_C + a) \mathrm{d}A \\ &= \int_A y_C z_C \mathrm{d}A + a\int_A y_C \mathrm{d}A + b\int_A z_C \mathrm{d}A + ab\int_A \mathrm{d}A \end{aligned}$$

在以上三式中，$\int_A z_C \mathrm{d}A$ 和 $\int_A y_C \mathrm{d}A$ 分别为图形对形心轴 y_C 和 z_C 的静矩，故其值为零。而 $\int_A \mathrm{d}A = A$ ，再应用式(A-20)，则上三式简化为

$$\left.\begin{aligned} I_y &= I_{y_C} + a^2 A \\ I_z &= I_{z_C} + b^2 A \\ I_{yz} &= I_{y_C z_C} + abA \end{aligned}\right\} \tag{A-23}$$

式(A-23)称为惯性矩和惯性积的**平行移轴公式**。应用式(A-23)时要注意 a 和 b 是图形的形心 C 在 Oyz 坐标系中的坐标，它们有正负。由式(A-23)可知，平面图形对所有平行轴的惯性矩中，以对形心轴的惯性矩为最小。

【例 A-6】 求例 A-2 中(图 A.3)T 形图形对水平形心轴 y_C 的惯性矩。

【解】 如图 A.3 所示，将图形分解为矩形 I 和矩形 II。由平行移轴公式(A-23)知，矩形 I 对轴 y_C 的惯性矩为

$$I_{y_C}^{\mathrm{I}} = \frac{0.02\,\mathrm{m} \times (0.14\,\mathrm{m})^3}{12} + (0.08\,\mathrm{m} - 0.0467\,\mathrm{m})^2 \times 0.02\,\mathrm{m} \times 0.1\,\mathrm{m} = 7.69 \times 10^{-6}\,\mathrm{m}^4$$

矩形 II 对轴 y_C 的惯性矩为

$$I_{y_C}^{\mathrm{II}} = \frac{0.1\,\mathrm{m} \times (0.02\,\mathrm{m})^3}{12} + (0.0467\,\mathrm{m})^2 \times 0.02\,\mathrm{m} \times 0.1\,\mathrm{m} = 4.43 \times 10^{-6}\,\mathrm{m}^4$$

于是得到整个图形对轴 y_C 的惯性矩为

$$I_{y_C} = I_{y_C}^{\mathrm{I}} + I_{y_C}^{\mathrm{II}} = 7.69 \times 10^{-6}\,\mathrm{m}^4 + 4.43 \times 10^{-6}\,\mathrm{m}^4 = 12.12 \times 10^{-6}\,\mathrm{m}^4$$

【讨论】 (1)应用平行移轴公式时要注意两个坐标轴必须平行且其中一个是形心轴。

(2) 对于组合图形，可将图形划分成多个简单形状的图形，利用平行移轴公式先求出各简单形状图形对所求轴的惯性矩，然后叠加即得组合图形对该轴的惯性矩。请读者用式(A-23)回答例 A-5 的讨论。

A.4 转轴公式

A.4.1 转轴公式概述

设有面积为 A 的任意平面图形(图 A.9)，对轴 y 、轴 z 的惯性矩和惯性积已知，即有

$$\left.\begin{aligned} I_y &= \int_A z^2 \mathrm{d}A \\ I_z &= \int_A y^2 \mathrm{d}A \\ I_{yz} &= \int_A yz \mathrm{d}A \end{aligned}\right\} \tag{A-24}$$

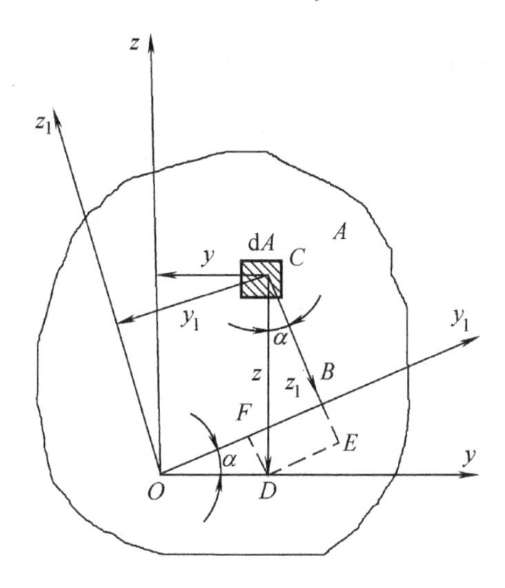

图 A.9 转轴公式

若将坐标轴绕点 O 旋转角 α，且以逆时针转角为正，旋转后得到新的坐标轴为 y_1 、z_1，而图形对轴 y_1 、z_1 的惯性矩和惯性积应分别为

$$I_{y_1} = \int_A z_1^2 \mathrm{d}A，\quad I_{z_1} = \int_A y_1^2 \mathrm{d}A，\quad I_{y_1 z_1} = \int_A y_1 z_1 \mathrm{d}A \tag{A-25}$$

由图 A.9 知，微面积 $\mathrm{d}A$ 在新旧两个坐标系中的坐标关系为

$$\left.\begin{aligned} y_1 &= \overline{OB} = \overline{OF} + \overline{DE} = y\cos\alpha + z\sin\alpha \\ z_1 &= \overline{CB} = \overline{CE} - \overline{BE} = z\cos\alpha - y\sin\alpha \end{aligned}\right\} \tag{A-26}$$

将式(A-26)代入式(A-25)中展开，整理得

$$\left.\begin{aligned} I_{y_1} &= I_y\cos^2\alpha + I_z\sin^2\alpha - I_{yz}\sin 2\alpha \\ I_{z_1} &= I_y\sin^2\alpha + I_z\cos^2\alpha + I_{yz}\sin 2\alpha \\ I_{y_1 z_1} &= \frac{I_y - I_z}{2}\sin 2\alpha + I_{yz}\cos 2\alpha \end{aligned}\right\} \tag{A-27}$$

改写后，得

$$\left.\begin{aligned}I_{y_1}&=\frac{I_y+I_z}{2}+\frac{I_y-I_z}{2}\cos 2\alpha-I_{yz}\sin 2\alpha\\I_{z_1}&=\frac{I_y+I_z}{2}-\frac{I_y-I_z}{2}\cos 2\alpha+I_{yz}\sin 2\alpha\\I_{y_1z_1}&=\frac{I_y-I_z}{2}\sin 2\alpha+I_{yz}\cos 2\alpha\end{aligned}\right\}\tag{A-28}$$

I_{y_1}、I_{z_1}、$I_{y_1z_1}$随角α的改变而变化，它们都是α的函数。式(A-27)、式(A-28)称为惯性矩与惯性积的**转轴公式**。

将上述I_{y_1}与I_{z_1}相加得

$$I_{y_1}+I_{z_1}=I_y+I_z=I_{\mathrm{p}}\tag{A-29}$$

即图形对于通过同一点的任意一对直角坐标轴的两个惯性矩之和恒为常数。

A.4.2 主轴与主惯性矩

由式(A-28)的第 3 式可以看出，当一对坐标轴绕原点转动时，惯性积随坐标轴转动变化而改变。由此，总可以找到一个特殊角度α_0，以及相应的坐标轴y_0、z_0。使得图形对这一对坐标轴的惯性积$I_{y_0z_0}$为零，则称这一对坐标轴为图形的**主惯性轴**，简称**主轴**。图形对主惯性轴的惯性矩称为**主惯性矩**。需要指出是，对于任意一点(图形内或图形外)都有主轴，通过图形形心C的主惯性轴称为**形心主惯性轴**。图形对形心主惯性轴的惯性矩称为**形心主惯性矩**。

在式(A-28)中令$\alpha=\alpha_0$及$I_{y_1z_1}=0$有

$$\frac{I_y-I_z}{2}\sin 2\alpha_0+I_{yz}\cos 2\alpha_0=0\tag{A-30}$$

从而得

$$\tan 2\alpha_0=-\frac{2I_{yz}}{I_y-I_z}\tag{A-31}$$

由式(A-31)可以求出 2 个相差$\frac{\pi}{2}$的角度α_0，从而确定了一对坐标轴y_0和z_0。图形对这对轴中的一个轴的惯性矩为最大值$I_{\max}$，而对另一个轴的惯性矩则为最小值$I_{\min}$。

由式(A-31)求出的角度α_0的数值，代入式(A-28)，经简化后得主惯性矩的计算公式为

$$\left.\begin{aligned}I_{y_0}&=\frac{I_y+I_z}{2}+\frac{1}{2}\sqrt{(I_y-I_z)^2+4I_{yz}^2}\\I_{z_0}&=\frac{I_y+I_z}{2}-\frac{1}{2}\sqrt{(I_y-I_z)^2+4I_{yz}^2}\end{aligned}\right\}\tag{A-32}$$

在式(A-28)中，将I_{y_1}、I_{z_1}对α求导，并令其等于零，即

$$\left.\frac{\mathrm{d}I_{y_1}}{\mathrm{d}\alpha}\right|_{\alpha=\alpha_0}=0，\quad \left.\frac{\mathrm{d}I_{z_1}}{\mathrm{d}\alpha}\right|_{\alpha=\alpha_0}=0$$

同样可得式(A-31)的结论。

由以上分析还可推出：

(1) 若图形有两个以上对称轴时，任一对称轴都是图形的形心主轴，且图形对任一形心轴的惯性矩都相等。

(2) 若图形有两个对称轴时，这两个轴都是图形的形心主轴。

(3) 若图形只有一个对称轴时，则该轴必是一个形心主轴，另一个形心主轴为通过图形形心且与对称轴垂直的轴。

(4) 若图形没有对称轴时，可通过计算得到形心主轴及形心主惯性矩的值。下面通过例题说明。

【例 A-7】 确定图 A.10 所示图形的形心主惯性轴位置，并计算形心主惯性矩。

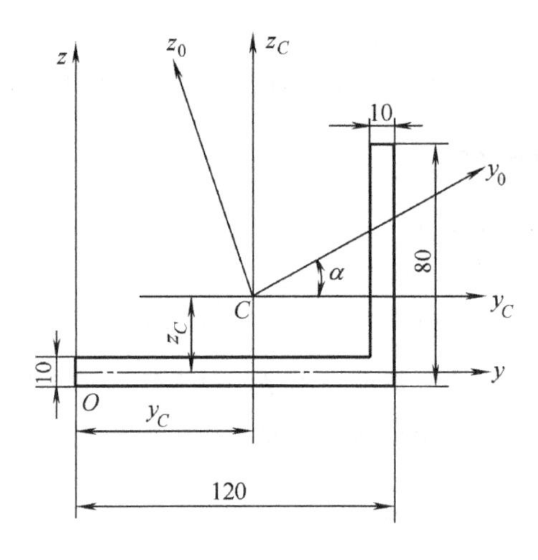

图 A.10 例 A-7 图

【解】 (1) 确定形心位置。

如图 A.10 所示，建立 Oyz 坐标系。设图形形心位于点 C，形心坐标为 y_C 和 z_C，则

$$y_C=\frac{S_z}{A}=\frac{0.12\,\text{m}\times0.01\,\text{m}\times0.06\,\text{m}+0.07\,\text{m}\times0.01\,\text{m}\times0.115\,\text{m}}{0.12\,\text{m}\times0.01\,\text{m}+0.07\,\text{m}\times0.01\,\text{m}}=8.0\times10^{-2}\,\text{m}$$

$$z_C=\frac{S_y}{A}=\frac{0.07\,\text{m}\times0.01\,\text{m}\times0.04\,\text{m}}{0.12\,\text{m}\times0.01\,\text{m}+0.07\,\text{m}\times0.01\,\text{m}}=1.5\times10^{-2}\,\text{m}$$

(2) 求图形对与轴 y、z 平行的形心轴 y_C 和 z_C 的惯性矩 I_{y_C}、I_{z_C} 和惯性积 $I_{y_Cz_C}$。

利用平行移轴公式得

$$I_{y_C}=\frac{0.12\,\text{m}\times(0.01\,\text{m})^3}{12}+0.12\,\text{m}\times0.01\,\text{m}\times(0.015\,\text{m})^2+\frac{0.01\,\text{m}\times(0.07\,\text{m})^3}{12}$$
$$+0.01\,\text{m}\times0.07\,\text{m}\times(0.025\,\text{m})^2=1.003\times10^{-6}\,\text{m}^4$$

$$I_{z_C}=\frac{0.01\,\text{m}\times(0.12\,\text{m})^3}{12}+0.01\,\text{m}\times0.12\,\text{m}\times(0.02\,\text{m})^2+\frac{0.07\,\text{m}\times(0.01\,\text{m})^3}{12}$$
$$+0.07\,\text{m}\times0.01\,\text{m}\times(0.035\,\text{m})^2=2.783\times10^{-6}\,\text{m}^4$$

$$I_{y_C z_C} = 0.01\,\text{m} \times 0.12\,\text{m} \times (-0.015\,\text{m}) \times (-0.02\,\text{m}) + 0.07\,\text{m} \times 0.01\,\text{m} \times 0.025\,\text{m} \times 0.035\,\text{m} = 9.725 \times 10^{-7}\,\text{m}^4$$

(3) 确定形心主轴位置。

由式(A-31)得

$$\tan 2\alpha_0 = -\frac{2I_{y_C z_C}}{I_{y_C} - I_{z_C}} = -\frac{2 \times 9.725 \times 10^{-7}}{1.003 \times 10^{-6} - 2.783 \times 10^{-6}} = 1.093$$

由此得

$$2\alpha_0 = 47.5^\circ \text{ 或 } 227.5^\circ$$

$$\alpha_0 = 22.8^\circ \text{ 或 } 113.8^\circ$$

结果表明，形心主惯性轴是由轴 y_C、z_C 逆时针转 $\alpha_0 = 22.8^\circ$ 得到的。

(4) 求形心主惯性矩。

由式(A-32)得

$$I_{z_0} = I_{\max} = \frac{I_{y_C} + I_{z_C}}{2} + \frac{1}{2}\sqrt{(I_{y_C} - I_{z_C})^2 + 4I_{y_C z_C}^2} = \frac{2.783 \times 10^{-6}\,\text{m}^4 + 1.003 \times 10^{-6}\,\text{m}^4}{2} + \frac{1}{2}\sqrt{(2.783 \times 10^{-6}\,\text{m}^4 - 1.003 \times 10^{-6}\,\text{m}^4)^2 + 4 \times (9.725 \times 10^{-7}\,\text{m}^4)^2} = 3.214 \times 10^{-6}\,\text{m}^4$$

$$I_{y_0} = I_{\max} = \frac{I_{y_C} + I_{z_C}}{2} - \frac{1}{2}\sqrt{(I_{y_C} - I_{z_C})^2 + 4I_{y_C z_C}^2} = \frac{2.783 \times 10^{-6}\,\text{m}^4 + 1.003 \times 10^{-6}\,\text{m}^4}{2} - \frac{1}{2}\sqrt{(2.783 \times 10^{-6}\,\text{m}^4 - 1.003 \times 10^{-6}\,\text{m}^4)^2 + 4 \times (9.725 \times 10^{-7}\,\text{m}^4)^2} = 0.574 \times 10^{-6}\,\text{mm}^4$$

综上所述，不难得到求形心主惯性矩的一般步骤。

(1) 将组合图形分解为若干简单图形，应用式(A-6)确定组合图形的形心位置；

(2) 以形心 C 为坐标原点，如有可能，使过形心的坐标轴 y_C、z_C 与简单图形的形心主轴平行。确定简单图形对自身形心主轴的惯性矩，利用平行移轴公式(必要时用转轴公式)确定各个简单图形对形心轴 y_C、z_C 的惯性矩和惯性积，相加(空洞时相减)后便得到整个图形的 I_{y_C}、I_{z_C}、$I_{y_C z_C}$；

(3) 应用式(A-31)确定形心主轴的位置，即形心主轴 z_0 与轴 z_C 的夹角 α_0；

(4) 利用转轴公式或直接应用式(A-32)计算形心主惯性矩 I_{y_0}、I_{z_0}。

小　　结

(1) 静矩　$S_y = \int_A z\mathrm{d}A$，$S_z = \int_A y\mathrm{d}A$

(2) 形心　$y_C = \dfrac{S_z}{A}$，$z_C = \dfrac{S_y}{A}$

(3) 惯性矩(积)、极惯性矩

$$I_y = \int_A z^2\mathrm{d}A,\quad I_z = \int_A y^2\mathrm{d}A,\quad I_{yz} = \int_A yz\mathrm{d}A$$

$$I_\text{p} = \int_A \rho^2\mathrm{d}A,\quad I_\text{p} = I_y + I_z$$

(4) 组合截面的静矩和惯性矩

$$S_y=\sum_{i=1}^{n}A_i z_{C_i}\text{，}\quad S_z=\sum_{i=1}^{n}A_i y_{C_i}$$

$$I_y=\sum_{i=1}^{n}I_{y_i}\text{，}\quad I_z=\sum_{i=1}^{n}I_{z_i}$$

(5) 平行移轴公式

$$\begin{cases}I_y=I_{y_C}+a^2A\\ I_z=I_{z_C}+b^2A\\ I_{yz}=I_{y_C z_C}+abA\end{cases}$$

(6) 转轴公式

$$\begin{cases}I_{y_1}=\dfrac{I_y+I_z}{2}+\dfrac{I_y-I_z}{2}\cos 2\alpha-I_{yz}\sin 2\alpha\\ I_{z_1}=\dfrac{I_y+I_z}{2}-\dfrac{I_y-I_z}{2}\cos 2\alpha+I_{yz}\sin 2\alpha\\ I_{y_1z_1}=\dfrac{I_y-I_z}{2}\sin 2\alpha+I_{yz}\cos 2\alpha\end{cases}$$

(7) 主惯性轴与主惯性矩

$$\tan 2\alpha_0=-\frac{2I_{yz}}{I_y-I_z}$$

$$\begin{cases}I_{y_0}=\dfrac{I_y+I_z}{2}+\dfrac{1}{2}\sqrt{(I_y-I_z)^2+4I_{yz}^2}\\ I_{z_0}=\dfrac{I_y+I_z}{2}-\dfrac{1}{2}\sqrt{(I_y-I_z)^2+4I_{yz}^2}\end{cases}$$

思　考　题

A-1 何谓静矩？如何确定平面图形形心位置？

A-2 何谓惯性矩？惯性积？极惯性矩？惯性矩与极惯性矩有何关系？

A-3 何谓平行移轴公式？转轴公式？

A-4 何谓主轴？形心主轴？主惯性矩？形心主惯性矩？如何计算组合图形的形心主惯性矩？

A-5 平面图形对某一轴的静矩为零的条件是什么？

A-6 平面图形对某一对正交坐标轴的惯性积为零的条件是什么？

A-7 平面图形对一系列平行轴的惯性矩中，以对哪根轴的惯性矩为最小？

A-8 试画出图示各平面图形的形心主惯性轴的大致位置。

思考题 A-8 图

习　　题

A-1 用积分法计算图示各图形形心位置。

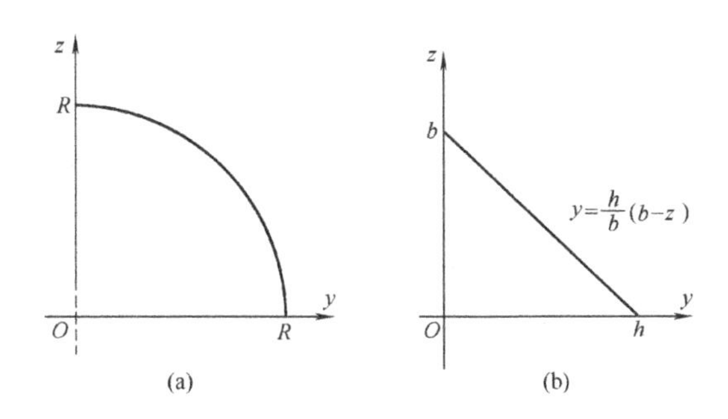

习题 A-1 图

A-2 求图示平面阴影部分面积对轴的静矩。

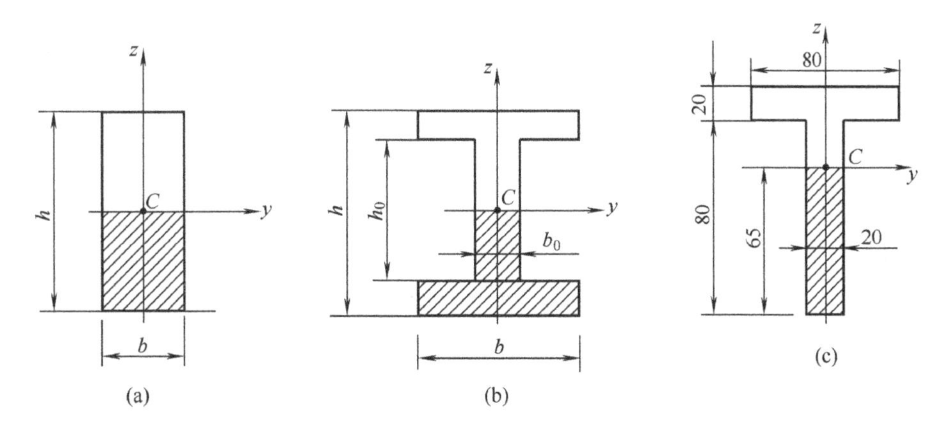

习题 A-2 图

A-3 确定图示各图形的形心位置。

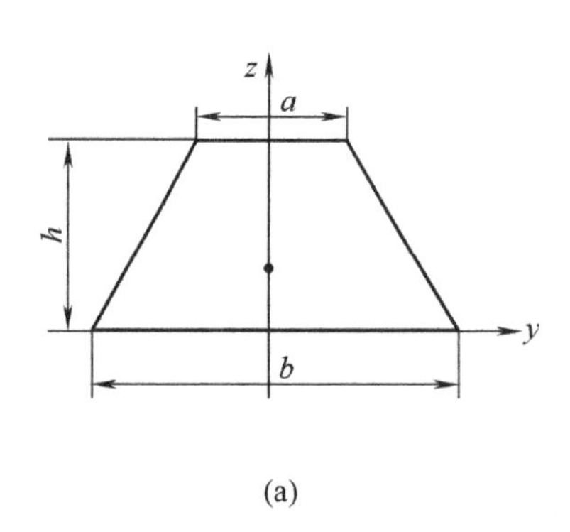

(a)

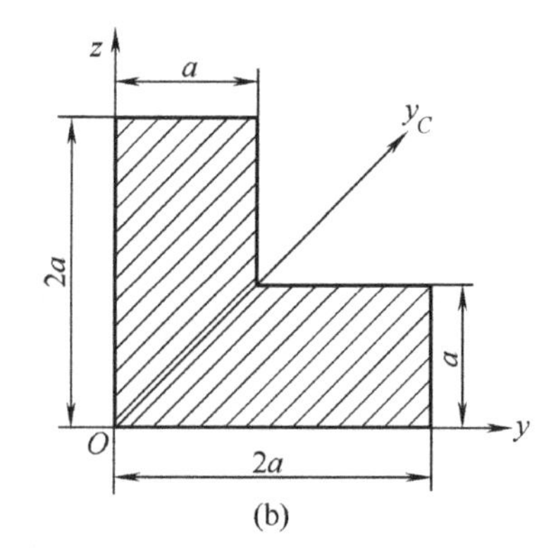

(b)

习题 A-3 图

A-4 计算图示各图形对形心轴 z 的惯性矩。

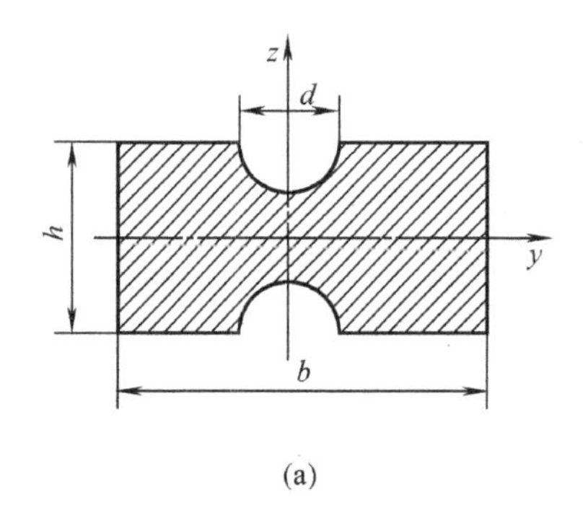

(a)

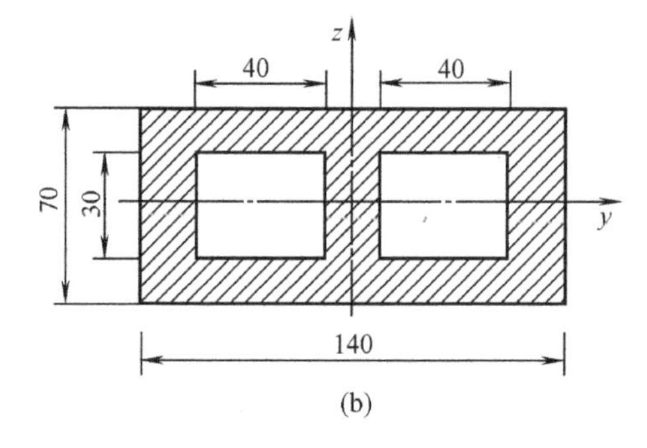

(b)

习题 A-4 图

A-5 图示曲边三角形 EFG，轴 y 为平行于 EF 边的形心轴，计算该图形对轴 y 的惯性矩。

A-6 计算图示图形对形心轴的惯性矩。

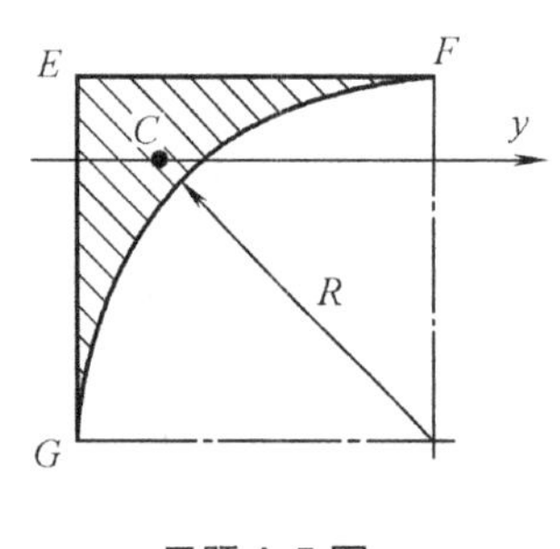

习题 A-5 图

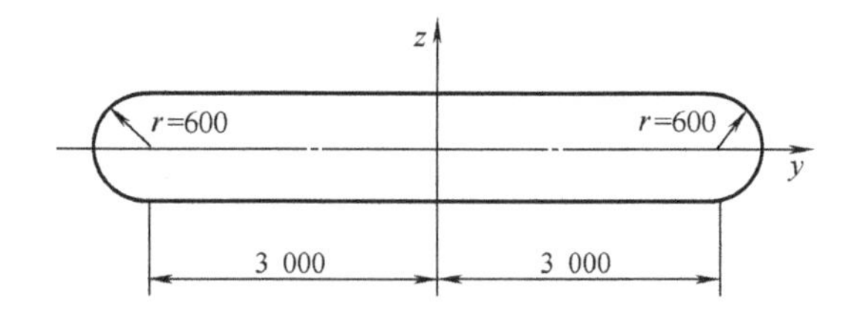

习题 A-6 图

A-7 由两个 20a 槽钢构成的组合图形，若要使 $I_y = I_z$，则间距 a 应为多大？

A-8 确定图示平面图形的形心主惯性轴位置，并求形心主惯性矩。

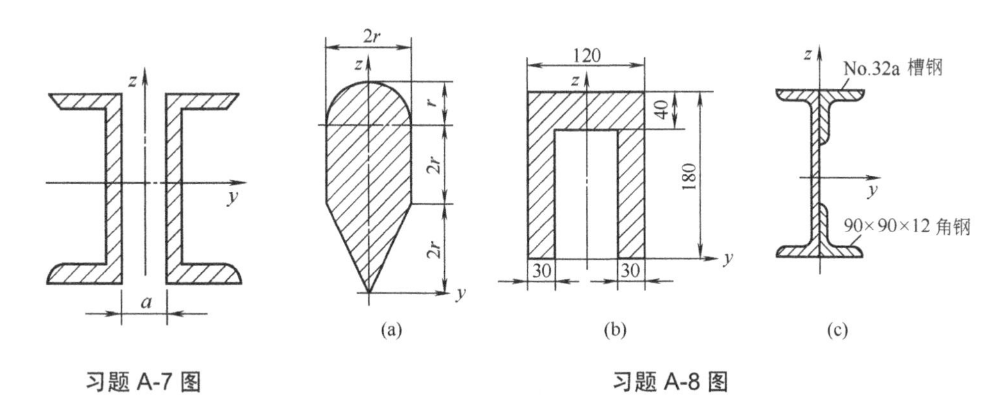

习题 A-7 图

习题 A-8 图

A-9 求图示图形的形心主轴位置及形心主惯性矩。

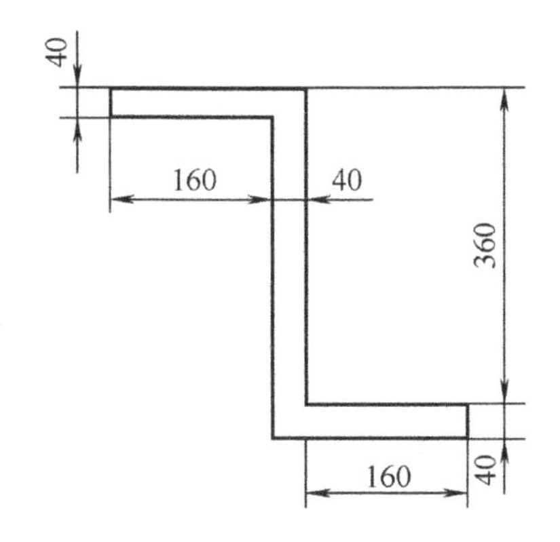

习题 A-9 图

附录 B　几种常用材料的主要力学性能

材料名称	牌　号	σ_s/MPa	σ_b/MPa	δ_5/%
碳素结构钢 (GB700—88)	Q215	215	335～450	26～31
	Q235	235	375～500	21～26
	Q255	255	410～550	19～24
	Q275	275	490～630	15～20
优质碳素结构钢 (GB699—88)	25	275	450	23
	35	315	530	20
	45	355	600	16
	55	380	645	13
低合金高强度结构钢 (GB/T1591—94)	Q345	345	510	21
	Q390	390	530	19
合金结构钢 (GB3077—88)	20Cr	540	835	10
	40Cr	785	980	9
	30CrMnSiA	885	1080	10
铸钢 (GB11352—89)	ZG200-400	200	400	25
	ZG270-500	270	500	18
可锻铸铁 (GB9440—88)	KTZ450-06	270	450	6
	KTZ700-02	530	700	2
球墨铸铁 (GB1348—88)	QT400-18	250	400	18
	QT600-3	370	600	3
灰铸铁 (GB9439—88)	HT150		150	
	HT250		250	
铝合金 (GB3191—82)	LY11	216	373	12
	LY12	275	422	12
铜合金 (GB13808—92)	QAl 9-2		470	24
	QAl 9-4		540	40

注：表中 δ_5 表示标距 $l=5d$ 标准试样的伸长率；σ_b 为拉伸强度极限。

附录 C　梁的挠度与转角

序　号	梁的简图	挠曲线方程	挠度和转角
1	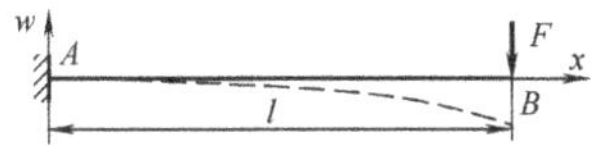	$w=-\frac{Fx^2}{6EI}(3l-x)$	$w_B=-\frac{Fl^3}{3EI}$ $\theta_B=-\frac{Fl^2}{2EI}$
2	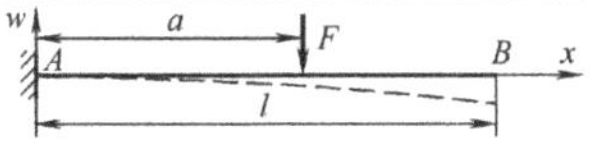	$w=-\frac{Fx^2}{6EI}(3a-x),(0\leqslant x\leqslant a)$ $w=-\frac{Fa^2}{6EI}(3x-a),(a\leqslant x\leqslant l)$	$w_B=-\frac{Fa^2}{6EI}(3l-a)$ $\theta_B=-\frac{Fl^2}{2EI}$
3	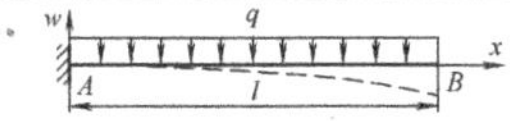	$w=-\frac{qx^2}{24EI}(6l^2-4lx+x^2)$	$w_B=-\frac{ql^4}{8EI}$ $\theta_B=-\frac{ql^3}{6EI}$
4	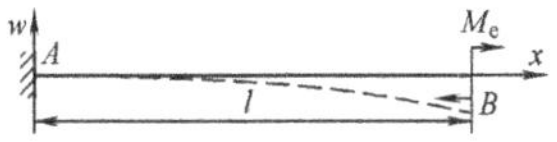	$w=-\frac{M_e x^2}{2EI}$	$w_B=-\frac{M_e l^2}{2EI}$ $\theta_B=-\frac{M_e l}{EI}$
5	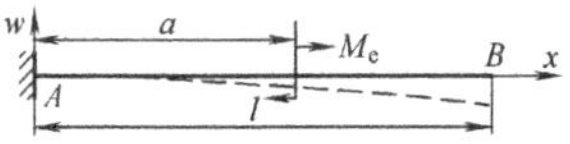	$w=-\frac{M_e x^2}{2EI},(0\leqslant x\leqslant a)$ $w=-\frac{M_e a^2}{EI}\left(x-\frac{a}{2}\right),(a\leqslant x\leqslant l)$	$w_B=-\frac{M_e a}{EI}\left(l-\frac{a}{2}\right)$ $\theta_B=-\frac{M_e a}{EI}$
6	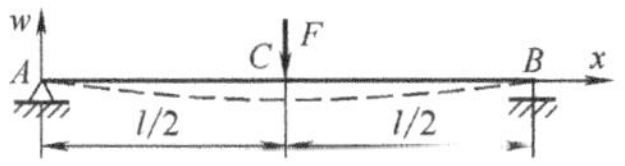	$w=-\frac{Fx}{48EI}(3l^2-4x^2),$ $\left(0\leqslant x\leqslant\frac{l}{2}\right)$	$w_C=-\frac{Fl^3}{48EI}$ $\theta_A=-\theta_B=-\frac{Fl^2}{16EI}$
7	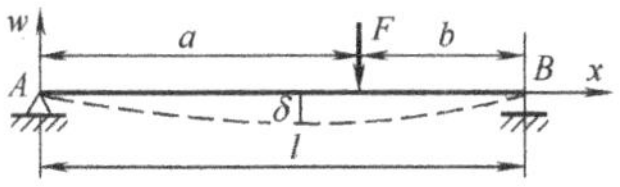	$w=-\frac{Fbx}{6lEI}(l^2-x^2-b^2),$ $(0\leqslant x\leqslant a)$ $w=-\frac{Fa(l-x)}{6lEI}(2lx-x^2-a^2),$ $(a\leqslant x\leqslant l)$	$\delta=-\frac{Fb(l^2-a^2)^{3/2}}{9\sqrt{3}lEI}$ (位于 $x=\sqrt{(l^2-b^2)/3}$) $\theta_A=-\frac{Fb(l^2-b^2)}{6lEI}$ $\theta_B=-\frac{Fa(l^2-a^2)}{6lEI}$
8	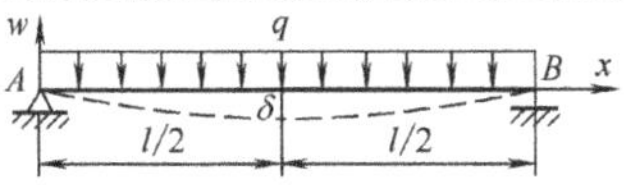	$w=-\frac{qx}{24EI}(l^3-2lx^2+x^3)$	$\delta=-\frac{5ql^4}{384EI}$ $\theta_A=-\theta_B=-\frac{ql^3}{24EI}$

续表

序　号	梁的简图	挠曲线方程	挠度和转角
9	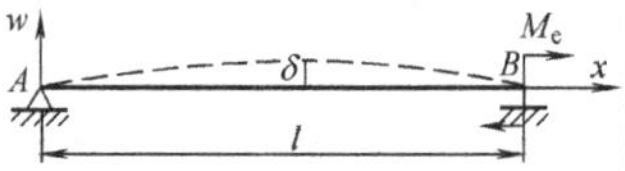	$w=-\dfrac{M_e x}{6lEI}(l^2-x^2)$	$\delta=-\dfrac{M_e l^2}{9\sqrt{3}EI}$ (位于 $x=l/\sqrt{3}$) $\theta_A=-\dfrac{M_e l}{6EI}$ $\theta_B=-\dfrac{M_e l}{3EI}$
10	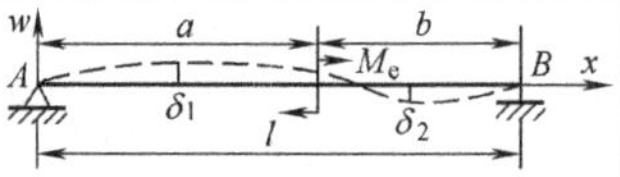	$w=-\dfrac{M_e x}{6lEI}(l^2-3b^2-x^2)$, $(0\leqslant x\leqslant a)$ $w=-\dfrac{M_e(l-x)}{6lEI}(2lx-x^2-3a^2)$ $(a\leqslant x\leqslant l)$	$\delta_1=\dfrac{M_e(l^2-3b^2)^{3/2}}{9\sqrt{3}lEI}$ (位于 $x=\sqrt{l^2-3b^2}/\sqrt{3}$) $\delta_2=-\dfrac{M_e(l^2-3a^2)^{3/2}}{9\sqrt{3}lEI}$ (位于距 B 端 $x=\sqrt{l^2-3a^2}/\sqrt{3}$) $\theta_A=-\dfrac{M_e(l^2-3b^2)}{6lEI}$ $\theta_B=-\dfrac{M_e(l^2-3a^2)}{6lEI}$

注：δ 为极值挠度。

附录D 型 钢 表

表 D.1 热轧等边角钢(GB/T9787—1988)

符号意义：

b——边宽；
d——边厚；
r——内圆弧半径；
r_1——边端内弧半径；
r_2——边端外弧半径；
r_0——顶端圆弧半径；
I——惯性矩；
i——惯性半径；
W——弯曲截面系数；
z_0——形心距离。

角钢号数	尺寸/mm			截面面积/(cm²)	理论质量/(kg/m²)	外表面积/(m/m²)	参考数值										
							x-x			x_0-x_0			y_0-y_0			x_1-x_1	z_0/cm
	b	d	r				I_x/cm⁴	i_x/cm	W_x/cm³	I_{x0}/cm⁴	i_{x0}/cm	W_{x0}/cm³	I_{y0}/cm⁴	i_{y0}/cm	W_{y0}/cm³	I_{x1}/cm⁴	
2	20	3	3.5	1.132	0.889	0.078	0.40	0.59	0.29	0.63	0.75	0.45	0.17	0.39	0.20	0.81	0.60
		4		1.459	1.145	0.077	0.50	0.58	0.36	0.78	0.73	0.55	0.22	0.38	0.24	1.09	0.64
2.5	25	3		1.432	1.124	0.098	0.82	0.76	0.46	1.29	0.95	0.73	0.34	0.49	0.33	1.57	0.73
		4		1.859	1.459	0.097	1.03	0.74	0.59	1.62	0.93	0.92	0.43	0.48	0.40	2.11	0.76
3.0	30	3	4.5	1.749	1.373	0.117	1.46	0.91	0.68	2.31	1.15	1.09	0.61	0.59	0.51	2.71	0.85
		4		2.276	1.786	0.117	1.84	0.90	0.87	2.92	1.13	1.37	0.77	0.58	0.62	3.63	0.89

续表

角钢号数	尺寸/mm			截面面积/(cm²)	理论质量/(kg/m²)	外表面积/(m/m²)	参考数值										
							x-x			x_0-x_0			y_0-y_0			x_1-x_1	z_0/cm
	b	d	r				I_x/cm⁴	i_x/cm	W_x/cm³	I_{x0}/cm⁴	i_{x0}/cm	W_{x0}/cm³	I_{y0}/cm⁴	i_{y0}/cm	W_{y0}/cm³	I_{x1}/cm⁴	
		3		2.109	1.656	0.141	2.58	1.11	0.99	4.09	1.39	1.61	1.07	0.71	0.76	4.68	1.00
3.6	36	4	4.5	2.756	2.163	0.141	3.29	1.09	1.28	5.22	1.38	2.05	1.37	0.70	0.93	6.25	1.04
		5		3.382	2.654	0.141	3.95	1.08	1.56	6.24	1.36	2.45	1.65	0.70	1.09	7.84	1.07
		3		2.359	1.852	0.157	3.59	1.23	1.23	5.69	1.55	2.01	1.49	0.79	0.96	6.41	1.09
4.0	40	4		3.086	2.422	0.157	4.60	1.22	1.60	7.29	1.54	2.58	1.91	0.79	1.19	8.56	1.13
		5		3.791	2.976	0.156	5.53	1.21	1.96	8.76	1.52	3.10	2.30	0.78	1.39	10.74	1.17
		3	5	2.659	2.088	0.177	5.17	1.40	1.58	8.20	1.76	2.58	2.14	0.90	1.24	9.12	1.22
4.5	45	4		3.486	2.736	0.177	6.65	1.38	2.05	10.56	1.74	3.32	2.75	0.89	1.54	12.18	1.26
		5		4.292	3.369	0.176	8.04	1.37	2.51	12.74	1.72	4.00	3.33	0.88	1.81	15.25	1.30
		6		5.076	3.985	0.176	9.33	1.36	2.95	14.76	1.70	4.64	3.89	0.88	2.06	18.36	1.33
		3		2.971	2.332	0.197	7.18	1.55	1.96	11.37	1.96	3.22	2.98	1.00	1.57	12.50	1.34
5	50	4	5.5	3.897	3.059	0.197	9.26	1.54	2.56	14.70	1.94	4.16	3.82	0.99	1.96	16.69	1.38
		5		4.803	3.770	0.196	11.21	1.53	3.13	17.79	1.92	5.03	4.64	0.98	2.31	20.90	1.42
		6		5.688	4.465	0.196	13.05	1.52	3.68	20.68	1.91	5.85	5.42	0.98	2.63	25.14	1.46
		3		3.343	2.624	0.221	10.19	1.75	2.48	16.14	2.20	4.08	4.24	1.13	2.02	17.56	1.48
5.6	56	4	6	4.390	3.446	0.220	13.18	1.73	3.24	20.92	2.18	5.28	5.46	1.11	2.52	23.43	1.53
		5		5.415	4.251	0.220	16.02	1.72	3.97	25.42	2.17	6.42	6.61	1.10	2.98	29.33	1.57
		6		8.367	6.568	0.219	23.63	1.68	6.03	37.37	2.11	9.44	9.89	1.09	4.16	47.24	1.68
		4		4.978	3.907	0.248	19.03	1.96	4.13	30.17	2.46	6.78	7.89	1.26	3.29	33.35	1.70
		5		6.143	4.822	0.248	23.17	1.94	5.08	36.77	2.45	8.25	9.57	1.25	3.90	41.73	1.74
6.3	63	6	7	7.288	5.721	0.247	27.12	1.93	6.00	43.03	2.43	9.66	11.20	1.24	4.46	50.14	1.78
		8		9.515	7.469	0.247	34.46	1.90	7.75	54.56	2.40	12.25	14.33	1.23	5.47	67.11	1.85
		10		11.657	9.151	0.246	41.09	1.88	9.39	64.85	2.36	14.56	17.33	1.22	6.36	84.31	1.93

续表

角钢号数	尺寸/mm			截面面积/(cm²)	理论质量/(kg/m²)	外表面积/(m/m²)	参考数值										
							x-x			x_0-x_0			y_0-y_0			x_1-x_1	z_0/cm
	b	d	r				I_x/cm⁴	i_x/cm	W_x/cm³	I_{x0}/cm⁴	i_{x0}/cm	W_{x0}/cm³	I_{y0}/cm⁴	i_{y0}/cm	W_{y0}/cm³	I_{x1}/cm⁴	
7	70	4	8	5.570	4.372	0.275	26.39	2.18	5.14	41.80	2.74	8.44	10.99	1.40	4.17	45.74	1.86
		5		6.875	5.397	0.275	32.21	2.16	6.32	51.08	2.73	10.32	13.34	1.39	4.95	57.21	1.91
		6		8.160	6.406	0.275	37.77	2.15	7.48	59.93	2.71	12.11	15.61	1.38	5.67	68.73	1.95
		7		9.424	7.398	0.275	43.09	2.14	8.59	68.35	2.69	13.81	17.82	1.38	6.34	80.29	1.99
		8		10.667	8.373	0.274	48.17	2.12	9.68	76.37	2.68	15.43	19.98	1.37	6.98	91.92	2.03
7.5	75	5	9	7.367	5.818	0.295	39.97	2.33	7.32	63.30	2.92	11.94	16.63	1.50	5.77	70.56	2.04
		6		8.797	6.905	0.294	46.95	2.31	8.64	74.38	2.90	14.02	19.51	1.49	6.67	84.55	2.07
		7		10.106	7.976	0.294	53.57	2.30	9.93	84.96	2.89	16.02	22.18	1.48	7.44	98.71	2.11
		8		11.503	9.030	0.294	59.96	2.28	11.20	95.07	2.88	17.93	24.86	1.47	8.19	112.97	2.15
		10		14.126	11.089	0.294	71.98	2.26	13.64	113.92	2.84	21.48	30.05	1.46	9.56	141.71	2.22
8	80	5	9	7.912	6.211	0.315	48.79	2.48	8.34	77.33	3.13	13.67	20.25	1.60	6.66	85.36	2.15
		6		9.397	7.367	0.314	57.35	2.47	9.87	90.98	3.11	16.08	23.72	1.59	7.65	102.50	2.19
		7		10.960	8.525	0.314	65.58	2.46	11.37	104.07	3.10	18.40	27.09	1.58	8.58	119.70	2.23
		8		12.303	9.658	0.314	73.49	2.44	12.83	116.60	3.08	20.61	30.39	1.57	9.46	136.97	2.27
		10		15.126	11.874	0.313	88.43	2.42	15.64	140.09	3.04	24.76	36.77	1.56	11.08	171.74	2.35
9	90	6	10	10.637	8.350	0.354	82.77	2.79	12.61	131.26	3.51	20.36	34.28	1.80	9.95	145.87	2.44
		7		12.301	9.656	0.354	94.83	2.78	14.54	150.47	3.50	23.64	39.18	1.78	11.19	170.30	2.48
		8		13.994	10.946	0.353	106.47	2.76	16.42	168.97	3.48	26.55	43.97	1.78	12.35	194.80	2.52
		10		17.617	13.476	0.353	128.58	2.74	20.07	203.90	3.45	32.04	53.26	1.76	14.52	244.07	2.59
		12		20.306	15.940	0.352	149.22	2.71	23.57	236.21	3.41	37.12	62.22	1.75	16.49	293.76	2.67

续表

角钢号数	尺寸/mm			截面面积/(cm²)	理论质量/(kg/m²)	外表面积/(m/m²)	参考数值										
							x-x			x_0-x_0			y_0-y_0			x_1-x_1	z_0/cm
	b	d	r				I_x/cm⁴	i_x/cm	W_x/cm³	I_{x0}/cm⁴	i_{x0}/cm	W_{x0}/cm³	I_{y0}/cm⁴	i_{y0}/cm	W_{y0}/cm³	I_{x1}/cm⁴	
10	100	6	12	11.932	9.366	0.393	114.95	3.10	15.68	181.98	3.90	25.74	47.92	2.00	12.69	200.07	2.67
		7		13.796	10.830	0.393	113.86	3.09	18.10	208.97	3.89	29.55	54.74	1.99	14.26	233.54	2.71
		8		15.638	12.276	0.393	148.24	3.08	20.47	235.07	3.88	33.24	61.41	1.98	15.75	267.09	2.76
		10		19.261	15.120	0.392	179.51	3.05	25.06	284.68	3.84	40.26	74.35	1.96	18.54	334.48	2.84
		12		22.800	17.898	0.391	208.90	3.03	29.48	330.95	3.81	46.80	86.84	1.95	21.08	402.34	2.91
		14		26.256	20.611	0.391	236.53	3.00	33.73	374.06	3.77	52.90	99.00	1.94	23.44	470.75	2.99
		16		29.627	23.257	0.390	262.53	2.98	37.82	414.16	3.74	58.57	110.89	1.94	25.63	539.80	3.06
11	110	7		15.196	11.928	0.433	177.16	3.41	22.05	280.94	4.30	36.12	73.38	2.20	17.51	310.64	2.96
		8		17.238	13.532	0.433	199.46	3.40	24.95	316.49	4.28	40.69	82.42	2.19	19.39	355.20	3.01
		10		21.261	16.690	0.432	242.19	3.38	30.60	384.39	4.25	49.42	99.98	2.17	22.91	444.65	3.09
		12		25.200	19.782	0.431	282.55	3.35	36.05	448.17	4.22	57.62	116.93	2.15	26.15	534.60	3.16
		14		29.056	22.809	0.431	320.71	3.32	41.31	508.01	4.18	65.31	133.40	2.14	29.14	625.16	3.24
12.5	125	8	14	19.750	15.504	0.492	297.03	3.88	32.52	470.89	4.88	53.28	123.16	2.50	25.86	521.01	3.37
		10		24.373	19.133	0.491	361.67	3.85	39.97	573.89	4.85	64.93	149.46	2.48	30.62	651.93	3.45
		12		28.912	22.696	0.491	423.16	3.83	41.17	671.44	4.82	75.96	174.88	2.46	35.03	783.42	3.53
		14		33.367	26.193	0.490	481.65	3.80	54.16	763.73	4.78	86.41	199.57	2.45	39.13	915.61	3.61
14	140	10		27.373	21.488	0.551	514.65	4.34	50.58	817.27	5.46	82.56	212.04	2.78	39.20	915.11	3.82
		12		32.512	25.522	0.551	603.68	4.31	59.80	958.79	5.43	96.85	248.57	2.76	45.02	1099.28	3.90
		14		37.567	29.490	0.550	688.81	4.28	68.75	1093.56	5.40	110.47	284.06	2.75	50.45	1284.22	3.98
		16		42.539	33.393	0.549	770.24	4.26	77.46	1221.81	5.36	123.42	318.67	2.74	55.55	1470.07	4.06

续表

角钢号数	尺寸/mm			截面面积/(cm²)	理论质量/(kg/m²)	外表面积/(m/m²)	参考数值										
							x-x			x_0-x_0			y_0-y_0			x_1-x_1	z_0/cm
	b	d	r				I_x/cm⁴	i_x/cm	W_x/cm³	I_{x0}/cm⁴	i_{x0}/cm	W_{x0}/cm³	I_{y0}/cm⁴	i_{y0}/cm	W_{y0}/cm³	I_{x1}/cm⁴	
16	160	10	16	31.502	24.729	0.630	779.53	4.98	66.70	1237.30	6.27	109.36	321.76	3.20	52.76	1 365.33	4.31
		12		37.441	29.391	0.630	916.58	4.95	78.98	1455.68	6.24	128.67	377.49	3.18	60.74	1 639.57	4.39
		14		43.296	33.987	0.629	1048.36	4.92	90.95	1655.02	6.20	147.17	431.70	3.16	68.24	1 914.68	4.47
		16		49.067	38.518	0.629	1175.08	4.89	102.63	1865.57	6.17	164.89	484.59	3.14	75.31	2 190.82	4.55
18	180	12		42.241	33.159	0.710	1321.35	5.59	100.82	2100.10	7.05	165.00	542.61	3.58	78.41	2 332.80	4.89
		14		48.896	38.383	0.709	1514.48	5.56	116.25	2407.42	7.02	189.14	621.53	3.56	88.38	2 723.48	4.97
		16		55.467	43.542	0.709	1700.99	5.54	131.13	2703.37	6.98	212.40	698.60	3.55	97.83	3 115.29	5.05
		18		61.955	48.634	0.708	1875.12	5.50	145.64	2988.24	6.94	234.78	762.01	3.51	105.14	3 502.43	5.13
20	200	14	18	54.642	42.894	0.788	2103.55 2366.152	6.20	144.70	3343.26	7.82	236.40	863.83	3.98	111.82	3 734.10	5.46
		16		62.013	48.680	0.788	2366.15	6.18	163.65	3760.89	7.79	265.93	971.41	3.96	123.96	4 270.39	5.54
		18		69.301	54.401	0.787	2620.64	6.15	182.22	4164.54	7.75	294.48	10 76.74	3.94	135.52	4 808.13	5.62
		20		76.505	60.056	0.787	2864.30	6.12	200.42	4554.55	7.72	322.06	1 180.04	3.93	146.55	5 347.51	5.69
		24		90.661	71.168	0.785	3338.25	6.07	236.17	5294.97	7.64	374.41	1 381.53	3.90	166.55	6 457.16	5.87

注：1．$r_1=\frac{1}{3}d$，$r_2=0$，$r_0=0$。

2．角钢长度：2～4 号，长 3～9 m；4.5～8 号，长 4～12 m；9～14 号，长 4～19 m；16～20 号，长 6～19 m。

3．一般采用材料为 Q215，Q235，Q275，Q235—F。

表 D.2　热轧不等边角钢(GB/T9788—1988)

符号意义：

B——长边宽度；　b——短边宽度；

d——边厚；　r——内圆弧半径；

r_1——边端内弧半径；　r_2——边端外弧半径；

r_0——顶端内弧半径；　I——惯性矩；

i——惯性半径；　W——弯曲截面系数；

x_0——形心距离；　y_0——形心距离。

角钢号数	尺寸/mm				截面面积/cm²	理论质量/(kg/m)	外表面积/(m²/m)	参考数值														
								$x-x$			$y-y$			x_1-x_1		y_1-y_1		$u-u$			
	B	b	d	r				I_x/cm⁴	i_x/cm	W_x/cm³	I_y/cm⁴	i_y/cm	W_y/cm³	I_{x1}/cm⁴	y_0/cm	I_{y1}/cm⁴	x_0/cm	I_u/cm⁴	i_u/cm	W_u/cm³	$\tan\alpha$
2.5/1.6	25	16	3	3.5	1.162	0.912	0.080	0.70	0.78	0.43	0.22	0.44	0.19	1.56	0.86	0.43	0.42	0.14	0.34	0.16	0.392
			4		1.499	1.176	0.079	0.88	0.77	0.55	0.27	0.43	0.24	2.09	0.90	0.59	0.46	0.17	0.34	0.20	0.381
3.2/2	32	20	3		1.492	1.171	0.102	1.53	1.01	0.72	0.46	0.55	0.30	3.27	1.08	0.82	0.49	0.28	0.43	0.25	0.382
			4		1.939	1.522	0.101	1.93	1.00	0.93	0.57	0.54	0.39	4.37	1.12	1.12	0.53	0.35	0.42	0.32	0.374
4/2.5	40	25	3	4	1.890	1.484	0.127	3.08	1.28	1.15	0.93	0.70	0.49	6.39	1.32	1.59	0.59	0.56	0.54	0.40	0.385
			4		2.467	1.936	0.127	3.93	1.26	1.49	1.18	0.69	0.63	8.53	1.37	2.14	0.63	0.71	0.54	0.52	0.381
4.5/2.8	45	28	3	5	2.149	1.687	0.143	4.45	1.44	1.47	1.34	0.79	0.62	9.10	1.47	2.23	0.64	0.80	0.61	0.51	0.383
			4		2.806	2.203	0.143	5.69	1.42	1.91	1.70	0.78	0.80	12.13	1.51	3.00	0.68	1.02	0.60	0.66	0.380
5/3.2	50	32	3	5	2.431	1.908	0.161	6.24	1.60	1.84	2.02	0.91	0.82	12.49	1.60	3.31	0.73	1.20	0.70	0.68	0.404
			4		3.177	2.494	0.160	8.02	1.59	2.39	2.58	0.90	1.06	16.65	1.65	4.45	0.77	1.53	0.69	0.87	0.402

续表

角钢号数	尺寸/mm				截面面积/cm²	理论质量/(kg/m)	外表面积/(m²/m)	参考数值													
								x-x			y-y			x_1-x_1		y_1-y_1		u-u			
	B	b	d	r				I_x/cm⁴	i_x/cm	W_x/cm³	I_y/cm⁴	i_y/cm	W_y/cm³	I_{x1}/cm⁴	y_0/cm	I_{y1}/cm⁴	x_0/cm	I_u/cm⁴	i_u/cm	W_u/cm³	tan α
5.6/3.6	56	36	3	6	2.743	2.153	0.181	8.88	1.80	2.32	2.92	1.03	1.05	17.54	1.78	4.70	0.80	1.73	0.79	0.87	0.408
			4		3.590	2.818	0.180	11.45	1.79	3.03	3.76	1.02	1.37	23.39	1.82	6.33	0.85	2.23	0.79	1.13	0.4080.
			5		4.415	3.466	0.180	13.86	1.77	3.71	4.49	1.01	1.65	29.25	1.87	7.94	0.88	2.67	0.78	1.36	404
6.3/4	63	40	4	7	4.058	3.185	0.202	16.49	2.02	3.87	5.23	1.14	1.70	33.30	2.04	8.63	0.92	3.12	0.88	1.40	0.3980.
			5		4.993	3.920	0.202	20.02	2.00	4.74	6.31	1.12	2.71	41.63	2.08	10.86	0.95	3.76	0.87	1.71	396
			6		5.908	4.638	0.201	23.36	1.96	5.59	7.29	1.11	2.43	49.98	2.12	13.12	0.99	4.34	0.86	1.99	0.3930.
			7		6.802	5.339	0.201	26.53	1.98	6.40	8.24	1.10	2.78	58.07	2.15	15.47	1.03	4.97	0.86	2.29	389
7/4.5	70	45	4	7.5	4.547	3.570	0.226	23.17	2.26	4.86	7.55	1.29	2.17	45.92	2.24	12.26	1.02	4.40	0.98	1.77	0.4100.
			5		5.609	4.403	0.225	27.95	2.23	5.92	9.13	1.28	2.65	57.10	2.28	15.39	1.06	5.40	0.98	2.19	407
			6		6.647	5.218	0.225	32.54	2.21	6.95	10.62	1.26	3.12	68.35	2.32	18.58	1.09	6.35	0.98	2.59	0.4040.
			7		7.657	6.011	0.225	37.22	2.20	8.03	12.01	1.25	3.57	79.99	2.36	21.48	1.13	7.16	0.97	2.94	402
7.5/5	75	50	5	8	6.125	4.808	0.245	34.86	2.39	6.83	12.61	1.44	3.30	70.00	2.40	21.04	1.17	7.41	1.10	2.74	0.4350.
			6		7.260	5.699	0.245	41.12	2.38	8.12	14.70	1.42	3.88	84.30	2.44	25.37	1.21	8.54	1.08	3.19	435
			8		9.467	7.431	0.244	52.39	2.35	10.52	18.53	1.40	4.99	112.50	2.52	34.23	1.29	10.87	1.07	4.10	0.4290.
			10		11.590	9.098	0.244	62.71	2.33	12.79	21.96	1.38	6.04	140.80	2.60	43.43	1.36	13.10	1.06	4.99	423
8/5	80	50	5		6.375	5.005	0.255	41.96	2.56	7.78	12.82	1.42	3.32	85.21	2.60	21.06	1.14	7.66	1.10	2.74	0.3880.
			6		7.560	5.935	0.255	49.49	2.56	9.25	14.95	1.41	3.91	102.53	2.65	25.41	1.18	8.85	1.08	3.20	387
			7		8.724	6.848	0.255	56.16	2.54	10.58	16.96	1.39	4.48	119.33	2.69	29.82	1.21	10.18	1.08	3.70	0.3840.
			8		9.867	7.745	0.254	62.83	2.52	11.92	18.85	1.38	5.03	136.41	2.73	34.32	1.25	11.38	1.07	4.16	381

续表

角钢号数	尺寸/mm				截面面积/cm^2	理论质量/(kg/m)	外表面积/(m^2/m)	参考数值													
								x-x			y-y			x_1-x_1		y_1-y_1		u-u			
	B	b	d	r				I_x/cm^4	i_x/cm	W_x/cm^3	I_y/cm^4	i_y/cm	W_y/cm^3	I_{x1}/cm^4	y_0/cm	I_{y1}/cm^4	x_0/cm	I_u/cm^4	i_u/cm	W_u/cm^3	tan α
9/5.6	90	56	5	9	7.212	5.661	0.287	60.45	2.90	9.92	18.32	1.59	4.21	121.32	2.91	29.53	1.25	10.98	1.23	3.49	0.385
			6		8.557	6.717	0.286	71.03	2.88	11.74	21.42	1.58	4.96	145.59	2.95	35.58	1.29	12.90	1.23	4.18	0.384
			7		9.880	7.756	0.286	81.01	2.86	13.49	24.36	1.57	5.70	169.66	3.00	41.71	1.33	14.67	1.22	4.72	0.382
			8		11.183	8.779	0.286	91.03	2.85	15.27	27.15	1.56	6.41	194.17	3.04	47.93	1.36	16.34	1.21	5.29	0.380
10/6.3	100	63	6	10	9.617	7.550	0.320	99.06	3.21	14.64	30.94	1.79	6.35	199.71	3.24	50.50	1.43	18.42	1.38	5.25	0.394
			7		11.111	8.722	0.320	113.45	3.29	16.88	35.26	1.78	7.29	233.00	3.28	59.14	1.47	21.00	1.38	6.02	0.393
			8		12.584	9.878	0.319	127.37	3.18	19.08	39.39	1.77	8.21	266.32	3.32	67.88	1.50	23.50	1.37	6.78	0.391
			10		15.467	12.142	0.319	153.81	3.15	23.32	47.12	1.74	9.98	333.06	3.40	85.73	1.58	28.33	1.35	8.24	0.387
10/8	100	80	6		10.637	8.350	0.354	107.04	3.17	15.19	61.24	2.40	10.16	199.83	2.95	102.68	1.97	31.65	1.72	8.37	0.627
			7		12.301	9.656	0.354	122.73	3.16	17.52	70.08	2.39	11.71	233.20	3.00	119.98	2.01	36.17	1.72	9.60	0.606
			8		13.944	10.946	0.353	137.92	3.14	19.81	78.58	2.37	13.21	266.61	3.04	137.37	2.05	40.58	1.71	10.80	0.625
			10		17.167	13.476	0.353	166.87	3.12	24.24	94.65	2.35	16.12	333.63	3.12	172.48	2.13	49.10	1.69	13.12	0.622
11/7	110	70	6		10.637	8.350	0.354	133.37	3.54	17.85	42.92	2.01	7.90	265.78	3.53	69.08	1.57	25.36	1.54	6.53	0.403
			7		12.301	9.656	0.354	153.00	3.53	20.60	49.01	2.00	9.09	310.07	3.57	80.82	1.61	28.95	1.53	7.50	0.402
			8		13.944	10.946	0.353	172.04	3.51	23.30	54.87	1.98	10.25	354.39	3.62	92.70	1.65	32.45	1.53	8.45	0.401
			10		17.167	13.476	0.353	208.39	3.48	28.54	65.88	1.96	12.48	443.13	3.70	116.83	1.72	39.20	1.51	10.29	0.397
12.5/8	125	80	7	11	14.096	11.066	0.403	227.98	4.02	26.86	74.42	2.30	12.01	454.99	4.01	120.32	1.80	43.84	1.76	9.92	0.408
			8		15.989	12.551	0.403	256.77	4.01	30.41	83.49	2.28	13.56	519.99	4.06	137.85	1.84	49.15	1.75	11.18	0.407
			10		19.712	15.474	0.402	312.04	3.98	37.33	100.67	2.26	16.56	650.09	4.14	173.40	1.92	59.45	1.74	13.64	0.404
			12		23.351	18.330	0.402	364.41	3.95	44.01	116.67	2.24	19.43	780.30	4.22	209.67	2.00	69.35	1.72	16.01	0.400

续表

角钢号数	尺寸/mm				截面面积/cm²	理论质量/(kg/m)	外表面积/(m²/m)	参考数值													
								x-x			y-y			x_1-x_1		y_1-y_1		u-u			
	B	b	d	r				I_x/cm⁴	i_x/cm	W_x/cm³	I_y/cm⁴	i_y/cm	W_y/cm³	I_{x1}/cm⁴	y_0/cm	I_{y1}/cm⁴	x_0/cm	I_u/cm⁴	i_u/cm	W_u/cm³	$\tan\alpha$
14/9	140	90	8	12	18.038	14.160	0.453	365.64	4.50	38.48	120.69	2.59	17.34	730.53	4.50	195.79	2.04	70.83	1.98	14.31	0.411
			10		22.621	17.475	0.452	445.50	4.47	47.31	146.03	2.56	21.22	913.20	4.58	245.92	2.12	85.82	1.96	17.48	0.409
			12		26.400	20.724	0.452	521.59	4.44	55.87	169.79	2.54	24.95	1096.09	4.66	296.89	2.19	100.21	1.95	20.54	0.406
			14		30.456	23.908	0.451	594.10	4.42	64.18	192.10	2.51	28.54	1279.26	4.74	348.82	2.27	114.13	1.94	23.52	0.403
16/10	160	100	10	13	25.315	19.872	0.512	668.69	5.14	62.13	205.03	2.85	26.56	1362.89	5.24	336.59	2.28	121.74	2.19	21.92	0.390
			12		30.054	23.592	0.511	784.91	5.11	73.49	239.06	2.82	31.28	1635.56	5.32	405.94	2.36	142.33	2.17	25.79	0.388
			14		34.709	27.247	0.510	896.30	5.08	84.56	271.20	2.80	35.83	1908.50	5.40	476.42	2.43	162.23	2.16	29.56	0.385
			16		39.281	30.835	0.510	003.04	5.05	95.33	301.60	2.77	40.24	2181.79	5.48	548.22	2.51	182.57	2.16	33.44	0.382
18/11	180	110	10	14	28.373	22.273	0.571	956.25	5.80	78.96	278.11	3.13	32.49	1940.40	5.89	447.22	2.44	166.50	2.42	26.88	0.376
			12		33.712	26.464	0.571	124.72	5.78	93.53	325.03	3.10	38.32	2328.38	5.98	538.94	2.52	194.87	2.40	31.66	0.374
			14		38.967	30.589	0.570	1286.91	5.75	107.76	369.55	3.08	43.97	2716.60	6.06	631.95	2.59	222.30	2.39	36.32	0.372
			16		44.139	34.649	0.569	1 443.06	5.72	121.64	411.85	3.06	49.44	3105.15	6.14	726.46	2.67	248.94	2.38	40.87	0.369
20/12.5	200	125	12		37.912	29.761	0.641	1570.90	6.44	116.73	483.16	3.57	49.99	3193.85	6.54	787.74	2.83	285.79	2.74	41.23	0.392
			14		43.867	34.436	0.640	1800.97	6.41	134.65	550.83	3.54	57.44	3726.17	6.62	922.47	2.91	326.58	2.73	47.34	0.390
			16		49.739	39.045	0.639	2023.35	6.38	152.18	615.44	3.52	64.69	4258.86	6.70	1058.86	2.99	366.21	2.71	53.32	0.388
			18		55.526	43.588	0.639	2238.30	6.35	169.33	677.19	3.49	71.74	4792.00	6.78	1197.13	3.06	404.83	2.70	59.18	0.385

注：1．$d=\frac{1}{3}d$，$r_2=0$，$r_0=0$。

2．角钢长度：2.5/1.6～5.6/3.6 号，长 3～9 m；6.3/4～9/5 号，长 4～12 m；10/6.3～14/9 号，长 4～19 m；16/10～20/12.5 号，长 6～19 m。

3．一般采用材料为 Q215，Q235，Q275，Q235—F。

表 D.3 热轧普通槽钢(GB/T707—1988)

符号意义：

h——高度；
b——腿宽；
d——腰厚；
t——平均腿厚；
r——内圆弧半径；
r_1——腿端圆弧半径；
I——惯性矩；
W——弯曲截面系数；
i——惯性半径；
z_0——轴 $y-y$ 与轴 y_1-y_1 间距离。

型号	尺寸/mm						截面面积/cm²	理论质量/(kg/m)	参考数值							
									x-x			y-y			y_1-y_1	
	h	b	d	t	r	r_1			W_x/cm³	I_x/cm⁴	i_x/cm	W_y/cm³	I_y/cm⁴	i_y/cm	I_{y1}/cm⁴	z_0/cm
5	50	37	4.5	7.0	7.0	3.5	6.928	5.438	10.4	26.0	1.94	3.55	8.30	1.10	20.9	1.35
6.3	63	40	4.8	7.5	7.5	3.8	8.451	6.634	16.1	50.8	2.45	4.50	11.9	1.19	28.4	1.36
8	80	43	5.0	8.0	8.0	4.0	10.248	8.045	25.3	101	3.15	5.79	16.6	1.27	37.4	1.43
10	100	48	5.3	8.5	8.5	4.2	12.748	10.007	39.7	198	3.95	7.80	25.6	1.41	54.9	1.52
12.6	126	53	5.5	9.0	9.0	4.5	15.692	12.318	62.1	391	4.95	10.2	38.0	1.57	77.1	1.59
14a	140	58	6.0	9.5	9.5	4.8	18.516	14.535	80.5	564	5.52	13.0	53.2	1.70	107	1.71
14b	140	60	8.8	9.5	9.5	4.8	21.316	16.733	87.1	609	5.35	14.1	61.1	1.69	121	1.67
16a	160	63	6.5	10.0	10.0	5.0	21.962	17.240	108	866	6.28	16.3	73.3	1.83	144	1.80
16b	160	65	8.5	10.0	10.0	5.0	25.162	19.752	117	935	6.10	17.6	83.4	1.82	161	1.75
18a	180	68	7.0	10.5	10.5	5.2	25.699	20.174	141	1 270	7.04	20.0	98.6	1.96	190	1.88
18b	180	70	9.0	10.5	10.5	5.2	29.299	23.000	152	1 370	6.84	21.5	111	1.95	210	1.84

续表

型号	尺寸/mm						截面面积/cm^2	理论质量/(kg/m)	参考数值							
									x-x			y-y			y_1-y_1	
	h	b	d	t	r	r_1			W_x/cm^3	I_x/cm^4	i_x/cm	W_y/cm^3	I_y/cm^4	i_y/cm	I_{y1}/cm^4	z_0/cm
20a	200	73	7.0	11.0	11.0	5.5	28.837	22.637	178	1780	7.86	24.2	128	2.11	244	2.01
20b	200	75	9.0	11.0	11.0	5.5	32.833	25.777	191	1910	7.64	25.9	144	2.09	268	1.95
22a	220	77	7.0	11.5	11.5	5.8	31.846	24.999	218	2390	8.67	28.2	158	2.23	298	2.10
22b	220	79	9.0	11.5	11.5	5.8	36.246	28.453	234	2570	8.42	30.1	176	2.21	326	2.03
25a	250	78	7.0	12.0	12.0	6.0	34.917	27.410	270	3370	9.82	30.6	176	2.24	322	2.07
25b	250	80	9.0	12.0	12.0	6.0	39.917	31.335	282	3530	9.41	32.7	196	2.22	353	1.98
25c	250	82	11.0	12.0	12.0	6.0	44.917	35.260	295	3690	9.07	35.9	218	2.21	384	1.92
28a	280	82	7.5	12.5	12.5	6.2	40.034	31.427	340	4760	10.9	35.7	218	2.33	388	2.10
28b	280	84	9.5	12.5	12.5	6.2	45.634	35.823	366	5130	10.6	37.9	242	2.30	428	2.02
28c	280	86	11.5	12.5	12.5	6.2	51.234	40.219	393	5500	10.4	40.3	268	2.29	463	1.95
32a	320	88	8.0	14.0	14.0	7.0	48.513	38.083	475	7600	12.5	46.5	305	2.50	552	2.24
32b	320	90	10.0	14.0	14.0	7.0	54.913	45.107	509	8140	12.2	49.2	336	2.47	593	2.16
32c	320	92	12.0	14.0	14.0	7.0	61.313	48.131	543	8690	11.9	52.6	374	2.47	643	2.09
36a	360	96	9.0	16.0	16.0	8.0	60.910	47.814	660	11900	14.0	63.5	455	2.73	818	2.44
36b	360	98	11.0	16.0	16.0	8.0	68.110	53.466	703	12700	13.6	66.9	497	2.70	880	2.37
36c	360	100	13.0	16.0	16.0	8.0	75.310	59.118	746	13400	13.4	70.0	536	2.67	948	2.34
40a	400	100	10.5	18.0	18.0	9.0	75.068	58.928	879	17600	15.3	78.8	592	2.81	1070	2.49
40b	400	102	12.5	18.0	18.0	9.0	83.068	65.208	932	18600	15.0	82.5	640	2.78	1140	2.44
40c	400	104	14.5	18.0	18.0	9.0	91.068	71.488	986	19700	14.7	86.2	688	2.75	1220	2.42

注：1．槽钢长度：5～8 号，长 5～12 m；10～18 号；长 5～19 m；20～40 号，长 6～19 m。

2．一般采用材料 Q215，Q235，Q275，Q235—F。

表 D.4　热轧普通工字钢(GB/T706—1988)

符号意义：

h——高度；
b——腿宽；
d——腰厚；
t——平均腿厚；
r——内圆弧半径；
r_1——腿端圆弧半径；
I——惯性矩；
W——弯曲截面系数；
i——惯性半径；
S——半截面的静矩。

型号	尺寸/mm						截面面积/cm^2	理论质量/(kg/m)	参考数值						
									x-x				y-y		
	h	b	d	t	r	r_1			I_x/cm^4	W_x/cm^3	i_x/cm	I_x/S_x/cm	I_y/cm^4	W_y/cm^3	i_y/cm
10	100	68	4.5	7.6	6.5	3.3	14.345	11.261	245	49.0	4.14	8.59	33.0	9.72	1.52
12.6	126	74	5.0	8.4	7.0	3.5	18.118	14.223	488	77.5	5.20	10.8	46.9	12.7	1.61
14	140	80	5.5	9.1	7.5	3.8	21.516	16.890	712	102	5.76	12.0	64.4	16.1	1.73
16	160	88	6.0	9.9	8.0	4.0	26.131	20.513	1130	141	6.58	13.8	93.1	21.2	1.89
18	180	94	6.5	10.7	8.5	4.3	30.756	24.143	1660	185	7.36	15.4	122	26.0	2.00
20a	200	100	7.0	11.4	9.0	4.5	35.578	27.929	2370	237	8.15	17.2	158	31.5	2.12
20b	200	102	9.0	11.4	9.0	4.5	39.578	31.069	2500	250	7.96	16.9	169	33.1	2.06
22a	220	110	7.5	12.3	9.5	4.8	42.128	33.070	3400	309	8.99	18.9	225	40.9	2.31
22b	220	112	9.5	12.3	9.5	4.8	46.528	36.524	3570	325	8.78	18.7	239	42.7	2.27
25a	250	116	8.0	13.0	10.0	5.0	48.541	38.105	5020	402	10.2	21.6	280	48.3	2.40
25b	250	118	10.0	13.0	10.0	5.0	48.541	42.030	5280	423	9.94	21.3	309	52.4	2.40
28a	280	122	8.5	13.7	10.5	5.3	55.404	43.492	7110	508	11.3	24.6	345	56.6	2.50
28b	280	124	10.5	13.7	10.5	5.3	61.004	47.888	7480	534	11.1	24.2	379	61.2	2.49

续表

型号	尺寸/mm						截面面积/cm^2	理论质量/(kg/m)	参考数值						
									x-x				y-y		
	h	b	d	t	r	r_1			I_x/cm^4	W_x/cm^3	i_x/cm	$I_x/S_x/cm$	I_y/cm^4	W_y/cm^3	i_y/cm
32a	320	130	9.5	15.0	11.5	5.8	67.156	52.717	11 100	692	12.8	27.5	460	70.8	2.62
32b	320	132	11.5	15.0	11.5	5.8	73.556	57.741	11 600	726	12.6	27.1	502	76.0	2.61
32c	320	134	13.5	15.0	11.5	5.8	79.956	62.765	12 200	760	12.3	26.8	544	81.2	2.61
36a	360	136	10.0	15.8	12.0	6.0	76.480	60.037	15 800	875	14.4	30.7	552	81.2	2.69
36b	360	138	12.0	15.8	12.0	6.0	83.680	65.689	16 500	919	14.1	30.3	582	84.3	2.64
36c	360	140	14.0	15.8	12.0	6.0	90.880	71.341	17 300	962	13.8	29.9	612	87.4	2.60
40a	400	142	10.5	16.5	12.5	6.3	86.112	67.598	21 700	1 090	15.9	34.1	660	93.2	2.77
40b	400	144	12.5	16.5	12.5	6.3	94.112	73.878	22 000	1 140	15.6	33.6	692	96.2	2.71
40c	400	146	14.5	16.5	12.5	6.3	102.112	80.158	23 900	1 190	15.2	33.2	727	99.6	2.65
45a	450	150	11.5	18.0	13.5	6.8	102.446	80.420	32 200	1 430	17.7	38.6	855	114	2.89
45b	450	152	13.5	18.0	13.5	6.8	111.446	87.485	33 800	1 500	17.4	38.0	894	118	2.84
45c	450	154	15.5	18.0	13.5	6.8	120.446	94.550	35 300	1 570	17.1	37.6	938	122	2.97
50a	500	158	12.0	20.0	14.0	7.0	119.304	93.654	46 500	1 860	19.7	42.8	1120	142	3.07
50b	500	160	14.0	20.0	14.0	7.0	129.304	101.504	48 600	1 940	19.4	42.4	1170	146	3.01
50c	500	162	16.0	20.0	14.0	7.0	139.304	109.354	50 600	2 080	19.0	41.8	1220	151	2.96
56a	560	166	12.5	21.0	14.5	7.3	135.435	106.316	65 600	2 340	22.0	47.7	1370	165	3.18
56b	560	168	14.5	21.0	14.5	7.3	146.635	115.108	68 500	2 450	21.6	47.2	1490	174	3.16
56c	560	170	16.5	21.0	14.5	7.3	157.835	123.900	71 400	2 550	21.3	46.7	1560	183	3.16
63a	630	176	13.0	22.0	15.0	7.5	154.658	121.407	93 900	2 980	24.5	54.2	1700	193	3.31
63b	630	178	15.0	22.0	15.0	7.5	176.258	131.298	98 100	3 160	24.2	53.5	1810	204	3.29
63c	630	180	17.0	22.0	15.0	7.5	179.858	141.189	102 000	3 300	23.8	52.9	1920	214	3.27

注：1．工字钢长度：10～18 号，长 5～19 m；20～63 号，长 6～19 m。

2．一般采用材料：Q215，Q235，Q275，Q235—F。

习 题 答 案

第 2 章

2-1 (a) $F_{N1}=F$，$F_{N2}=F$；(b) $F_{N1}=2F$，$F_{N2}=0$；

(c) $F_{N1}=2F$，$F_{N2}=F$；(d) $F_{N1}=F$，$F_{N2}=-2F$

2-2 $\sigma_1=127\text{MPa}$，$\sigma_2=63.7\text{MPa}$

2-3 $F_{N1}=-20\text{ kN}$，$\sigma_1=-50\text{ MPa}$；$F_{N2}=-10\text{ kN}$，$\sigma_2=-33.3\text{ MPa}$；

$F_{N3}=10\text{ kN}$，$\sigma_3=50\text{ MPa}$

2-4 $\alpha=26.6^\circ$；$F=50\text{ kN}$

2-5 $E=70\text{ GPa}$，$\mu=0.33$

2-6 (1) $d_{max}\leqslant 17.8\text{ mm}$，(2) $A_{CD}\geqslant 833\text{ mm}^2$，(3) $F_{max}\leqslant 15.7\text{ kN}$

2-7 $[F]=1.5\text{ kN}$

2-8 $\sigma_1=82.9\text{ MPa}$，$\sigma_2=131.8\text{ MPa}$

2-9 $d\geqslant 26\text{ mm}$，$b\geqslant 100\text{ mm}$

2-10 $d_{AB}\geqslant 17.2\text{ mm}$，$d_{BC}=d_{BD}\geqslant 17.2\text{ mm}$

2-11 $[F]=41\text{ kN}$

2-12 (1) $\sigma_{AC}=-2.5\text{ MPa}$，$\sigma_{CD}=-6.5\text{ MPa}$；

(2) $\varepsilon_{AC}=-2.5\times10^{-4}$，$\varepsilon_{CD}=-6.5\times10^{-4}$；

(3) $\Delta l=-1.35\text{ mm}$

2-13 $x=\dfrac{ll_1E_2A_2}{l_1E_2A_2+l_2E_1A_1}$

2-14 $\Delta l=\dfrac{Fl}{4EA}$

2-15 $\Delta l=\dfrac{Fl}{E\delta(b_2-b_1)}\ln\dfrac{b_2}{b_1}$

2-16 (a) $F_{max}=\dfrac{2}{3}F$；(b) $F_{max}=\dfrac{5}{3}F$

2-17 $A=4\times10^{-4}\text{ m}^2$

2-18 $\sigma_1=127\text{ MPa}$，$\sigma_2=26.8\text{ MPa}$，$\sigma_3=-86.5\text{ MPa}$

2-19 $[F]=452\text{ kN}$

2-20 $A_1=A_2=2A_3\geqslant 2450\text{ mm}^2$

2-21 (1) $\sigma_{侧杆}=-35\text{ MPa}$，$\sigma_{中杆}=70\text{ MPa}$

(2) $\sigma_{侧杆}=17.5\text{ MPa}$，$\sigma_{中杆}=-35\text{ MPa}$

2-22 $F_{N1}=F_{N2}=F_{N3}=0.241\dfrac{EA\delta}{l}$，$F_{N4}=F_{N5}=-0.139\dfrac{EA\delta}{l}$

2-23 (1) $F_{cx}=200\text{ kN}$， $F_{bx}=0$；(2) $F_{cx}=152.5\text{ kN}$， $F_{bx}=47.5\text{ kN}$

2-24 $\Delta T=3.6^{\circ}\text{C}$

2-25 $\sigma_{BC}=30.3\text{ MPa}$， $\sigma_{BD}=-26.2\text{ MPa}$

2-26 $[F]=302\text{ kN}$

2-27 $D:h:d=1.225:0.333:1$

2-28 $l\geqslant 200\text{ mm}$， $a\geqslant 20\text{ mm}$

2-29 $d\geqslant 50\text{ mm}$， $b\geqslant 100\text{ mm}$

2-30 $l\geqslant 123\text{ mm}$

第 3 章

3-1 (a) $T_{\max}=2M_{\text{e}}$；(b) $T_{\max}=M_{\text{e}}$；(c) $T_{\max}=40\text{ kN}\cdot\text{m}$；(d) $T_{\max}=4\text{ kN}\cdot\text{m}$

3-2 (1) $T_{\max}=1146\text{ kN}\cdot\text{m}$；(2) $T'_{\max}=763.9\text{ kN}\cdot\text{m}$

3-3 略

3-4 $\tau_{\max}=\dfrac{16M}{\pi d_2^3}$

3-5 $\tau=189\text{ MPa}$， $\gamma=2.53\times10^{-3}\text{ rad}$

3-6 $\tau_{\max}=458\text{ MPa}$

3-7 $G=79.6\text{ GPa}$

3-8 $d\geqslant 66\text{ mm}$

3-9 $\tau_{\max}=81.5\text{ MPa}$， $\theta_{\max}=1.17^{\circ}/\text{m}$

3-10 略

3-11 略

3-12 $F_{AB}=\dfrac{3}{4}F$， $F_{CD}=\dfrac{1}{4}F$

3-13 $d\geqslant 57.7\text{ mm}$

3-14 $d_2=2d_1=2\sqrt[3]{\dfrac{16M}{9\pi[\tau]}}$

3-15 (a) $M_A=\dfrac{2}{3}M_{\text{e}}$， $M_B=\dfrac{1}{3}M_{\text{e}}$；(b) $M_A=\dfrac{ml}{2}$， $M_B=\dfrac{ml}{2}$

3-16 (1) 略； (2) 管： $\tau_{\max}=6.38\text{ MPa}$， 轴： $\tau_{\max}=21.9\text{ MPa}$

3-17 $\dfrac{I_{\text{t正}}}{I_{\text{t矩}}}=1.23$

3-18 $M_{\text{e}}=2.0\text{ kN}\cdot\text{m}$， $\varphi=1.05\times10^{-2}\text{ rad}$

第 4 章

4-1 (a) $F_{\text{S}C-}=\dfrac{bF}{a+b}$， $M_{C-}=\dfrac{abF}{a+b}$， $F_{\text{S}C+}=-\dfrac{aF}{a+b}$， $M_{C+}=\dfrac{abF}{a+b}$

(b) $F_{SC-}=\dfrac{ql}{2}$，$M_{C-}=-\dfrac{ql^2}{8}$，$F_{SC+}=\dfrac{ql}{2}$，$M_{C+}=-\dfrac{ql^2}{8}$

4-2 (a) $F_{S\max}=F$，$|M|_{\max}=M_e$

(b) $|F_S|_{\max}=\dfrac{3ql}{4}$，$|M|_{\max}=\dfrac{ql^2}{4}$

(c) $F_{S\max}=\dfrac{3ql}{2}$，$M_{\max}=\dfrac{9ql^2}{8}$

(d) $F_{S\max}=\dfrac{9ql}{8}$，$M_{\max}=ql^2$

(e) $F_{S\max}=45\,\text{kN}$，$|M_{\max}|=127.5\ \text{kN}\cdot\text{m}$

(f) $F_{S\max}=49.5\,\text{kN}$，$M_{\max}=174\,\text{kN}\cdot\text{m}$

(g) $|F_{S\max}|=1.4\,\text{kN}$，$M_{\max}=2.4\,\text{kN}\cdot\text{m}$

(h) $F_{S\max}=qa$，$|M_{\max}|=\dfrac{qa^2}{2}$

4-3 (a) $|F_S|_{\max}=\dfrac{M}{2l}$，$|M|_{\max}=2M$　(b) $|F_S|_{\max}=\dfrac{5ql}{4}$，$|M|_{\max}=ql^2$

(c) $|F_S|_{\max}=ql$，$|M|_{\max}=\dfrac{3ql^2}{2}$　(d) $|F_S|_{\max}=\dfrac{5ql}{4}$，$|M|_{\max}=\dfrac{25ql^2}{32}$

(e) $F_{S\max}=\dfrac{q_0l}{4}$，$M_{\max}=\dfrac{q_0l^2}{12}$　(f) $|F_S|_{\max}=\dfrac{ql}{2}$，$|M|_{\max}=\dfrac{ql^2}{8}$

(g) $|F_S|_{\max}=2ql$，$|M|_{\max}=\dfrac{3ql^2}{2}$　(h) $|F_S|_{\max}=ql$，$|M|_{\max}=\dfrac{3ql^2}{2}$

4-4 略

4-5 (a) $|F_S|_{\max}=4\,\text{kN}$，$|M|_{\max}=4\,\text{kN}\cdot\text{m}$

(b) $|F_S|_{\max}=75\,\text{kN}$，$|M|_{\max}=200\,\text{kN}\cdot\text{m}$

(c) $|F_S|_{\max}=\dfrac{3ql}{2}$，$|M|_{\max}=ql^2$

(d) $|F_S|_{\max}=2ql$，$|M|_{\max}=3ql^2$

4-6 略

4-7 (a) $|F_N|_{\max}=ql$，$|F_S|_{\max}=ql$，$|M|_{\max}=\dfrac{ql^2}{2}$；

(b) $|F_N|_{\max}=ql$，$|F_S|_{\max}=ql$，$|M|_{\max}=ql^2$；

(c) $|F_N|_{\max}=F$，$|F_S|_{\max}=F$，$|M|_{\max}=FR$；

(d) $|F_N|_{\max}=qR$，$|F_S|_{\max}=qR$，$|M|_{\max}=\dfrac{3qR^2}{2}$

第 5 章

5-1 $d = 2\ \text{mm}$

5-2 $\dfrac{\sigma_{\max 1}}{\sigma_{\max 2}} = \dfrac{17}{10}$

5-3 $\sigma_{\max} = 63.4\ \text{MPa}$

5-4 截面 m-m：$\sigma_A = -7.41\ \text{MPa}$，$\sigma_B = 4.94\ \text{MPa}$，$\sigma_C = 0$，$\sigma_D = 7.41\ \text{MPa}$

截面 n-n：$\sigma_A = 9.26\ \text{MPa}$，$\sigma_B = -6.18\ \text{MPa}$，$\sigma_C = 0$，$\sigma_D = -9.26\ \text{MPa}$

5-5 $a = \dfrac{2}{3}l$，$\sigma_{\max} = \dfrac{Wl}{3bt^2}$

5-6 $q = 15.68\ \text{kN/m}$，$d = 16.8\ \text{mm}$

5-7 选 No.10 槽钢

5-8 $F = 44.3\ \text{kN}$

5-9 $n = 3.71$

5-10 $\dfrac{h}{b} = \sqrt{2}$，$d_{\min} = 227\ \text{mm}$

5-11 $a = 1.385\ \text{m}$

5-12 $\delta = 0.011d$

5-13 $a = 1.24\ \text{m}$，$q \leqslant 43.16\ \text{kN/m}$

5-14 $l_0 = 5.22\ \text{m}$

5-15 $\sigma_{\max} = 6.75\ \text{kN} < [\sigma]$，$\tau_{\max} = 0.675\ \text{kN} < [\tau]$，安全

5-16 $\sigma_{\max} = 7.06\ \text{MPa} < [\sigma]$，$\tau_{\max} = 0.477\ \text{MPa} < [\tau]$，安全

5-17 $\tau_{\max} = 0.521\ \text{MPa} < 1\ \text{MPa}$，安全

5-18 选 20a 号工字钢

5-19 $b = 161\ \text{mm}$，$h = 242\ \text{mm}$

第 6 章

6-1 略

6-2 $A = \dfrac{ql}{12}$，$B = -\dfrac{ql^2}{24}$，$C = D = 0$

6-3 悬臂梁在自由端处受集中力 F 作用

6-4 (a) $w_A = 0$，$\theta_B = \dfrac{M_e l}{24EI}$　　(b) $w_A = -\dfrac{ql^4}{8EI}$，$\theta_B = -\dfrac{ql^3}{6EI}$

(c) $w_A = -\dfrac{3Fa^3}{8EI}$，$\theta_B = \dfrac{2Fa^2}{3EI}$　　(d) $w_A = -\dfrac{Fl^3}{6EI}$，$\theta_B = -\dfrac{9Fl^2}{8EI}$

6-5 (a) $w_A = -\dfrac{2Fl^3}{9EI}$，$\theta_B = -\dfrac{5Fl^2}{18EI}$　　(b) $w_A = \dfrac{ql^4}{16EI}$，$\theta_B = \dfrac{ql^3}{12EI}$

(c) $w_A=-\dfrac{5ql^4}{24EI}$， $\theta_B=\dfrac{ql^3}{12EI}$　　(d) $w_A=\dfrac{ql^4}{24EI}$， $\theta_B=0$

6-6 若 $w_C=0$，则 $F=\dfrac{ql}{6}$；若 $\theta_C=0$，则 $F=\dfrac{ql}{7}$

6-7 $b=\sqrt{2}a$

6-8 $a=0.46l$

6-9 $w_C=-\dfrac{14qa^4}{3EI}$， $\theta_B=\dfrac{17qa^3}{6EI}$

6-10 No.16 工字钢

6-11 $\delta=\dfrac{7ql^4}{72EI}$

6-12 梁内 $\sigma_{max}=156\ \text{MPa}$，杆内 $\sigma_{max}=185\ \text{MPa}$

6-13 $F_B=\dfrac{7qa}{4}$， $M_A=-\dfrac{qa^2}{4}$， $F_A=-\dfrac{3qa}{4}$

6-14 $F_{簧}=82.6\ \text{N}$

第 7 章

7-1 (a) $\sigma_\alpha=40\ \text{MPa}$， $\tau_\alpha=10\ \text{MPa}$

(b) $\sigma_\alpha=-38\ \text{MPa}$， $\tau_\alpha=0$

(c) $\sigma_\alpha=0.49\ \text{MPa}$， $\tau_\alpha=-20.5\ \text{MPa}$

(d) $\sigma_\alpha=35\ \text{MPa}$， $\tau_\alpha=-8.66\ \text{MPa}$

7-2 (a) $\sigma_1=57\ \text{MPa}$， $\sigma_3=-7\ \text{MPa}$， $\alpha=-19.3^\circ$， $\tau_{max}=32\ \text{MPa}$

(b) $\sigma_1=57\ \text{MPa}$， $\sigma_3=-7\ \text{MPa}$， $\alpha=19.3^\circ$， $\tau_{max}=32\ \text{MPa}$

(c) $\sigma_1=25\ \text{MPa}$， $\sigma_3=-25\ \text{MPa}$， $\alpha=-45^\circ$， $\tau_{max}=25\ \text{MPa}$

(d) $\sigma_1=11.2\ \text{MPa}$， $\sigma_3=-71.2\ \text{MPa}$， $\alpha=-37.98^\circ$， $\tau_{max}=41.2\ \text{MPa}$

(e) $\sigma_1=4.7\ \text{MPa}$， $\sigma_3=-84.7\ \text{MPa}$， $\alpha=-13.28^\circ$， $\tau_{max}=44.7\ \text{MPa}$

(f) $\sigma_1=37\ \text{MPa}$， $\sigma_3=-27\ \text{MPa}$， $\alpha=-70.7^\circ$， $\tau_{max}=32\ \text{MPa}$

7-3 同 7-1

7-4 同 7-2

7-5 略

7-6 $\sigma_1=70\ \text{MPa}$， $\sigma_3=10\ \text{MPa}$， $\alpha=-24^\circ$， $\theta=144^\circ$

7-7 $\sigma_1=\sigma_2=0$， $\sigma_3=-70\ \text{MPa}$，

$\sigma_x=-44.8\ \text{MPa}$， $\sigma_y=-25.2\ \text{MPa}$， $\tau_{xy}=-33.6\ \text{MPa}$

或 $\sigma_1=70\ \text{MPa}$， $\sigma_2=\sigma_3=0$，

$\sigma_x=44.8\ \text{MPa}$， $\sigma_y=25.2\ \text{MPa}$， $\tau_{xy}=33.6\ \text{MPa}$

7-8 $\sigma_x=120\ \text{MPa}$， $\tau_{xy}=69.3\ \text{MPa}$

7-9 (a) $\sigma_1=84.7\ \text{MPa}$， $\sigma_2=20.0\ \text{MPa}$， $\sigma_3=-4.7\ \text{MPa}$， $\tau_{max}=44.7\ \text{MPa}$

(b) $\sigma_1=50\ \text{MPa}$， $\sigma_2=30\ \text{MPa}$， $\sigma_3=-50\ \text{MPa}$， $\tau_{max}=50\ \text{MPa}$

7-10 $-152\ \text{MPa} < \tau_{xy} < 152\ \text{MPa}$

7-11 $\varepsilon_x = 380\times10^{-6}$，$\varepsilon_y = 250\times10^{-6}$，$\gamma_{xy} = 650\times10^{-6}$，$\varepsilon_{30^\circ} = 66\times10^{-6}$

7-12 沿45°方向，$\varepsilon_{\max} = \varepsilon_{45^\circ} = \dfrac{1+\mu}{E}\tau$

7-13 $\sigma_{\text{eq4}} = 57.44\ \text{MPa}$

7-14 (1) $\varepsilon_x = 265\times10^{-6}$，$\varepsilon_y = -32\times10^{-5}$，$\varepsilon_z = 135\times10^{-6}$

(2) $\sigma_1 = 54.24\ \text{MPa}$，$\sigma_2 = 30\ \text{MPa}$，$\sigma_3 = -44.24\ \text{MPa}$

(3) $\sigma_{\text{eq3}} = 98.48\ \text{MPa}$

7-15 $\sigma_1 = 50\ \text{MPa}$，$\sigma_2 = 30\ \text{MPa}$，$\sigma_3 = -50\ \text{MPa}$，$\sigma_1$在$xy$平面内，且与$x$轴的夹角为45°方向，$\sigma_3$沿$z$轴方向，$\varepsilon_{\max} = 28\times10^{-5}$

7-16 $\sigma = 50.96\ \text{MPa}$，$\tau = 32.6\ \text{MPa}$，$\sigma_1 = 66.86\ \text{MPa}$，$\sigma_2 = 0$，$\sigma_3 = -15.9\ \text{MPa}$

7-17 (1) $\sigma_x = 63.7\ \text{MPa}$，$\sigma_y = 0$，$\tau_{xy} = -76.4\ \text{MPa}$

(2) $\sigma_{30^\circ} = 114\ \text{MPa}$，$\sigma_{120^\circ} = -50.3\ \text{MPa}$，$\tau_{xy} = -10.6\ \text{MPa}$

(3) $\sigma_1 = 114.6\ \text{MPa}$，$\sigma_3 = -51\ \text{MPa}$，$\alpha = 33.69^\circ$

7-18 $\sigma_x = 100\ \text{MPa}$，$\sigma_y = 0$

7-19 $F = 125.6\ \text{kN}$

7-20 $T = 125.7\ \text{N}\cdot\text{m}$

7-21 $\sigma_{\text{eq3}} = 90\ \text{MPa}$，$\sigma_{\text{eq4}} = 84.2\ \text{MPa}$

7-22 两单元体σ_{eq4}相等，危险程度相同。

7-23 $\sigma_{\text{eq2}} = 26.8\ \text{MPa} < [\sigma_t]$，$\sigma_{\text{eqM}} = 25.8\ \text{MPa} < [\sigma_t]$，安全

第8章

8-1 $\sigma_{\max} = 12\ \text{MPa}$，$\dfrac{w_{\max}}{l} = \dfrac{1}{200}$

8-2 $\sigma_{\max} = \dfrac{8F}{a^2}$，$\sigma_{\max} = \dfrac{4F}{a^2}$

8-3 $h = 180\ \text{mm}$，$b = 90\ \text{mm}$

8-4 $b = 86\ \text{mm}$

8-5 $\sigma_{\max} = 35\ \text{MPa}$

8-6 $\sigma_{\max} = 90\ \text{MPa}$

8-7 $\alpha = \arctan\left(\dfrac{2l}{3a}\right)$，$\sigma_{\max} = \left|\dfrac{F\sin\alpha}{b^2}\right| + \left|\dfrac{6Fl\cos\alpha}{b^3} - \dfrac{3Fl\sin\alpha}{b^3}\right|$

8-8 危险横截面在AB靠近B点的转折处，$\sigma_{\max} = 130.56\ \text{MPa}$

8-9 $\sigma_1 = 33.5\ \text{MPa}$，$\sigma_2 = 2\ \text{MPa}$，$\sigma_3 = -9.95\ \text{MPa}$，$\tau_{\max} = 21.7\ \text{MPa}$

8-10 $P = 0.591\ \text{kN}$

8-11 $l = 510\ \text{mm}$

8-12 $\sigma_{\text{eq3}} = 176\ \text{MPa}$

8-13 $\sqrt{\left(\frac{4F}{\pi d^2}\right)^2+3\left(\frac{16M}{\pi d^3}\right)^2}\leqslant[\sigma]$

8-14 $\frac{2F}{\pi d^2}+\sqrt{\left(\frac{2F}{\pi d^2}\right)^2+\left(\frac{16M}{\pi d^3}\right)^2}\leqslant[\sigma]$

8-15 $\sigma_{eq3}=107.4\ \text{MPa}$

8-16 $\sigma_{eq4}=119.6\ \text{MPa}$

8-17 $d\geqslant 23.6\ \text{mm}$

8-18 $\sigma_{eq4}=65.6\ \text{MPa}$，安全

8-19 $T=100.5\ \text{N}\cdot\text{m}$，$M_y=94.2\ \text{N}\cdot\text{m}$，$\sigma_{eq4}=163.3\ \text{MPa}$

8-20 $\sigma_{eq3}=123\ \text{MPa}$

8-21 $\sigma_{eq3}=154\ \text{MPa}<[\sigma]$，安全。

8-22 $d=11.73\ \text{mm}$

第 9 章

9-1 $F_{cr}=178\ \text{kN}$

9-2 F_{cr}^a 最小，F_{cr}^e 最大

9-3 $\sigma_{cr}=7.41\text{MPa}$

9-4 $F_{cr}=36.024\frac{EI}{l^2}$

9-5 该压杆满足稳定安全要求

9-6 $\theta=\arctan(\cot^2\beta)$

9-7 $n=6.5>[n_{st}]$，安全

9-8 $d=180\ \text{mm}$

9-9 $d=24.6\ \text{mm}$

9-10 (1) $\lambda=92.3$；(2) $\lambda=73.7$

9-11 该结构是安全的

9-12 该结构是安全的

9-13 $F_{max}=18.6\text{kN}$

第 10 章

10-1 $V_\varepsilon(F,M)=V_\varepsilon(F)+V_\varepsilon(M)+M\theta=V_\varepsilon(F)+V_\varepsilon(M)+Fw_{max}$

10-2 $V_\varepsilon(F,M)=V_\varepsilon(F)+V_\varepsilon(M)$

10-3 (a) $\frac{2F^2l}{\pi Ed^2}$；(b) $\frac{7F^2l}{8\pi Ed^2}$；(c) $\frac{F^2l}{6EA}$；(d) $\frac{7F^2l}{6EA}$

10-4 $\frac{9.6M_e^2l}{G\pi d_1^4}$

10-5 $\Delta_{Ay}=\dfrac{10Fa^3}{3EI}$

10-6 $\Delta_{Cx}=\dfrac{17qa^4}{24EI}$

10-7 $\Delta_D=\dfrac{38Fl^3}{3EI},\theta_D=\dfrac{7Fl^2}{EI}$

10-8 $\Delta_{Cx}=\dfrac{Fl^3}{6EI}$

10-9 $w_C=\dfrac{a}{6EI}(2Fal+M_e l+2Fa^2)$, $\theta_A=\dfrac{l(2M_e+Fa)}{6EI}$

10-10 (a) $w_B=-\dfrac{5Fa^3}{12EI}$， $\theta_A=\dfrac{5Fa^2}{4EI}$； (b) $w_B=-\dfrac{Fa^3}{4EI}$， $\theta_A=0$

10-11 (a) $\Delta_{Ax}=-\dfrac{17M_e a^2}{6EI}$， $\theta_B=-\dfrac{5M_e a}{3EI}$；

(b) $\Delta_{Ax}=\dfrac{11ql^3}{24EI},\Delta_{Ay}=-\dfrac{ql^4}{32EI}$， $\theta_B=-\dfrac{ql^3}{2EI}$

10-12 $M_{\max}=\dfrac{2EIe}{3\pi R^2}$

10-13 $M_A=0,F_{SA}=\dfrac{F}{2},M_B=\dfrac{FR}{2},F_{SB}=0,F_{NB}=\dfrac{F}{2}$

10-14 $M_A=0$， $F_{SA}=0$， $F_{NA}=\dfrac{F}{2}$， $M_B=\dfrac{FR}{2}$， $F_{SB}=\dfrac{F}{2}$， $F_{NB}=0$

10-15 (a) $F_{N1}=\dfrac{F}{1+2\cos^3\alpha}$， $F_{N2}=F_{N3}=\dfrac{F\cos^2\alpha}{1+2\cos^3\alpha}$；

(b) $F_{N1}=0$， $F_{N2}=-F_{N3}=\dfrac{F}{2\sin\alpha}$

10-16 (a) $F_A=F_B=\dfrac{ql}{2}$， $M_A=-M_B=\dfrac{ql^2}{12}$；

(b) $F_A=\dfrac{Fb^2(l+2a)}{l^3}$， $M_A=\dfrac{Fab^2}{l^2}$， $F_B=\dfrac{Fa^2(l+2b)}{l^3}$， $M_B=-\dfrac{Fa^2b}{l^2}$

10-17 $\dfrac{3ql_1}{8}+\dfrac{3q}{2}\cdot\dfrac{l_2^2}{l_1}$

10-18 $F_C=\dfrac{qa}{8}$，图略

10-19 $F_{SB}=\dfrac{5qa}{8}$

10-20 $\sigma_{CD\max}=3.49\,\text{MPa}$，$\sigma_{AB\max}=285\,\text{MPa}$

10-21 $F_{SCy}=\dfrac{F}{2}$， $F_{SCx}=\dfrac{FR}{\pi}$

10-22 安全

10-23 $\sigma_{\max}=\dfrac{2Wl}{9W_z}\left(1+\sqrt{1+\dfrac{243EIh}{2Wl^3}}\right)$， $w\left(\dfrac{l}{2}\right)=\dfrac{23Wl^3}{1296EI}\left(1+\sqrt{1+\dfrac{243EIh}{2Wl^3}}\right)$

10-24 $\dfrac{\omega^2 l^2}{3EAg}(3P+P_1)$

10-25 134 MPa

10-26 167 MPa， 74.3 mm

10-27 183.9 MPa

10-28 $h \leqslant 392$mm；$h \leqslant 9.73$mm

10-29 $\sigma_{\mathrm{d\,max}} = \dfrac{v}{W_z}\sqrt{\dfrac{3WEI}{ga}}$， $w_{\mathrm{d\,max}} = \dfrac{5v}{6}\sqrt{\dfrac{3Wa^3}{gEI}}$

附录 A

A-1 (a) $y_C = z_C = \dfrac{4R}{3\pi}$； (b) $y_C = \dfrac{h}{3}$， $z_C = \dfrac{b}{3}$

A-2 (a) $S_y = -\dfrac{bh^2}{8}$； (b) $S_y = -\dfrac{b}{8}(h^2 - h_0{}^2) - \dfrac{b_0 h_0{}^2}{8}$； (c) $S_y = -42250\ \mathrm{mm}^3$

A-3 (a) $z_C = \dfrac{(2a+b)h}{3(a+b)}$； (b) $y_C = \dfrac{5}{6}a$， $z_C = \dfrac{5}{6}a$

A-4 (a) $I_z = \dfrac{hb^3}{12} - \dfrac{\pi d^4}{64}$； (b) $I_z = 1352\ \mathrm{cm}^4$

A-5 $I_y = 7.54\times10^{-3} R^4$

A-6 $I_y = 0.966\ \mathrm{m}^4$， $I_z = 33.98\ \mathrm{m}^4$

A-7 $a = 111.2\ \mathrm{mm}$

A-8 (a) $y_C = 0$， $z_C = 2.85r$， $I_{y_C} = 10.38r^4$， $I_{z_C} = 2.06r^4$；

(b) $y_C = 0$， $z_C = 103\ \mathrm{mm}$， $I_{y_C} = 3.91\times10^{-5}\ \mathrm{m}^4$， $I_{z_C} = 2.34\times10^{-5}\ \mathrm{m}^4$；

(c) $y_C = -0.003\ \mathrm{mm}$， $z_C = 0$， $I_{y_C} = 1.51\times10^{-4}\ \mathrm{m}^4$， $I_{z_C} = 1.14\times10^{-5}\ \mathrm{m}^4$

A-9 $\alpha = 22.14^\circ$， $I_{\max} = 7.236\times10^8\ \mathrm{mm}^4$， $I_{\min} = 0.636\times10^8\ \mathrm{mm}^4$

索　　引

(按汉语拼音字母顺序)

惯性矩平行轴定理 parallel-axis theorem for second axial moment of inertia

H

横向变形 lateral deformation

横向泊松比 transverse Poisson's ratio

横向弹性模量 transverse modulus of elasticcity

胡克定律 Hooke's law

滑移线 slip-lines

J

畸变能理论 distortion energy theory

畸变能密度 distortional strain energy density

极惯性矩，截面二次极矩 second polar moment of area

极限应力 ultimate stress

集中力 concentrated force

挤压应力 bearing stress

剪力 shear force

剪力方程 equation of shear force

剪力图 shear force diagram

剪切胡克定律 Hooke's law in shear

剪切面 shear surface

剪心 shear centre

交变应力，循环应力 alternating stress

截面法 method of sections

截面几何性质 geometrical properties of an area

截面核心 core of section

截面中心线 center line of the wall cross section

静不定度 degree of statically indeterminacy

静不定问题，超静定问题 statically indeterminate problem

静定问题 statically determinate

静载荷 static load

静矩，一次矩 static moment

基本系统 primary structure

K

开口薄壁杆 thin-walled bar having open cross section

抗扭截面系数 section modulus in torsion

抗弯截面系数 section modulus in bending

L

拉压刚度 axial rigidity

拉压杆，轴向承载杆 axially loaded bar

累积损伤 accumulated damage

力-伸长曲线，拉伸图 force-elongation curve

力学性能，机械性能 mechanical properties

连续条件 continuity conditions

梁 beams

临界应力 critical stress

临界载荷 critical load

M

麦考利函数 Macaulay function

脉动循环应力 pulsating stress

名义屈服极限 offset yielding stress

迈因纳定律 Miner's hypothesis

敏感因数 sensitivity factor

N

挠度 deflection

挠曲轴 deflection curve

挠曲轴方程 equation of deflection curve

挠曲轴近似微分方程 approximately differential equation of the deflection curve

挠曲轴微分方程 differential equation of the deflection curve

O

P

Q

R

S

T

W

axially loading
弯曲 bending
弯曲刚度 flexural rigidity
弯曲正应力 normal stress in bending
弯曲切应力 shearing stress in bending
弯心 bending centre
微体 infinitesimal element
稳定安全因数 safety factor for stability
稳定条件 stability condition
稳定性 stability
稳定因数，折减因数 stability factor
稳定许用应力 allowable stress for stability

X

细长比，柔度 slenderness ratio
相当长度，有效长度 equivalent length
相当系统 equivalent system
线性弹性体 linear elastic body
小柔度杆 short columns
形心轴 centroidal axis
许用应力 allowable stress
许用载荷 allowable load

Y

应变花 strain rosette
应变能 strain energy
应变硬化 strain-hardening
应力 stress
应力状态 state of stress
应力集中 stress concentration
应力集中因数 stress concentration factor
应力-寿命曲线，S-N 曲线 stress-cycle curve
应力-应变图 stress-strain diagram
应力圆，莫尔圆 Mohr's circle for stresses
应力比，循环特征 stress ratio
应力幅 stress amplitude
应力强度因子 stress intensity factor

Z

正应变 normal strain
正应力 normal stress
正轴应力应变关系 on-axis stress-strain relation
中柔度杆 intermediate columns
中性层 neutral surface
中性轴 neutral axis
轴 shaft
轴力 axial force
轴力图 axial force diagram
轴向变形 axial deformation
轴向拉压 axial tension and compression
轴向载荷 axial loads
主平面 principal planes
主应力 principal stress
主轴 principal axes
主惯性矩 principal moment of inertia
主形心惯性矩 principal centroidal moments of inertia
主形心轴 principal centroidal axes
转轴公式 transformation equations
转角 angle of rotation
纵向泊松比 longitudinal Poisson's ratio
纵向切变模量 longitudinal shear modulus
纵向弹性模量 longitudinal modulus of elasticity
持久极限 endurance limit
组合变形 combined deformation
组合截面 composite area
最大切应力理论 maximum shear stress theory
最大拉应变理论 maximum tensile strain theory
最大拉应力理论 maximum tensile stress theory
最大应力 maximum stress
最小应力 minimum stress

参考文献

[1] 刘鸿文．材料力学Ⅰ、Ⅱ[M]．4版．北京：高等教育出版社，2004.

[2] 单辉祖．材料力学Ⅰ、Ⅱ[M]．2版．北京：高等教育出版社，2004.

[3] 范钦珊，殷雅俊．材料力学[M]．北京：清华大学出版社，2004.

[4] 孙训方，胡增强．材料力学Ⅰ、Ⅱ[M]．4版．北京：高等教育出版社，2002.

[5] 邱棣华．材料力学[M]．北京：高等教育出版社，2004.

[6] 郭应征，李兆霞．应用力学基础[M]．北京：高等教育出版社，2000.

[7] 赵志岗，叶金铎，王燕群．材料力学[M]．北京：机械工业出版社，2003.

[8] 杨伯源．材料力学Ⅰ、Ⅱ[M]．北京：机械工业出版社，2001.

[9] 江苏省力学学会固体力学专业委员会．材料力学试题库试题精选[M]．南京：东南大学出版社，1991.

[10] 江苏省力学学会教育科普委员会．理论力学材料力学考研与竞赛试题精解[M]．徐州：中国矿业大学出版社，2001.

[11] 华东地区材料力学课程协作组．材料力学概念思考题集[M]．徐州：中国矿业大学出版社，1991.

[12] 刘达．材料力学常见题型解析及模拟题[M]．西安：西北工业大学出版社，1997.

[13] 张新占．材料力学[M]．西安：西北工业大学出版社，2005.

[14] 陈乃立，陈倩．材料力学学习指导书[M]．北京：高等教育出版社，2004.

[15] 闽行，武广号，刘书静．材料力学重点难点及典型题精解[M]．西安：西安交通大学出版社，2001.

[16] 胡增强．材料力学习题解析[M]．北京：清华大学出版社，2005.

[17] Gere J M. Mechanics of Materials[M]. Fifth Edition. 北京：机械工业出版社，2003.

[18] Hibbeler .R. C Mechanics of Materials[M]. Fifth Edition. 北京：高等教育出版社，2004.